"十二五"普通高等教育本科国家级规划教材

中国机械工程学科教程配套系列教材

教育部高等学校机械类专业教学指导委员会规划教材

图学原理与工程制图教程

(第2版)

孙 毅 李俊源 舒 欣 主编

清华大学出版社

北京

内容简介

本书结合现代设计技术与计算机信息技术发展趋势，在保持“工程图学”课程知识体系完整的前提下，从有利于学生形象思维培养的新工科能力提升出发，引入了图元构形的理论概念，在内容中将计算机建模方法与图学原理的形象思维相结合，方式上将纸质教材与视频、MOOC、电子模型等新形态相融合。本书机械制图部分采用了最新的国家标准。

全书共分9章，根据《教育部工程图学课程教学基本要求》(2019)，主要内容包括：制图标准与技能，点、直线、平面的投影，立体的投影，图元识读与组合体构形，机件常用的表达方法，零件的连接，常用件，零件图，装配图。与本书配套的《图学原理与工程制图教程习题集(第2版)》同时出版。

本书可供高等院校机械工程(或近机类)各专业的师生使用，适用于“卓越工程师”培养计划，也可供有关工程技术人员参考。

图书在版编目(CIP)数据

图学原理与工程制图教程/孙毅，李俊源，舒欣主编.—2版.—北京：清华大学出版社，2020.5(2024.1重印)
中国机械工程学科教程配套系列教材　教育部高等学校机械类专业教学指导委员会规划教材
ISBN 978-7-302-55002-0

Ⅰ.①图…　Ⅱ.①孙…②李…③舒…　Ⅲ.①工程制图－高等学校－教材②机械制图－高等学校－教材　Ⅳ.①TB23②TH126

中国版本图书馆CIP数据核字(2020)第040562号

责任编辑：冯　昕
封面设计：常雪影
责任校对：王淑云
责任印制：宋　林

出版发行：清华大学出版社
网　　址：https://www.tup.com.cn，https://www.wqxuetang.com
地　　址：北京清华大学学研大厦A座　　邮　　编：100084
社 总 机：010-83470000　　邮　　购：010-62786544
投稿与读者服务：010-62776969，c-service@tup.tsinghua.edu.cn
质量反馈：010-62772015，zhiliang@tup.tsinghua.edu.cn
印 装 者：北京嘉实印刷有限公司
经　　销：全国新华书店
开　　本：185mm×260mm　　印　张：19.75　　字　　数：479千字
版　　次：2012年6月第1版　2020年6月第2版　　印　　次：2024年1月第6次印刷
定　　价：52.00元

产品编号：082411-02

中国机械工程学科教程配套系列教材
教育部高等学校机械类专业教学指导委员会规划教材

编 委 会

丛书序言

PREFACE

我曾提出过高等工程教育边界再设计的想法，这个想法源于社会的反应。常听到工业界人士提出这样的话题：大学能否为他们进行人才的订单式培养。这种要求看似简单、直白，却反映了当前学校人才培养工作的一种尴尬：大学培养的人才还不是很适应企业的需求，或者说毕业生的知识结构还难以很快适应企业的工作。

当今世界，科技发展日新月异，业界需求千变万化。为了适应工业界和人才市场的这种需求，也即适应科技发展的需求，工程教学应该适时地进行某些调整或变化。一个专业的知识体系、一门课程的教学内容都需要不断变化，此乃客观规律。我所主张的边界再设计即是这种调整或变化的体现。边界再设计的内涵之一即是课程体系及课程内容边界的再设计。

技术的快速进步，使得企业的工作内容有了很大变化。如从20世纪90年代以来，信息技术相继成为很多企业进一步发展的瓶颈，因此不少企业纷纷把信息化作为一项具有战略意义的工作。但是业界人士很快发现，在毕业生中很难找到这样的专门人才。计算机专业的学生并不熟悉企业信息化的内容、流程等，管理专业的学生不熟悉信息技术，工程专业的学生可能既不熟悉管理，也不熟悉信息技术。我们不难发现，制造业信息化其实就处在某些专业的边缘地带。那么对那些专业而言，其课程体系的边界是否要变？某些课程内容的边界是否有可能变？目前不少课程的内容不仅未跟上科学研究的发展，也未跟上技术的实际应用。极端情况甚至存在有些地方个别课程还在讲授已多年弃之不用的技术。若课程内容滞后于新技术的实际应用好多年，则是高等工程教育的落后甚至是悲哀。

课程体系的边界在哪里？某一门课程内容的边界又在哪里？这些实际上是业界或人才市场对高等工程教育提出的我们必须面对的问题。因此可以说，真正驱动工程教育边界再设计的是业界或人才市场，当然更重要的是大学如何主动响应业界的驱动。

当然，教育理想和社会需求是有矛盾的，对通才和专才的需求是有矛盾的。高等学校既不能丧失教育理想、丧失自己应有的价值观，又不能无视社会需求。明智的学校或教师都应该而且能够通过合适的边界再设计找到适合自己的平衡点。

我认为，长期以来，我们的高等教育其实是“以教师为中心”的。几乎所有的教育活动都是由教师设计或制定的。然而，更好的教育应该是“以学生为中心”的,即充分挖掘、启发学生的潜能。尽管教材的编写完全是由教师完成的,但是真正好的教材需要教师在编写时常怀“以学生为中心”的教育理念。如此,方得以产生真正的“精品教材”。

教育部高等学校机械设计制造及其自动化专业教学指导分委员会、中国机械工程学会与清华大学出版社合作编写、出版了《中国机械工程学科教程》,规划机械专业乃至相关课程的内容。但是“教程”绝不应该成为教师们编写教材的束缚。从适应科技和教育发展的需求而言,这项工作应该不是一时的,而是长期的;不是静止的,而是动态的。《中国机械工程学科教程》只是提供一个平台。我很高兴地看到,已经有多位教授努力地进行了探索,推出了新的、有创新思维的教材。希望有志于此的人们更多地利用这个平台,持续、有效地展开专业的、课程的边界再设计,使我们的教学内容总能跟上技术的发展,使我们培养的人才更能为社会所认可,为业界所欢迎。

是以为序。

2009年7月

前言

FOREWORD

以互联网为核心的新一轮科技和产业革命蓄势待发，以新技术、新产品、新业态和新模式为代表的新经济蓬勃兴起，新工科人才培养的内涵重点在于提高学生适应变化能力与工程创新能力，“工程图学”课程的教学目标应着眼于有利于培养拥有更强的创新能力、变化能力、适应能力的新兴工程科技人才。

为更好地突出“工程图学”课程在新工科人才培养中的重要基础作用，综合地要求在课程体系内容上更适合于“创新”能力培养；在知识、能力、实践与创新思维等方面更强调内容的深度融合培养；适当摆脱“工程图学”就是“图样”的藩篱，增强“图”的构型与设计等创新思维能力培养属性与基础课属性。将“图”与“形”之间的关系更进一步厘清，并适度融合。在强调“图”的工程交流媒介特性的同时，更以培养学生的思维力和工程力为大类基础课程特征。为了使工程图学课程具有系统的理论性和较强的实践性，在课程体系与教学内容等诸多方面均适应现代工程创新型人才培养需求，不断强化工程实践能力、工程设计能力与工程创新能力为核心，重构课程体系与教学内容，达到能综合运用工程图学及相关学科知识，表达、分析、解决复杂工程问题，并对其进行设计、改进及研究的目的，为学生毕业以及将来从事相关设计、研发工作奠定基础。

本教材及其配套的首批国家级线上一流课程“工程图学”(中国大学MOOC)是工程图学教学团队几十年课程建设的结晶。在前版“十二五”普通高等教育本科国家级规划教材和保持原课程基本要求核心知识点与能力要求的基础上，按照新工科人才培养需求补充核心知识点的内容，结合新兴技术范式下的课程教学探索，采用新形态教材模式，将教材内容向电子资源新媒体呈现方式扩展，更利于学生线上学习与自主学习。

本课程适合机械工程及自动化、工业设计、物流工程和测控技术与仪器等专业的师生使用，也可供卓越工程师、继续教育同类专业的师生使用及有关工程技术人员参考。

本次修订由孙毅、李俊源、舒欣主编并完成配套电子资源建设，在第1版的基础上完成了重新编写与内容补充，鲁沛奇参与了部分电子资源的制作。由于编者学术水平限制，难免存在不少错误和缺点，敬请指正。

编　者

2019年11月

目　录
CONTENTS

绪 论

1. 研究对象和目的

“工程图学”课程以工程图样为研究对象，内容包括：图学原理、机械制图、计算机辅助绘图与形体建模。图学原理以图元和正投影法为基础，学习空间几何体的平面图样表达方法，掌握在平面图样中解决空间几何问题的能力。同时在贯彻工程制图国家标准的基础上培养学生绘制、阅读工程图样的能力。

本课程的目的包括：

(1) 掌握正投影法的图学基本理论和工程制图的相关国家标准；

(2) 培养使用正投影法用二维平面图形表达三维空间形体的能力；

(3) 培养对空间形体的形象思维能力和创造性构型设计能力；

(4) 培养仪器绘制、徒手绘制和阅读零件图和装配图的能力；

(5) 培养使用绘图软件绘制工程图样及进行三维造型设计的能力。

2. 性质和任务

工程图样是采用一定的投影方法，准确地表达物体形状、大小及技术要求的平面图样，它是表达设计思想、制造要求及经验交流的技术文件，常被称为工程界的语言。从事工程专业技术的人员必须具备绘制和阅读工程图样的能力。

本课程理论严谨，实践性强，与工程实践有密切联系，对培养学生掌握科学思维方法，增强工程和创新意识有重要作用，是普通高等院校工科各专业重要的技术基础课程。

3. 学习方法

本课程在学习时应注意以下问题：

(1) 必须掌握正投影的图学原理和基本的作图方法，并能灵活运用作图方法进行解题。

(2) 考虑问题首先从3D空间到2D平面，然后再由2D图样想象3D空间形体(实物→图样→实物)。

(3) 了解机械制图相关国家标准。如图幅、比例、图线、视图、图样画法、尺寸注法等方面的基本规定，学会查阅有关标准和资料的方法，养成自觉地严格遵守制图国家标准有关规定的良好习惯。

(4) 掌握机械零件表达方案的选择确定，零件图与装配图等工程图样的识读。

（5）掌握利用计算机绘制工程图样的基本方法和步骤，能用三维CAD软件进行三维建模和创建零部件的三维模型。

通过本课程的学习，可以培养读者空间构思能力，提高绘制和阅读工程图样的能力；工程化应用能力的提高还有待后续专业知识的学习，通过生产实习、课程设计和毕业设计等环节，不断学习和积累相关知识与实践经验。

第 1 章

制图标准与技能

工程图样是机械产品设计、加工、装配和检验的主要依据，是进行技术交流的一种语言工具。为完整、清晰、准确地绘制机械图样，必须有耐心细致和认真负责的工作态度，掌握正确的作图方法，遵守国家标准《机械制图》与《技术制图》中的各项规定。本章主要介绍国家标准中有关机械制图部分的规定，同时也对绘图工具使用、绘图方法与步骤、基本几何作图、徒手绘图及计算机绘图等内容作基本的介绍。

1.1 制图国家标准一般规定

国家标准《技术制图》是一项基础技术标准，对各类技术图样和有关技术文件等都有统一规定，国家标准《机械制图》是机械专业制图的标准，是绘制与使用图样的准绳，绘制机械图样时必须严格遵守有关规定。国家标准简称“国标”，用代号 GB 表示，如 GB/T 14689—2008，其中“T”为推荐性标准，“14689”是标准顺序号，“2008”是标准批准颁布的年份。

1.1.1 图纸幅面和格式（GB/T 14689—2008）

1. 图纸幅面

图纸幅面简称图幅，指由图纸的宽度和长度组成的图面，即图纸的有效范围，通常用细实线绘出。图样的绘制应优先采用表 1.1 所规定的基本幅面。必要时，允许以基本幅面的短边的整数倍加长幅面。

表 1.1 图纸幅面及图框格式尺寸 mm

<table>
<tr><th>幅面代号</th><th>A0</th><th>A1</th><th>A2</th><th>A3</th><th>A4</th></tr>
<tr><td>$B\times L$</td><td>841×1189</td><td>594×841</td><td>420×594</td><td>297×420</td><td>210×297</td></tr>
<tr><td>a</td><td colspan="5">25</td></tr>
<tr><td>c</td><td colspan="3">10</td><td colspan="2">5</td></tr>
<tr><td>e</td><td colspan="2">20</td><td colspan="3">10</td></tr>
</table>

2. 图框格式

图框指图纸上限定绘图区域的线框，即绘图的有效范围。在图纸上必须用粗实线画出图框，格式分为不留装订边（图 1.1）和留有装订边（图 1.2）两种，但同一产品的图样只能采用其中一种格式。

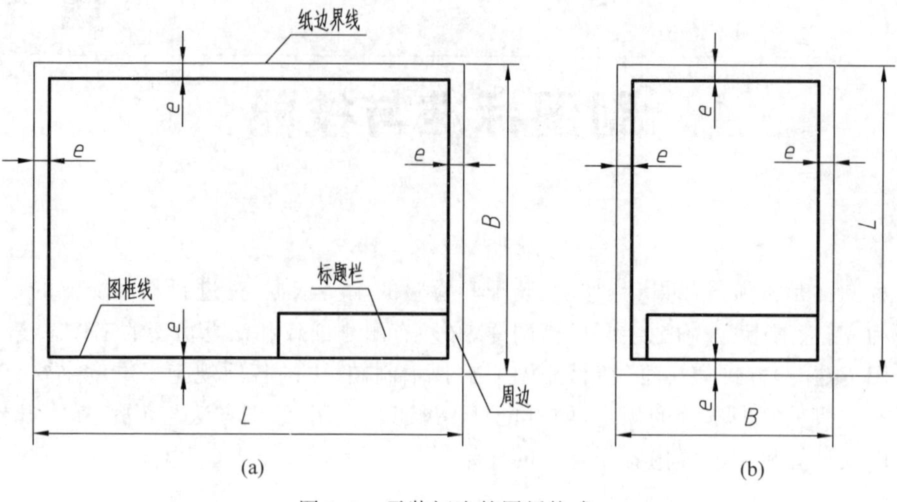

图 1.1　无装订边的图纸格式

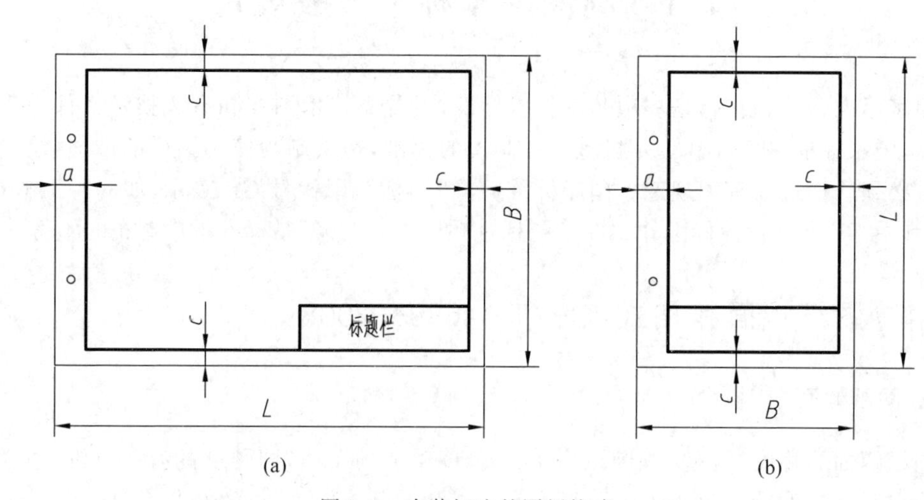

图 1.2　有装订边的图纸格式

3. 标题栏及明细栏

标题栏用来填写图样上的综合信息，标题栏中文字的方向为主要的看图方向。标题栏应位于图纸右下角，如图 1.1 和图 1.2 所示，标题栏的底边与下图框线重合，右边与右图框线重合。标题栏的基本要求、内容、尺寸和格式在国家标准 GB/T 10609.1—2008《技术制图 标题栏》中有详细规定。在装配图中必须有明细栏，一般放在标题栏上方，并与标题栏对齐，用于填写组成零件的序号、名称、材料、数量、标准件规格以及零件热处理要求等内容，其基本要求、内容和格式在国家标准 GB/T 10609.2—2009《技术制图 明细栏》中有具体的规定。标题栏及明细栏样式如图 1.3 所示。

在学校的制图作业中，标题栏可以采用图 1.4 所示的简化形式。标题栏内校名、图样名称、图样代号、材料用 7 号字书写，其余都用 5 号字书写。

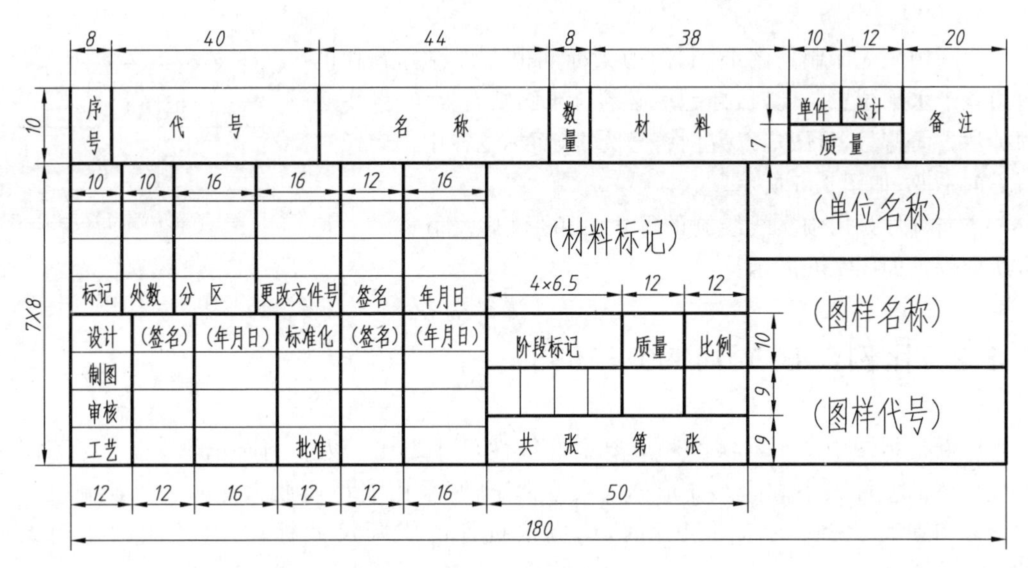

图 1.3　标准标题栏及明细栏

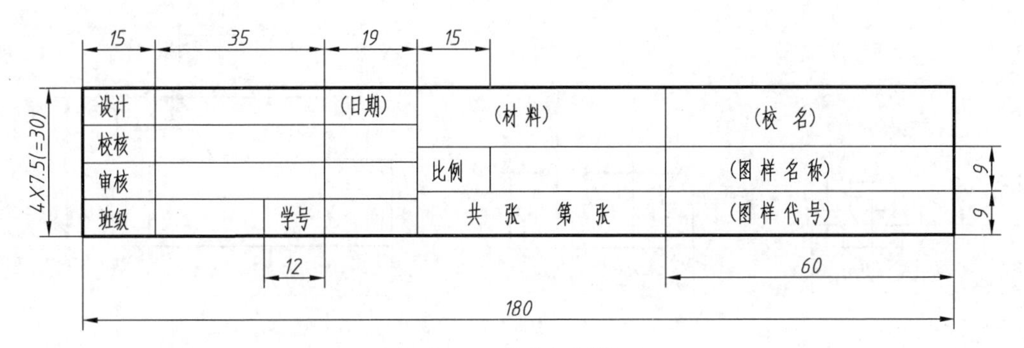

图 1.4　简化标题栏

4. 附加符号

1）对中符号

为了使图样复制和缩微摄影时定位方便，对基本幅面和部分加长幅面的各号图纸，均应在图纸各边的中点处分别画出对中符号。对中符号用粗实线绘制，线宽不小于 0.5mm，长度从纸边界开始至伸入图框内约 5mm，位置误差不大于 0.5mm。对中符号处在标题栏范围内时，则伸入标题栏部分省略不画，如图 1.5 所示。

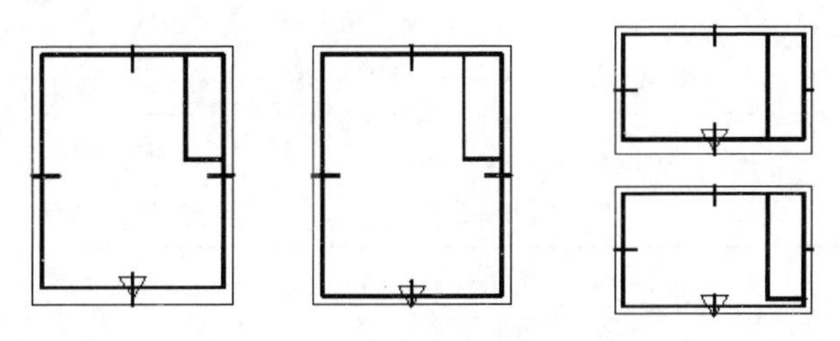

图 1.5　标题栏竖放及方向符号

2) 方向符号

为利用预先印制的图纸,制图国家标准也允许将标题栏的短边置于水平位置。此时,标题栏必须位于图纸右上角,图中必须标注方向符号,看图应以方向符号为准,而标题栏中内容及书写方向不变,如图1.5所示。

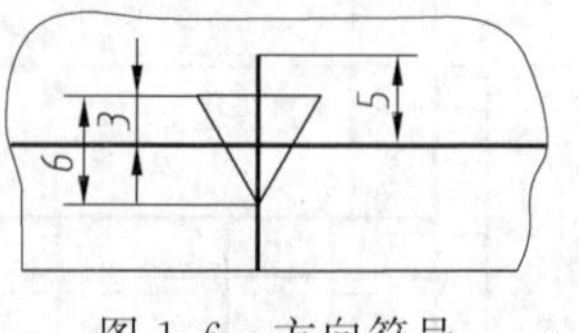

图1.6 方向符号

方向符号是用细实线绘制的等边三角形,其大小与对中符号所处位置如图1.6所示。

1.1.2 比例(GB/T 14690—1993)

比例是指图中图形与实物相应要素的线性尺寸之比。为了方便看图,建议尽可能按工程形体的实际大小画图。如形体太大或太小,则采用缩小或放大比例。但绘制机件时无论采用何种比例,在标注尺寸时,仍应按机件的实际尺寸标注,与绘图的比例无关(图1.7)。

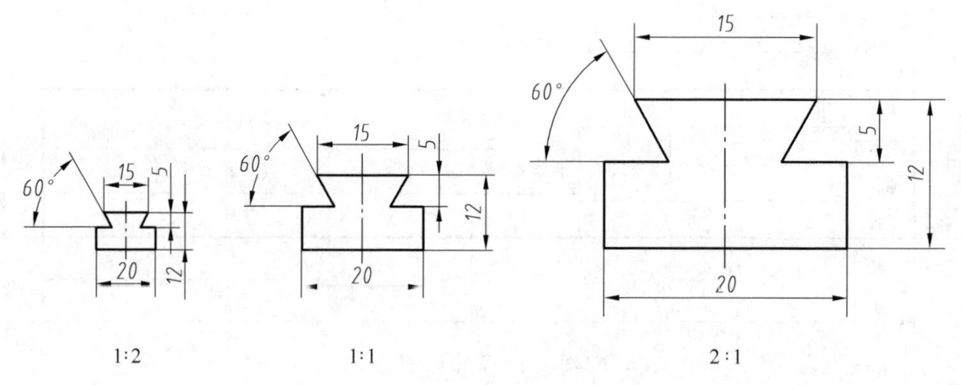

图1.7 用不同比例绘制的图

绘图时,应从表1.2规定的系列中选取适当的比例,优先选用表中不带括号的比例。绘制同一机件的各个视图时,应尽可能采用相同的比例,并在标题栏的比例栏中填写。当某个视图必须采用不同比例时,可在该视图的上方另行标注。

表1.2 图样的比例

原值比例	1∶1
缩小比例	(1∶1.5) 1∶2 (1∶2.5) (1∶3) (1∶4) 1∶5 (1∶6) 1∶1×10ⁿ (1∶1.5×10ⁿ) 1∶2×10ⁿ (1∶2.5×10ⁿ) (1∶3×10ⁿ) (1∶4×10ⁿ) 1∶5×10ⁿ (1∶6×10ⁿ)
放大比例	2∶1 (2.5∶1) (4∶1) 5∶1 1×10ⁿ∶1 2×10ⁿ∶1 (2.5×10ⁿ∶1) (4×10ⁿ∶1) 5×10ⁿ∶1

注:n为正整数。

1.1.3　字体(GB/T 14691—1993)

图样上除了用图形表达零件的结构形状外，还必须用文字、数字及字母等来说明零件的大小、技术要求，并填写标题栏。在图样中书写的字体应做到：字体工整、笔画清楚、间隔均匀、排列整齐。字体的号数，即字体高度 h，其公称尺寸系列为：1.8mm、2.5mm、3.5mm、5mm、7mm、10mm、14mm、20mm。其中汉字的高度 h 不应小于 3.5mm。

汉字应写成长仿宋体字，并采用国家正式公布推行的简化字，其字宽一般为 $h/\sqrt{2}$（约 $0.7h$）。汉字示例如图 1.8 所示。

字体工整 笔画清楚 间隔均匀 排列整齐

横平竖直　结构均匀　注意起落　填满方格

技术制图机械电子汽车航空船舶

土木建筑矿山井坑港口纺织服装

图 1.8　长仿宋汉字示例

字母和数字分为 A 型和 B 型。A 型字体的笔画宽度为字高的 1/14，B 型字体的笔画宽度为字高的 1/10。在同一图样上只允许选用一种型式的字体。字母和数字可写成斜体或直体，但全图要保持统一。斜体字字头向右倾斜，与水平基准线成 75°。图 1.9 所示为 B 型斜体字母、数字和字体在图纸上的应用示例。

ABCDEFGHIJKLMNOPQRSTUVWXYZ

abcdefghijklmnopqrstuvwxyz

12345678910　I II III IV V VI VII VIII IX X

R3　2×45°　M24-6H　Φ60H7　Φ30g6

$\Phi 20^{+0.021}_{0}$　$\Phi 25^{-0.007}_{-0.020}$　*Q235*　*HT200*

图 1.9　B 型斜体字母、数字及字体示例

1.1.4　图线(GB/T 4457.4—2002，GB/T 17450—1998)

在机械制图中常用的线型有实线、虚线、点画线、双点画线、波浪线、双折线等(表 1.3)。在图样中不同线型表示不同语义，要注意使用场合，合理选择使用。

图线的线宽 d 应根据图形的大小和复杂程度，在下列系列中选择：0.18mm、0.25mm、0.35mm、0.5mm、0.7mm、1mm、1.4mm、2mm。

表 1.3 基本线型及应用

图线名称	图线型式	线宽	图线应用
粗实线		d	可见轮廓线、棱边线 可见相贯线 螺纹牙顶线及螺纹终止线 齿顶圆(线)
细实线			尺寸线及尺寸界线 过渡线 剖面线 重合断面的轮廓线 螺纹的牙底线及齿轮的齿根线 指引线和基准线 局部放大部位的范围线
虚线	(画 $12d'$,间隔 $3d'$)		不可见轮廓线 不可见过渡线
波浪线		$d'=d/2$	断裂处的边界线 视图和剖视的分界线
双折线			
细点画线	(点 $0.5d'$,画 $24d'$,间隔 $3d'$)		轴线 对称中心线 分度圆(线)
细双点画线	(点 $0.5d'$,画 $24d'$,间隔 $3d'$)		相邻辅助零件的轮廓线 可动零件的极限位置轮廓线 轨迹线 剖切面前的结构轮廓线
粗点画线	(点 $0.5d$,画 $24d$,间隔 $3d$)	d	限定范围表示线

在图样中,图线一般只有两种宽度,分别为粗线和细线,其宽度之比为 2∶1。在通常情况下,粗线的宽度采用 0.5mm、0.7mm,细线的宽度采用 0.25mm、0.35mm。

图 1.10 为图线的应用举例。零件的可见轮廓线用粗实线表达；不可见轮廓线用虚线表达；尺寸线、尺寸界线及剖面线等用细实线表达；断裂处的边界线及视图和剖视的分界线用波浪线表达；对称中心线及轴线用细点画线表达；相邻辅助零件的轮廓线及极限位置的轮廓线用细双点画线表达。

在图线的绘制及应用中,应注意以下问题(图 1.11)：

(1) 同一图样中,同类图线的宽度应一致,虚线、点画线及双点画线的线段长度和间隔应各自大致相等。

(2) 绘制圆的对称中心线时,圆心应为线段的交点。点画线和双点画线的首末两端应是线段而不是点,且应超出图形外约 2～5mm。在较小的图形上绘制点画线或双点画线有困难时,可用细实线代替。

(3) 虚线、点画线、双点画线与其他图线相交时,应该是线段相交。当虚线是粗实线的延长线时,在连接处应断开。

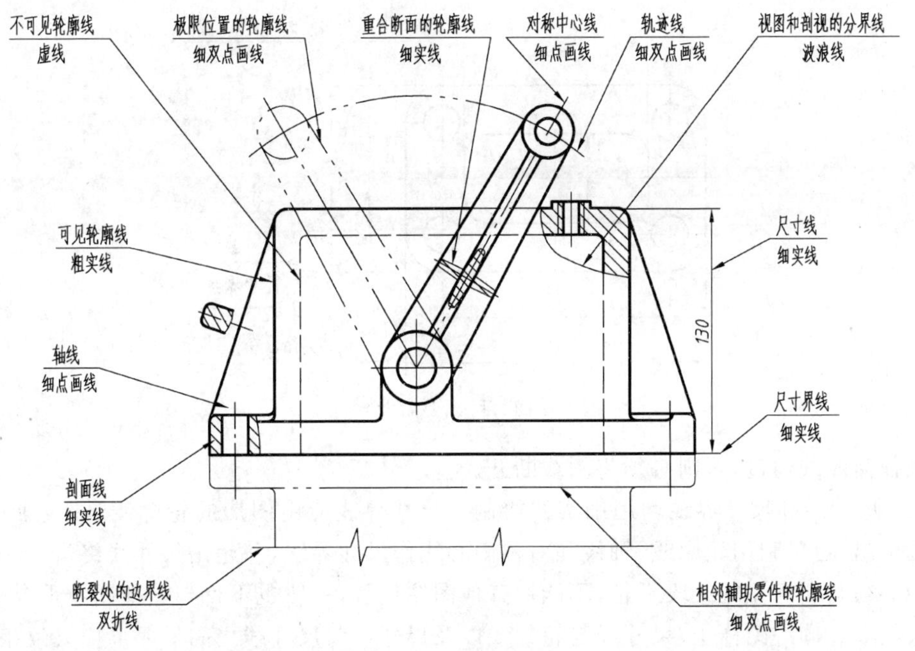

图 1.10 图线及其应用

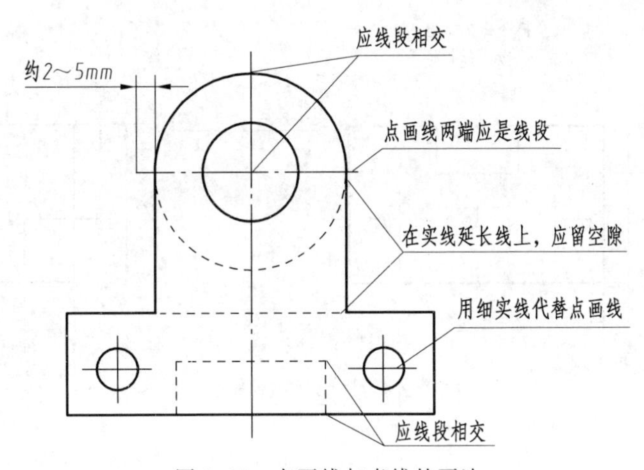

图 1.11 点画线与虚线的画法

1.1.5 尺寸注法(GB/T 4458.4—2003)

图样中所标注的尺寸应为机件的实际尺寸，并为该图样所示工件的最后完工尺寸。图样中(包括技术要求和其他说明)的尺寸以 mm(毫米)为单位时，不需标注单位符号(或名称)，如采用其他单位时，则必须注明，如(°)(度)、cm(厘米)、m(米)等。机件的每一个尺寸，一般只标注一次，并应标注在反映该结构最清晰的图形上。

一个完整的尺寸由尺寸数字、尺寸线、尺寸界线和尺寸的终端(箭头或斜线)组成(图 1.12)。

(1) 图样中的尺寸数字一般为 3.5 号字，并应按标准字体书写。尺寸数字要保证清晰，

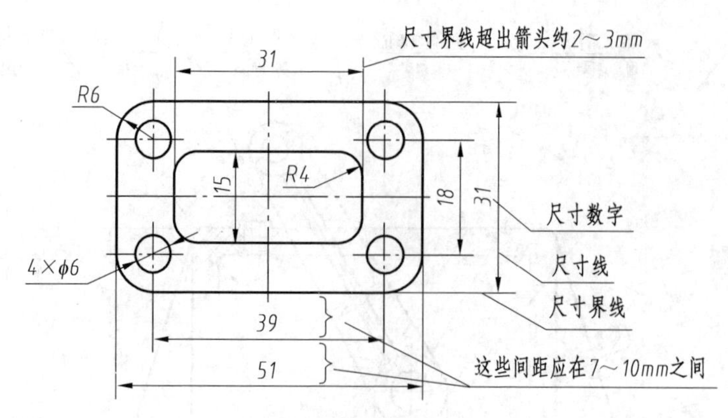

图 1.12　尺寸要素及标注

不可被任何图线通过，否则必须将图线断开。

(2) 尺寸线和尺寸界线均用细实线绘制。尺寸界线应由图形的轮廓线、轴线或对称中心线处引出，也可利用轮廓线、轴线和对称中心线作尺寸界线，并超出尺寸线终端 2～3mm。尺寸线必须与所标注的线段平行，不能用其他图线代替，一般也不得与其他图线重合或画在其延长线上。同一图样中，尺寸线与轮廓线以及尺寸线与尺寸线之间的距离应大致相当，一般以不小于 5mm 为宜。尺寸线标注示例如图 1.13 所示。

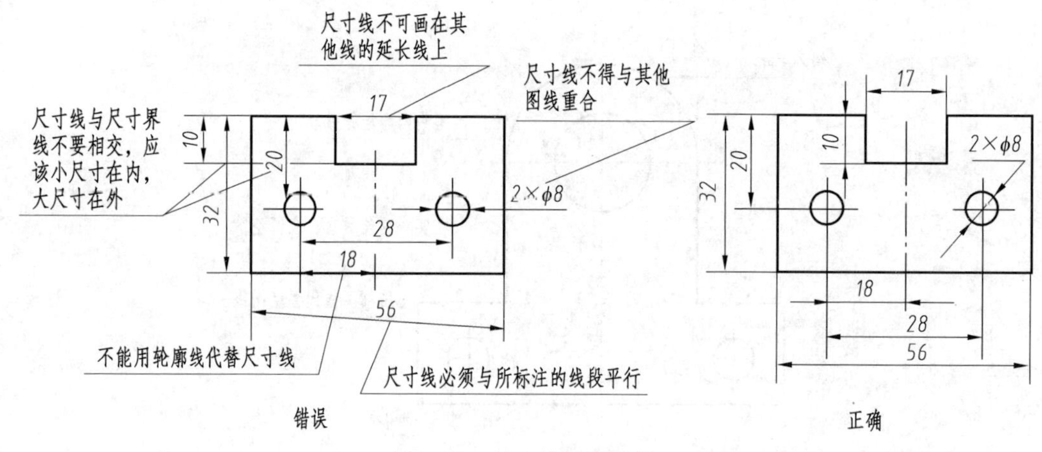

图 1.13　尺寸线标注示例

(3) 尺寸线的终端可以有两种形式(图 1.14)。机械图样中尺寸线的终端一般采用箭头，其尖端应与尺寸界线接触，箭头长度不小于粗实线宽度的 6 倍。特殊情形下也可用 45°斜线，斜线的高度应与尺寸数字的高度相等。箭头应尽量画在尺寸界线的内侧。对于较小的尺寸，在没有足够的位置画箭头或注写数字时，也可将箭头或数字放在尺寸界线的外面。当遇到连续几个较小的尺寸时，允许用圆点或细斜线代替箭头，如图 1.15 所示。

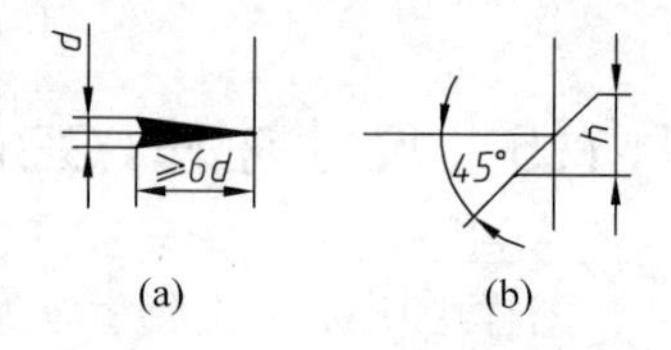

图 1.14　尺寸线的终端
(a) 箭头；(b) 斜线

1. 线性尺寸的注法

线性尺寸的尺寸数字一般应注写在尺寸线的上方，但也允许注写在尺寸线的中断处。

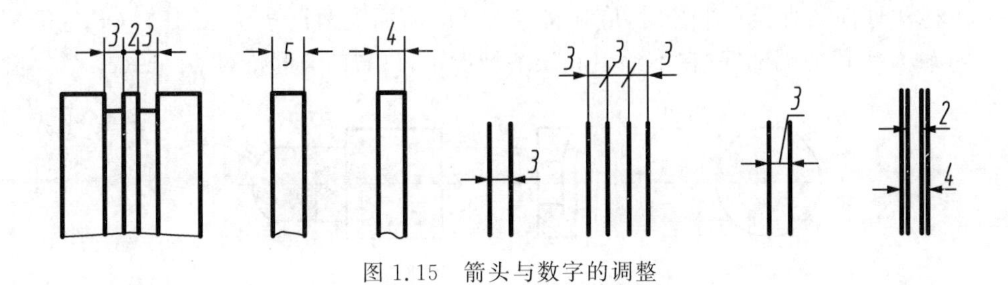

图 1.15　箭头与数字的调整

尺寸数字的方向，一般应按图 1.16(a)所示的方向注写，倾斜尺寸的数字字头应有朝上的趋势，并尽可能避免在图示 30°范围内标注尺寸。当无法避免时，可按图 1.16(b)的形式标注。

标注线性尺寸时，尺寸线必须与所标注的线段平行。尺寸界线一般应与尺寸线垂直，必要时允许倾斜(见图 1.17)。

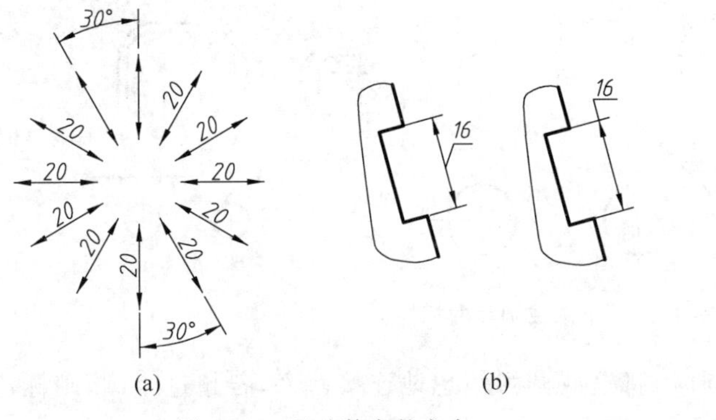

图 1.16　尺寸数字的方向

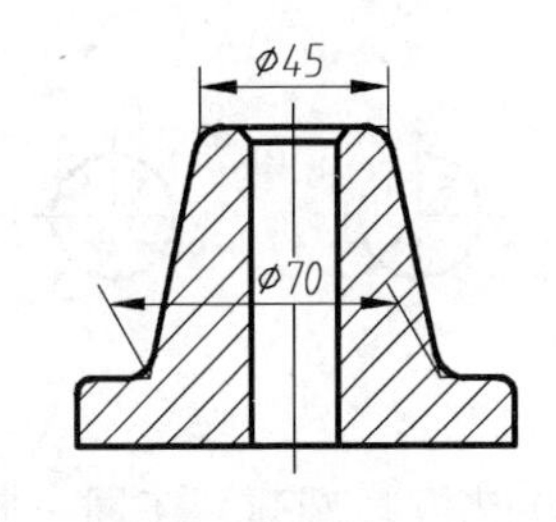

图 1.17　必要时尺寸界线允许倾斜

2. 圆的直径和圆弧半径的注法

(1) 对于整圆或大于半圆的圆弧应标注直径。直径标注时，尺寸线应通过圆心，尺寸线的两个终端应画成箭头，并在数字前加注符号ϕ(图 1.18(a))。当图形中的圆只画出一半或略大于一半时，尺寸线应略超过圆心，并在尺寸线一端画出箭头(图 1.18(b))。

(2) 对于小于或等于半圆的圆弧应标注半径。标注圆弧的半径时，尺寸线一端一般应画到圆心，另一端画成箭头，并在尺寸数字前加注符号 R(图 1.18(c))。

(3) 大圆弧的半径过大，或在图纸范围内无法标出其圆心位置时，尺寸线可用折断方式表示(图 1.18(d))。

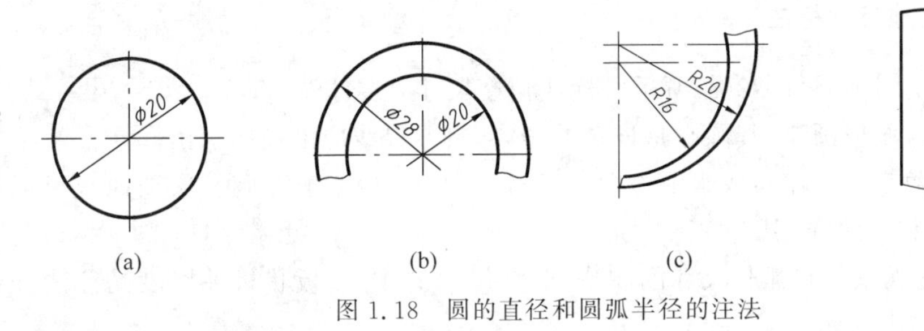

图 1.18　圆的直径和圆弧半径的注法

（4）标注球面的直径和半径时，应在符号ϕ和R前加辅助符号S（图1.19(a)、(b)）。但对于有些轴及手柄的端部等，在不致引起误解情况下，可省略符号S（图1.19(c)）。

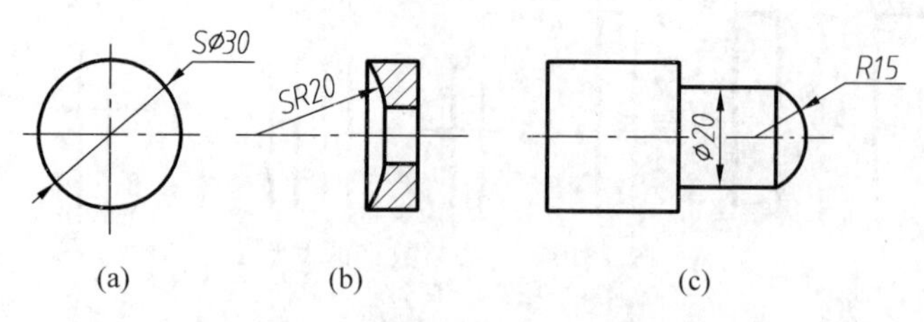

图1.19 球面直径和半径的标注

（5）在图形上直径较小的圆或圆弧，在没有足够的位置画箭头和注写尺寸数字时，可按图1.20的形式标注。标注小圆弧半径的尺寸线，不论是否画到圆心，但其方向必须通过圆心。

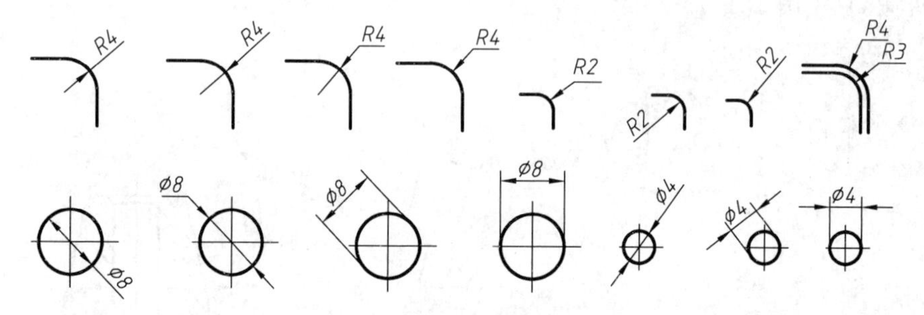

图1.20 小圆或圆弧的标注

（6）当几段圆弧位于同一圆周时，将这些圆弧假想地连接起来，若超过半圆，则标注直径，如图1.21所示的尺寸ϕ57和ϕ32。

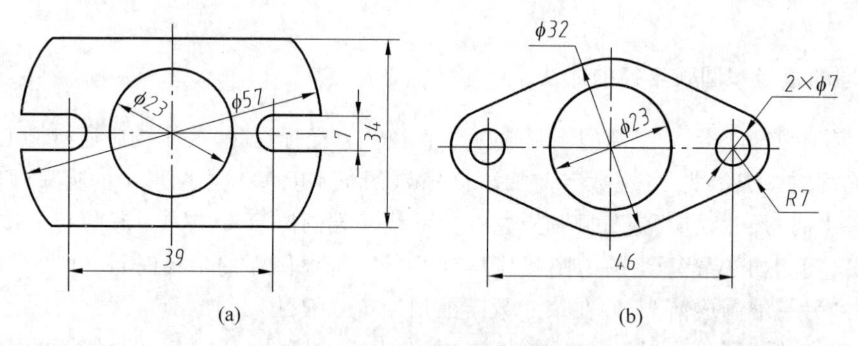

图1.21 同一圆的多段圆弧的标注

3. 角度及其他尺寸标注

角度尺寸的标注如图1.22(a)所示。标注角度尺寸时要注意：

（1）尺寸线应画成圆弧，其圆心是该角的顶点，尺寸界线应沿径向引出。

（2）角度的数字应一律写成水平方向，一般注写在尺寸线的中断处，必要时也可以注写在尺寸线的上方和外面，或引出标注。

其他尺寸，比如弦长和弧长尺寸的注法、对称尺寸的注法、板状机件厚度的注法分别如图1.22(b)、(c)、(d)所示。

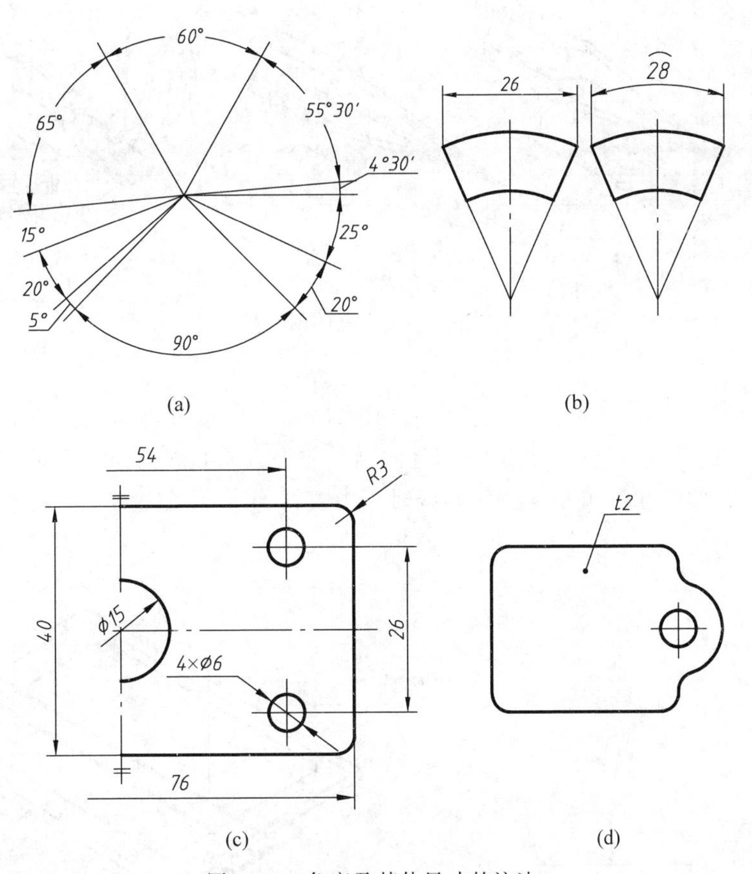

图 1.22　角度及其他尺寸的注法

（a）角度的注法；（b）弦长和弧长的注法；（c）对称尺寸的注法；（d）板状机件厚度的注法

1.2　绘图工具及其使用

为快速准确地绘制机械图样，必须了解并掌握绘图工具的正确使用方法。下面介绍常用的绘图工具及其正确使用方法。

1. 铅笔

常用的绘图铅笔有木杆铅笔和活动铅笔两种。铅芯的软硬程度分别用字母 B、H 前的数值表示。H 前的数字越大，铅芯越硬，画出来的图线就越淡；B 前的数字越大，铅芯越软，画出来的图线就越黑。绘图时通常用 H 或 2H 铅笔来画底稿；用 B 或 HB 铅笔来画粗实线；用 HB 铅笔来画细线和写字。由于圆规画圆时不便用力，因此圆规上使用的铅芯一般要比绘图铅笔要软一级。

在绘制工程图样时应使用专用的绘图铅笔，并根据线型的不同，选择不同型号的绘图铅笔。一般用于画粗实线铅笔的铅芯应磨成矩形断面，其余的磨成圆锥形，如图 1.23 所示。

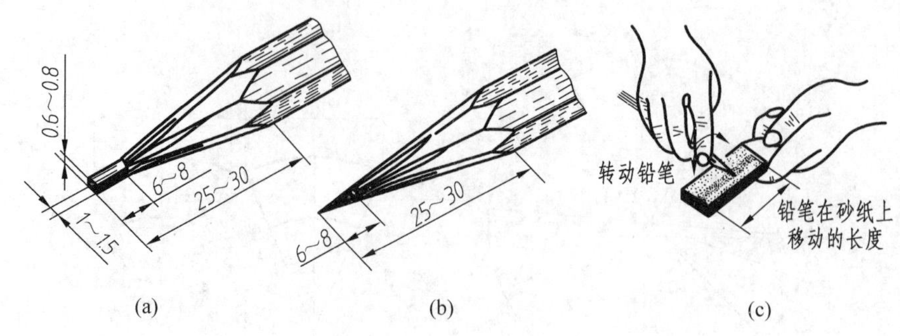

(a) (b) (c)

图 1.23 铅笔的削法

(a) 磨成矩形；(b) 磨成锥形；(c) 铅笔的磨法

画线时，铅笔在前后方向应与纸面垂直(图 1.24(a))，也可略向尺外方向倾斜，铅笔与尺身之间应该没有空隙(图 1.24(b))，而且向画线前进方向倾斜约 30°(图 1.25)。画粗实线时，因用力较大，倾斜角度可小一些。画线时用力要均匀，匀速前进。

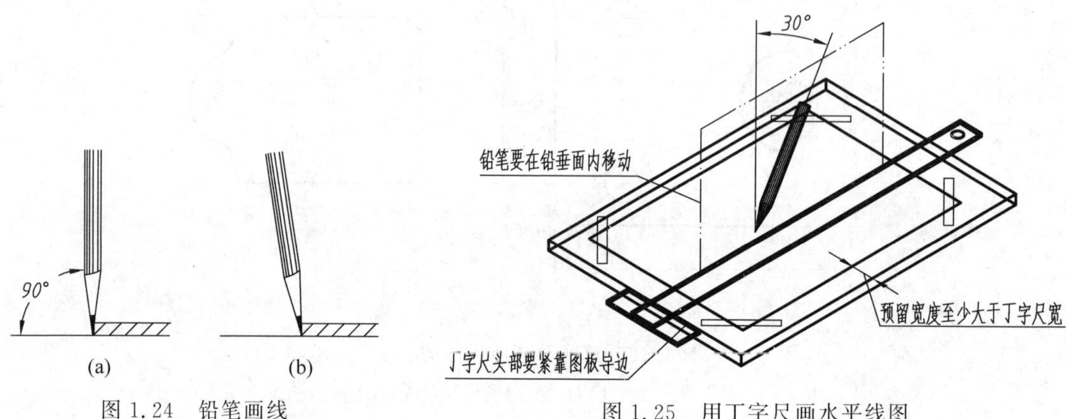

(a) (b)

图 1.24 铅笔画线

图 1.25 用丁字尺画水平线图

Video

2. 图板、丁字尺和三角板

图板是供铺放图纸用的，它的表面必须平坦光滑。图板的左右短边为导边，必须平直。图板常用的规格有 A0、A1、A2 三种。绘图时，用胶带纸将图纸固定在图板的适当位置。为了便于画图，图纸应尽量固定在图板的左下方，并保证图上的所有水平线与图框线平行。

丁字尺是用来画水平线的。使用时用左手握住尺头，使其紧靠图板的左侧导边作上下移动，右手执笔，沿丁字尺工作边自左向右画线。画线时，笔杆应稍向外倾斜，尽量使笔尖贴靠尺边，如图 1.25 所示。如画较长的水平线时，左手应按住丁字尺尺身。画垂直线时，手法如图 1.26 所示，自下往上画线。

三角板有 45°和 30°(60°)两块，如图 1.27(a)所示。三角板配合丁字尺可画垂直线和 45°、30°、60°、75°以及 15°倍角的斜线如图 1.27(b)所示。用两块三角板配合可画任意角度的平行线，如图 1.27(c)所示。

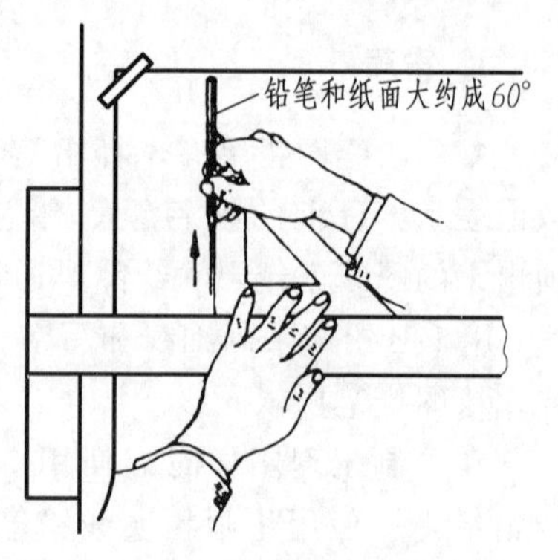

图 1.26 用丁字尺画垂直线

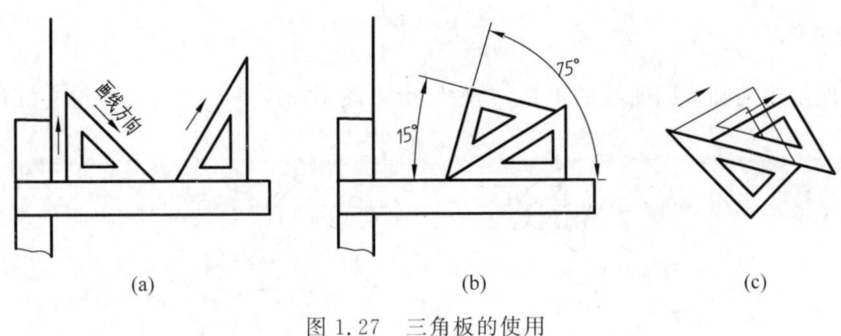

图 1.27　三角板的使用

3. 分规和圆规

分规是用来量取线段长度和分割线段的工具，分规使用时两针尖应平齐，如图 1.28 所示。

圆规用来画圆。在加深粗实线圆时，铅笔芯应磨成矩形；画细线圆时，铅笔芯应磨成铲形，如图 1.29 所示。画图时，应当匀速前进，并注意用力均匀。圆规所在的平面应稍向前进方向倾斜，如图 1.30 所示。

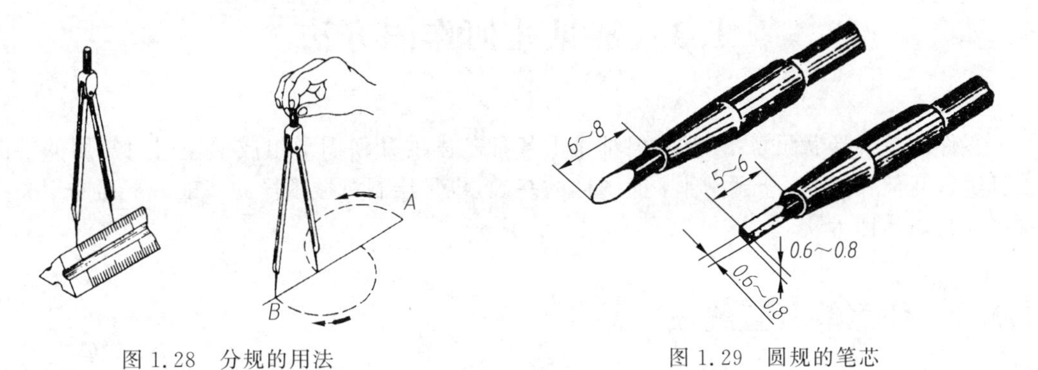

图 1.28　分规的用法　　图 1.29　圆规的笔芯

圆规针脚上的针应将带支承面的小针尖向下，以避免针尖插入图板过深，针尖的支承面应与铅芯对齐，如图 1.31(a)所示。当画大直径的圆或加深时，圆规的针脚和铅笔脚均应保持与纸面垂直，如图 1.31(b)所示。必要时，可用加长杆来扩大所画圆的半径，其用法如图 1.32 所示。

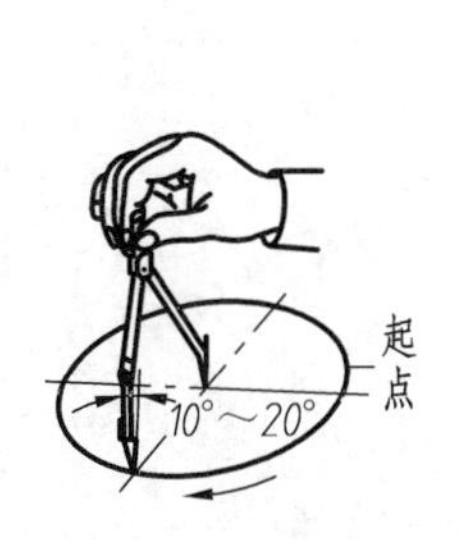

图 1.30　画圆方法

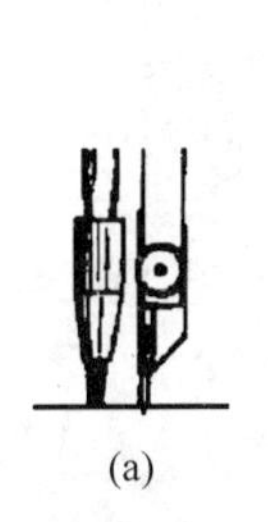

(a)　(b)

图 1.31　圆规针脚的用法

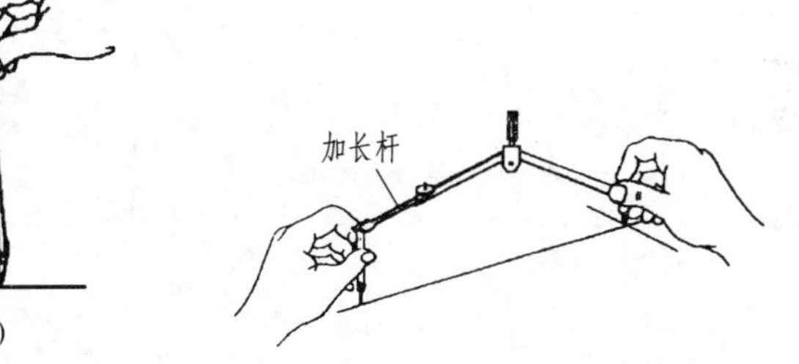

图 1.32　加长杆的用法

4. 曲线板

曲线板是用来画非圆曲线的工具，其轮廓由多段不同曲率半径的曲线组成(图1.33)。

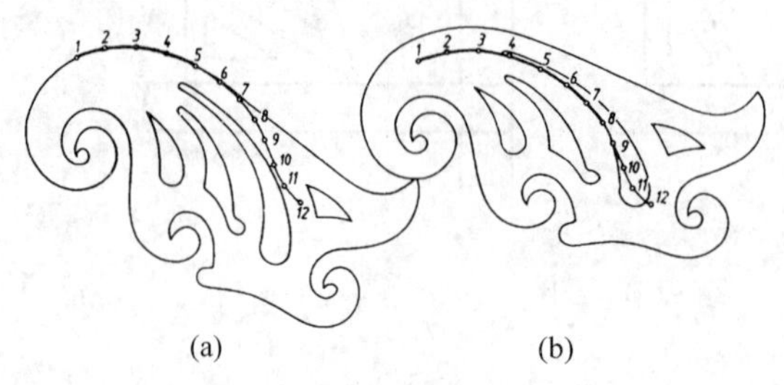

(a) (b)

图1.33 曲线板及其使用

作图时，先徒手用铅笔轻轻地把曲线上一系列的点顺次地连接成一条曲线，然后选择曲线板上曲率合适的部分与徒手连接的曲线贴合，并将曲线加深。每次连接应至少通过曲线上三个点，并注意每画一段线，都要比曲线板边与曲线贴合的部分稍短一些，这样才能使所画的曲线光滑地过渡。

1.3 常见几何作图方法

零件的轮廓形状虽各不相同，但都是由各种基本的几何图形组成的。利用常用的绘图工具进行几何作图，是绘制各种平面图形的基础，也是绘制机械图样的基础。下面介绍一些常用的几何作图方法。

1.3.1 任意等分直线段

如图1.34所示，过线段AB的一个端点A作一与其成一定角度的直线段AC，然后在此线段上用分规截取所需的等分线段数(图中为5等分)，将其最后的等分点5与原线段的另一端点B相连，然后过各等分点作此线段$5B$的平行线与原线段相交，各交点即为所需作出的等分点。

Video

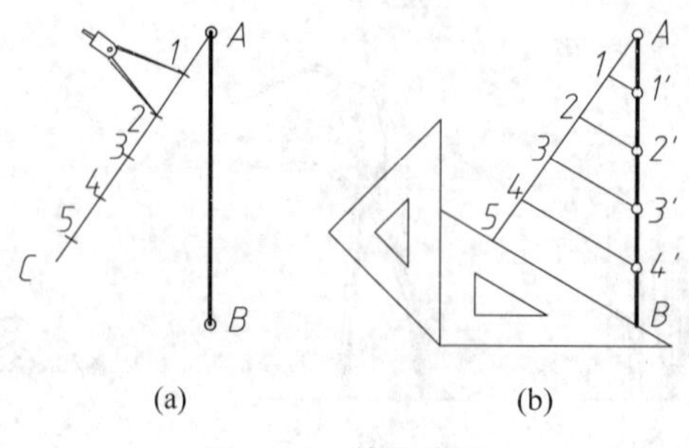

(a) (b)

图1.34 等分线段

1.3.2　作正六边形

正六边形可使用 30°(60°)三角板与丁字尺配合，根据已知条件直接作出。具体作法如图 1.35 所示：

(1) 用三角板过中心线与六边形外接圆交点 A 与 B 绘制直线段 $A4$ 与 $2B$，2 与 4 为直线段与外接圆的交点；

(2) 用反向的三角板过中心线与六边形外接圆交点 A 与 B 绘制直线段 $1A$ 与 $B3$，1 与 3 为直线段与外接圆的交点；

(3) 连接 1、2 与 3、4，完成正六边形绘制。

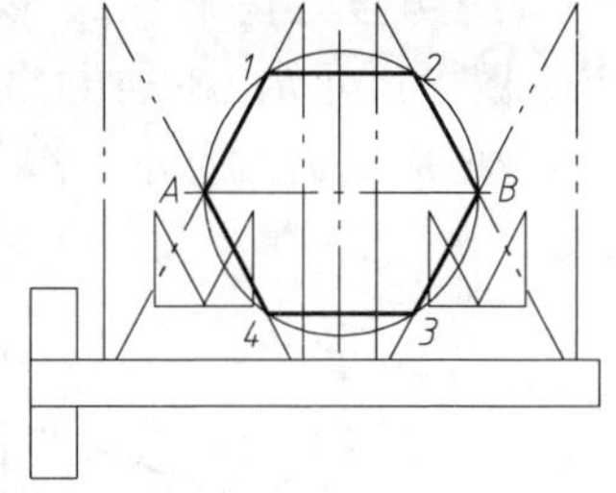

图 1.35　正六边形的作法

1.3.3　斜度与锥度

1. 斜度

斜度是指一直线(或平面)对另一直线(或平面)的倾斜程度，其大小用该两直线或平面间夹角的正切来表示，如图 1.36(a)所示，即斜度 $=\tan\alpha=H/L$。

通常在图样上都是将比例化成 $1:n$ 的形式加以标注，并在其前面加上斜度符号。斜度符号的画法如图 1.36(b)所示，图中尺寸 h 为尺寸数字的高度，符号的线宽为 $h/10$。标注斜度的方法如图 1.36(c)、(d)所示，应注意斜度符号的方向应与图中斜度的方向一致。

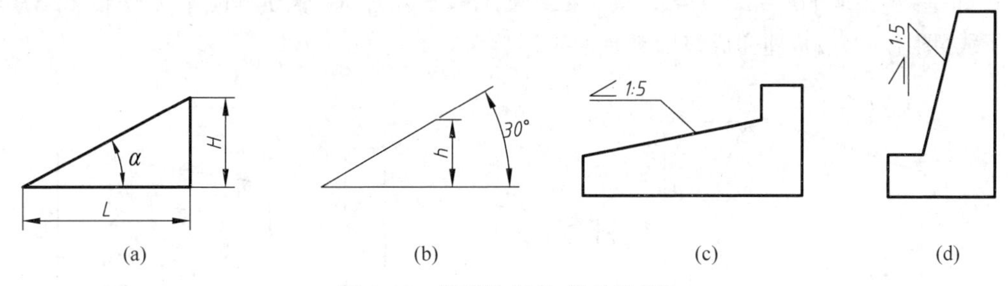

图 1.36　斜度的定义、符号及标注

斜度的作图步骤如下(图 1.37)：先按其他有关尺寸作出非倾斜部分的轮廓(图 1.37(b))，再过点 A 作水平线，用分规任取一个单位长度 AB，并使 $AC=5AB$，过点 C 作垂线，并取 $CD=AB$，连 AD 即完成该斜面的投影(图 1.37(c))。

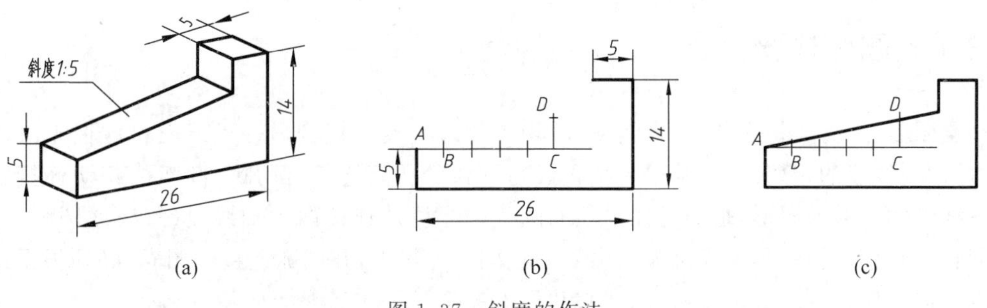

图 1.37　斜度的作法

2. 锥度

锥度是指圆锥的底面直径与高度之比。如果是锥台，则是底圆直径和顶圆直径的差与高度之比（图1.38(a)），即锥度$=D/L=(D-d)/l=2\tan\alpha$。

通常锥度也化成$1:n$形式标注，并在其前面加上锥度符号。锥度的符号如图1.38(b)所示，图中尺寸h为尺寸数字的高度，符号的线宽为$h/10$。标注锥度的方法如图1.38(c)所示。锥度应从圆锥的外形轮廓线处引出进行标注，应注意锥度符号的方向应与锥度的方向一致。

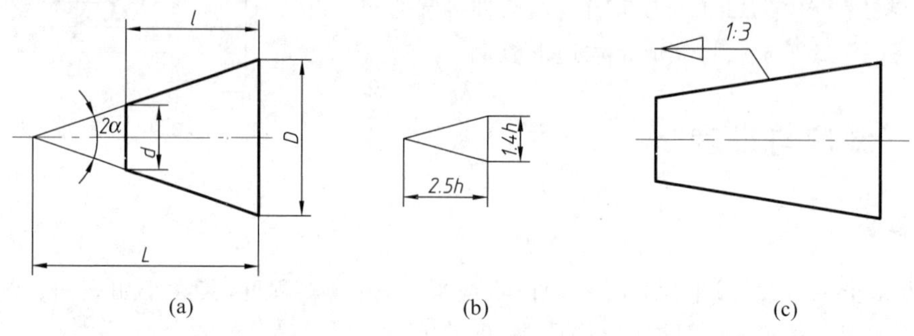

图1.38 锥度的符号及标注法

图1.39(a)所示圆台的锥度为1∶3。其锥度的作图步骤如下：先根据圆台的尺寸26和$\phi18$作出AO和FG线，过点A用分规任取一个单位长度AB，并使$AC=3AB$（图1.39(b)），过点C作垂线，并取$DE=2CD=AB$，连AD和AE，然后分别过点F和点G作AD和AE的平行线（图1.39(c)），即完成该圆锥台的投影。

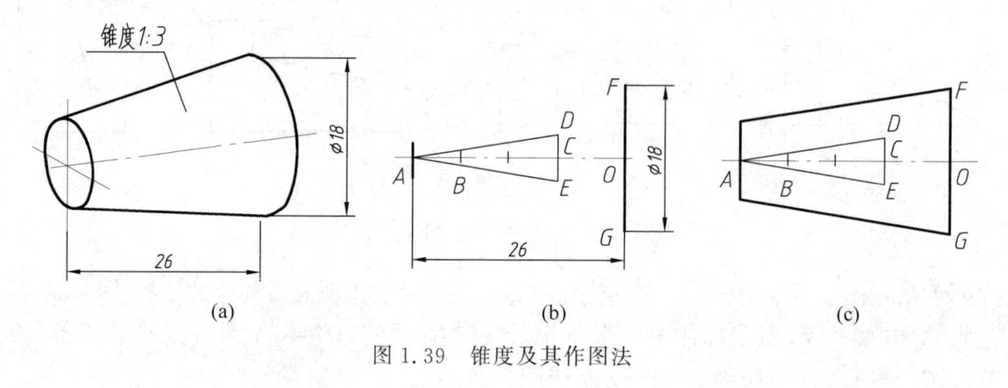

图1.39 锥度及其作图法

1.3.4 圆弧连接

绘图时，常需要将一条线（直线或圆弧）光滑地过渡连接到另一条线上。这种光滑过渡连接，即为线段的相切连接，其中包括直线与圆弧的相切连接、圆弧与圆弧的相切连接。工程图样中的大多数图形，是用已知半径的圆弧去光滑地连接两已知线段（直线或圆弧）。其中起连接作用的圆弧称为连接弧。由于切点即为连接点，在圆弧连接作图时，必须根据连接弧的几何性质，准确求出连接弧的圆心和切点的位置。

Video

1. 圆弧连接的基本原理

(1) 如图1.40(a)所示，半径为R的连接圆弧与已知直线连接(相切)时，连接弧圆心O的轨迹是与直线相距为R且平行的直线；切点为连接弧圆心向已知直线所作垂线的垂足K。

(2) 如图1.40(b)所示，半径为R的连接圆弧与已知圆弧(半径为R_1)外切时，则连接圆弧圆心的轨迹是已知圆弧的同心圆弧，其半径为R_1+R；切点为两圆心的连线与已知圆的交点K。

(3) 如图1.40(c)所示，半径为R的连接圆弧与已知圆弧(半径为R_1)内切时，则连接圆弧圆心的轨迹是已知圆弧的同心圆弧，其半径为R_1-R；切点为两圆心的连线与已知圆的交点K。

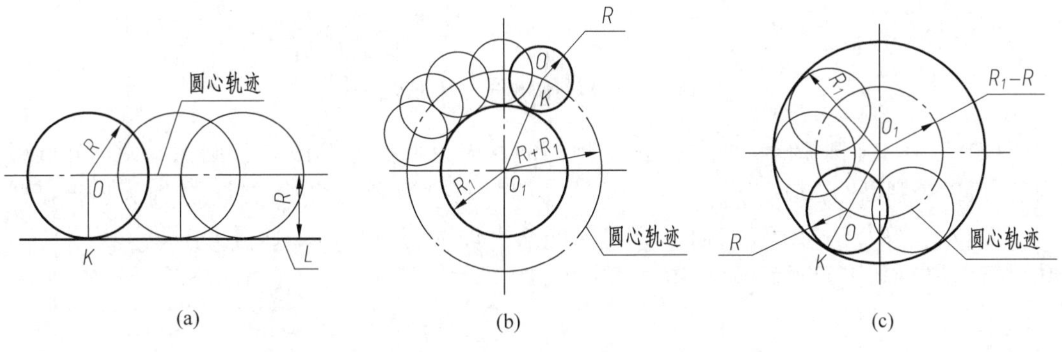

图1.40 圆弧连接的作图原理

2. 用圆弧连接两已知直线

已知直线AC、BC及连接圆弧的半径R(图1.41)，作连接圆弧的方法如下：

(1) 求连接弧的圆心。作两辅助直线分别与AC及BC平行，且距离都等于R，两辅助直线的交点O就是所求连接圆弧的圆心。

(2) 求连接弧的切点。过点O分别向两已知直线作垂线，得到垂足M、N，即为切点。

(3) 作连接弧。以点O为圆心，R为半径，M与N为两端点作圆弧，即完成圆弧的连接。

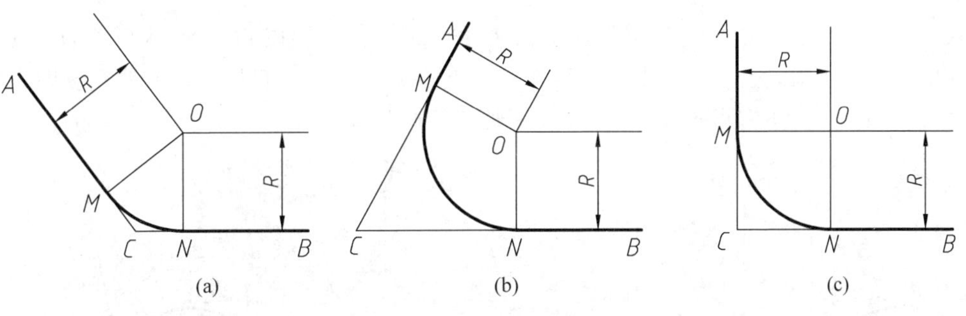

图1.41 用圆弧连接两已知直线

3. 用半径为 *R* 的连接圆弧连接两已知圆弧

(1) 与两已知圆弧外切时的画法(图1.42)。因为半径为$R21$连接圆弧与两已知圆弧外切，所以分别以O_1、O_2为圆心，(21+8)与(21+11)为半径画弧，交点O即为连接弧圆心。连 OO_1、OO_2，它们与已知弧的交点即为切点(图 1.42(b))。以 O 为圆心，21 为半径在两切点间画弧即可(图 1.42(c))。

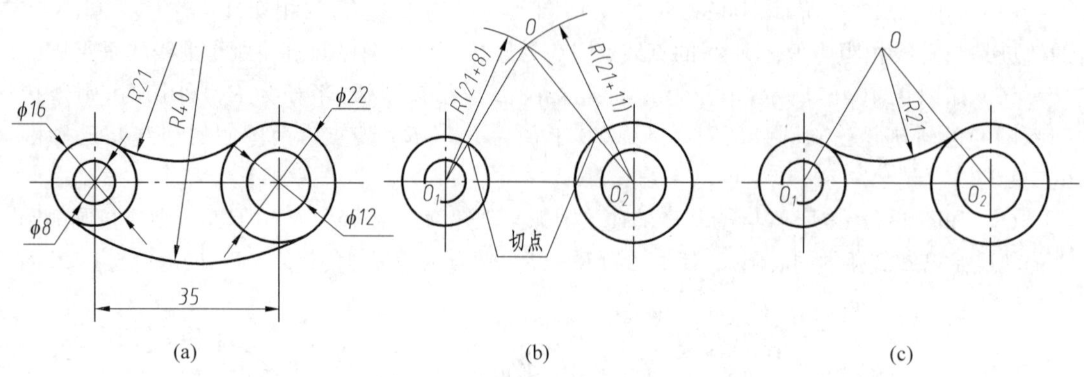

(a) (b) (c)

图 1.42 与两圆弧外切时的画法

(2) 与两已知圆弧内切时的画法(图 1.43)。因为半径为 $R40$ 连接圆弧与两已知圆弧内切，所以分别以 O_1、O_2 为圆心，(40－8)与(40－11)为半径画弧，交点 O 即为连接弧圆心。连 OO_1、OO_2 并延长，它们与已知弧的交点即为切点(图 1.43(b))。以 O 为圆心，40 为半径在两切点间画弧即可(图 1.43(c))。

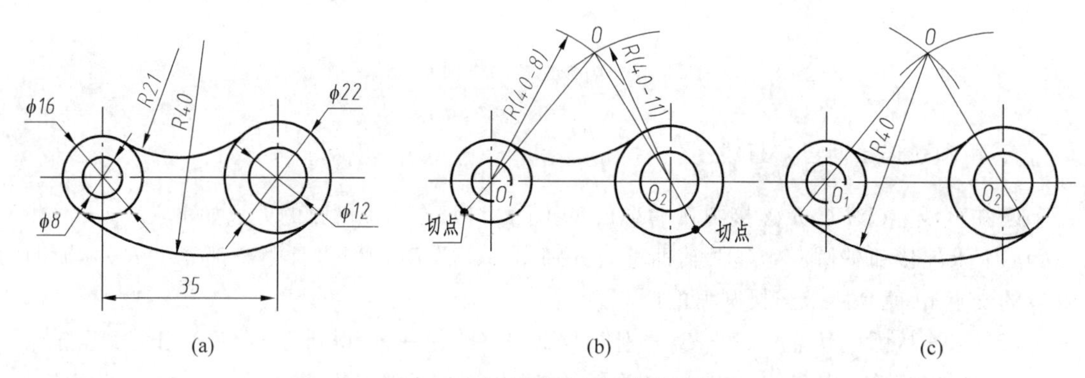

(a) (b) (c)

图 1.43 与两圆弧内切时的画法

(3) 一端外切、一端内切的圆弧连接画法(图 1.44)。分别以 O_1、O_2 为圆心，$R-R_1$ 与 $R+R_2$ 为半径画弧，交点 O 即为连接弧圆心。连 OO_1、OO_2，它们与已知弧的交点即为切点(图 1.44(b))。以 O 为圆心，R 为半径在两切点间画弧即可(图 1.44(c))。

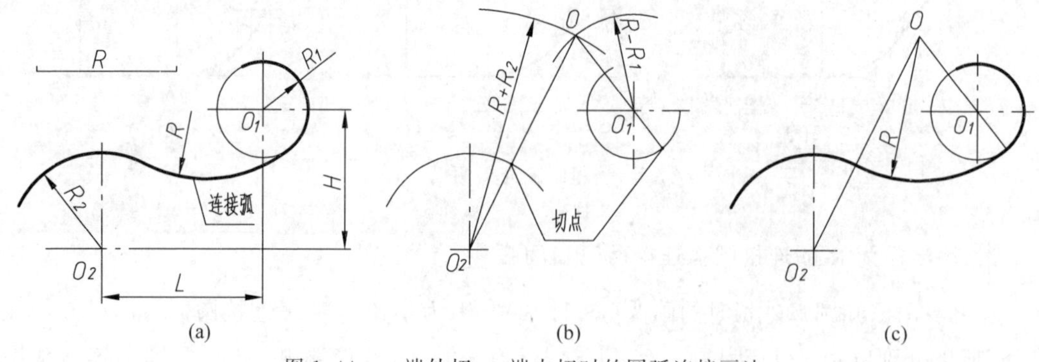

(a) (b) (c)

图 1.44 一端外切、一端内切的圆弧连接画法

1.3.5　椭圆的近似画法

椭圆是非圆曲线，在绘图时，通常是根据已知椭圆的长轴和短轴，用四段相切的圆弧近似，这种近似画法通常称为四心圆法(图 1.45)。具体作图步骤如下：

(1) 作椭圆长轴 AB 和短轴 CD，O 为椭圆中心。

(2) 以点 O 为圆心，OA 为半径画圆弧交 OC 延长线于 E。

(3) 以点 C 为圆心，CE 为半径画圆弧交 AC 于 F。

(4) 作 AF 的垂直平分线交 AB 于 K、CD 于 J，然后求 K、J 对于长轴 AB、短轴 CD 的对称点 M 和 L，则 K、L、J、M 即为四段圆弧的圆心。连接 JK、MK、JL、ML 并延长，即得四段圆弧的分界线。

(5) 分别以 K、L、J、M 为圆心，以 KA 和 JC 为半径画小圆弧和大圆弧至分界线，大圆弧和小圆弧相切于 T 点。

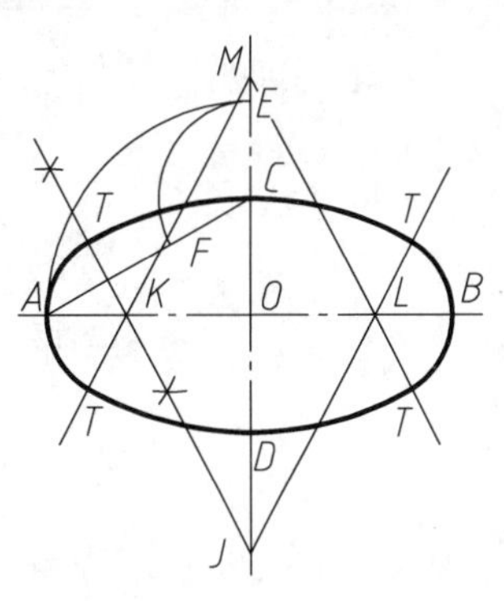

图 1.45　椭圆的近似画法

1.4　计算机绘图的基本操作

Video

1.4.1　软件的启动

1. 计算机绘图软件的启动

AutoCAD 的启动可以双击桌面上 AutoCAD 的程序图标，或者在“开始”菜单中“程序”组下选择 AutoCAD 2019 程序组中的 AutoCAD 2019 项，即可以启动 AutoCAD 2019，启动并新建文件后屏幕如图 1.46 所示。

2. 用户界面

用户界面主要由标题栏、菜单栏、工具栏、绘图区、命令窗口和状态栏等内容组成。

1) 标题栏

标题栏出现在屏幕的顶部，用来显示软件的名称 AutoCAD 2019 和当前编辑的图形文件名称。

2) 菜单栏

在快速访问工具栏单击 ▾ 按钮选择“显示菜单栏”，可出现完整菜单栏，包含文件(F)、编辑(E)、视图(V)、插入(I)、格式(O)、工具(T)、绘图(D)、标注(N)、修改(M)、窗口(W)和帮助(H)等菜单组。利用菜单栏几乎可以实现 AutoCAD 的全部功能，只需在某一菜单上单击，便可打开其下拉菜单。

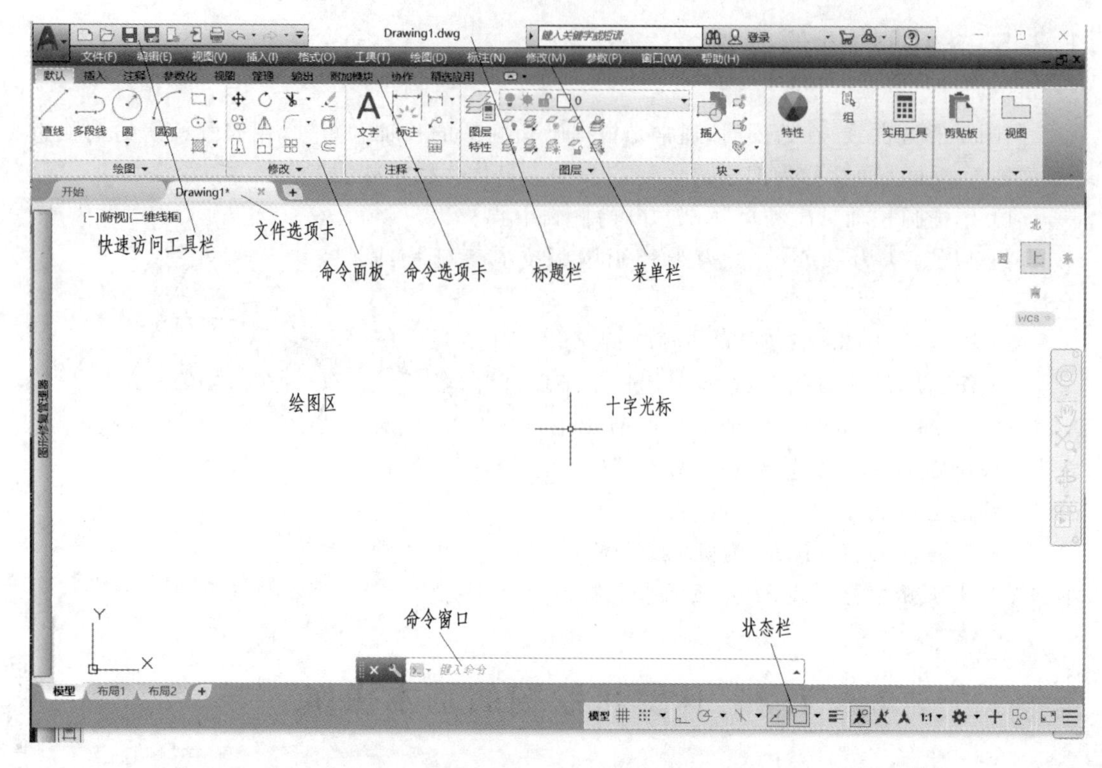

图 1.46　AutoCAD 用户界面

3）命令选项卡和命令面板

命令选项卡有默认、插入、注释等。每个选项卡含有多个面板。如“默认”选项卡下就有绘图、修改、注释、图层等。面板上有按钮或按钮组，可以满足各种操作的需要。当光标移到按钮上时，会显示此按钮的名称和用途，悬停片刻会显示此命令的简要操作举例。

4）绘图区、十字光标

在窗口中占据大部分面积的区域就是绘图区。绘图区的十字光标配合动态显示的坐标数值，可以确定鼠标所处的位置。

5）命令窗口

命令窗口是 AutoCAD 显示用户从键盘键入的命令和显示 AutoCAD 提示信息的地方。

在 AutoCAD 中，发送命令的方式至少有三种：使用菜单、使用工具栏和使用命令行。

6）状态栏

状态栏用于显示或设置当前的绘图状态。状态栏显示出当前十字光标所处的三维坐标和 AutoCAD 2019 绘图辅助工具（捕捉、栅格、正交、极轴、对象捕捉、对象追踪、线宽、模型）的开关状态。单击这些开关按钮，可将它们切换成打开或关闭状态。另外，可以在某些开关按钮上，单击右键，选择快捷菜单的设置项，来设置对应绘图辅助工具的选项配置。

1.4.2　图纸环境的设定

1. 新建文件

单击快速访问工具栏上的新建文件按钮，系统将弹出如图 1.47 所示的对话框。

图 1.47　新建文件

AutoCAD 提供了创建图形、使用样板文件和使用向导三种方式开始建立图形文件的方式。

通常利用“默认设置”中的公制就基本能满足绘图的需要。如果有特殊需要也可以采用“使用样板”的方式。样板指的是图形样板文件，它不是一个图形文件，但含有有关图形文件的多种格式设定，比如单位制、工作范围、文字样式、尺寸样式和图层设置等。样板文件扩展名是“DWT”。AutoCAD 提供了多种文件样板，存放在 AutoCAD 安装目录的下一级目录“\\template”下，用户也可根据需要自己定制样板文件。“使用向导”的方式用处不大。

2. 显示控制

受显示器尺寸限制，绘图时就要对图形的大小进行显示控制。

显示控制最基本的方法是利用鼠标器的中键滚轮，前滚时图形放大，后滚时图形缩小，按下滚轮移动鼠标时，图形平移。显示控制只是图形的显示尺寸，并不改变图形的实际尺寸。

如果鼠标没有中键滚轮，可单击鼠标右键选择平移或缩放，或者选择菜单“视图”—“缩放”或“平移”，在弹出的一联命令里选择合适的命令：实时平移，单击后，按住左键移动鼠标就可平移图形；实时放大和缩小，单击后，按住左键移动鼠标就可缩放图形；返回前一个显示状态。

3. 图层管理

图层相当于图纸绘图中使用的透明重叠图纸。各层上可设定缺省的线型、颜色和线宽。有了图层，用户就可以将一张图上不同性质的实体分别画在不同的层上，如绘制零件图时，可以将图形的粗轮廓线、剖面线、中心线、尺寸、文字和标题栏等分别放在不同的层上，既便于管理和修改，还可加快绘图速度，从而提高绘图效率。

单击“图层”工具栏上的（图层特性管理器）按钮，或选择“格式”—“图层”命令，或在提示行命令后输入 layer 然后回车，AutoCAD 弹出如图 1.48 所示的图层控制对话框。利用该对话框，可以对图层进行全面操作。图层的基本操作包括新建图层、创建所有视口中已冻结的新图层、删除图层、设置为当前图层、图层的开/关、图层的冻结/解冻和锁定/解锁等操作。这些操作均可以由图层工具栏上的图层命令和图层控制框来完成。

要改变某图层的颜色，可以在该层的颜色文字上单击，就会弹出“选择颜色”对话框，选定需要的颜色后按“确定”即可。要改变线型，可在本层的线型文字上单击，就会弹出“线型选择”对话框。如对话框中没有所需要的线型，可按下面的“加载”按钮，在“加载和重载线型”对话框中选择需要加载的线型。

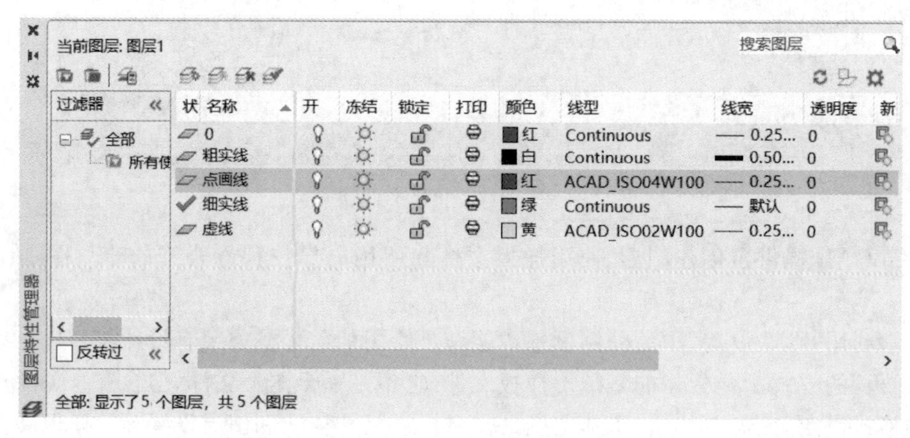

图 1.48　图层特性管理器

1.4.3　数据输入

1. 点的输入

当命令行窗口出现“指定点：”提示时，用户可通过多种方式指定点的位置。

(1) 使用十字光标。在绘图区内，十字光标具有定点功能。移动十字光标到适当位置，然后单击左键，十字光标点处的坐标就自动输入。

(2) 绝对坐标。使用键盘以“x,y”的形式直接键入目标点的坐标。比如，在回答“指定点：”时，就可输入“20,10 <Enter>”表示点的坐标为“20,10”。在平面绘图时，一般不需要键入 z 坐标，而是由系统自动添上当前工作平面的 z 坐标。如果需要，也可以“x,y,z”的形式给出 z 坐标，比如“20,10,5”等。

（3）相对坐标。输入值的前面键入字符“@”作为前导。例如，输入“@20,10”表示该点相对当前点在 x 轴正方向前进 20 个单位，在 y 轴正方向前进 10 个单位。

（4）相对极坐标。相对极坐标是以从当前点到下一点的距离和连接这两点的向量与水平正向的夹角来表示的，其形式为“$@d<\alpha$”。其中“d”表示距离，“α”表示角度，中间用“$<$”分隔。比如，键入“@50<30”，则表示下一点距当前点的距离为 50，与水平正向的夹角为 30°。

（5）直接距离输入。用户可以通过移动鼠标指定一个方向，然后通过输入距上一个点的距离来确定下一个点。

2. 角度输入

默认以度为单位，以 x 轴正向为 0°，以逆时针方向为正，顺时针方向为负。在提示符“角度:”后，可直接输入角度值，也可输入两点，后者的角度大小与输入点的顺序有关，规定第一点为起点，第二点为终点，起点和终点的连线与 x 轴正向的夹角为角度值。

3. 位移量输入

位移量是指一个图形从一个位置平移到另一个位置的距离，其提示为“指定基点或位移:”，可用两种方式指定位移量：

（1）输入基点 $P_1(x_1,y_1)$，再输入第二点 $P_2(x_2,y_2)$，则 P_1、P_2 两点间的距离就是位移量，即

$$\Delta x = x_2 - x_1,\quad \Delta y = y_2 - y_1$$

（2）输入一点 $P(x,y)$，在“指定位移的第二点或<用第一点作位移>：”提示下直接回车响应，则位移量就是该点 P 的坐标值 (x,y)，即 $\Delta x = x$，$\Delta y = y$。

1.4.4　捕捉功能

Video

利用对象捕捉可以保证精确绘图，AutoCAD 有多种对象捕捉方式，下面分别对部分主要捕捉方式进行简要介绍。

（1）端点捕捉(Endpoint)：用来捕捉实体的端点，该实体可以是一段直线，也可以是一段圆弧。捕捉时，将靶区(拾取框)移至所需端点所在的一侧，单击便可。靶区总是捕捉它所靠近的那个端点。

（2）中点(Midpoint)：用来捕捉一条直线或圆弧的中点。捕捉时只需将靶区放在直线或圆弧上即可，而不一定放在中部。

（3）圆心捕捉(Center)：使用圆心捕捉方式，可以捕捉一个圆、弧或圆环的圆心。

（4）节点捕捉(Node)：用来捕捉点实体或节点。使用时，需将靶区放在节点上。

（5）象限点捕捉(Quadrant)：即捕捉圆、圆环或弧在整个圆周上的四分点。一个圆分成四等分后，每一部分称为一个象限，象限与圆的相交部位即是象限点，靶区也总是捕捉离它最近的那个象限点。

（6）交点捕捉(Intersection)：用来捕捉实体的交点，要求实体在空间内必须有一个真实的交点。

(7) 垂足捕捉(Perpendicular)：在一条直线、圆弧或圆上捕捉一个点，使这一点和已确定的另外一点连线与所选择的实体垂直。

(8) 切点捕捉(Tangent)：在圆或圆弧上捕捉一点，使这一点和已确定的另外一点连线与实体相切。

(9) 最近点捕捉(Nearest)：用来捕捉直线、弧或其他实体上离靶区中心最近的点。

(10) 外观交点(Apparent Intersection)：用来捕捉在三维空间中不相交但在屏幕上看起来相交的两直线的"交点"。

注意：①当靶区捕捉到捕捉点时，便会在该点闪出一个带颜色的特定的小框，以提示用户不需再移动靶区便可以确定该捕捉点；②捕捉圆心时，一定要用拾取框先选择圆或弧本身而非直接选择圆心部位，此时光标便自动在圆心闪烁；③执行延伸线捕捉方式时，延伸线需用户顺着已知直线的方向移动才会出现。

对象捕捉在使用中有两种方式：一种是临时对象捕捉；另一种是自动对象捕捉。

(1) 临时对象捕捉方式。单击"工具"—"工具栏"—"AutoCAD"—"对象捕捉"，即可得到如图1.49所示的对象捕捉工具栏。

图1.49　对象捕捉工具栏

在绘图命令需要捕捉某个特殊点时，可点击一下相应的工具按钮(也可以在键盘上输入捕捉方式英文单词的前3个字母)，然后去捕捉那个点。这种方式点击一次，仅一次有效。

(2) 自动捕捉方式。若要连续自动捕捉几种不同类型的特殊点，可用鼠标到状态栏上的"对象捕捉"开关按钮上，单击右键，在弹出的菜单中(图1.50(a))可以直接设定捕捉方式；或通过选择"对象捕捉设置"，弹出如图1.50(b)所示的"对象捕捉"对话框来设定捕捉方式。

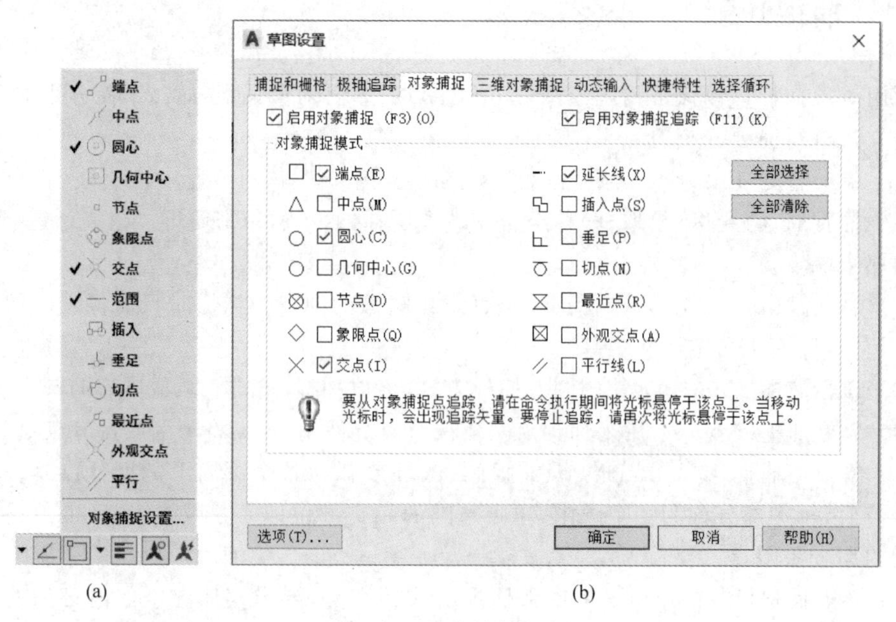

图1.50　设定捕捉方式

根据绘图需要，选取相应的捕捉方式即可在绘图时自动捕捉该类几何点。可以同时设置多种捕捉方式。

用功能键 F3 可改变状态栏上的“对象捕捉”按钮的状态使之有效和失效。

1.4.5　基本绘图命令

Video

二维绘图命令可以通过单击如图 1.51 所示的绘图工具栏按钮或绘图面板按钮输入，也可以用键盘在命令行直接输入命令名。

基本绘图命令指的是位于“绘图”工具栏(图 1.51)上的几个经常使用的命令，包括画直线、构造线、多段线、正多边形等，当光标移到绘图工具栏图标上面时会显示此图标的名称。表 1.4 列出了每个工具按钮的英文全名和英文别名，在命令提示符下输入英文全名和英文别名具有完全相同的作用。

(a)

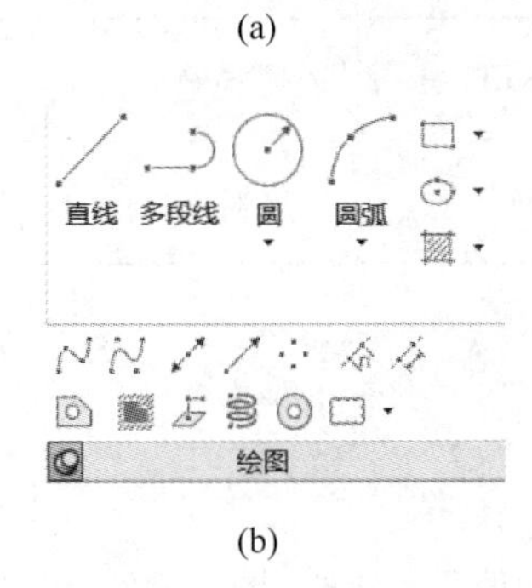

(b)

图 1.51　基本绘图命令
(a) 绘图工具栏；(b) 绘图面板

表 1.4　绘图工具栏简介

工具按钮	中文名称	英文命令	英文别名	操 作 说 明
	直线	Line	L	输入直线的两个端点(坐标或直接捕捉)
	构造线	Xline	XL	输入经过该构造线的两个点，该线为无限长直线
	多段线	Pline	PL	顺序输入经过的各个顶点
	正多边形	Polygon	POL	输入正多边形的中心坐标、边数及始端点位置，或输入一条边长、边数
	矩形	Rectang	REC	输入矩形的两个对角点
	圆弧	Arc	A	始点、终点、中间点/圆心与始终点
	圆	Circle	C	圆心、半径(直径)/三点定圆

续表

工具按钮	中文名称	英文命令	英文别名	操作说明
	修订云线	Revcloud	Revcloud	指定起点/弧长/对象/样式/对象
	样条曲线	Spline	SPL	过各个控制点(坐标或捕捉)
	椭圆	Ellipse	EL	长短轴的端点
	插入块	Insert	I	块名与插入点的位置
	创建块	Block	B	选择块图形，插入点、名称
	点	Point	PO	输入点的坐标
	图案填充	Bhatch	BH、H	打开对话框设定
	面域	Region	REG	选择对象
	多行文字	Mtext	MT、T	确定输入点(坐标)与多行文字内容

Video

1.4.6 基本编辑命令

基本编辑命令指的是位于“修改”工具栏(图1.52)上的几个经常使用的命令，包括删除、复制、偏移、阵列、移动等，当光标移到图标上面时会显示此图标的名称。表1.5列出了每个工具按钮的英文全名和英文别名，在命令提示符下输入英文全名和英文别名具有完全相同的作用。

(a)

(b)

图1.52 基本编辑命令

(a) 修改工具栏；(b) 修改面板

表 1.5　图形编辑工具栏简介

工具按钮	中文名称	英文命令	英文别名	功能说明
	删除	Erase	E	从图形删除对象
	复制	Copy	CO	在指定方向上按指定距离复制对象
	镜像	Mirror	M	创建选定对象的镜像副本
	偏移	Offset	O	创建同心圆、平行线和平行曲线
	阵列	Array	AR	创建按图形中对象的多个副本
	移动	Move	M	在指定方向上按指定距离移动对象
	旋转	Rotate	RO	绕基点旋转对象
	缩放	Scale	SC	以基点为参照，按一定比例缩放对象
	拉伸	Stretch	S	拉伸与选择窗口或多边形交叉的对象
	修剪	Trim	TR	修剪对象以与其他对象的边相接
	延伸	Extend	EX	扩展对象以与其他对象的边相接
	打断	Break	BR	在两点之间打断选定对象
	合并	Join	J	合并相似的对象以形成一个完整的对象
	倒角	Chamfer	CHA	给对象加倒角
	圆角	Fillet	F	给对象加圆角
	分解	Explode	EX	将复合对象分解为其组件对象

1.5　平面图形的分析与画法

1.5.1　平面图形的尺寸分析

1. 图形的组成

一幅图形包含以下三方面的信息。

(1) 图元：构成图形的几何元素，如直线、圆、圆弧等。

(2) 几何约束：指图元间的几何关系，如平行、垂直、相切、对称等。这类约束是图形中内蕴的方程求解来确定图样的唯一解。

(3) 尺寸约束：指图元的大小以及图元间的相对位置，这类约束需要通过尺寸标注来实现。尺寸标注是图样中不可或缺的重要内容。

只有当图形中三类信息完备时，图形表达的信息才是唯一的。

2. 平面图形的尺寸分类

平面图形上的尺寸按其作用，可分为定形尺寸和定位尺寸两类。现以图 1.55 所示的起重钩图形为例进行分析。

(1) **定形尺寸**。定形尺寸是指确定平面图形上几何元素形状大小的尺寸，如直线段的长度、圆弧的直径或半径、角度的大小等。如图1.55中的$\phi23$、$\phi30$、$\phi40$和$R48$及38等。图1.53所示为平面图形定形尺寸标注示例。

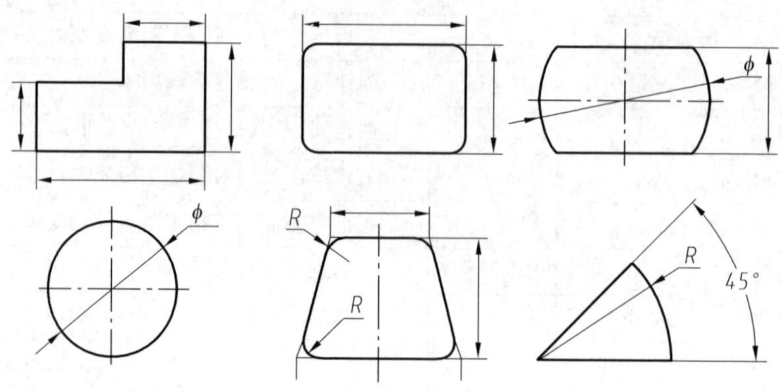

图1.53　平面图形定形尺寸标注示例

(2) **定位尺寸**。定位尺寸指确定平面图形上几何元素间相对位置的尺寸，如图1.55中的90、15、9。图1.54所示为平面图形定位尺寸标注示例，其中图(e)和图(f)由于左右、上下对称，圆和方形有共同的对称中心，所以不需要标注定位尺寸。

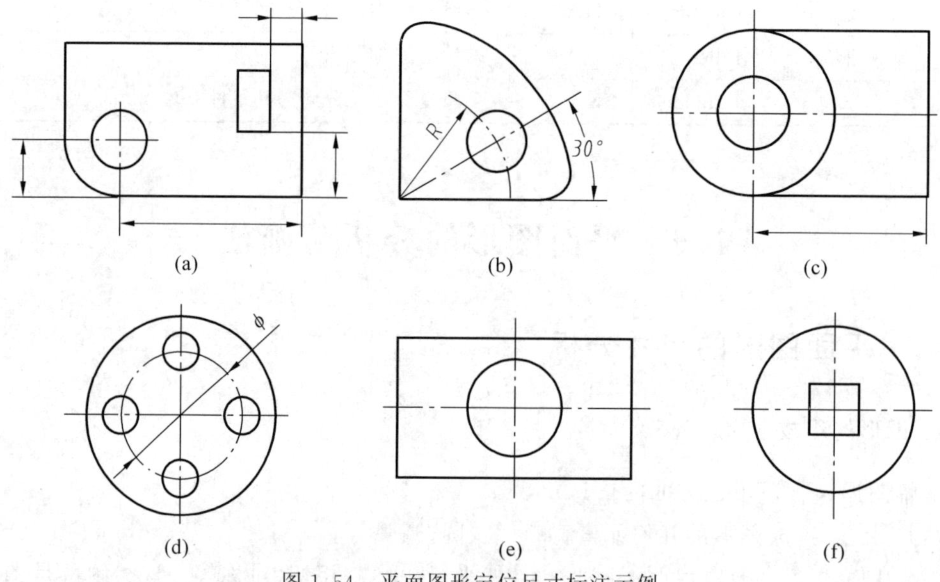

图1.54　平面图形定位尺寸标注示例

(3) **尺寸基准**。尺寸基准就是定位尺寸标注的起始位置。对平面图形来说，对称图形的对称线、圆的中心线、图形的底线或边线等可以作为尺寸基准，如图1.55中的垂直与水平中心点画线。

1.5.2　平面图形的线段分析

平面图形中的线段(直线或圆弧)按已知尺寸的情况可分为已知线段、中间线段和连接线段。

(1) **已知线段**：定形尺寸和定位尺寸齐全，能直接画出的线段。如图 1.55 中的线段 $\phi 23$、$\phi 30$、$\phi 40$ 和 $R48$。

(2) **中间线段**：只有定形尺寸和一个定位尺寸，必须依靠其与一端相邻线段的连接关系才能画出的线段，如图 1.55 中的线段 $R23$、$R40$。

(3) **连接线段**：只有定形尺寸没有定位尺寸，必须依靠其与两端线段的两个连接关系才能确定画出的线段，如图 1.55 中的线段 $R4$、$R60$、$R42$。

中间线段及连接线段只有通过几何作图方法依托与已完成线段的连接关系才能作出。

图 1.55　起重钩

1.5.3　平面图形的作图步骤

平面图形的作图步骤如下：

(1) 分析图形，根据所注尺寸确定哪些是已知线段，哪些是中间线段，哪些是连接线段。

(2) 画基准线及各已知线段。

(3) 根据尺寸条件及连接方法画出各中间线段。

(4) 根据各种连接方法画出各连接线段。

图 1.55 可知，起重钩的上端 $\phi 23$、$\phi 30$ 及 38 和中间 $\phi 40$、$R48$ 为已知线段；$R23$、$R40$ 为中间线段；$R4$、$R60$、$R42$ 为连接线段。具体作图步骤见表 1.6。

表 1.6　起重钩的作图步骤

(1) 定出图形的基准线，画已知线段	(2) 画中间线段 $R40$，圆心与水平基准线相距 15，与 $\phi 40$ 圆弧外切；画中间线段 $R23$，圆心落在水平基准线上，与 $R48$ 圆弧外切
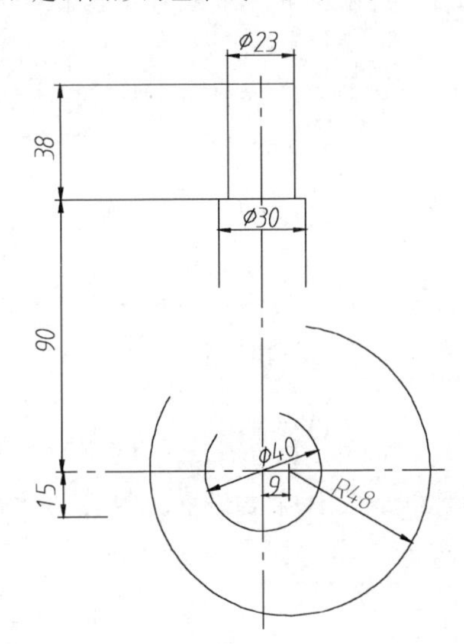	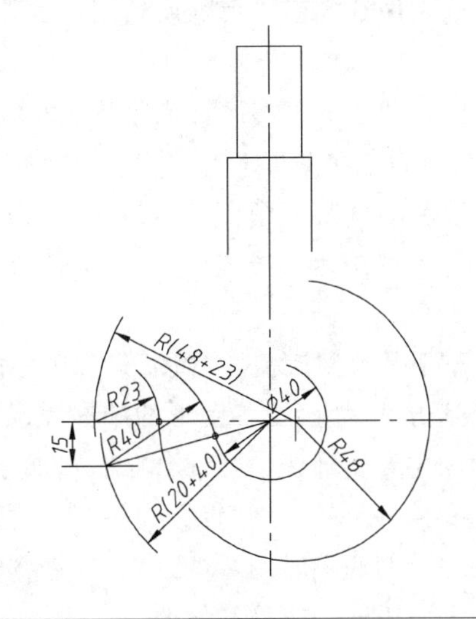

续表

(3) 画连接线段 $R4$，注意它与 $R40$ 圆弧内切，与 $R23$ 圆弧外切；画连接线段 $R42$，它与右侧的竖线相切，与 $R48$ 圆弧外切；画连接线段 $R60$，它与左侧的竖线相切，与 $\phi40$ 圆弧外切	(4) 擦去多余的作图线，按线型要求加深图线，完成全图
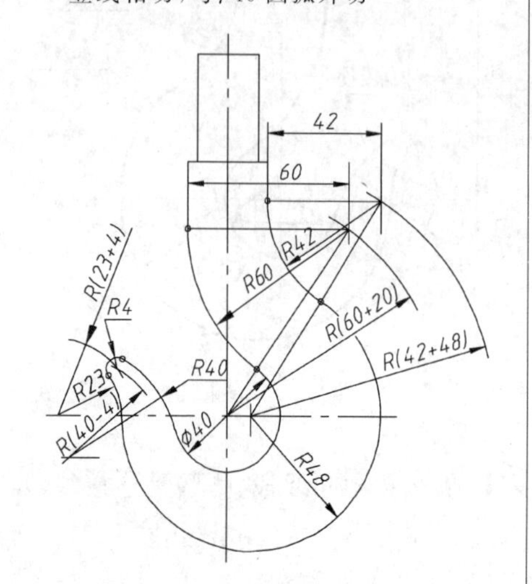	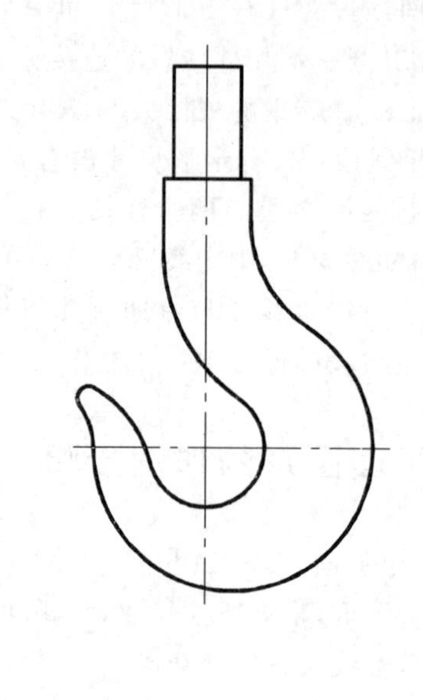

1.5.4 绘图的基本方法和步骤

(1) **绘图前的准备工作**。将铅笔按照绘制不同线型的要求削、磨好；圆规的铅芯按同样要求磨好并调整好两脚的长度；图板、丁字尺和三角板等用干净的布或软纸擦拭干净；各种用具放在使用方便的位置。

(2) **确定图纸幅面**。根据所绘图形的数量、大小和比例及图形分布情况，选择合适的图纸幅面。

(3) **固定图纸**。丁字尺尺头紧靠图板左边，将图纸的水平边框与丁字尺的工作边对齐后，用胶纸条固定在图板上。

(4) **绘制图框及标题框**。按表1.1及图1.4的要求画出图框及标题栏，注意不可急于将图框和标题栏中粗实线描黑，而应当留待与图形中的粗实线一次同时描黑，以免在绘图中弄脏图纸。

(5) **布图及绘制底稿**。各图形在图纸上分布要均匀，图形间要留有标注尺寸的空间。然后按表达方案，先画出各图形的基准线，如中心线、对称线和物体主要端面(或底面)线，再画各图形的主要轮廓线，最后绘制细节，如小孔、槽和圆角等。

绘制底稿的要领可用“轻、准、快”三字概括。

轻——绘制底稿时用2H铅笔，铅芯磨成锥形(图1.23(b))，圆规铅芯可用H，画线要尽量细和轻淡以便于擦除和修改。

准——尺寸要正确，连接要准确，投影要正确。

快——注意提高绘图速度，点画线和虚线均可用极淡的细实线代替以提高绘图速度和描黑后的图线质量。

(6) **检查、修改和清理**。检查底稿，修正错误。将绘制底稿时多余的作图线擦掉，将图面掸扫干净。

(7) **加深**。将粗实线描粗、描黑；将细实线、点画线和虚线等描黑、成型。注意尽量在同一种线型加深完毕后再加深另一种线型。要注意线条的均匀和光滑，线型要符合国标中的规定。加深次序，先曲线后直线；自上而下，从左到右，先水平线，再垂直线，后斜线。

(8) **标注尺寸、书写其他文字、符号和填写标题栏**。尺寸线、尺寸界线可先打底稿后再加深，箭头和尺寸数字要一次完成，不要先打底稿。

(9) **检查、修饰、整理**。检查全图，如有错误和缺点，即行改正，并作必要的修饰。

1.5.5　徒手绘图的方法

徒手绘图是指只用铅笔、橡皮和纸张来绘制草图的方法。草图是指以目测估计图形与实物的比例，按一定画法要求徒手(或部分使用绘图仪器)绘制的图。草图常用来表达设计意图。设计人员将设计构思先用草图表示，然后再画出正式的工程图。另外，在机器测绘、设备维修中，也常用草图。

草图是徒手绘制的图，而不是潦草图。在作图时，也必须做到线型分明，比例恰当。

徒手绘图所使用的铅笔，铅芯磨成圆锥形，用于画中心线和尺寸线的磨得较细，用于画可见轮廓线的磨得较粗。

必须掌握徒手画各种线条的手法。

(1) **直线**。徒手绘图时，手指应握在铅笔上离笔尖约 35mm 处，手腕和小手指对纸面的压力不要太大，肘部不宜接触纸面。在画直线时，手腕不要转动，眼睛看着画线的终点，轻轻移动手腕和手臂，依笔尖向着要画的方向作直线运动，如图 1.56 所示。

画长线时，为了运笔方便，可以将图纸旋转一适当角度来画。

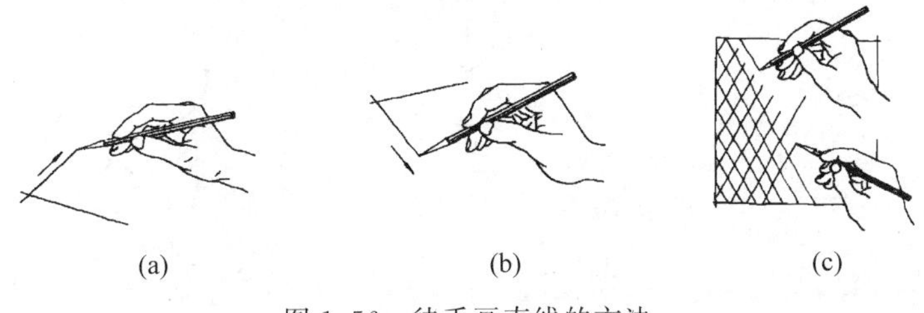

(a)　(b)　(c)

图 1.56　徒手画直线的方法

(a) 画水平线；(b) 画垂直线；(d) 画斜线

(2) **圆**。用徒手画小圆时，应先定圆心及画中心线，再根据半径大小用目测在中心线上定出四点，然后过这四点画圆(图 1.57(a))。当圆的直径较大时，可过圆心增画两条与中心线呈 45°角的斜线，在线上再定出四点，然后过这八点画圆(图 1.57(b))。

(3) **圆角**。先用目测在分角线上选取圆心位置，使它与角的两边的距离等于圆角的半径大小。过圆心向两边引垂直线定出圆弧的起点和终点，并在分角线上也定出一圆周点，然后用徒手作圆弧把这三点连接起来，如图 1.58 所示。

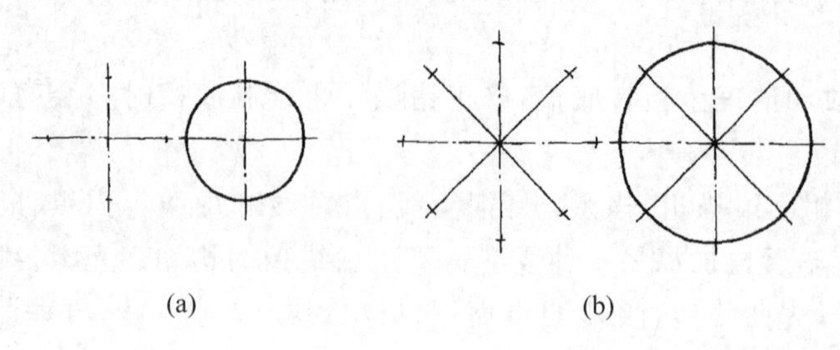

图 1.57　徒手画圆的方法

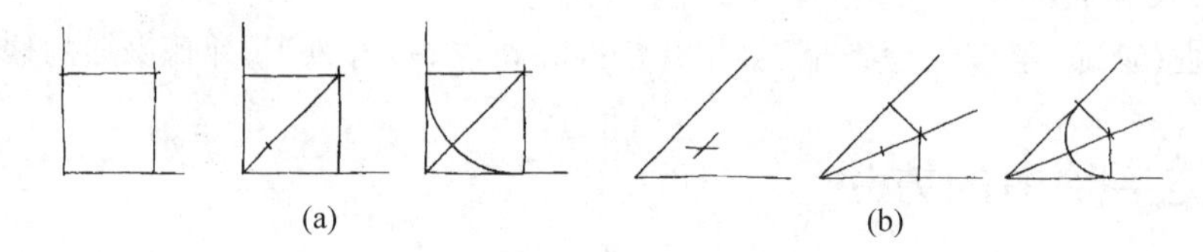

图 1.58　画圆角的方法

（a）画 90°圆弧；（b）画任意角度圆弧

（4）**椭圆**。如图 1.59 所示，先画出椭圆的长短轴，并用目测定出其端点位置，过这四点画一矩形。然后徒手作椭圆与此矩形相切。

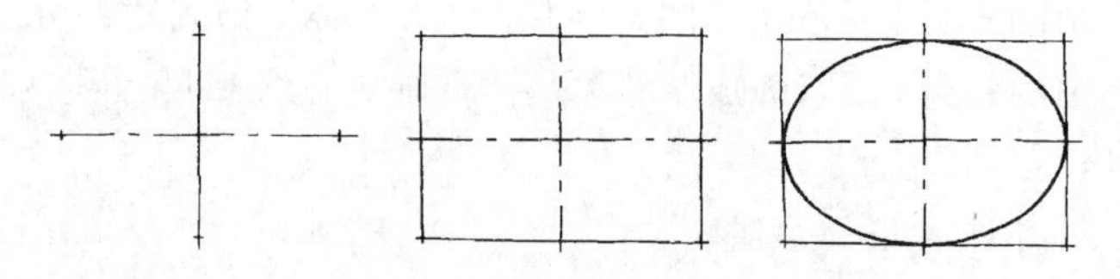

图 1.59　画椭圆的方法

在图 1.60 中，是先画出椭圆的外切平行四边形，然后分别用徒手方法作两钝角及两锐角的内切弧，即得所需椭圆。

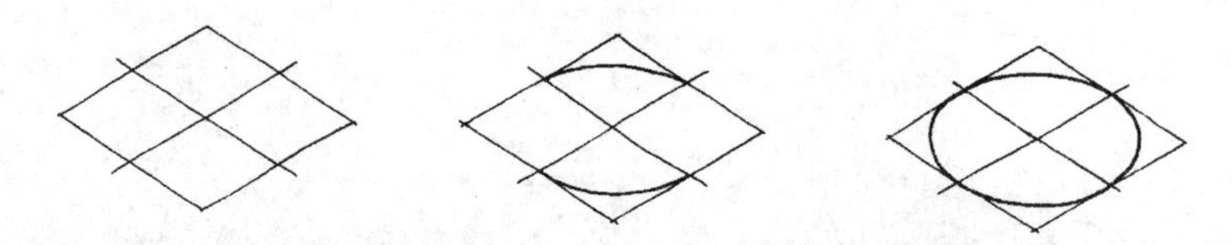

图 1.60　利用外切平行四边形画椭角的方法

（5）**角度线**。画 30°、45°、60°的斜线时，可如图 1.61 所示，按直角三角形的近似比例定出端点后，连成直线构成需要的角度。

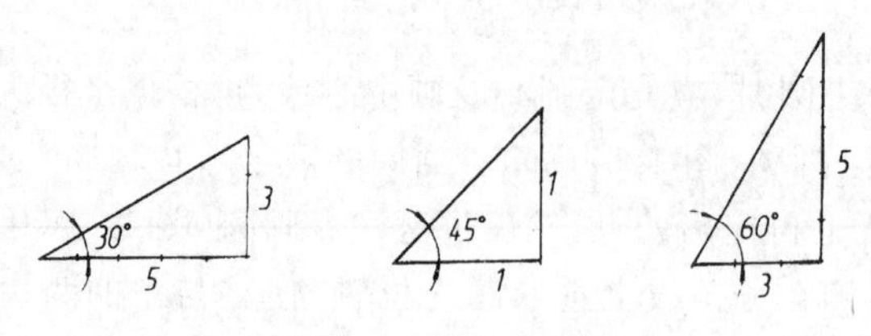

图 1.61　角度的画法

1.5.6 平面图形的计算机绘制

绘制平面图形是绘制工程图样的基础，平面图形中包含直线和圆弧的连接，可以利用AutoCAD提供的绘图工具、编辑工具和对象捕捉工具精确地完成图形的绘制。下面通过具体的平面图形(图1.62)说明绘图的方法和步骤。

(1) 图层设置。用LAYER命令按表1.7设定图层，赋予图层颜色、线型、线宽和其他需要设定的参数。

表1.7 图层设置

图 层 名	描 述	线 型	颜色	线宽
01 粗实线	粗实线，剖切面的粗剖切线	continuous	白色	0.5
02 细实线	细实线，细波浪线，细折断线	continuous	绿色	0.25
04 虚线	虚线	ACAD_ISO02W100	黄色	0.25
05 细点画线	细点画线，剖切面的剖切线	ACAD_ISO04W100	红色	0.25
06 粗点画线	粗点画线	ACAD_ISO04W100	棕色	0.5
07 细双点画线	细双点画线	ACAD_ISO05W100	粉色	0.25

(2) 绘制中心线。将细点画线层设为当前层，将"正交"有效，用直线命令(line)绘制过$\phi70$的一水平线和一垂直线，然后用偏移命令(offset)将水平线向上连续偏移55和40，如图1.63所示。

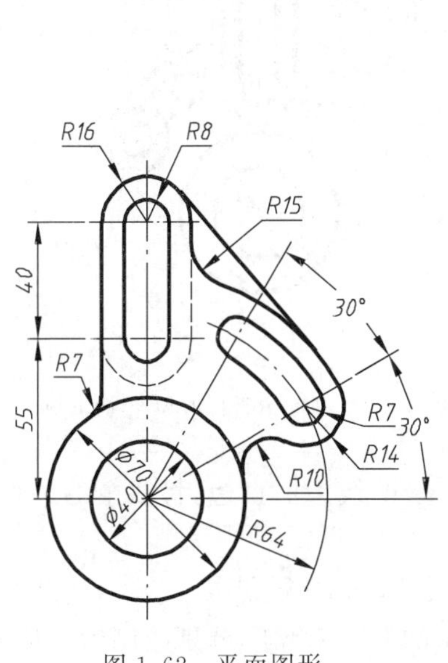

图1.62 平面图形

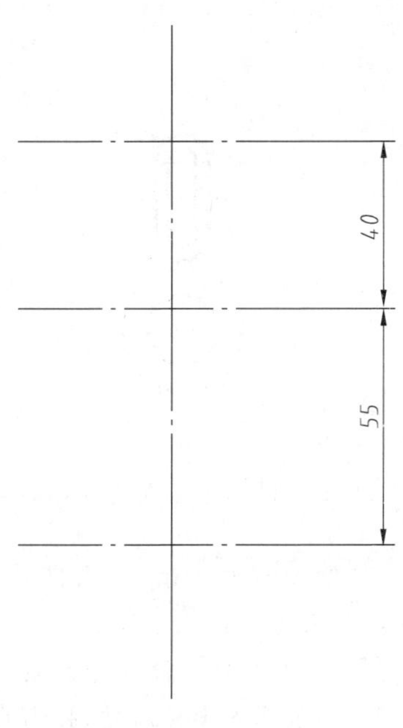

图1.63 画中心线

(3) 用圆命令(circle)绘制 $R64$ 的圆弧中心线，将“极轴”按下，将鼠标放在“极轴”处，右键然后单击设置，并将增量角设为 30°，然后用画线命令(line)绘制角度为 30°的两条中心线，结果如图 1.64 所示。

(4) 将粗实线设为当前层，用圆命令(circle)绘制直径为 $\phi70$、$\phi40$ 的两个圆，以及半径为 $R8$ 和 $R16$ 的圆，结果如图 1.65 所示。

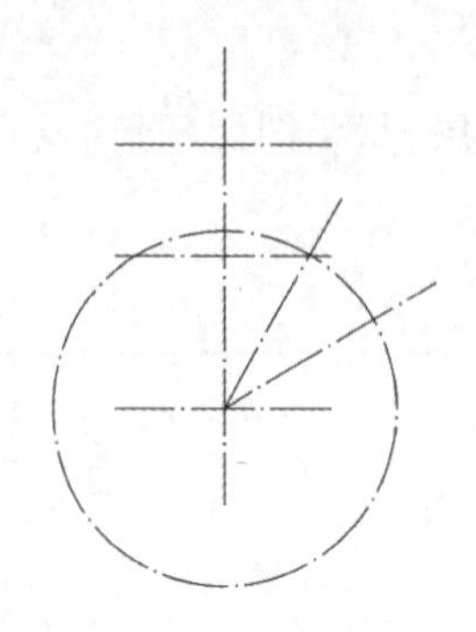

图 1.64 画 30°角的中心线

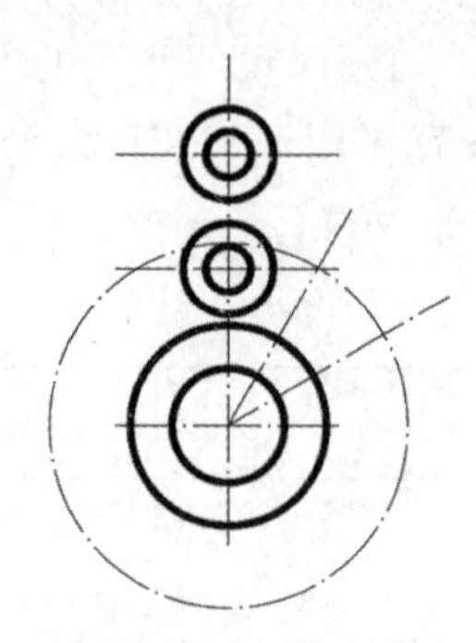

图 1.65 画 $R8$ 和 $R16$ 等的圆

(5) 将对象捕捉(osnap)设为端点、交点和圆心，用直线命令分别作 $R8$ 和 $R16$ 两圆的公切线，用修剪命令(trim)，选择过 $R8$ 和 $R16$ 圆心的两水平线作为剪切边，修剪掉不需要的圆弧，结果如图 1.66 所示。

(6) 用圆命令(circle)绘制 $R7$ 的两个圆和 $R14$ 的一个圆，用圆弧命令(arc)的“圆心，起点，端点”命令绘制光滑连接 $R7$ 的两个圆的圆弧和与 $R14$ 圆内切的圆弧，结果如图 1.67 所示。

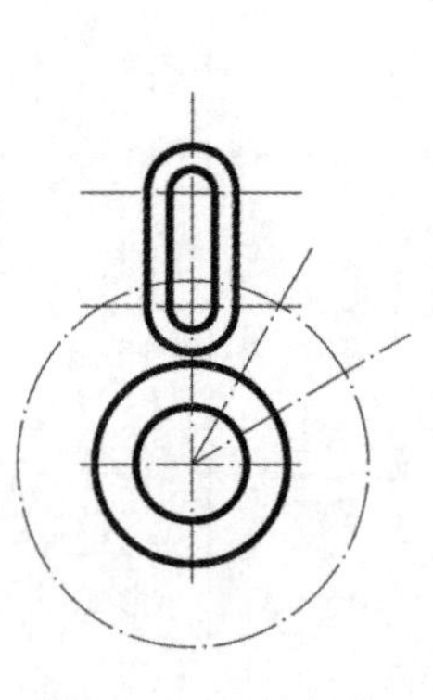

图 1.66 画公切线

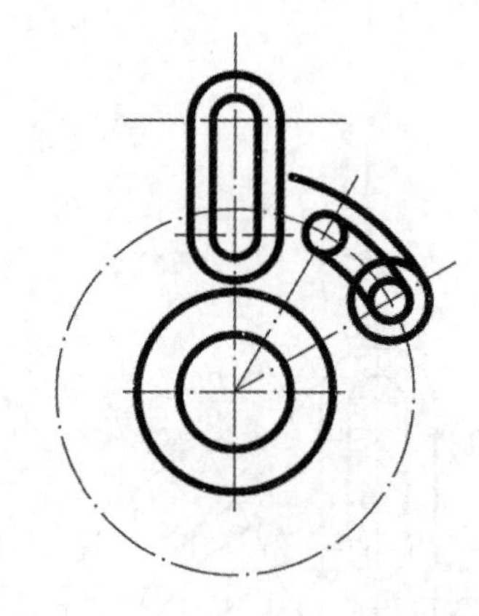

图 1.67 画与 $R7$ 和 $R14$ 相切的圆

(7) 用修剪命令(trim)选择两条角度尺寸为 30°的线为剪切边，将多余的圆弧剪掉，结果如图 1.68 所示。

(8) 用圆角(fillet)命令先设置不同的半径尺寸，方法是点击命令行中括号中“半径(R)”选项，然后输入半径尺寸，接着点选需要圆角的两个对象。分别绘制 $R7$、$R15$ 和 $R10$ 的圆弧连接。结果如图 1.69 所示。

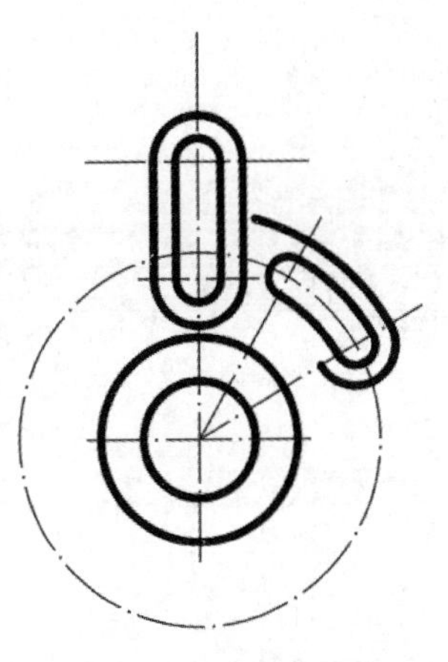

图 1.68　修剪多余的圆弧

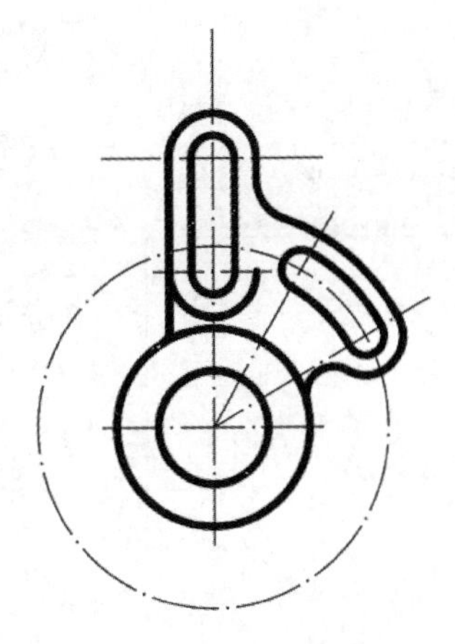

图 1.69　画连接圆弧

(9) 用直线命令补出在作 $R15$ 时自动修剪掉的竖线,并且选中该竖线和 $R16$ 下部的半圆,点击图层工具栏上的图层控制列表框,在其中选择虚线层,按一下"Esc"键退出选择状态。将对象捕捉设成仅切点一种方式,用直线命令绘制右上的切线,注意画切线时光标应移到大致的切点位置上,结果如图 1.70 所示。

(10) 用打断命令(break)把 $R64$ 的点画线圆打断到合适的位置,选择两个点时注意方向,默认逆时针方向,用拉长命令(extend)的动态(dy)选项,调整每根中心线的长度到合适的长度,结果如图 1.71 所示,完成全图,保存图形(Save)。

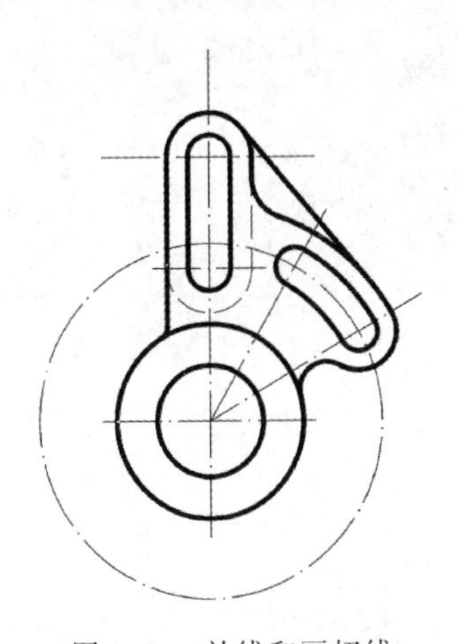

图 1.70　补线和画切线

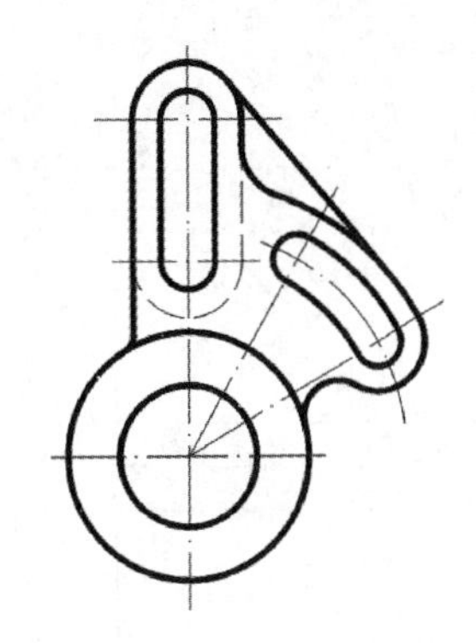

图 1.71　调整中心线长度,完成全图

(11) 设置文字样式。单击"注释"显示面板中 A,或下拉菜单"格式"—"文字样式",或命令行输入"style",弹出如图 1.72 所示对话框,单击"新建",在弹出的窗口输入新的字体名"hanzi",单击"字体"列表,选中"仿宋_GB2312"字体,"高度"设为 5,"宽度因子"设为 0.7,单击应用,用于文字注写,如图 1.72(a)所示。同样单击"新建",在弹出的窗口输入新的字体名"szzm",单击"字体"列表,选中"gbeitc.shx"字体,"高度"设为 3.5,单击应用,用于尺寸标注,如图 1.72(b)所示。

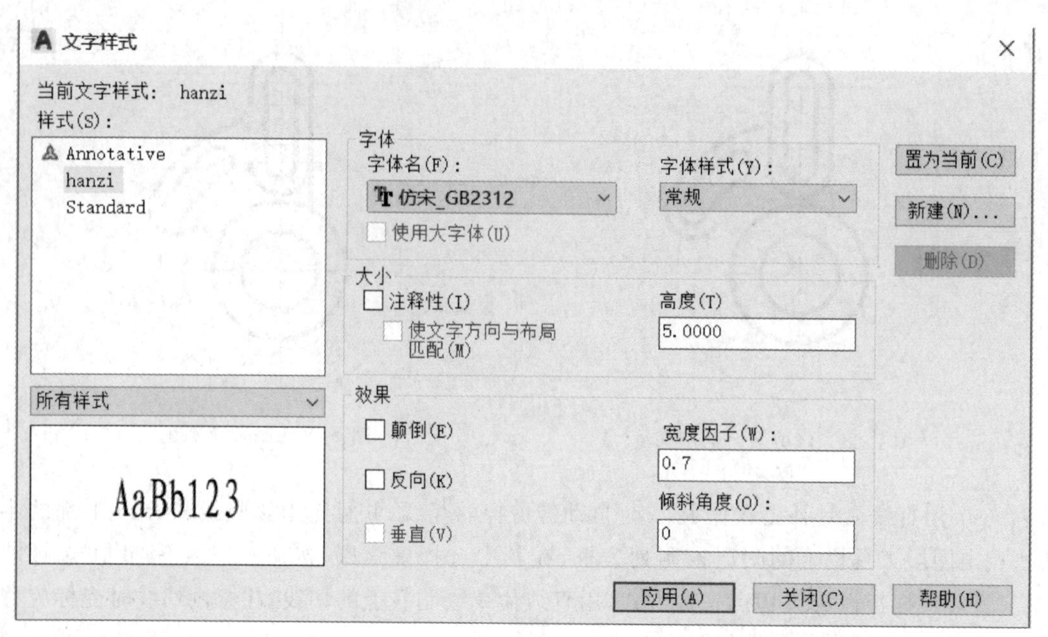

(a)

Video

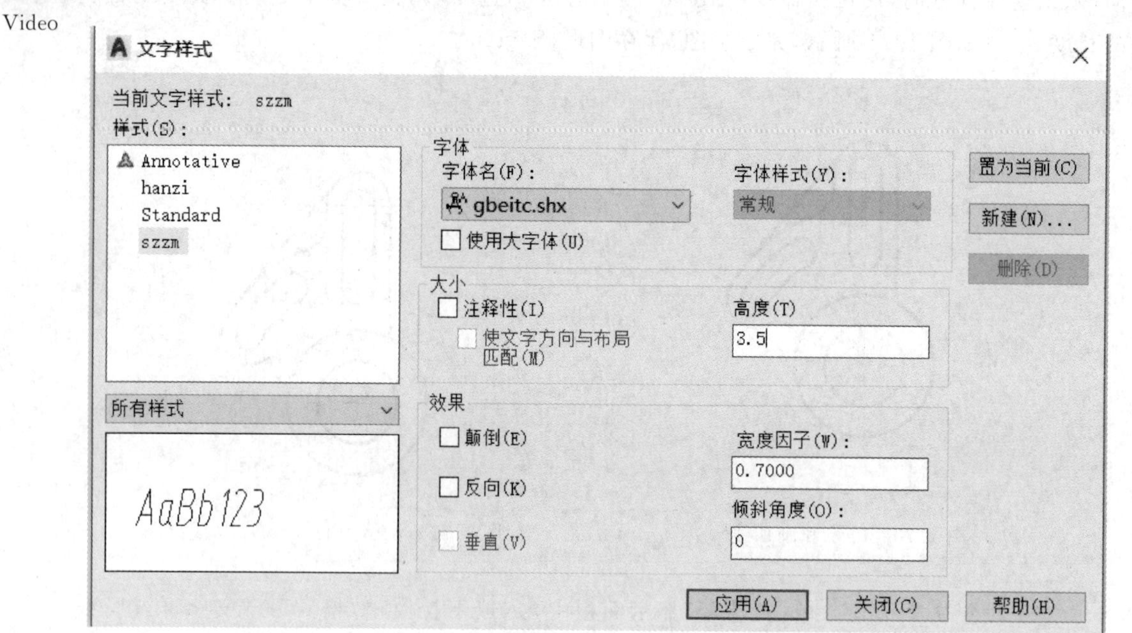

(b)

图1.72　文字样式设置

(12) 设置尺寸标注主样式。单击“注释”显示面板中 ，或下拉菜单“格式”—“尺寸样式”，或命令行输入“dimstyle”，弹出如图 1.73(a)所示对话框。首先在 ISO-25 样式上单击“修改”，在“线”选项下修改“基线间距”为 8，“超出尺寸线”为 2，“起点偏移量”为 0，如图 1.73(b)所示。在“文字”选项下选择“文字样式”为“szzm”样式，如图 1.73(c)所示。在“主单位”选项下把“小数分隔符”的“逗点”改为“句点”，如图 1.73(d)所示。基本设置完成后，最后单击“确定”，就可以标注图中“55”、“40”尺寸。

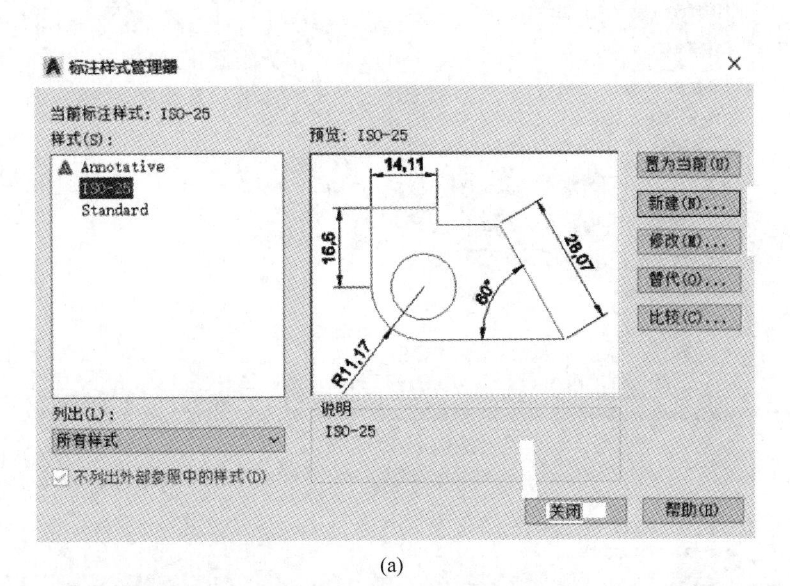

(a)

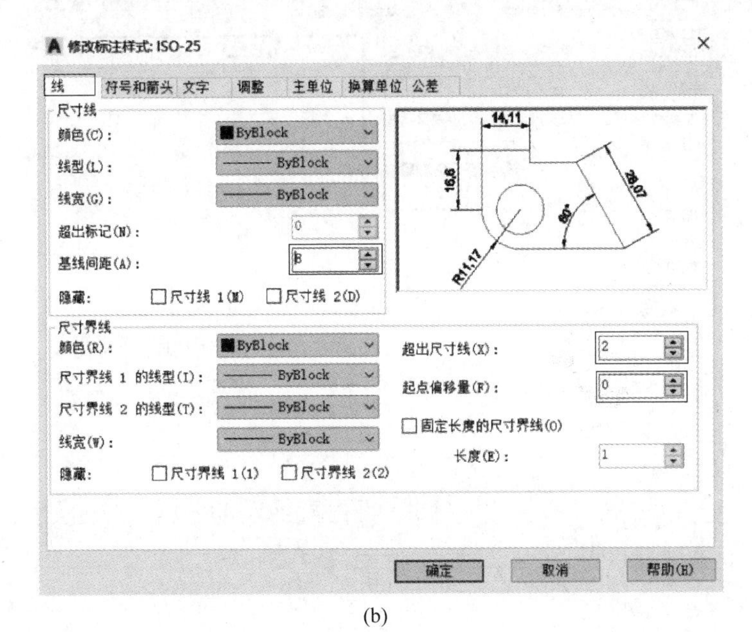

(b)

图 1.73　尺寸主样式设置

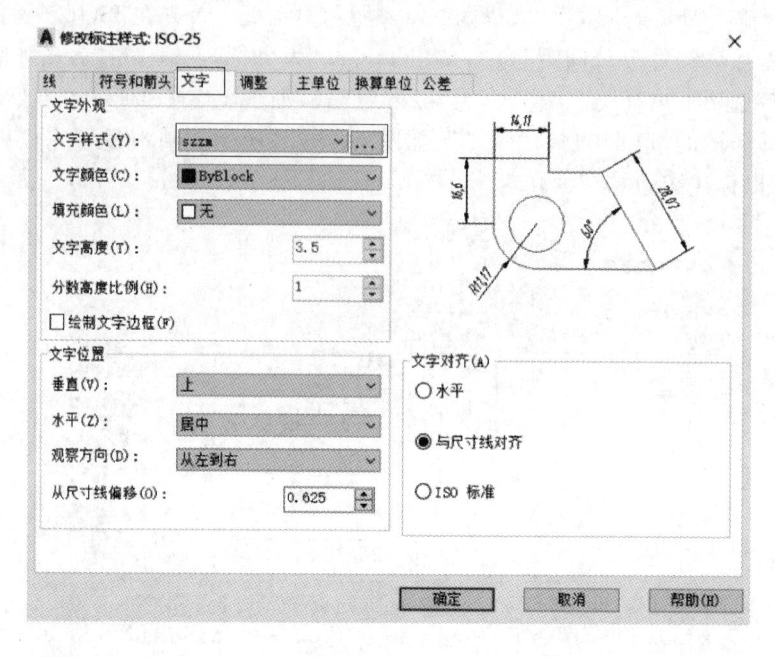

修改标注样式: ISO-25
线
符号和箭头
文字
调整
主单位
换算单位
公差
文字外观
文字样式(Y):
文字颜色(C):
ByBlock
填充颜色(L):
无
文字高度(T):
3.5
分数高度比例(H):
1
绘制文字边框(F)
文字位置
垂直(V):
上
水平(Z):
居中
观察方向(D):
从左到右
从尺寸线偏移(O):
0.625
文字对齐(A)
水平
与尺寸线对齐
ISO 标准
确定
取消
帮助(H)

(c)

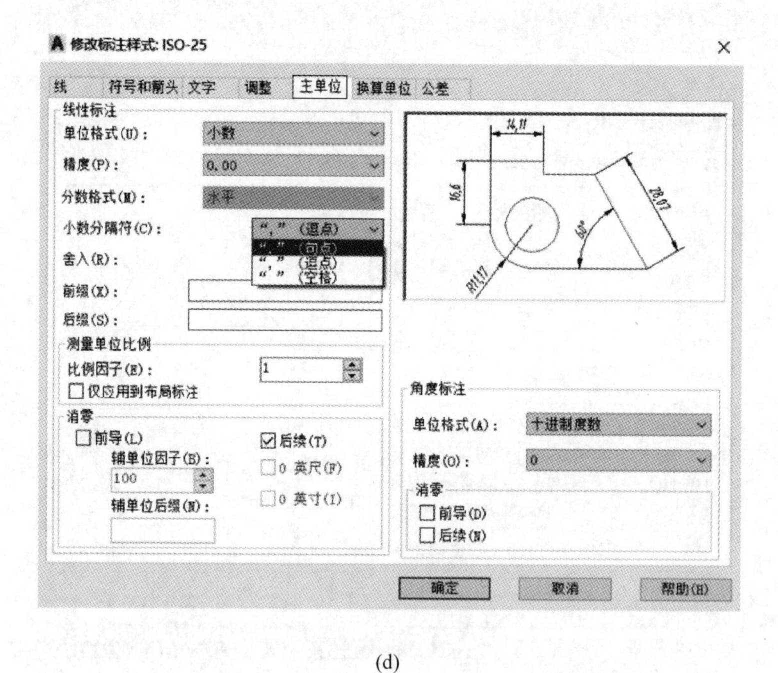

修改标注样式: ISO-25
线
符号和箭头
文字
调整
主单位
换算单位
公差
线性标注
单位格式(U):
小数
精度(P):
0.00
分数格式(M):
水平
小数分隔符(C):
舍入(R):
前缀(X):
后缀(S):
测量单位比例
比例因子(E):
1
仅应用到布局标注
消零
前导(L)
后续(T)
辅单位因子(B):
100
辅单位后缀(N):
0 英尺(F)
0 英寸(I)
角度标注
单位格式(A):
十进制度数
精度(O):
0
消零
前导(D)
后续(N)
确定
取消
帮助(H)

(d)

图 1.73(续)

(13) 创建标注子样式。在“标注样式管理器”中选中“ISO-25”样式，单击“新建”按钮，打开“创建新标注样式” 对话框，如图 1.74(a)所示，在“用于”下拉列表中选择“角度标注”，然后单击“继续”按钮，打开“新建标注样式”对话框，在“文字”选项下“文字对齐”中选择“水平”，如图 1.74(b)所示，单击确定，就可以标注图中角度尺寸。

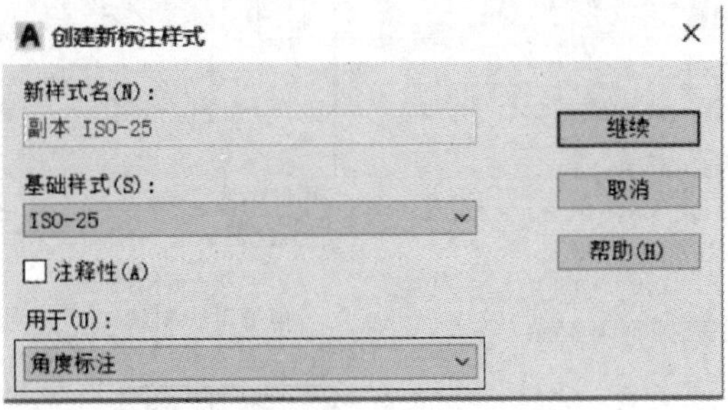

(a)

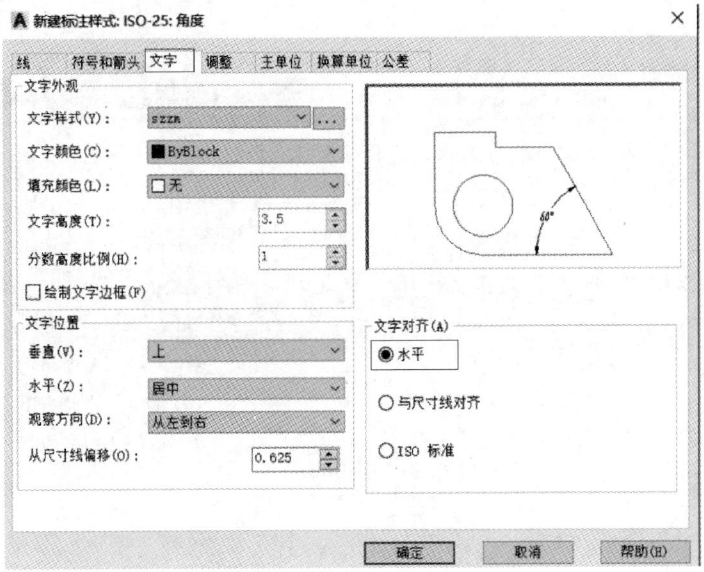

(b)

图 1.74　尺寸子样式设置

(14) 为了标注如图 1.62 中的 $R16$、$R8$ 等引出线标注样式，可通过创建标注新样式实现。创建方法基本同步骤 13，在 “创建新标注样式” 对话框中自己取一名字，在“用于”下拉列表中选择“所有标注”，然后单击“继续”按钮，打开“新建标注样式”对话框，在“文字”选项下“文字对齐”中选择“ISO 标准”，单击确定，就可以用该样式标注图中带引出线尺寸。

(15) 标注如图 1.62 所示中的直径为$\phi 70$、$\phi 40$ 尺寸，同样需以“ISO-25”样式为基础样式新建标注新样式，在 “新建标注样式”对话框中，在“调整”选项下“文字位置”中选择“尺寸线上方，不带引线”，以及勾选“优化”中的“手动放置文字”，如图 1.75 所示。单击确定，就可以用该样式标注尺寸数字在圆弧内部的直径或半径。

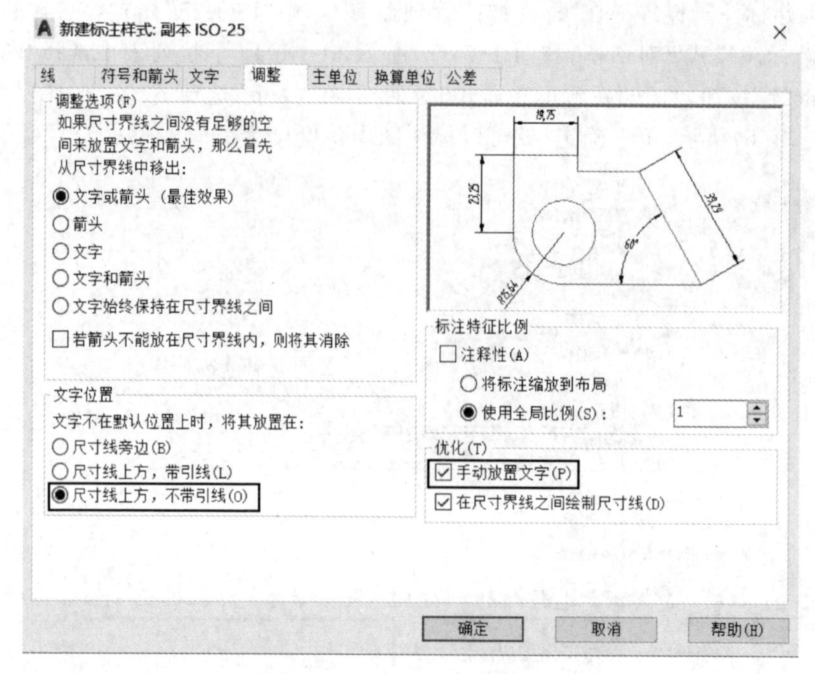

图 1.75 尺寸新样式设置

第 2 章

点、直线、平面的投影

点、线、面是组成空间几何形体的最基本单元，投影法原理是工程图样的基础性理论。本章重点介绍点、直线、平面在多个投影面体系投影的形成原理与绘制方法，同时也对图学的美学做了一定的介绍。

Video

2.1 投影法的基本知识

当灯光或日光照射物体，在地面或墙壁上就会出现物体的影子。基于这种自然现象，人们进行了科学的抽象，形成了投影法的概念。

如图 2.1 所示，把光源 S 抽象为一点，称为投射中心。S 点与物体上任一点的连线(如 SA、SB、SC)称为投射线。平面 P 称为投影面。延长 SA、SB、SC 与投影面 P 相交，其交点 a、b、c 称为 A、B、C 点在 P 面上的投影。$\triangle abc$ 就是$\triangle ABC$ 在投影面 P 上的投影。这种利用投射线在投影面上产生物体投影表达形体形状的方法称为投影法。

投影法可分为中心投影法和平行投影法两类。

图 2.1　中心投影法

1. 中心投影法

投射线汇交于一点的投影法称为中心投影法(图 2.1)。由于中心投影图一般不反映物体各部分的真实形状和大小，且投影的大小随投射中心、物体和投影面之间的相对位置的变化而变化，度量性较差。但中心投影图立体感较强，故多用于绘制建筑物的透视图。

2. 平行投影法

当投射中心与投影面的距离为无穷远时，则投射线相互平行。这种投射线相互平行的投影法称为平行投影法，如图 2.2 所示。

平行投影法按投射线与投影面相对位置的不同，可分为斜投影法和正投影法两种。

(1) **斜投影法**。投射线与投影面相互倾斜的平行投影法称为斜投影法，其所得的投影称为斜投影图，如图 2.2(a)所示。

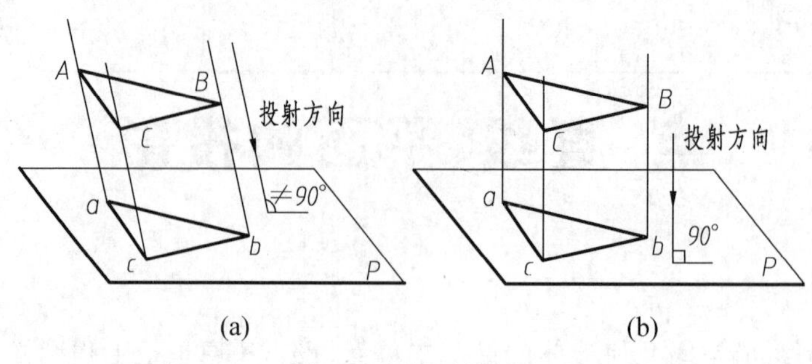

图 2.2 平行投影法

(2) **正投影法**。投射线与投影面相互垂直的平行投影法称为正投影法，其所得的投影称为正投影图，如图 2.2(b)所示。

正投影图的直观性虽不如中心投影图好，但由于正投影图能较好地、真实地表达物体的形状和大小，因此，工程图样主要用正投影法来绘制，通常将“正投影”简称为“投影”。

平行投影法的基本性质：

(1) 同素性——点的投影是点，直线的投影一般仍是直线；

(2) 从属性不变——空间直线上的点在投影面上的投影同样归属于直线的投影上；

(3) 平行性不变——空间两条直线平行，则直线在投影面上的投影也相互平行；

(4) 定比分割性——若点在直线上，则点分直线段长度之比等于其投影分直线段投影长度之比；

(5) 相仿性——一般情况下，平面图形的投影都要发生变形，但投影形状总与原形相仿，即平面投影形状与原形的边数相同、平行线相同、凸凹形相同及边的直线或曲线性质不变。

2.2 点的投影

点是组成形体的基本几何元素，探究点的投影性质和规律是掌握其他几何要素投影的基础。如图 2.3(a)所示，过空间点 A 的投射线(垂直于 P)与投影面 P 的交点即为 A 点在投影面上的投影 a。

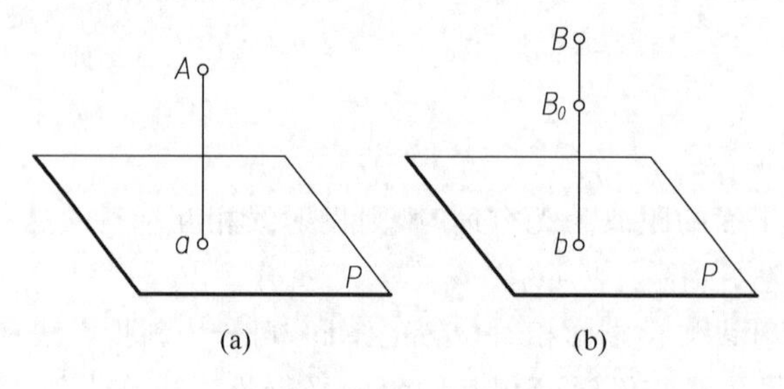

图 2.3 点的单面正投影

点的空间位置确定后，它在投影面上的投影是唯一确定的，反之，若只有点的一个投影 b，尚不能唯一确定空间点 B 的位置，因为投影所显示的平面信息缺失了第三维的信息。因此，在工程上常需采用多投影面体系来唯一确定空间点的位置。

Video

2.2.1　点的三面投影及投影特性

1. 三投影面体系的建立

如图2.4所示为空间三个两两互相垂直的投影面。处于正面直立位置的投影面称为正投影面，用大写字母 V 表示，简称正面或 V 面；处于水平位置的投影面称为水平投影面，用大写字母 H 表示，简称水平面或 H 面；与正面和水平面都垂直的处于侧立位置的投影面称为侧投影面，以 W 表示，简称侧面或 W 面。

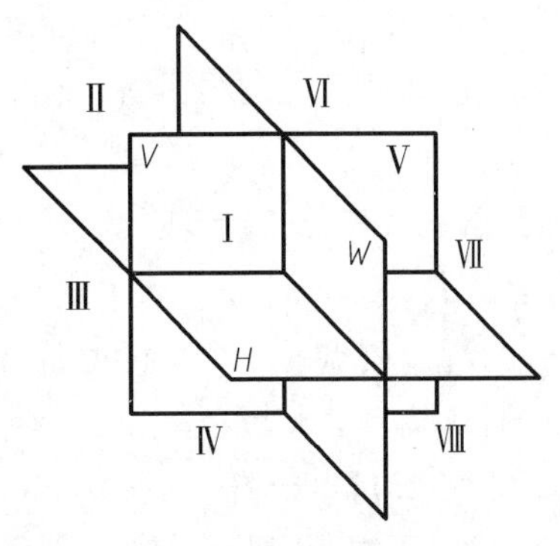

图2.4　三面投影面体系的建立

H、V、W 面组成一个三投影面体系。两两垂直的三个投影面之间的交线称为投影轴，分别用 OX、OY、OZ 表示。

V 面、H 面和 W 面将空间分成八个区域，分别称为Ⅰ、Ⅱ、Ⅲ、Ⅳ、Ⅴ、Ⅵ、Ⅶ、Ⅷ八个分角(图2.4)。将物体置于第一分角内得到正投影的方法称为第一角画法。将物体置于第三分角内得到正投影的方法称为第三角画法。我国制图标准规定工程图样采用第一角画法。

2. 点的三面投影的形成

如图2.5(a)所示，将空间点 A 分别向 V、H、W 投影面投射，其正面投影用 a' 表示，水平投影用 a 表示，侧面投影用 a'' 表示。这里规定以大写字母表示空间点，其投影点用对应的小写字母表示。其中正面投影加上标“′”，如 a'、b' 等，侧面投影加注上标“″”，如 a''、b'' 等。

为了使点的投影画在同一图面上，规定 V 面不动，将 H 面绕 OX 轴向下旋转90°，将 W 面绕 OZ 轴向右旋转90°，使 H、V、W 三个面共面。其中 OY 轴随 H 面往下旋转后，以 Y_H 表示；随 W 面向右旋转后，以 Y_W 表示，如图2.5(b)所示。因投影面是无界的，画图时，不必画出投影面的边框，如图2.5(c)所示。

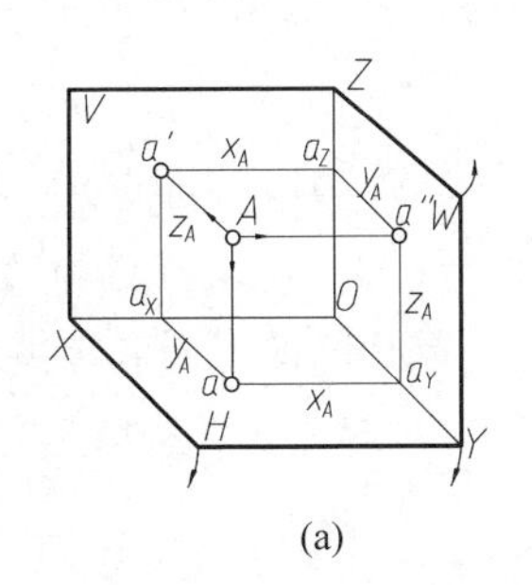

(a)

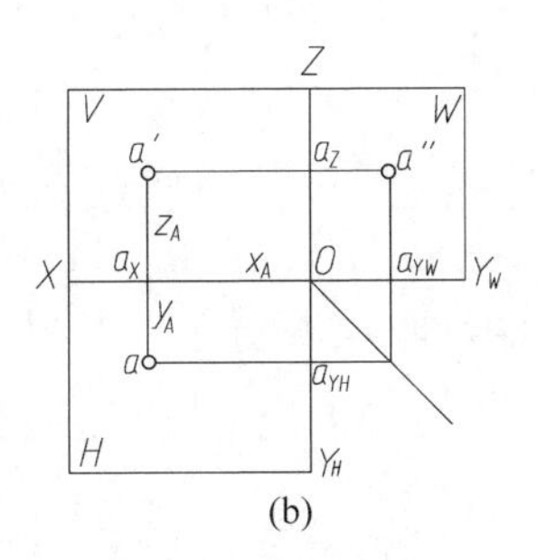

(b)

(c)

图2.5　点的三面投影

3. 点的三面投影特性和直角坐标

由图2.5可知，点的三面投影具有如下特性：

（1）点的正面投影与水平投影的连线垂直于OX轴，即$a'a \perp OX$；

（2）点的正面投影与侧面投影的连线垂直于OZ轴，即$a'a'' \perp OZ$；

（3）点的水平投影到OX轴的距离等于点的侧面投影到OZ轴的距离，即$aa_X = a''a_Z$。

在三投影面体系中，三根投影轴可以构成一个空间直角坐标系，空间点A的位置可以用三个坐标值(x_A、y_A、z_A)表示，则点的投影与坐标有下述关系：

$x_A = a_Z a' = a_{YH}a = a''A$（点到$W$面的距离）；

$y_A = a_X a = a_Z a'' = a'A$（点到$V$面的距离）；

$z_A = a_X a' = a_{YW} a'' = aA$（点到$H$面的距离）。

由点的投影特性及点的投影和坐标的关系可知，点的每个投影均反映该点的某两个坐标：$a(x_A、y_A)$、$a'(x_A、z_A)$、$a''(y_A、z_A)$。由此在点的三面投影中，只要知道其中任意两个面的投影，则点的三个坐标值就已知，即点的空间位置就唯一确定，就可以唯一求出第三个面的投影。

【例2.1】 如图2.6(a)所示，已知点A和点B的两个投影，求它们的第三个投影。

解：由点投影特性可知，$a'a \perp OX$，$aa_X = a''a_Z$，故过a'作OX轴垂线，并取$aa_X = a''a_Z$，即可求得水平投影a，也可采用作45°斜线的方法（直角等腰三角形）求出水平投影a（图2.6(b)）。同理，可以求出点B的侧面投影b''（图2.6(c)）。

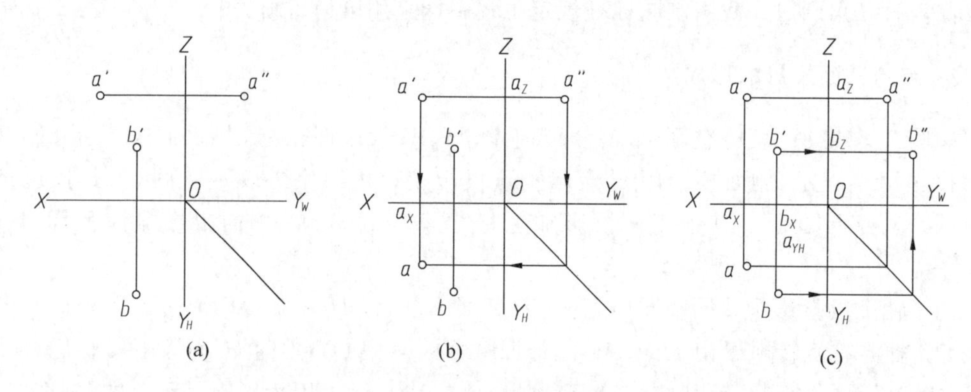

图2.6 由点的两面投影求第三投影

【例2.2】 已知点B距V、H、W三个投影面的距离分别为10、20、15，求点B的三面投影。

解：由空间点位置和坐标的关系，可知B点的坐标为(15,10,20)。由点的投影与坐标的关系，在OX轴上向右取$x=15$mm，得b_X，如图2.7(a)所示；过b_X作OX轴的垂线，上下分别取$z=20$mm、$y=10$mm得b'和b，如图2.7(b)所示；最后根据点的投影规律，作出侧面投影b''，如图2.7(c)所示。

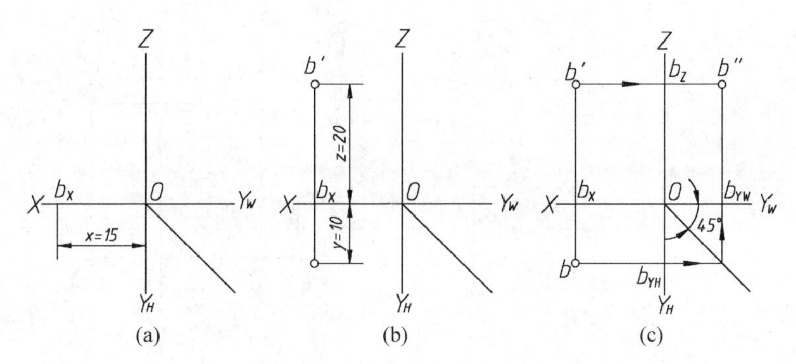

图 2.7　已知点的空间位置求作投影

2.2.2　两点的相对位置和重影点

1. 两点的相对位置

如图 2.8 所示，空间两点的上下、前后、左右位置关系，可以通过两点的同面投影的相对位置或坐标差来判断。两点的 X 坐标差反映了它们空间的左右位置关系，两点的 Y 坐标差反映了它们空间的前后位置关系，两点的 Z 坐标差反映了它们空间的上下位置关系。

X 坐标值较大的点在左；Y 坐标值较大的点在前；Z 坐标值较大的点在上。如图 2.8(b)所示，由于 $x_A < x_B$，所以 A 点在 B 点的右方，同理可判断出 A 点在 B 点的后方、下方。

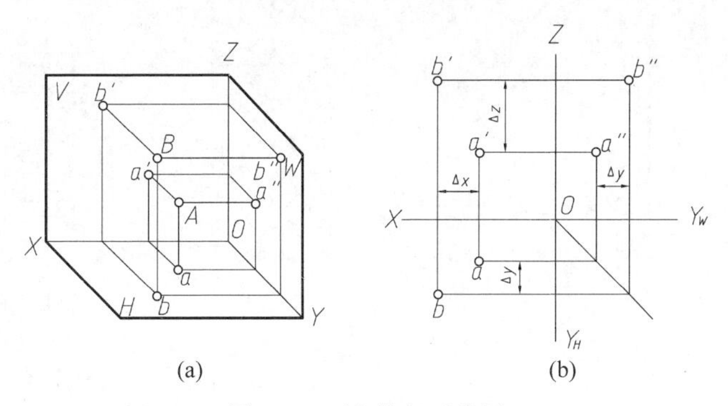

图 2.8　两点的相对位置

在判别相对位置的过程中应该注意：空间的前后位置关系是相对于投影面的前后位置，对水平投影而言，由 OY_H 轴向下就代表向前；对侧面投影而言，由 OY_W 轴向右也代表向前方向。

【例 2.3】　已知点 A 的三面投影，如图 2.9(a)所示，点 B 在点 A 左方 12mm，上方 8mm，后方 10mm，求点 B 的三面投影。

解：由于点 B 在点 A 左方 12mm，上方 8mm，后方 10mm，故点 B 比点 A 的 X 坐标大 12mm，点 B 比点 A 的 Z 坐标大 8mm，点 B 比点 A 的 Y 坐标小 10mm。作图方法如图 2.9(b)所示，首先把垂直 OX 轴的投影连线 $a'a$ 向左作距离为 12mm 的等距平行线，然后把垂直 OZ 轴的投影连线 $a'a''$ 向上作距离为 8mm 的等距平行线，得到点 B 的正面投影 b'，接着把垂直

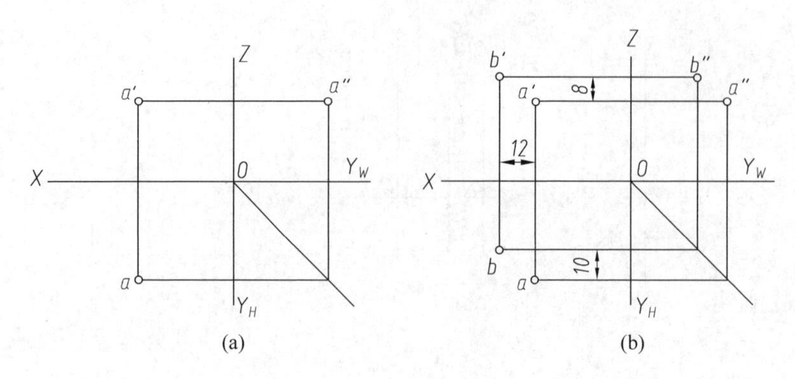

图 2.9　两点的相对位置

OY_H 轴的投影连线向后作距离为 10mm 的等距平行线，得到点 B 的水平面投影 b，最后根据 b 和 b' 做出点 B 的侧面投影 b''。

2. 重影点

如图 2.10 所示，点 A 在点 B 的正前方，即 $x_A=x_B$，$z_A=z_B$，两点位于垂直于 V 面的同一投射线上，故它们在 V 面上的投影重合，并称 A、B 两点在 V 面上的重影点。同理，若两点位于垂直于 H 面的同一投射线上（如点 C 和点 D），即一点位于另一点的正下方或正上方，则该两点为对 H 面的重影点；若两点位于垂直于 W 面的同一投射线上（如点 E 和点 F），即一点位于另一点的正右方或正左方，则该两点为对 W 面的重影点。

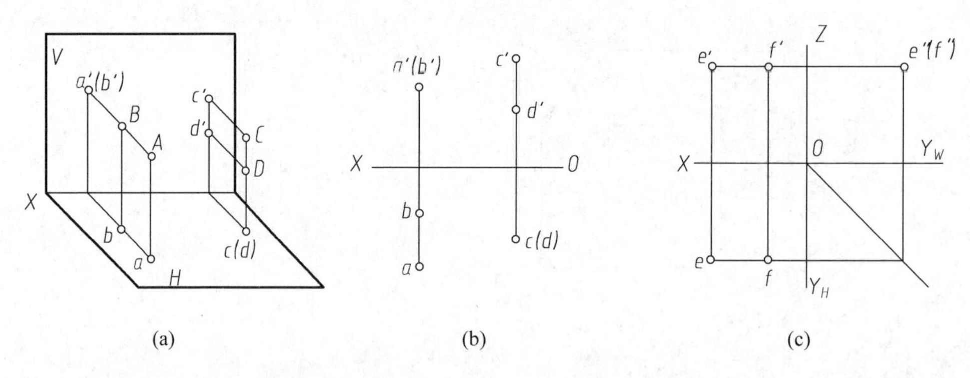

图 2.10　重影点的投影

重影点需要判别可见性，需根据这两点的不重影投影的坐标来判断，即坐标值较大者为可见，较小者为不可见；即前遮后、左遮右、上遮下，通常规定不可见点的投影应加注括号。如图 2.10(b)所示，A、B 两点是对 V 面的重影点，由于 $y_A>y_B$，所以从前面向后投影时点 A 是可见的，点 B 是不可见的，所以点 B 的正面投影应加注括号。C、D 两点是对 H 面的重影点，由于 $z_C>z_D$，所以从上面向下投影时点 C 是可见的，点 D 是不可见的，点 D 的水平投影应加注括号。如图 2.10(c)所示，E、F 两点是对 W 面的重影点，由于 $x_E>x_F$，所以从左面向右投影时点 E 是可见的，点 F 是不可见的，点 F 的侧平投影应加注括号。

2.2.3　特殊位置点的投影

空间点位于投影面、投影轴或原点上，我们称这类点为特殊位置点，如图 2.11 所示。点 A 在 V 面上，其正面投影与空间点位置重合，水平投影在 X 轴上，侧面投影在 Z 轴上。点 B 在 H 面上，其水平投影与空间点位置重合，正面投影在 X 轴上，侧面投影在 Y 轴上（注意必须是在 Y_W 轴上）。点 C 在 OZ 轴上，其正面投影和侧面投影均与空间点位置重合，都在 OZ 轴上，水平投影在原点 O 上。

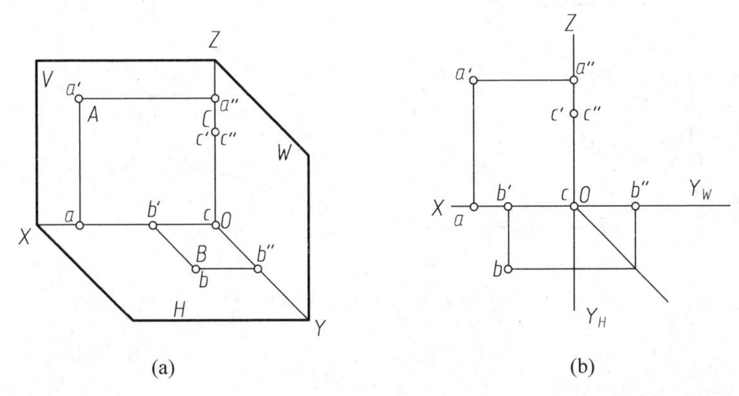

图 2.11　特殊位置点的投影

【例 2.4】　如图 2.12(a)所示，已知点 M 在 H 面上，点 N 在 V 面上，点 S 在 W 面上，完成点 M、点 N、点 S 的三面投影。

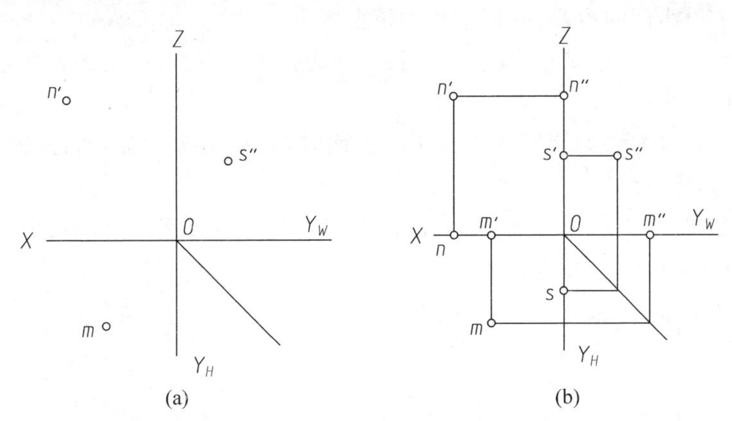

图 2.12　特殊位置点的投影

解：因为点 M、点 N、点 S 都在投影面上，所以它们的另外两投影都落在相应的投影轴上。由点 M 的已知水平面投影 m 作 OX 轴垂线，垂足为其正面投影 m'，由 m 作 OY 轴垂线，得到 OY_W 上的交点为其侧面投影 m''；同理，由点 N 的已知正面投影 n' 作 OX 轴垂线，垂足为其水平面投影 n，由 n' 作 OZ 轴垂线，交点为其侧面投影 n''；由点 S 的已知侧面投影 s'' 作 OZ 轴垂线，交点为其正面投影 s'，由 s'' 作 OY 轴垂线，得到 OY_H 上的交点为其水平投影 s。

2.3 直线的投影

两点确定一直线，将直线上两点的同面投影用粗实线连接，就是直线的投影，如图2.13所示。求作直线的三面投影图时，可分别作出两端点的投影（a、a'、a''），（b、b'、b''），然后将其同面投影相连接（用粗实线绘制）即得直线AB的三面投影图（ab、$a'b'$、$a''b''$）。

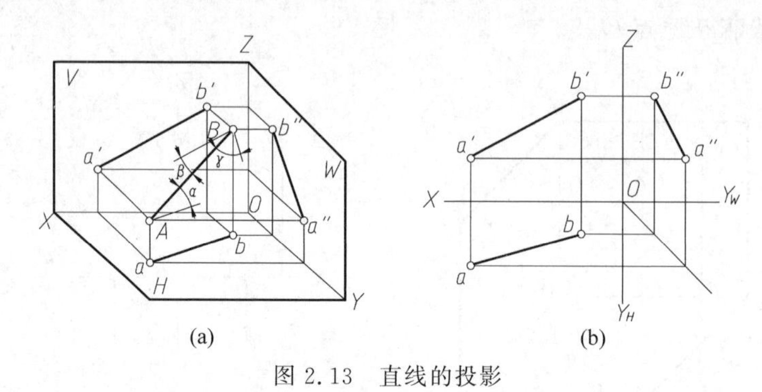

图2.13 直线的投影

2.3.1 直线的投影特性

1. 直线对一个投影面的投影特性

直线对一个投影面的投影，有以下三种情况：

(1) 如图2.14(a)所示，当直线垂直于投影面时，它在该投影面上的投影重合为一个点。这种投影特性称为积聚性。

(2) 如图2.14(b)所示，当直线平行于投影面时，它在该投影面上的投影反映实长。这种投影特性称为实形性。

(3) 如图2.14(c)所示，当直线倾斜于投影面时，它在该投影面上的投影长度缩短，$ab=AB\cos\alpha$。这种投影特性称为类似性。

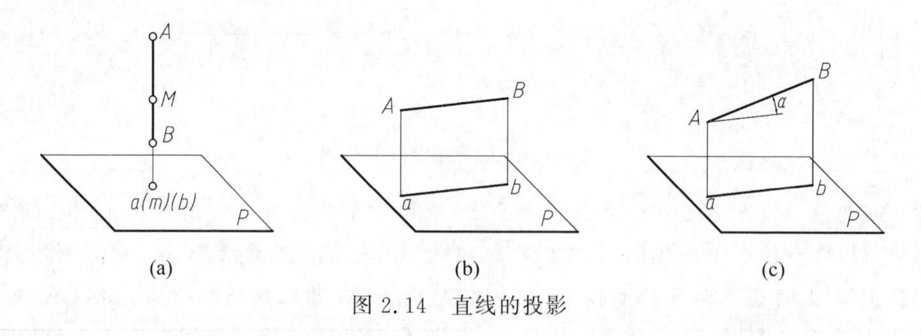

图2.14 直线的投影

2. 直线在三投影面体系中的投影特性

直线在三投影面体系中的投影特性取决于直线与三个投影面之间的相对位置。根据直线与三个投影面的相对位置不同，可将直线分为三类，即一般位置直线、投影面平行线及投影面垂直线。后两类直线又称为特殊位置直线。

（1）**一般位置直线**。与三个投影面都倾斜的直线称为一般位置直线，如图 2.13 所示。

一般位置直线与投影面之间的夹角为直线对该投影面的倾角。对水平投影面、正投影面、侧投影面的倾角，分别用 α、β、γ 表示，如图 2.13(a)所示。

一般位置直线的投影特性为：①三个投影都与投影轴倾斜，长度都小于实长；②与投影轴的夹角都不反映直线对投影面的倾角。

（2）**投影面平行线**。平行于某一投影面而与其余两个投影面倾斜的直线称为投影面平行线。其中，平行于 H 面的直线称为水平线；平行于 V 面的直线称为正平线；平行于 W 面的直线称为侧平线。表 2.1 中分别列出了正平线、水平线和侧平线的投影及其投影特性。

表 2.1　投影面平行线的投影特性

名称	正平线（$AB /\!/ V$ 面）	水平线（$AB /\!/ H$ 面）	侧平线（$AB /\!/ W$ 面）
轴测图	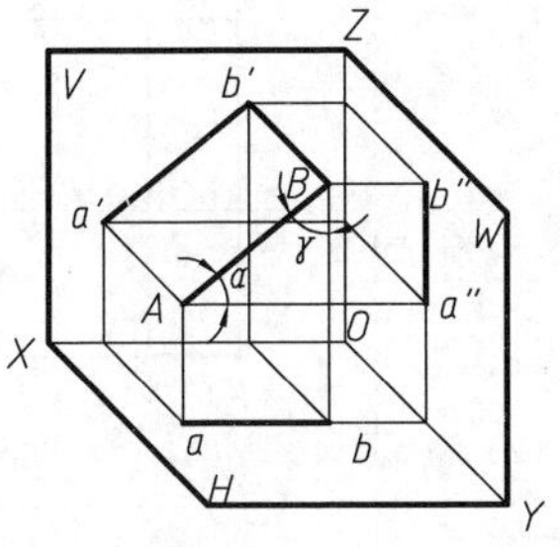	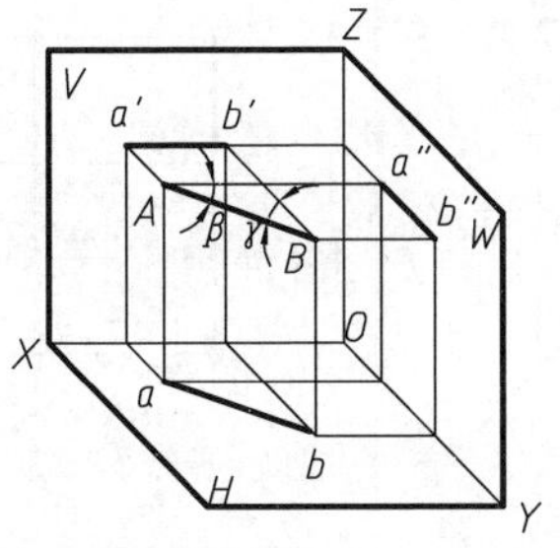	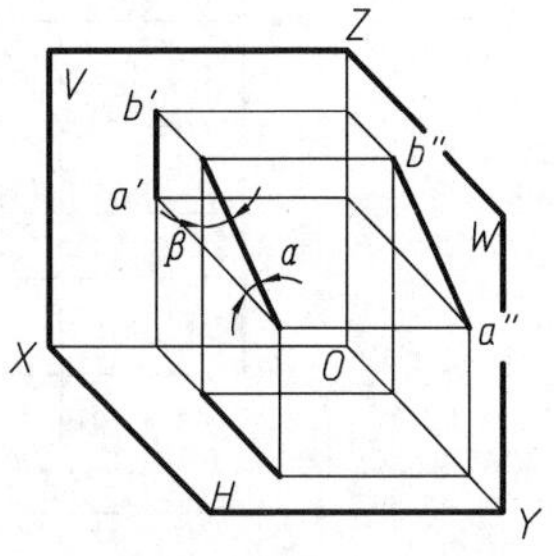
投影图	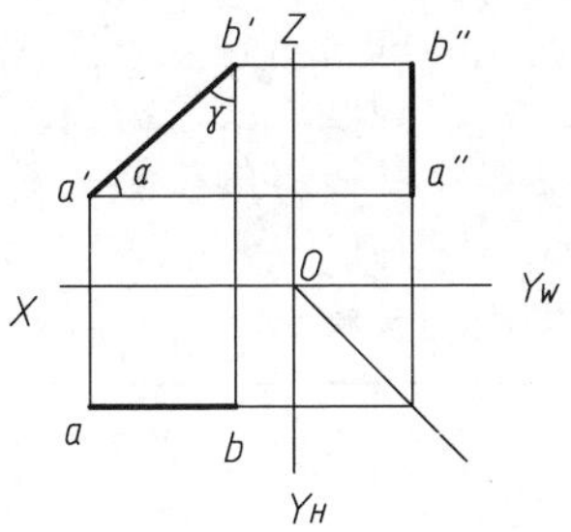	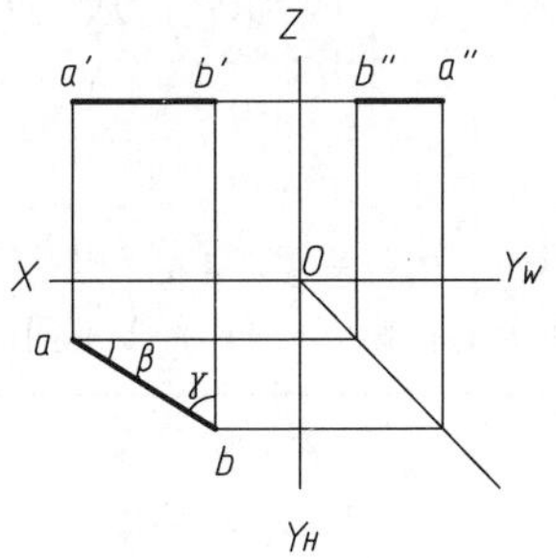	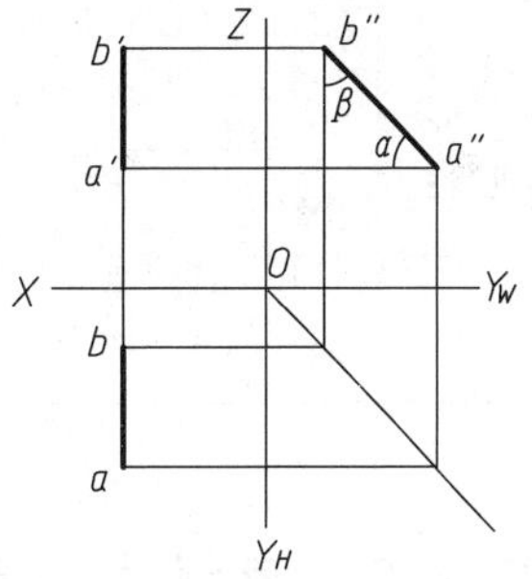
投影特性	（1）$a'b'=AB$。 （2）$a'b'$ 与 OX 的夹角为 α、$a'b'$ 与 OZ 的夹角为 γ。 （3）$ab /\!/ OX$，$a''b'' /\!/ OZ$，ab、$a''b''$ 均小于实长	（1）$ab=AB$。 （2）ab 与 OX 的夹角为 β，ab 与 OY_H 的夹角为 γ。 （3）$a'b' /\!/ OX$，$a''b'' /\!/ OY_W$，$a'b'$、$a''b''$ 均小于实长	（1）$a''b''=AB$。 （2）$a''b''$ 与 OY_W 的夹角为 α，$a''b''$ 与 OZ 的夹角为 β。 （3）$a'b' /\!/ OZ$，$ab /\!/ OY_H$，ab、$a'b'$ 均小于实长
	小结： （1）在其平行的投影面上的投影反映实长；投影与投影轴的夹角分别反映直线对另两投影面的真实倾角。 （2）在另外两个投影面上的投影，分别平行于不同的投影轴，且长度比空间线段短		

(3) **投影面垂直线**。垂直于某一投影面，从而与其余两个投影面都平行的直线称为投影面垂直线。垂直于 H 面的直线称为铅垂线；垂直于 V 面的直线称为正垂线；垂直于 W 面的直线称为侧垂线。表 2.2 中分别列出了正垂线、铅垂线和侧垂线的投影及其投影特性。

表 2.2　投影面垂直线的投影特性

名称	正垂线（$AB\perp V$ 面）	铅垂线（$AB\perp H$ 面）	侧垂线（$AB\perp W$ 面）
轴测图			
投影图			
投影特性	(1) $a'b'$积聚为一点。 (2) $ab\perp OX$，$a''b''\perp OZ$。 (3) $ab=a''b''=AB$	(1) ab 积聚为一点。 (2) $a'b'\perp OX$，$a''b''\perp OY_W$。 (3) $a'b'=a''b''=AB$	(1) $a''b''$积聚为一点。 (2) $a'b'\perp OZ$，$ab\perp OY_H$。 (3) $ab=a'b'=AB$
	小结： (1) 在直线垂直的投影面上的投影，积聚成一点。 (2) 在另外两个投影面上的投影，分别垂直于不同的投影轴，且反映实长		

Video

2.3.2　直线上的点

直线上的点有如下投影特性：

(1) 若点在直线上，则点的各面投影必定在该直线的同面投影上，且符合点的投影规律。反之亦然。

(2) 若点在直线上，则点分直线段长度之比等于其投影分直线段投影长度之比。反之亦然。

如图 2.15 所示，直线 AB 上有一点 C，则点 C 的三面投影 c、c'、c''必定分别在直线 AB 的同面投影 ab、$a'b'$、$a''b''$上，且有 $AC:CB=ac:cb=a'c':c'b'=a''c'':c''b''$。

应用上述特性，可作出直线上定点的投影，也可用于判断点是否在直线上。

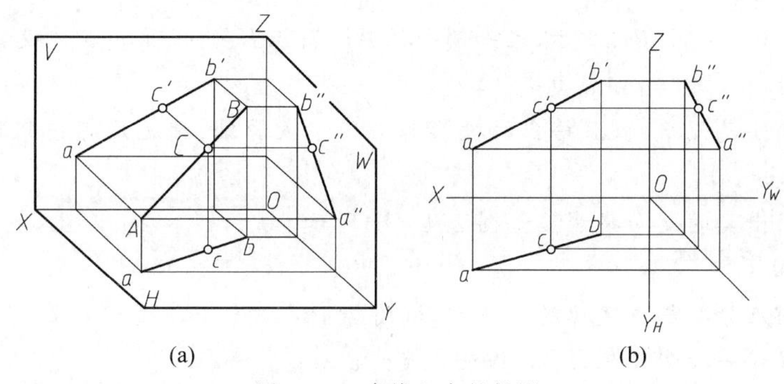

(a)　　(b)

图 2.15　直线上点的投影

【例 2.5】　如图 2.16(a)所示，已知点 M 在直线 CD 上，求点 M 的水平投影。

解：由于 M 在直线 CD 上，所以点 M 的水平投影一定在直线的同面投影上。如图 2.16(b)所示，从 m' 作垂直于 OX 轴的直线，与 cd 的交点即为点 M 的水平投影 m。

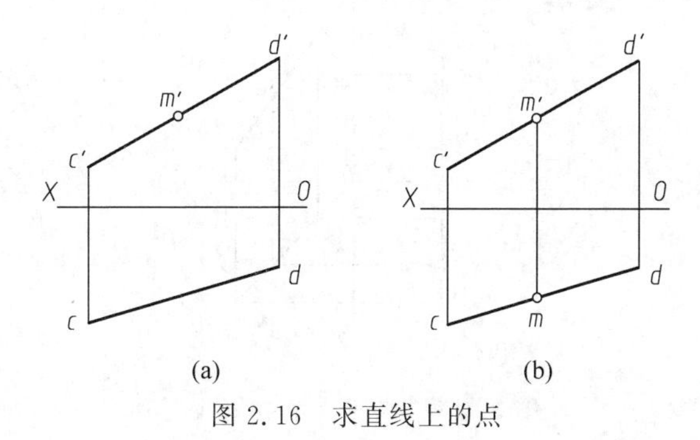

(a)　　(b)

图 2.16　求直线上的点

【例 2.6】　如图 2.17(a)所示，已知直线 AB 和点 K 的正面和水平面投影，判断点 K 是否在直线 AB 上。

解：根据点在直线上的投影特性，先作出直线 AB 和点 K 的侧面投影，从图 2.17(b)看出，点 K 的各面投影都在直线 AB 的同面投影上，且符合点的投影规律，所以点 K 是在直线 AB 上。

如果直线是一般位置直线，一般只需判断两个投影面上的投影即可判断点是否在直线上。但是当直线为投影面平行线，且给出的两个投影又都平行于投影轴时，则还需求出第三个投影进行判断，或用点分线段成定比的方法来判断。

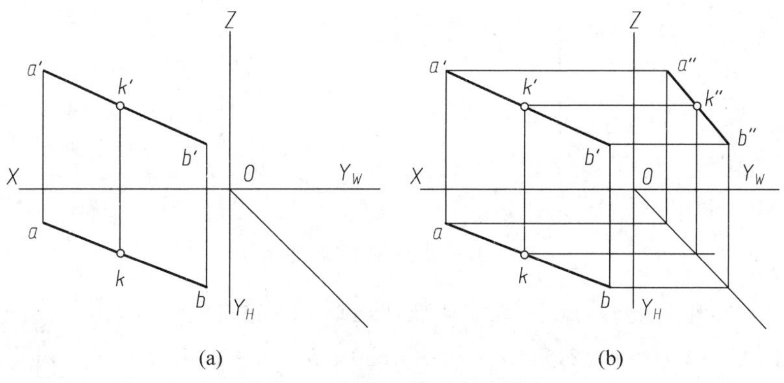

(a)　　(b)

图 2.17　判断点是否在直线上

【例 2.7】 如图 2.18(a)所示，已知侧平线 AB 及点 K 的正面和水平投影，判断点 K 是否在直线 AB 上。

解：由于 AB 是侧平线，且给出的投影都平行于投影轴，故无法直接判断，须采用如下两种方法。

方法一：求出其的侧面投影。如图 2.18(b)所示，由于 k'' 不在 $a''b''$ 上，故点 K 不在直线 AB 上。

方法二：用点分线段成定比的方法判断(图 2.18(c))。

(1) 取直线任一投影 $a'b'$，过 a' 作任意直线 $a'm$；

(2) 在 $a'm$ 上取 1、2 两点，使 $a'1=ak$、$12=kb$；

(3) 连接 b' 和 2，自 1 作 $1n' /\!/ b'2$；

(4) 由于 n' 与 k' 不重合，故点 K 不在直线 AB 上。

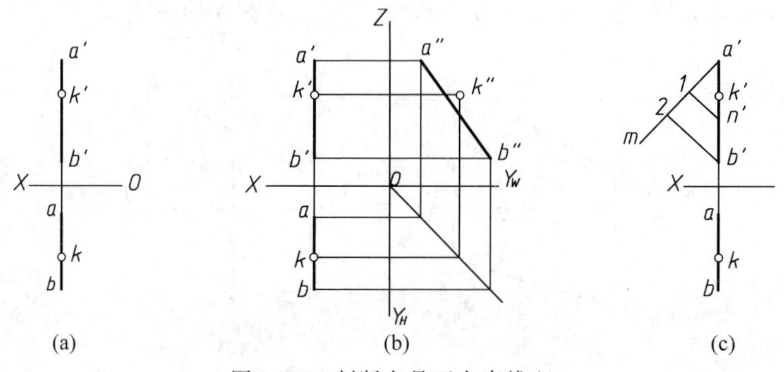

图 2.18　判断点是否在直线上

【例 2.8】 如图 2.19(a)所示，已知点 K 在直线 MN 上，求点 K 的正面投影。

解：因为 K 在直线 MN 上，所以必然 $mk:kn=m'k':k'n'$，由此可通过作图求出点 K 的正面投影。作图步骤如图 2.19(b)所示。

(1) 过 m' 作一射线，并取 p、q 两点，使 $m'p=mk$、$pq=kn$；

(2) 连接 n' 和 q，自 p 作直线 $/\!/ n'q$；此平行线与 $m'n'$ 的交点就是点 K 的正面投影 k'。

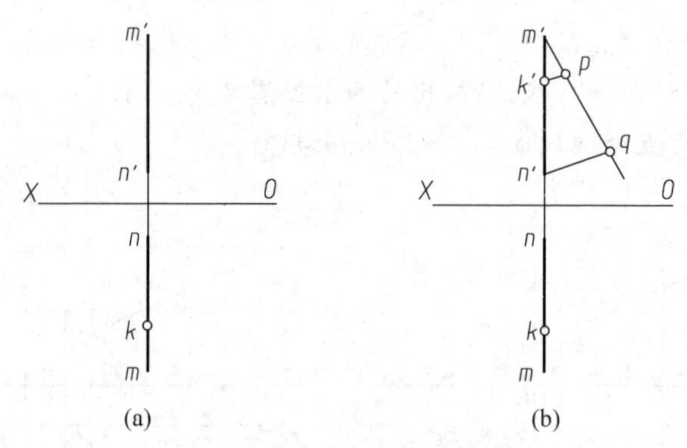

图 2.19　求点 K 的正面投影

【例 2.9】 如图 2.20(a)所示，在直线 AB 上取一点 C，使 $AC:CB=1:2$。

解：由于 $AC:CB=1:2$，则 $ac:cb=a'c':c'b'=1:2$，由此可用比例作图法作图(如图 2.20(b)所示)：

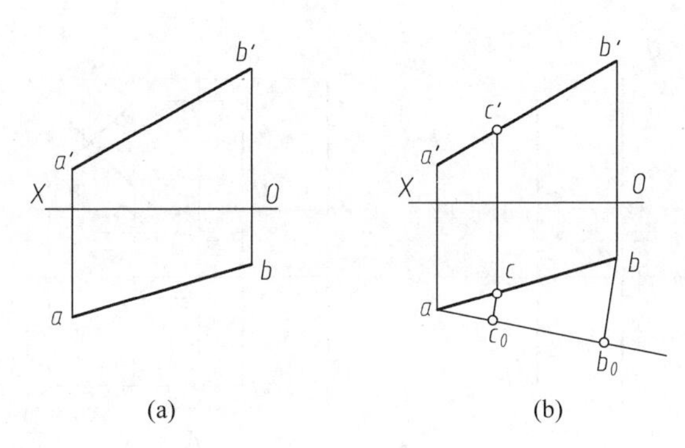

图 2.20 AB 上的分点 C

取直线任一投影 ab,过 a 作一射线,在该射线上以适当长度取 3 等份,得 c_0、b_0 等分点,连接 b 和 b_0,自 c_0 作直线$//b\,b_0$,与 ab 的交点即为 c,最后由 c 求出 c'。

2.3.3 两直线的相对位置

空间两直线的相对位置可以分为三种:两直线平行、两直线相交和两直线交叉。前两种又称同面直线;后者又称异面直线。

1. 两直线平行

若空间两直线相互平行,则它们的各组同面投影必定互相平行。反之,如果两直线各组同面投影都互相平行,则两直线在空间必定互相平行,如图 2.21 所示。

当直线为一般位置直线时,判断两直线是否平行,只要判断任意两组同面投影是否平行即可,如图 2.21(b)所示。但若空间两直线均为投影面的平行线,则要根据直线所平行的投影面上的投影是否平行来断定它们在空间是否相互平行。

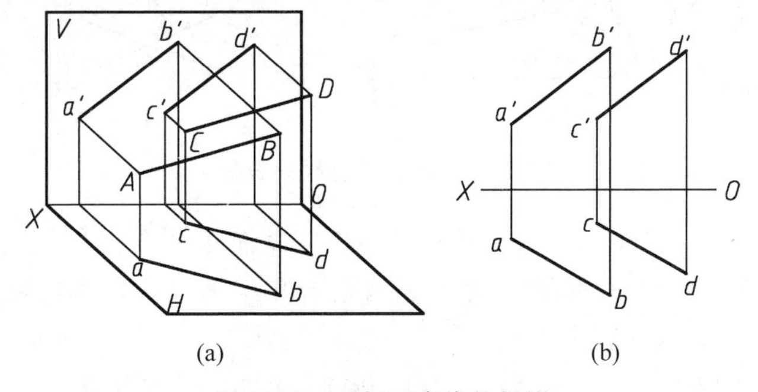

图 2.21 平行两直线的投影

【例 2.10】 如图 2.22(a)所示,判断直线 AB、CD 是否平行。

解: 由于 AB、CD 均为侧平线,所以根据所给的两组同面投影不能确定两直线是否相交,需求出它们的侧面投影来判断。

如图 2.22(b)所示,作出 AB、CD 的侧面投影 $a''b''$、$c''d''$。由于 $a''b''$、$c''d''$ 不平行,故 AB、CD 不平行。

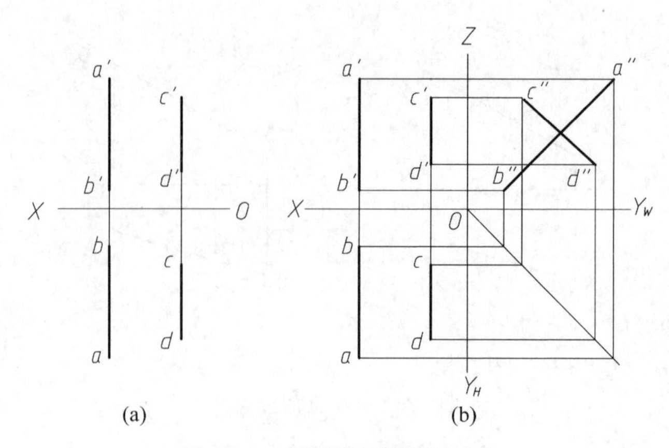

图 2.22　判断两直线是否平行

2. 两直线相交

若空间两直线相交,它们的各组同面投影必定相交,且交点的投影必符合点的投影规律；反之,两直线在投影图上的各组同面投影都相交,且各组投影的交点符合空间点的投影规律,则两直线在空间必定相交,如图 2.23 所示。

一般情况下,判断两直线是否相交,只要判断任意两组同面投影相交,且交点符合点的投影规律即可,如图 2.23(b)所示。但若空间两直线中有一条为投影面的平行线,且只有两组同面投影相交,则空间两直线不一定相交。

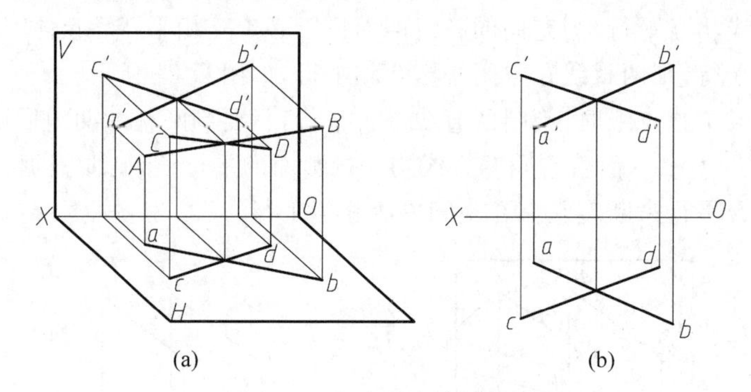

图 2.23　相交两直线的投影

【例 2.11】　如图 2.24(a)所示,判断直线 AB、CD 是否相交。

解：由于 AB 是一条侧平线,所以根据所给的两组同面投影不能确定两直线是否相交,可用如下两种方法判断,如图 2.24 所示。

(1) 求出它们的侧面投影。如图 2.24(b)所示,虽然 $a''b''$、$c''d''$ 也相交,但其交点不是点 K 的侧面投影,即点 K 不是两直线的共有点,故 AB、CD 不相交。

(2) 用点分线段成定比的方法判断。如图 2.24(c)所示,由于 $a'k' : k'b' \neq ak : kb$,故点 K 不在直线 AB 上,点 K 不是交点,故 AB、CD 不相交。

3. 两直线交叉

既不平行又不相交的空间两直线称为交叉两直线。交叉两直线的投影可能会有一组或两组是互相平行的,但绝不会三组同面投影都互相平行,如图 2.25(b)所示；交叉两直线的投影

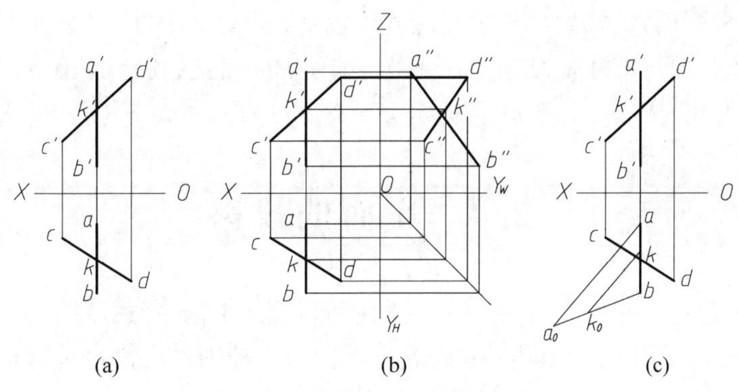

图 2.24　判断两直线是否相交

也可能是相交的，但各个投影的交点一定不符合同一点的投影规律，如图 2.25(b)所示。

交叉两直线在同一投影面上的交点为对该投影面的一对重影点。如图 2.25 所示，直线 AB 和 CD 的正面投影的交点是直线 AB 上的点Ⅱ和 CD 上的点Ⅰ对 H 面的重影点 1(2)，由水平投影可知点Ⅰ在点Ⅱ的前面，故正面投影点Ⅰ可见、点Ⅱ不可见；同理，直线 AB 和 CD 的正面投影的交点是直线 AB 上的点Ⅲ和 CD 上的点Ⅳ对 V 面的重影点 $3'(4')$。

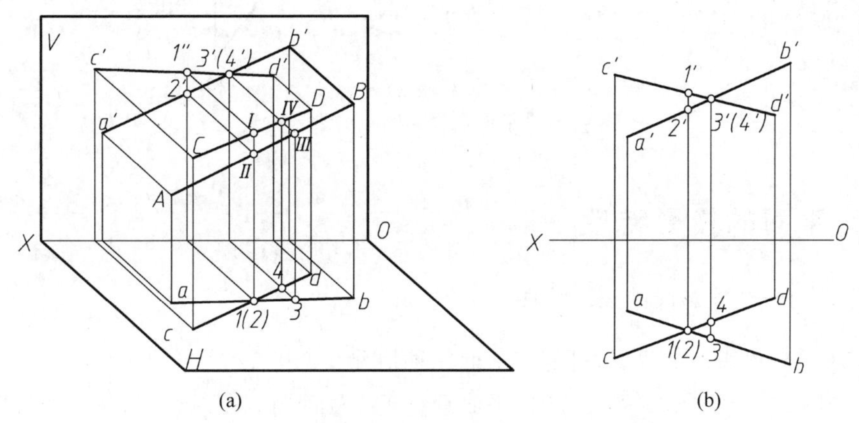

图 2.25　交叉两直线同面投影的重影点的投影

【例 2.12】　作一直线 MN，使其与已知直线 CD、EF 相交，同时与已知直线 AB 平行，点 M、N 分别在直线 CD、EF 上，AB、CD、EF 如图 2.26(a)所示。

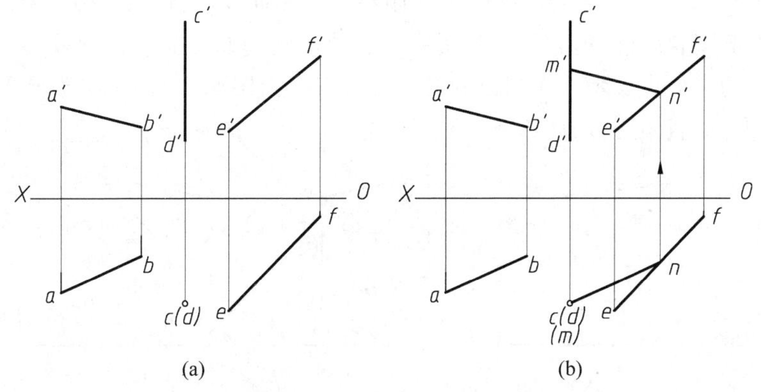

图 2.26　求作直线与一直线平行且与另两直线相交

解：如图 2.26(b)所示，因所求直线与 CD 相交，且 M 在 CD 上，故点 M 的水平投影 m 与 CD 水平投影重合。又因 MN 与 AB 平行，且与 EF 相交，故过 m 作 ab 平行线交 ef 于 n，再根据 N 在直线 EF 上，求得 n'。最后过 n' 作 $a'b'$ 的平行线交 $c'd'$ 于 m'。

2.4 平面的投影

表示平面的方式有五种(图 2.27)：ⓐ不在同一直线上的三点；ⓑ一直线和该直线外一点；ⓒ相交两直线；ⓓ平行两直线；ⓔ任意平面图形。分别作出这些几何元素的投影，即可实现平面的投影。

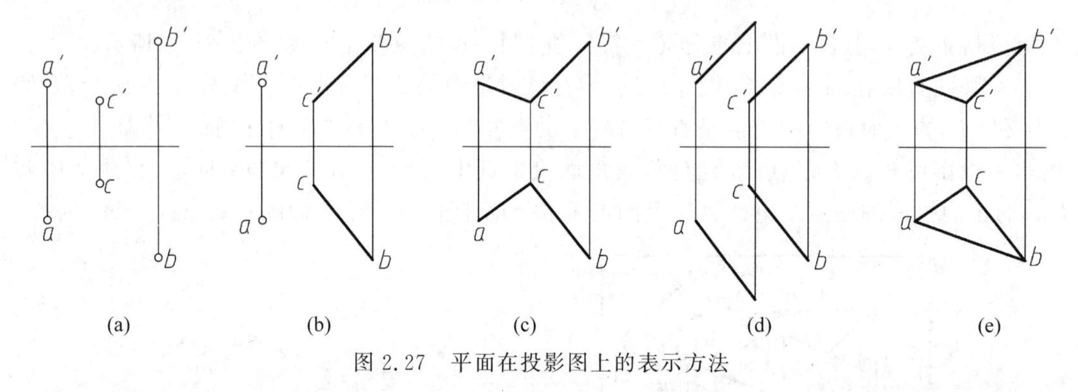

图 2.27 平面在投影图上的表示方法

2.4.1 平面的投影特性

1. 平面对一个投影面的投影特性

平面对一个投影面的投影，可能有下面三种情况：

(1) 如图 2.28(a)所示，当△ABC 平面垂直于投影面时，它在该投影面上的投影积聚成一条直线。这种投影特性称为积聚性。

(2) 如图 2.28(b)所示，当△ABC 平面平行于投影面时，它在该投影面上的投影反映实形。这种投影特性称为真实性。

(3) 如图 2.28(c)所示，当△ABC 平面倾斜于投影面时，它在该投影面上的投影是一个与原平面类似的闭合线框，但它不反映实形。这种形状与原平面类似的投影特性称为类似性。平面图形的类似性表示平面图形的投影与真实平面图形相比，具有以下投影特性、边数不变、平行不变，曲直不变，凹凸不变。

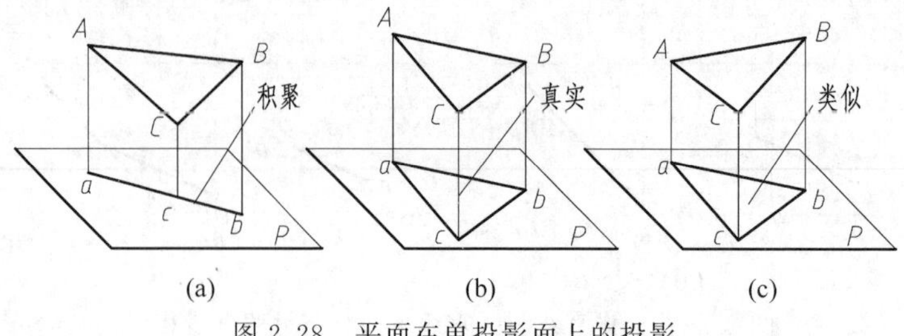

图 2.28 平面在单投影面上的投影

2. 平面在三投影面体系中的投影特性

平面在三投影面体系中的投影特性取决于与三个投影面之间的相对位置。根据平面与三个投影面的相对位置不同，可将平面分为三类，即一般位置平面、投影面垂直面及投影面平行面。后两类平面又称为特殊位置平面。

(1) **一般位置平面**。对三个投影面都处于倾斜位置的平面称为一般位置平面，如图2.29(a)所示。

如图2.29(b)所示，一般位置平面具有如下投影特性：

① 三面投影$\triangle abc$、$\triangle a'b'c'$、$\triangle a''b''c''$均为$\triangle ABC$的类似形。

② $\triangle abc$、$\triangle a'b'c'$、$\triangle a''b''c''$均不反映$\triangle ABC$的实形，且面积均小于$\triangle ABC$。

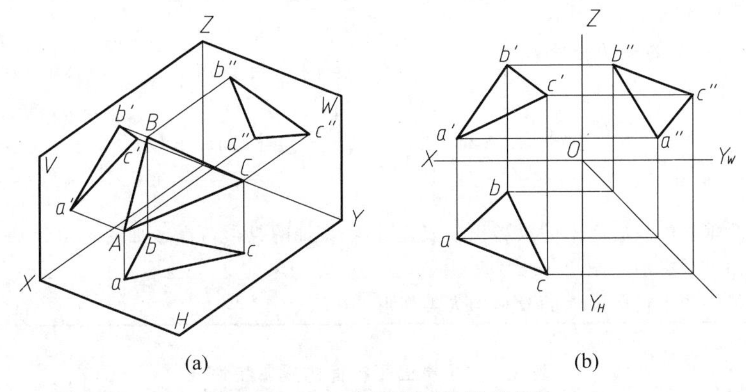

图2.29 一般位置平面的投影特性

(2) **投影面垂直面**。垂直于一个投影面，与其余两个投影面都倾斜的平面称为投影面垂直面。垂直于H面的平面称为铅垂面；垂直于V面的平面称为正垂面；垂直于W面的平面称为侧垂面。表2.3中分别列出了铅垂面、正垂面和侧垂面的投影及其投影特性。

(3) **投影面平行面**。平行于一个投影面，即同时垂直于其他两个投影面的平面称为投影面平行面。平行于H面的称为水平面；平行于V面的称为正平面；平行于W面的称为侧平面。

在表2.4中分别列出了水平面、正平面和侧平面的投影及其投影特性。

表2.3 投影面垂直面的投影特性

名称	铅垂面($\triangle ABC \perp H$面)	正垂面($\triangle ABC \perp V$面)	侧垂面($\triangle ABC \perp W$面)
轴测图			

续表

名称	铅垂面（$\triangle ABC \perp H$ 面）	正垂面（$\triangle ABC \perp V$ 面）	侧垂面（$\triangle ABC \perp W$ 面）
投影图	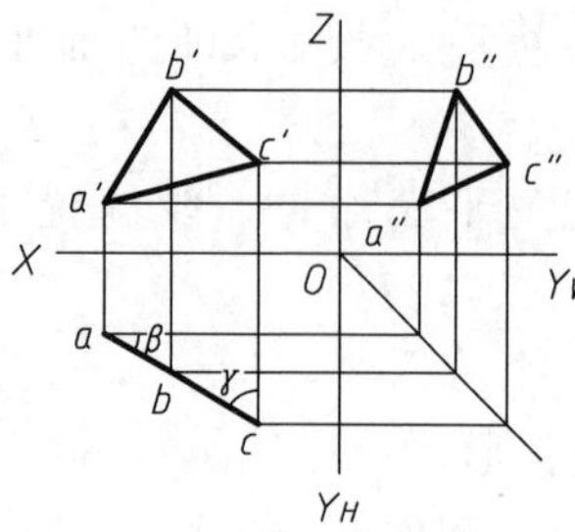	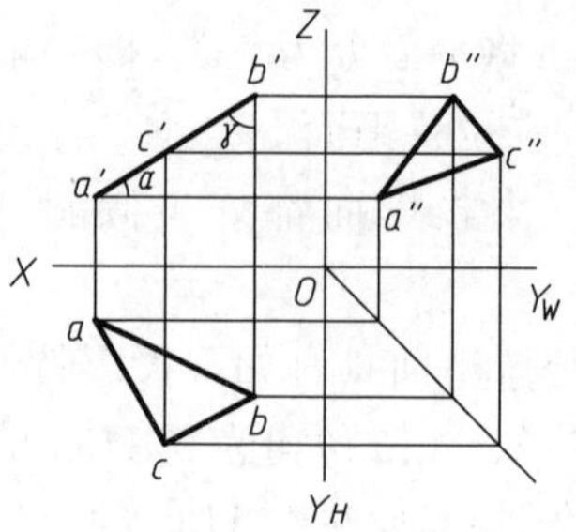	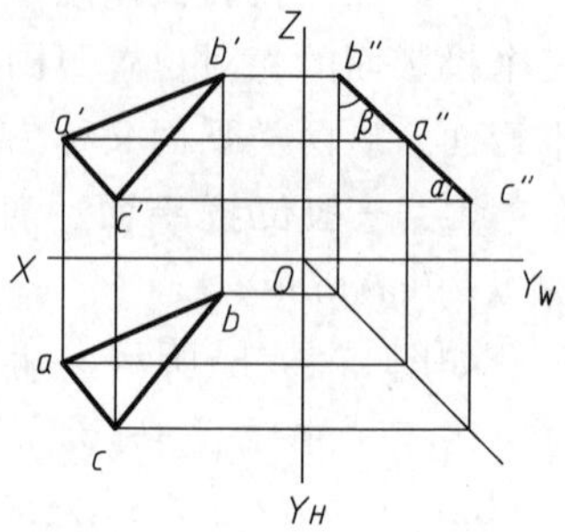
投影特性	(1) abc 积聚为一直线。它与 OX、OY_H 的夹角分别反映 β、γ 角。 (2) $\triangle a'b'c'$、$\triangle a''b''c''$ 为类似形	(1) $a'b'c'$ 积聚为一直线。它与 OX、OZ 的夹角分别反映 α、γ 角。 (2) $\triangle abc$、$\triangle a''b''c''$ 为类似形	(1) $a''b''c''$ 积聚为一直线。它与 OY_W、OZ 的夹角分别反映 α、β 角。 (2) $\triangle a'b'c'$、$\triangle abc$ 为类似形
	小结： (1) 在所垂直的投影面上的投影积聚成直线，积聚性的投影与投影轴的夹角分别反映平面对另外两个投影面的倾角。 (2) 在另外两个投影面上的投影均为类似形		

表 2.4 投影面平行面的投影特性

名称	水平面（$\triangle ABC /\!/ H$ 面）	正平面（$\triangle ABC /\!/ V$ 面）	侧平面（$\triangle ABC /\!/ W$ 面）
轴测图	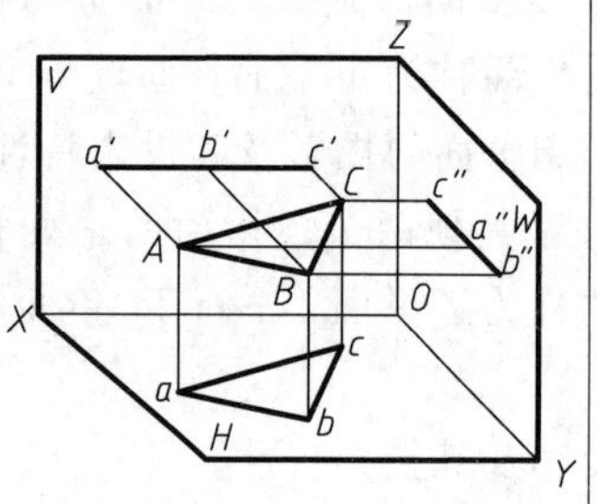	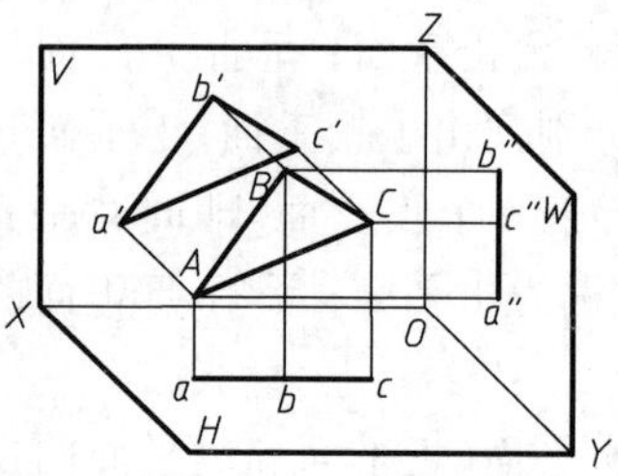	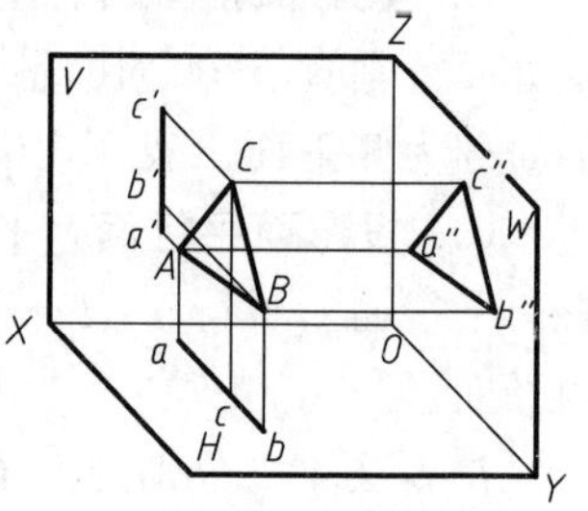
投影图	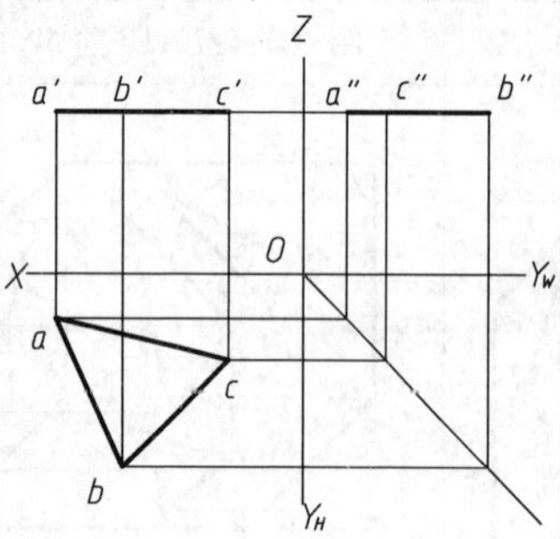	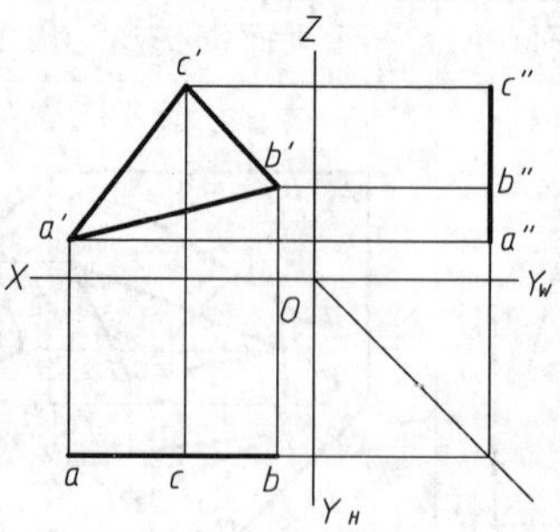	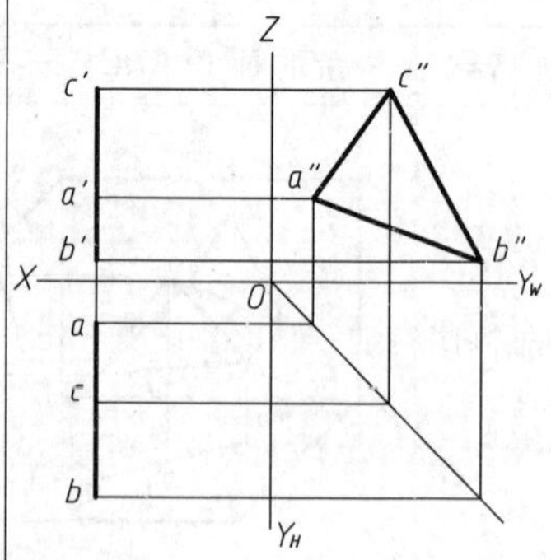

续表

名称	水平面(△ABC//H 面)	正平面(△ABC//V 面)	侧平面(△ABC//W 面)
投影特性	(1) △abc 反映实形。 (2) $a'b'c'$//OX、$a''b''c''$//OY_W，且具有积聚性	(1) △$a'b'c'$反映实形。 (2) abc//OX、$a''b''c''$//OZ，且具有积聚性	(1) △$a''b''c''$反映实形。 (2) abc//OY_H、$a'b'c'$//OZ，且具有积聚性
	小结： (1) 在平行的投影面上的投影，反映实形。 (2) 在另外两个投影面上的投影分别积聚成直线，且分别平行于相应的投影轴		

2.4.2　平面上的点和直线

Video

1. 平面内取直线

直线在平面上的几何条件是：

(1) 若一直线通过平面上的两个点，则此直线必在该平面内。如图 2.30 所示，相交两直线 AB、AC 决定一平面 P，在 AC、AB 上分别取点 M、N，则过 M、N 两点的直线一定在平面 P 上。

(2) 若一直线通过平面上一已知点且平行于平面内的另一直线，则此直线必在该平面内。同样如图 2.30 所示，过点 M 作直线 MR 平行于直线 AB，则 MR 一定在平面 P 上。

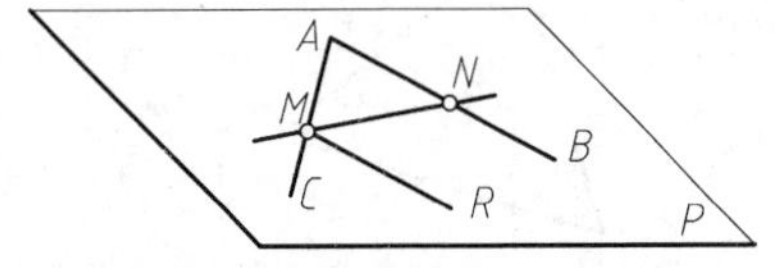

图 2.30　平面上的点和直线

【例 2.13】　如图 2.31(a)所示，已知直线 MN 在△ABC 所决定的平面内，求作其水平投影。

分析：直线在平面上，则必定通过平面上两点，故延长 MN 必与 AB、AC 相交于Ⅰ、Ⅱ点，由于Ⅰ、Ⅱ是 AB、BC 上的点，可直接求出，由此可求出 MN 水平投影。

作图(图 2.31(b))：

(1) 延长 $m'n'$ 分别与 $a'b'$、$b'c'$ 交于 $1'$ 和 $2'$；

(2) 应用直线上点的投影特性，求得Ⅰ、Ⅱ的水平投影 1 和 2；

(3) 连接 1 和 2，再应用直线上点的投影特性，求出 m 和 n。

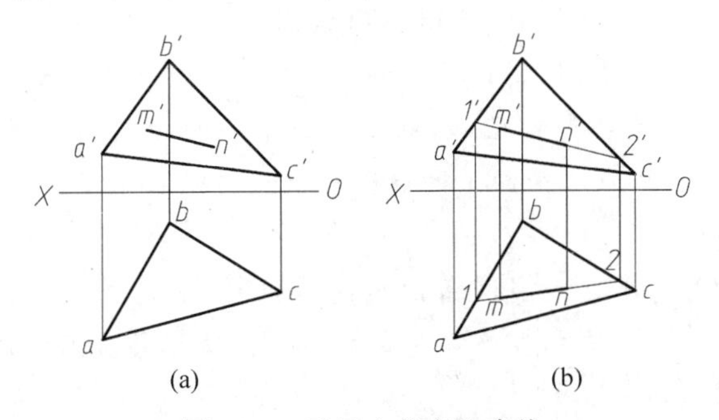

图 2.31　平面上的点和直线

2. 平面内取点

点在平面上的几何条件是：若点在平面内任一直线上，则此点必在该平面上。所以，要在平面上取点，应先在平面上取直线，然后再在该直线上取点。

【例2.14】 如图2.32(a)所示，已知K点在$\triangle ABC$上，求K点的水平投影；并判断N点是否为$\triangle ABC$上的点。

分析：在平面内过K任作一辅助直线，点K的投影必在该直线的同面投影上。如果直线AN在$\triangle ABC$上，则N点是$\triangle ABC$上的点；若直线AN在$\triangle ABC$上，则AN一定与BC相交，否则直线AN就不在平面内。这样就把判断点是否为平面上的点转化为直线是否相交的问题。

作图：如图2.32(b)所示，连$b'k'$并延长交$a'c'$于m'，求出AC上点M的水平投影m，连接bm，再利用直线上点的投影特性，求出k。

如图2.32(c)所示，连接$a'n'$和an，根据$a'n'$和$b'c'$的交点作垂直于X轴的直线，它并不通过an和bc的交点，所以AN与BC不相交，AN不是$\triangle ABC$上的直线，则判断点N不是$\triangle ABC$上的点。

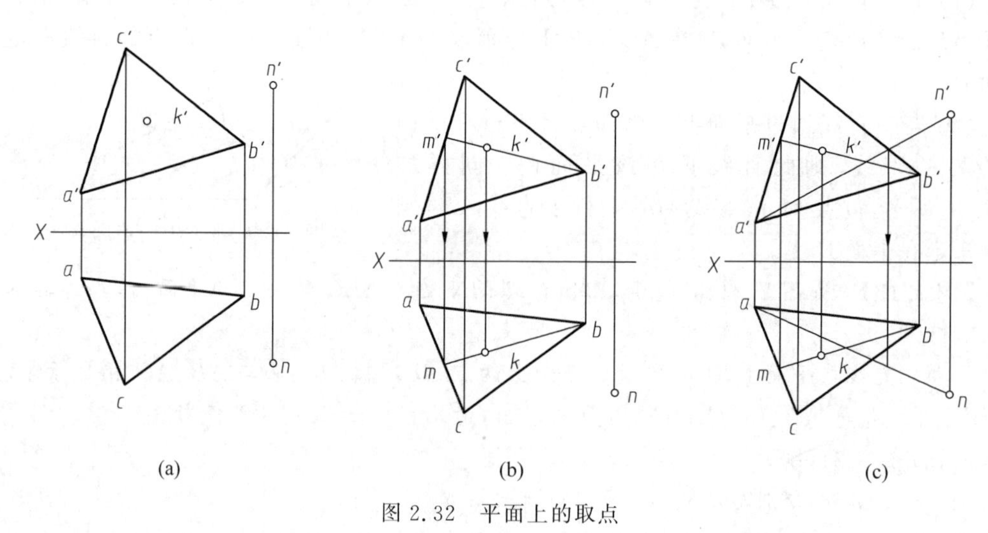

图2.32 平面上的取点

【例2.15】 如图2.33(a)所示，已知平面四边形$ABCD$的正面投影和其中AB边的水平投影，且AD为正平线，完成该四边形的水平投影。

分析：由于AD为正平线，根据正平线的投影特点知其水平投影平行于OX轴，若四边形两条边AB和AD的两个投影都已知，则该四边形平面的空间位置已经确定，点C是四边形$ABCD$上的点，故利用点在平面上的原理作出点的投影即可。

作图(图2.33(b))：

(1) 过a作$ad/\!/OX$，通过d'求得点D的水平投影d。

(2) 连接$a'c'$和$b'd'$，交于点m'，然后连接bd，根据点M是AC和BD交点的特性可以求得M的水平投影m。

(3) 连接am并延长，因为点C是AM上的点，由c'求得c。

(4) 依次连接b、c、d得平面图形$ABCD$的水平投影。

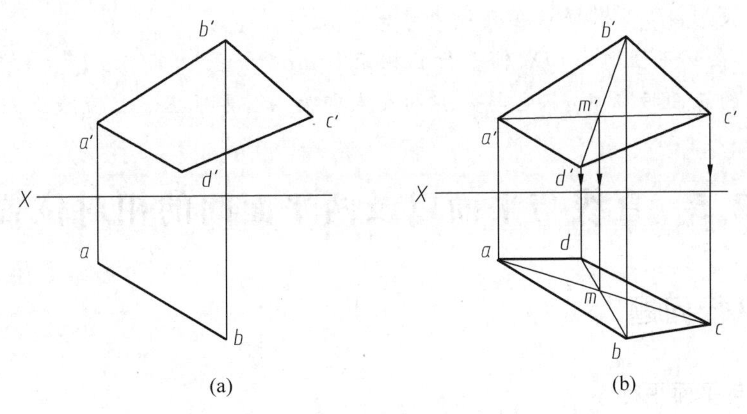

图 2.33 完成平面图形的投影

3. 平面上投影面的平行线

平面上平行于某投影面的直线称为平面上投影面的平行线。它具有如下特点：

(1) 符合直线在平面上的几何条件；

(2) 符合投影面平行线的投影特性。

如图 2.34 所示，AD 在△ABC 上，因 AD 的水平投影 $ad /\!/ OX$ 轴，符合正平线的投影特性，因此 AD 为△ABC 上的正平线。同理，CE 在△ABC 上，CE 的正面投影 $c'e' /\!/ OX$ 轴，符合水平线的投影特性，所以 CE 为△ABC 上的水平线。

【例 2.16】 如图 2.35(a)所示，已知△ABC 的两个投影，在△ABC 内取一点 M，并使其到 V 面的距离为 15mm，到 H 面的距离为 10mm。

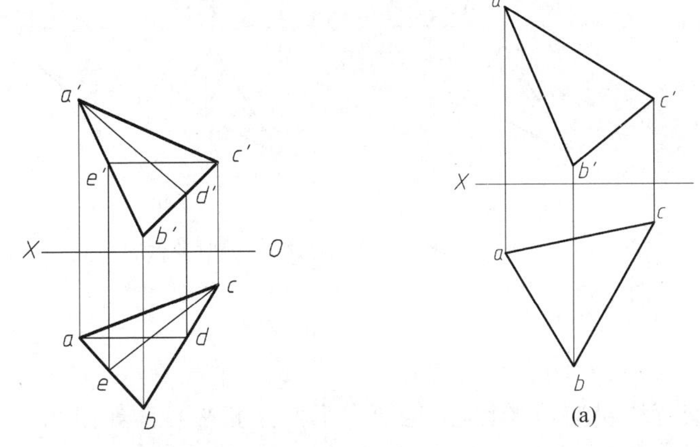

图 2.34 平面上投影面的平行线

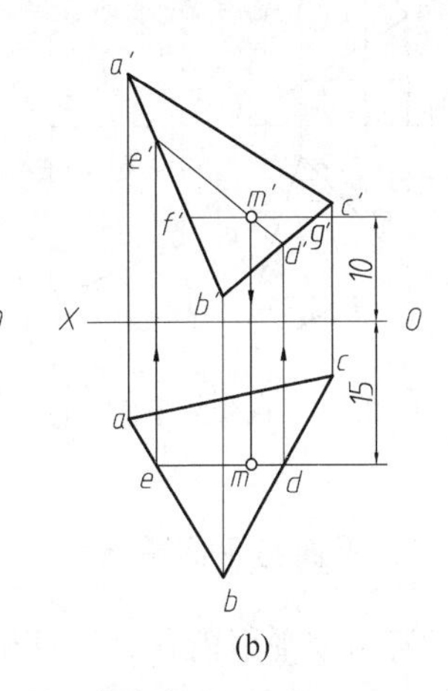

图 2.35 平面内取点

分析：因点 M 在△ABC 上，且距 V 面 15mm，所以点 M 应处于△ABC 上距 V 面为 15mm 的正平线 ED 上；同时又因为点 M 距 H 面 10mm，所以点 M 也应处于△ABC 上距 H 面为 10mm 的水平线 FG 上，ED 和 FG 的交点即为点 M。

作图(图 2.35(b))：

(1) 在 H 面上作与 OX 轴平行且相距 15mm 的直线，其与 ab、bc 交点的连线即为正平

线 ED 的水平投影 ed，再根据点在直线上作出 e'、d'；

(2) 同理，在 V 面上作与 OX 轴平行且相距 10mm 的直线，其与 $a'b'$、$b'c'$ 交点的连线即为水平线 FG 的正面投影 $f'g'$，它与 $e'd'$ 的交点即为 m'，再根据点在直线上作出 m。

Video

2.5 直线与平面以及两平面间的相对位置

2.5.1 平行问题

1. 直线与平面平行

若一直线平行于平面内任意一直线，则该直线平行于该平面。

在图 2.36 中，直线 DE 的正面投影 $d'e' /\!/ m'n'$，水平投影 $de /\!/ mn$，因为直线 MN 位于 $\triangle ABC$ 内，所以 $DE /\!/ \triangle ABC$。

【例 2.17】 过已知点 M，求作一水平线 MN 平行于已知平面 $\triangle ABC$，如图 2.37(a) 所示。

分析：在 $\triangle ABC$ 内取一条水平线 AD，然后过 M 作该直线的平行线即为所求。

作图(图 2.37(b))：过 a' 作直线 $a'd' /\!/ OX$ 轴交 $b'c'$ 于 d'，按投影关系确定 d。作 $m'n' /\!/ a'd'$，$mn /\!/ ad$，则 MN 即为所求。

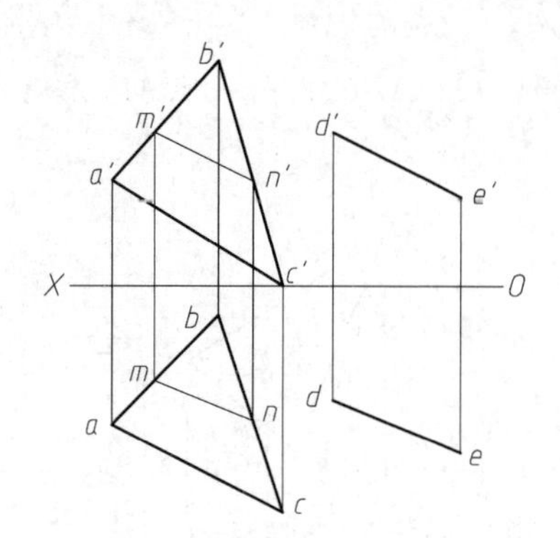

图 2.36 直线与平面平行

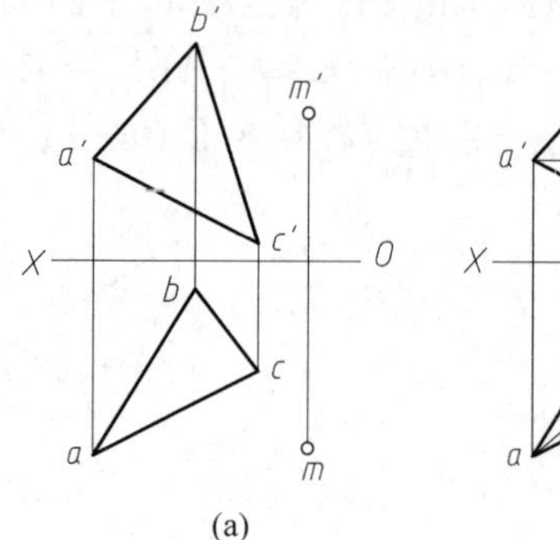

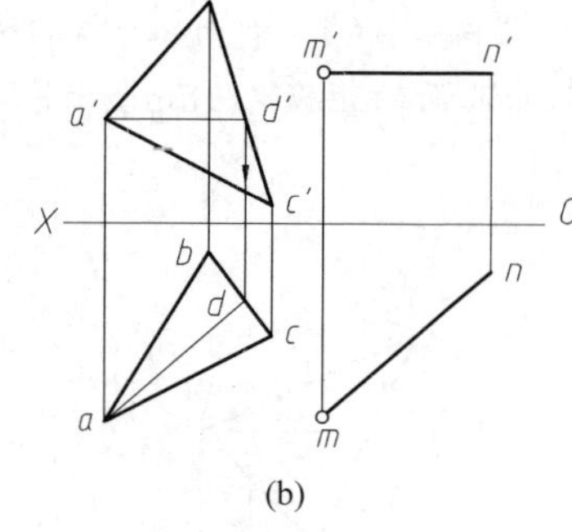

图 2.37 作直线与平面平行

2. 平面与平面平行

若两个平面内各有一对相交直线对应地平行，则这两个平面互相平行。如图 2.38(a) 所示，平面 P 内的一对相交直线 AB 和 BC 相应地平行于平面 Q 内的一对相交直线 ED 和 DF，则该两平面平行，其投影图如图 2.38(b)所示。

【例 2.18】 判断 $\triangle ABC$ 与 $\triangle DEF$ 是否平行。已知 $AC /\!/ EF$，如图 2.39(a)所示。

分析：两平面平行的条件是分别位于两平面内的一对相交直线对应平行。该题只要再判断 $\triangle ABC$ 内与 AC 相交的某条直线是否平行于 $\triangle DEF$ 内与 EF 相交的一条直线即可。

作图(图 2.39(b))：过 f' 作直线 $f'k' /\!/ b'c'$ 交 $e'd'$ 于 k'，求直线 ED 上的点 K 的水平投影 k，连 ek，则直线 EK 在 $\triangle DEF$ 内。由于 $fk /\!/ bc$，因而 $FK /\!/ BC$，所以 $\triangle ABC /\!/ \triangle DEF$。

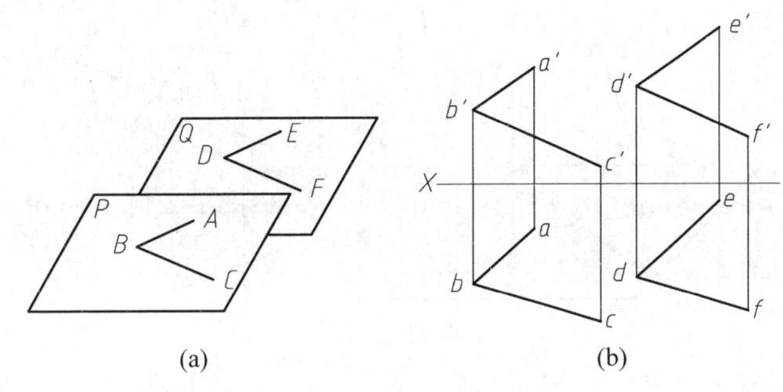

图 2.38　两平面平行

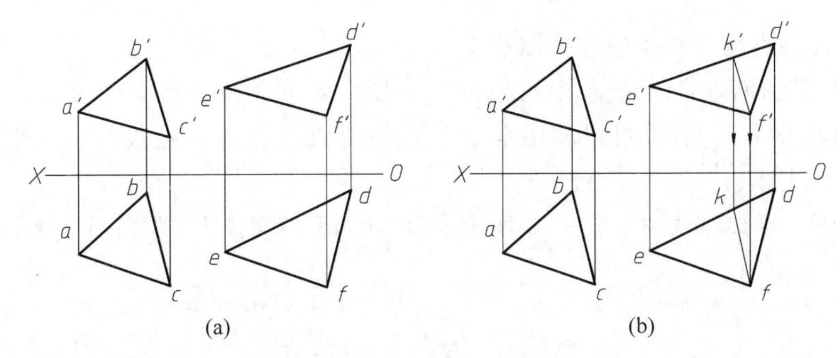

图 2.39　判断两平面是否平行

2.5.2　相交问题

Video

1. 直线与平面相交

直线与平面相交的交点是直线与平面的共有点，其投影既满足直线上点的投影特性，又满足平面内点的投影特性。

当直线或平面其中之一的投影具有积聚性时，交点的投影也必定在有积聚性的投影上，由此得到交点的一个投影，然后再按点在直线或平面上的关系求出另外的投影。

由于平面是不透明的，则在投射(或观察)时直线总有一部分被平面遮住看不见，不可见部分画成虚线。交点是可见段和不可见段的分界点，求出交点后还要判别线段的可见性。

这里只讨论直线与平面中至少有一个处于特殊位置时的情况。

1）一般位置直线与特殊位置平面相交

当一般位置直线与特殊位置平面相交时，平面有积聚性的投影和直线同面投影的交点，即为直线与特殊位置平面交点的投影；可见性可以在投影图中直接判别。

【例 2.19】　求直线 AB 与△CDE 交点 K 的投影，并判别可见性，如图 2.40(a)所示。

解：(1) 求交点。因△CDE 为铅垂面，其水平投影呈积聚性，根据交点的公共性，可确定 K 的水平投影 k，再利用交点 K 位于直线 AB 上的投影特性，可求出交点的正面投影 k'，如图 2.40(b)所示。

(2) 可见性判别。由水平投影可知，KB 在△CDE 之前，故正面投影 $k'b'$ 可见，而 $k'a'$ 与△$c'd'e'$ 重叠部分不可见，应画成虚线。

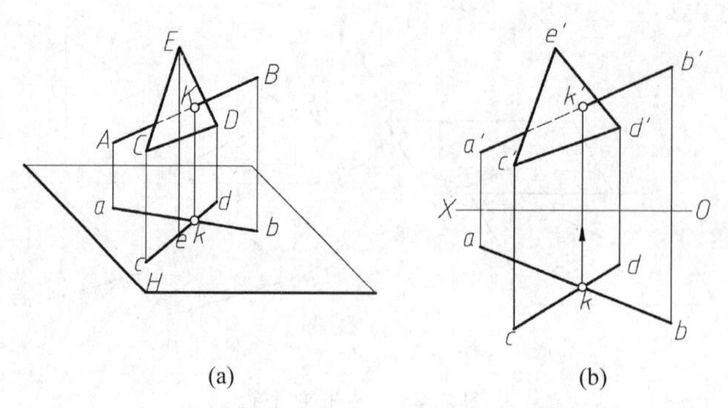

(a)　　(b)

图 2.40　求一般位置直线与铅垂面的交点

2）投影面垂直线与一般位置平面相交

若平面与投影面垂直线相交，其交点的一个投影就重合在该直线积聚成一点的同面投影上，因交点也在平面上，故可以利用平面上取点，求出交点的其他投影；可见性可利用交叉直线重影点判别。

【例 2.20】 求铅垂线 AB 与一般位置平面△CDE 的交点 K，并判别可见性，如图 2.41 所示。

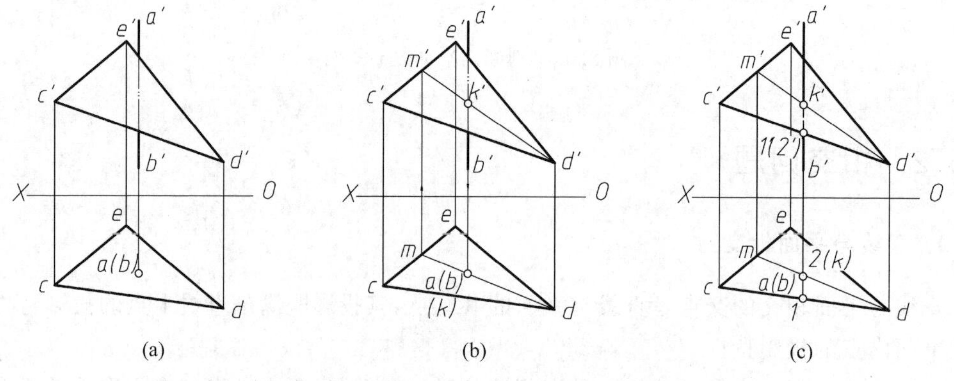

(a)　　(b)　　(c)

图 2.41　求铅垂线与一般位置平面的交点

解：(1) 求交点(图 2.41(b))。由于直线 AB 的水平投影有积聚性，故交点 K 的水平投影与直线 AB 的水平投影重合。又因交点 K 也在△CDE 内，故可利用平面上取点的方法，作出交点 K 的正面投影 k'。

(2) 可见性判别(图 2.41(c))。取交叉直线 AB 和 CD 正面投影中的重影点 $1'$ 和 $2'$（假设点 1 在直线 CD 上，点 2 在直线 AB 上），求出它们的水平投影，从中可以看出 1 在 2 前面。因此，直线 AB 上的 $K2$ 线段位于平面后方，是不可见的，其正面投影画成虚线；相反，交点 K 的另一侧位于平面上方，是可见的，其正面投影画成粗实线。

Video

2. 平面与平面相交

两平面相交其交线为一直线，它是两平面的共有线。所以只要确定两平面的两个共有点，或一个共有点及交线的方向，就可以确定两平面的交线。两平面的交线是可见与不可见的分界线，对于同一平面，交线两侧可见性相反。

这里只讨论两相交平面中至少有一个平面垂直于投影面时的情况。

1）两特殊位置平面相交

若两个相交的平面同时垂直于同一个投影面，则它们的交线一定是这个投影面的垂直线，两平面的有积聚性的投影的交点，就是交线有积聚性的投影，然后根据交线的共有性作出交线的其他投影，并可在投影图中直接判别投影重合处的可见性。

【例2.21】 如图2.42(a)所示，求△*ABC* 与矩形 *DEFG* 的交线 *MN*，并判别可见性。

解：(1) 求交线。如图2.42(b)所示，因两平面都是正垂面，所以交线为正垂线。两平面正面投影的交点即为交线的正面投影 $m'(n')$，而水平投影垂直于 *OX* 轴，由 $m'(n')$ 作投影连线，在两平面水平投影相重合范围内求出交线的水平投影 *mn*。*mn* 将是可见与不可见的分界线。

(2) 可见性判别。如图2.42(b)所示，由正面投影可知，△*ABC* 在交线 *MN* 的右侧部分位于矩形 *DEFG* 的下方，其水平投影与矩形 *DEFG* 的水平投影相重合的部分为不可见，应画成虚线；而矩形 *DEFG* 在交线 *MN* 左侧部分的水平投影与△*ABC* 水平投影相重合的部分则为不可见，应画成虚线。

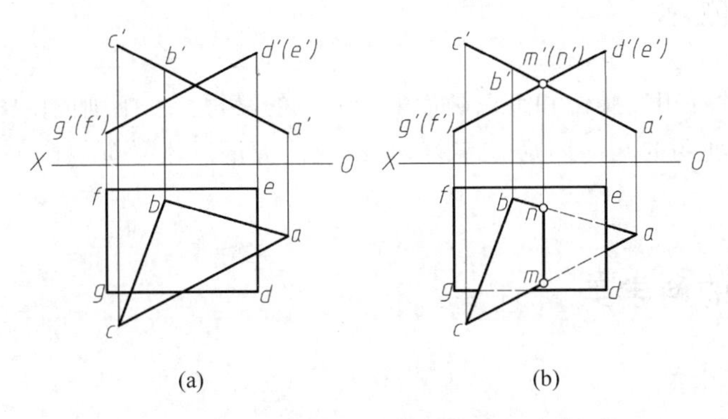

图2.42　求两个特殊位置平面的交线

2）特殊位置平面与一般位置平面相交

一般位置平面与投影面垂直面相交时，其交线的一个投影一定在投影面垂直面有积聚性的投影上。由此定出一般位置平面上任意两直线与投影面垂直面交点的各个投影，然后连接成交线即可。可见性在投影图中可以直接判别。

【例2.22】 如图2.43(a)所示，求铅垂面 *DEFG* 与一般位置平面△*ABC* 的交线 *MN*，并判别可见性。

解：(1) 求交线。如图2.43(b)所示，由于铅垂面 *DEFG* 的水平投影有积聚性，故交线的水平投影必定在其上，该积聚性投影与 *ac* 的交点即为 *m*，与 *ab* 的交点为 *n*，*mn* 即为两平面的两个共有点的水平投影，然后分别在 $a'c'$ 和 $a'b'$ 上求出正面投影 m'、n'，$m'n'$ 即为交线 *MN* 的正面投影。

(2) 可见性判别。如图2.43(b)所示，从水平投影可以看出，△*ABC* 在交线 *MN* 的右半部分位于矩形 *DEFG* 的后方，故正面投影与矩形 *DEFG* 重叠部分不可见，画虚线；而矩形 *DEFG* 在交线 *MN* 的左半部分的正面投影与△*ABC* 重叠部分不可见，画虚线。

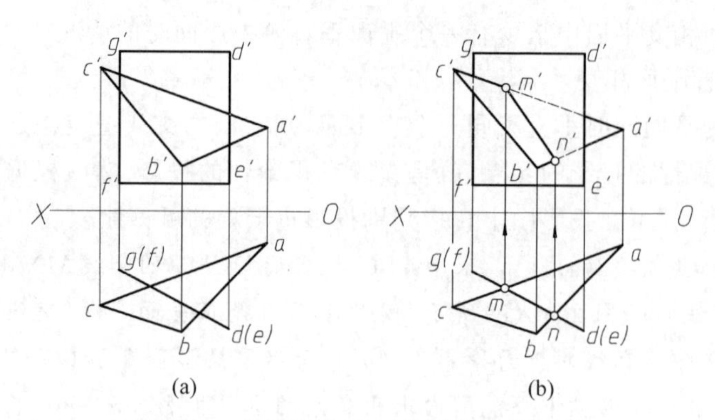

图 2.43 求铅垂面与一般位置平面的交线

2.6 图学的美学

2.6.1 图元概念

图元是图形软件用于操作和组织画面的最基本的素材。一幅画面由图元组成。图元是一组最简单的、最通用的几何图形或字符，是组成图像的基本单元，比如三维模型中的点、线、面等。

2.6.2 图学的科学美

1. "美"与"科学美"

美是人们创造生活、改造世界的能动活动及其在现实生活中的实现或对象化。作为一个客观的对象，美是一个客观具体的存在，它一方面是符合规律的存在，体现着自然和社会发展的规律，一方面又是人的能动创造的结果。所以美是包含或体现社会生活的本质、规律，能够引起人们特定情感反映的具体形象（包括社会形象、自然形象和艺术形象）。在"美"的概念中包含着三个特征性的规定：

（1）美是符合规律的存在，即"美"与"真"具有统一性，一切违反自然规律的东西均无美可言。

（2）美是人的能动创造的结果，它不纯粹是事物的自然属性，而是主体对客体能动反映的结果。

（3）美具有鲜明的形象性。"美"作为一个感性具体的存在，是一个具有特殊规定性的内容和形式的统一体。在这个统一体中，内容处处表现于感性具体的形式之中，不能脱离感性具体的形式而存在。换言之，美总是在一定的时空中通过特定的具体形象（形态）去感化人、愉悦人、陶冶人。

在由自然界和社会组成的物质世界中，存在着两种现实美的形态：自然美和社会美。社会美属于艺术哲学范畴，研究的主要是艺术美，反映在社会科学的研究成果之中。而自然美属于科学哲学的范畴，体现在自然科学的研究成果之中，表现为科学美。科学美是指在各种科学方法及科学理论中所蕴涵着的众多美的形态（方式、结构、图像等），它是从科学研究的层面上所反射的现实美的光辉及其美的价值的统一体。科学是反映客观事实和规律的知识体系，它的形式表现为用各种符号（包括语言文字、数学方程、图形等）所呈现的科学理论。因此，科学理论是科学美的审美对象，科学美是探讨科学理论的审美价值。科学美主要表现在科学理论所具有的统一美、简洁美、数学美（数学美的具体特征包括精确性、严密性、简洁性、唯一性、完备性、对称性、统一性等）、对称美、守恒美、演绎美与归纳美、形象美与内容美、秩序、和谐与统一美等。

2. 工程图学中美的涵义

工程图学从起源到发展，都伴有美学的陈迹。因为它有明确的目的性——为生产服务，属于"善"的范畴；它有完整的规律性——是一门科学，属于"真"的范畴。当一种事物用自己的形态表达出它的功能时，它就具有美的形态。

工程图学美的含义包含着两个层次，即客体和主体。所谓客体，是指工程图学；所谓主体，是指审美者。客体与主体的相互统一构成工程图学的整体美。

1）几何图形美

几何图形是人们对客观事物空间形式的抽象，有着丰富的感性内容和审美意蕴：直线刚正，曲线柔媚，方形稳重，圆形流转优美，三角形富于变化，四边形富于对称之美，椭圆则具有多样统一、动态之美。而由以上各元素构成的工程图样，使人在不经意的联想中感受到客观事物美的造型和现实生活的审美意蕴。

2）简洁美

自然界本质上具有简单性，比如一切生物有机体都可以找到"细胞"这个简单结构，一切微观粒子都可以建筑在"夸克"的简单假说上，等等。在工程图学中，同样反映着自然界这种本质美，如一切空间物体都可以简化和抽象为点、线、面，我们研究空间物体的投影规律，是以点、线、面的投影规律为基础。此外，像三视图的投影规律"长对正，高平齐，宽相等"这句话，表达的是何等的精确、严谨、简练，虽寥寥九字却包含着博大的内涵，它贯穿图学教学的全过程，是我们画图与读图的指导准则。

3）和谐美

和谐，在美学形式上又称多样统一，它包含了变化、对称、均衡、对比、调和、节奏、比例等因素，是指事物的各部分分配得当、协调一致、均衡舒畅。在工程制图中，严格执行着国家标准的有关规定，如图纸幅面、比例、线型、字体、表达方法的画法、尺寸标注、技术要求等，构成一幅严谨、规范的图样，成为"工程界的语言、技术交流的工具"。同时，在绘制工程图样当中，美观的箭头、文字、数字的工整规范、大小相宜，剖面线的疏密有序，表达方案的正确选择，整洁的画面，就像一幅错落有致、和谐秀美的楼宇界画，给人美的享受。

4）对称美

图样中美的对称性就是整体各部分之间的相称与相适应。对称是图学又是美学的基本内容。生活中，人们总是把对称与美相联系。在工程图样中，存在大量的具有对称美的图形及相应的物体，如圆柱、圆锥、正棱柱、球体等，以及由这些基本体演变而来的各种对称零件。在制图中，凡是对称物体，其对称视图均需画上对称中心线（细点画线），失去了对称中心线，也就失去了对称图形的美感。因此，对称中心线是图样中不可缺少的图线。

5）变化美

工程图学研究的是二维图形与三维物体之间的关系，用一个或两个视图表达物体时，往往具有不确定性，如俯视图是“圆”，配上不同的主视图，可得到不同的物体，如圆柱、圆锥、球体等。而这种丰富的变化美，引导着人们去探索、去追求。

6）形象美

美观大方的教学模型，精美的挂图，教师在课堂教学中画出的一幅幅令人惊叹的轴测图形，计算机绘图及多媒体教学所展示的图形及动画，无不给人以美的享受。

7）数学美

工程图对数学的应用程度很高，从现实产品到图形的转换，每一个步骤都包含着一定的数学原理，像图学的比例尺、投影、制图综合原理、地图符号设计等都遵循着数学方法，制图可以数学化和公式化。因此，现代地图已成为一种再现现实世界的精美的数学模型。精确性、严密的逻辑性、规范性、各种协调的比例关系、数与形的和谐、几何图形的对称、函数曲线的优雅等在图纸上表现得淋漓尽致。

第 3 章

立体的投影

一般机件都可以看成是由柱、锥、台、球等基本立体按一定的方式组合而成的。图 3.1 所示是由基本立体组合而成的一些机件。由于它们在机件中所起的作用不同，其中有些常加工成带切口、穿孔等结构形状而成为不完整的基本立体。基本立体按照其表面的性质，可分为平面立体和曲面立体两大类。

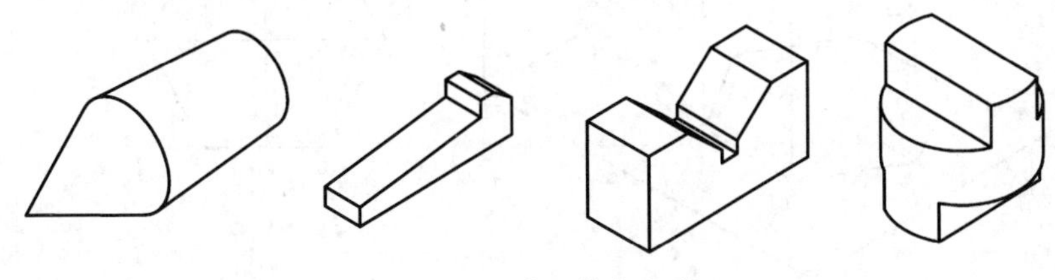

图 3.1　基本立体与机件

3.1　平面立体

表面全部由平面围成的立体称为平面立体。平面立体上相邻表面的交线称为棱线。

平面立体主要分为棱柱和棱锥两种。由于平面立体的表面均为平面（多边形），因此只要作出平面立体各个表面的投影，就可绘出该平面立体的投影。画平面立体的三视图，可以归结为绘制各棱线及各棱线交点（顶点）的投影，然后判别可见性，将可见的棱线投影画成粗实线，不可见的棱线投影画成虚线，当粗实线和虚线重合时，应画成粗实线。

3.1.1　棱柱

Video

棱柱由两个底面和若干侧棱面组成，两个底面是全等且相互平行的多边形，侧棱面为矩形或平行四边形，侧棱面和侧棱面的交线称为侧棱线，侧棱线相互平行，侧棱线与底面垂直的称为直棱柱，本节只讨论直棱柱的投影。

1. 棱柱的投影

图 3.2(a)所示为一个正六棱柱，它的上、下底面为正六边形，放置成平行于 H 面，并使其前后两个侧面平行于 V 面。

立体具有刚体性质，所以各几何元素间的空间相对位置不变，且立体与投影面的位置关系不是视图关注的重点。因此，在投影图中不再需要画投影轴，但各点的三面投影仍要遵守

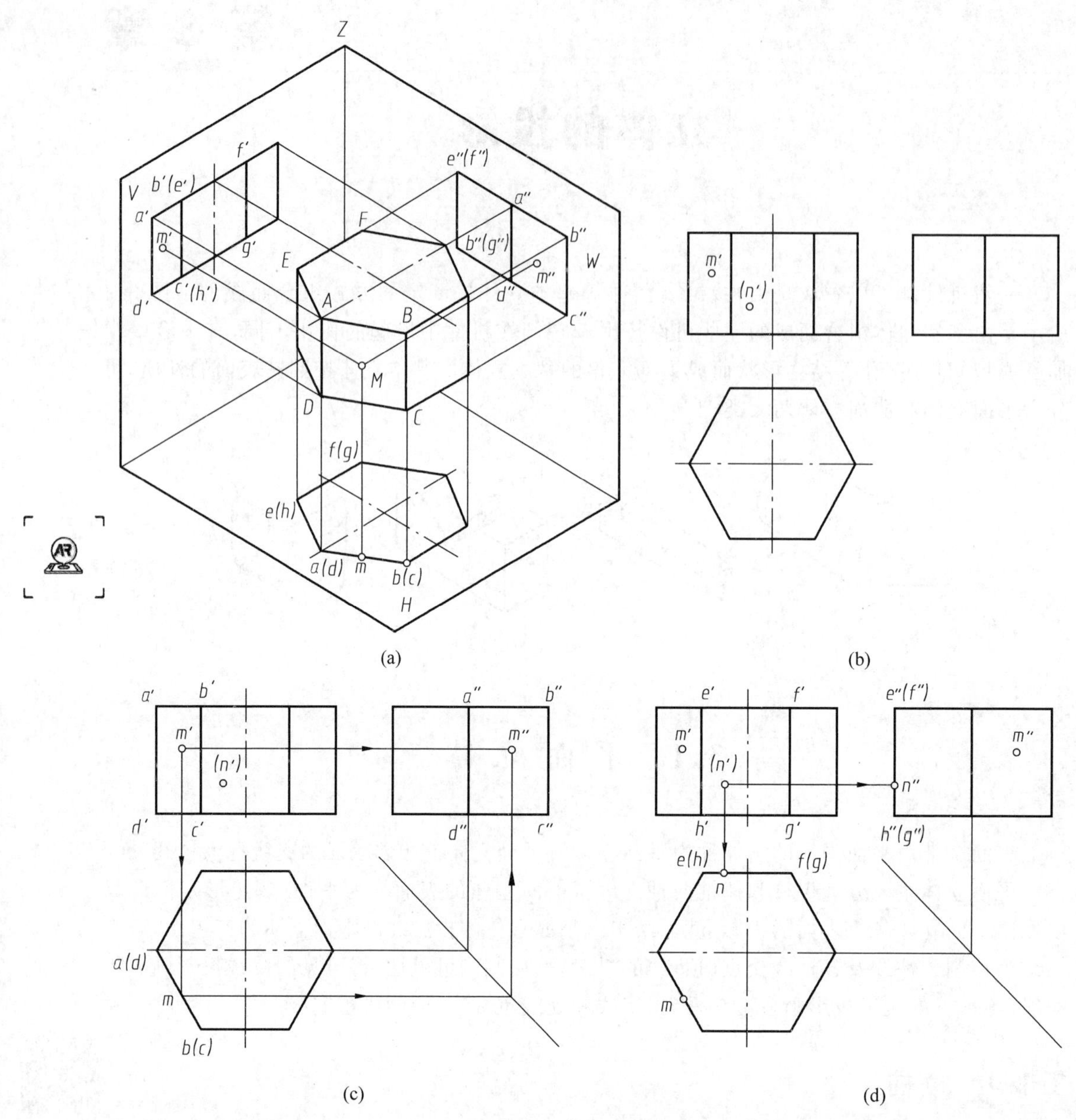

(a)　(b)　(c)　(d)

图 3.2　正六棱柱的投影

正投影规律：水平投影和正面投影位于铅垂的投影连线上；正面投影和侧面投影位于水平的投影连线上；水平投影和侧面投影应保持前后方向的宽度一致及前后对应。

图 3.2(b)所示为该正六棱柱的投影图。水平投影为正六边形，它是顶面和底面重合的投影，反映顶面和底面实形的投影。所有侧棱面投影都积聚在该六边形的六条边上，而所有侧棱都积聚在该六边形的六个顶点上。

正面投影呈三个矩形线框，为正六棱柱六个侧面的投影，中间线框为前后侧面的重合投影，反映实形，左右线框为其余侧面的重合投影，反映类似形。正面投影中上、下两条线分别是顶面和底面的积聚投影。

侧面投影为两个矩形线框，读者自行分析。

一般而言，直棱柱的投影具有这样的特性：一个投影反映底面实形，而另两个投影则为粗实线或细虚线组成的矩形或并列矩形组合。

画直棱柱的投影时，一般先画棱柱反映底面实形的投影，再根据投影规律画两底的其他投影，最后再根据投影规律画侧棱的各个投影(注意区分可见性)。如果某个投影的图形对称，则应该画出对称中心线，如图 3.2(b)所示。

在投影图中，当多种图线发生重叠时，则应按粗实线、虚线、点画线等顺序优先绘制。

2. 棱柱表面上的点

棱柱体表面上取点和平面上取点的方法相同，先要确定点所在的平面并分析平面的投影特性。如图 3.2(b)所示，已知棱柱表面上点 M、N 的正面投影 m'、n'，求作其他两个投影。因为 m' 可见，它必在侧棱面 $ABCD$ 上，其水平投影 m 必在有积聚性的投影上，由 m' 和 m 可求得 m''，因点 M 所在的表面 $ABCD$ 的侧面投影可见，故 m'' 可见，结果如图 3.2(c)所示。而因为 n' 不可见，点 N 必在侧棱面 $EFGH$ 上，$EFGH$ 是正平面，故其水平投影和侧面投影都积聚成直线，点 N 水平投影和侧面投影就在有积聚性的投影上，由 n' 可求得 n 及 n''，结果如图 3.2(c)所示。

3.1.2　棱锥

Video

棱锥的底面为多边形，各侧面均为三角形且具有公共的顶点，即为棱锥的锥顶。棱锥到底面的距离为棱锥的高。

1. 棱锥的投影

图 3.3(a)所示是一正三棱锥，锥顶为 S，底面为正三角形 ABC，三个侧面为全等的等腰三角形。常将该正三棱锥放置成底面平行于 H 面，并有一个侧面垂直于 W 面。

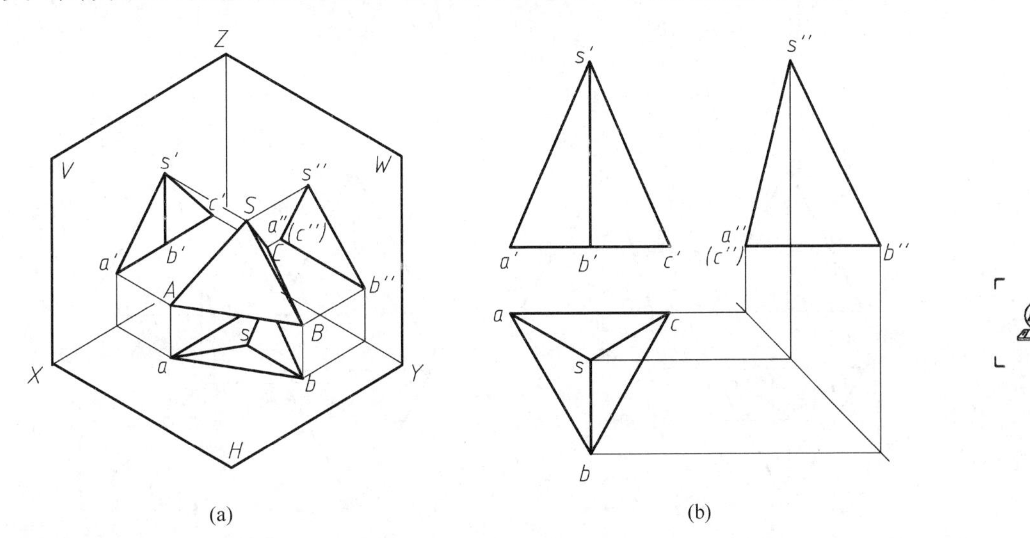

(a)　　(b)

图 3.3　正三棱锥的投影

图3.3(b)所示为该正三棱锥的投影图。由于底面△ABC为水平面时，水平投影△abc反映底面实形，同时正面和侧面投影分别积聚成平行于X轴和Y轴的直线段$a'b'c'$和$a''b''c''$。

该锥体的后侧面△SAC垂直于W面，其W面投影积聚成一段直线$s''a''(c'')$，它的V面和H面的投影△$s'a'c'$和△sac为类似形，前者为不可见，后者为可见。左右两个侧面为一般位置面，它在三个投影面上的投影均是类似形。各条棱线的投影读者自行分析。

一般而言，棱锥的投影具有这样的特性：一个投影反映底面实形（由几个三角形组合而成），另外两个投影则为三角形或并列三角形组合。

画三棱锥的投影时，一般先画反映底面的各个投影，再定出锥顶的各个投影，最后在锥顶与底面各顶点的同面投影间作连线，以绘出各棱线的投影。

2. 棱锥表面上的点

组成棱锥的表面有特殊位置的平面，也有一般位置的平面。对于特殊位置平面上点的投影可利用平面投影的积聚性作出；而对于一般位置平面上点的投影，则需运用平面上取点的原理选择适当的辅助线来作图。

如图3.4(a)所示，已知三棱锥表面上点M的正面投影m'和点N的水平投影n，求这两点的其他投影。求这两点的其他投影时，必须根据它们所在平面的相对位置不同，而采用不同的方法。

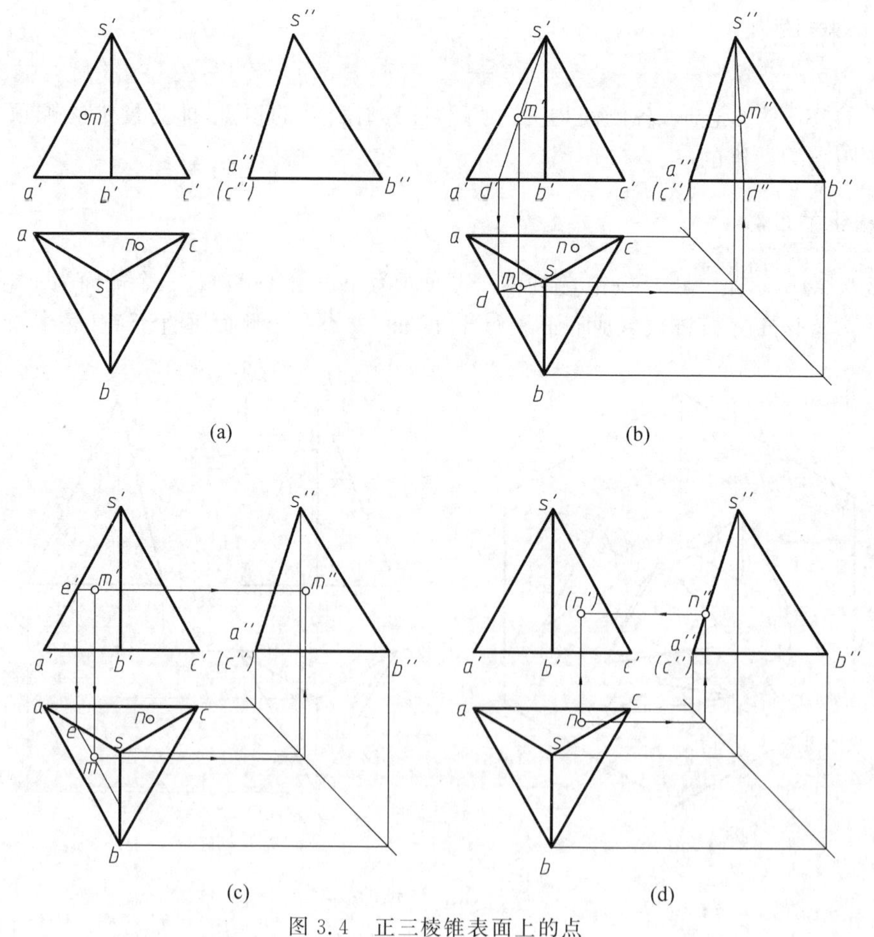

图3.4　正三棱锥表面上的点

对于点 M，由于 m' 可见，是平面 SAB 上的点。平面 SAB 为一般位置平面，必须作辅助线才能求出其他投影。可采用两种方法作辅助线：

(1) 过平面内两点作直线。如图 3.4(b)所示，在平面 SAB 内过点 M 及锥顶 S 作辅助线 SD。作图时，首先连接 $s'm'$，并延长与 $a'b'$ 交于 d'，然后作出 sd 和 $s''d''$，最后根据点 M 在直线 SD 上作出 M 的其他投影 m 和 m''。

(2) 过平面内一点作平面内已知直线的平行线。如图 3.4(c)所示，在平面 SAB 内过点 M 作 AB 的平行线 ME。作图时，首先过 m' 作 $a'b'$ 的平行线 $m'e'$，再求出 e，过 e 作 ab 的平行线，然后作出 m，最后由 m' 和 m 求出 m''。

对于点 N，由于它所在的棱锥侧面 SAC 是侧垂面，其侧面投影有积聚性，因此点 N 的侧面投影 n'' 必在 $s''a''(c'')$ 上。由 n'' 和 n 可求出 n'，作图过程见图 3.4(d)。

3.2 曲面立体

立体表面由平面与曲面围成，或全部由曲面围成的立体称为曲面立体。

常见的曲面是回转面，由一条直线或曲线以一定的直线为轴线回转形成。由回转曲面组成的立体称为回转体，如圆柱体、圆锥体、球体等。

3.2.1 圆柱体

Video

圆柱体是由顶面、底面和圆柱面组成。圆柱面是由一条直母线绕与它平行的轴线回转而成。圆柱面上任意一条平行于轴线的直线，称为圆柱面的素线。

1. 圆柱体的投影

如图 3.5 所示，当圆柱体的轴线垂直于 H 面时，它的水平投影为一圆，反映圆柱体顶面和底面的实形，而圆周又是圆柱面的积聚性投影，在圆柱面上任何点或线的投影都积聚在反映为圆的投影上。

该圆柱体的正面投影为矩形。矩形的上、下边线是圆柱体顶面和底面的积聚性投影，其长度等于直径。矩形的左、右两条边 $a'a_1'$ 和 $b'b_1'$ 是圆柱面上最左与最右的两条素线 AA_1 和 BB_1 的正面投影，这两条素线称为转向轮廓线。它们是圆柱面前半部可见与后半部不可见的分界线。它们的水平投影积聚成点，侧面投影与圆柱体的轴线(点画线)重合，因圆柱体表面是光滑的曲面，所以在画图时不画出该转向轮廓素线在其他投影面上的投影。

该圆柱体的侧面投影为与正面投影全等的矩形，其上、下边线是圆柱体顶面和底面的积聚性投影，而矩形的左、右两条边 $c'c_1'$ 和 $d'd_1'$ 则是圆柱面上最前与最后的两条素线 CC_1 和 DD_1 的侧面投影，它们是圆柱面左半部可见与右半部不可见的分界线。它们在其余投影面上的投影情况，读者可自行分析。

画圆柱体投影时，一般先画出轴线和圆的中心线及投影为圆的那个投影，然后画出其余投影。

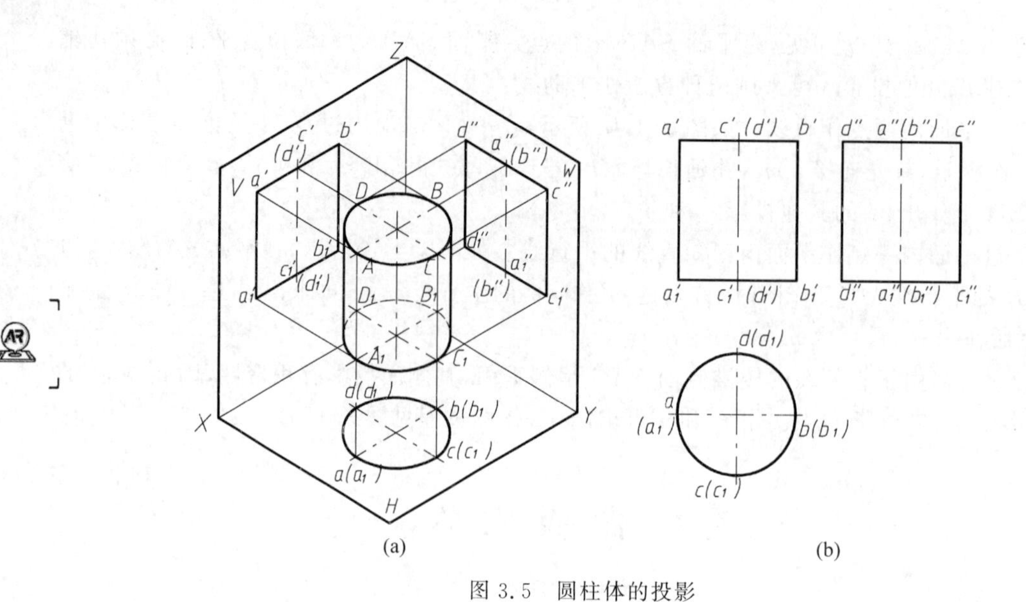

(a) (b)

图 3.5 圆柱体的投影

2. 圆柱体表面上的点

如图 3.6 所示，已知圆柱表面上点 M、N 的正面投影和 K 的侧面投影，求作它们的另外两个投影。

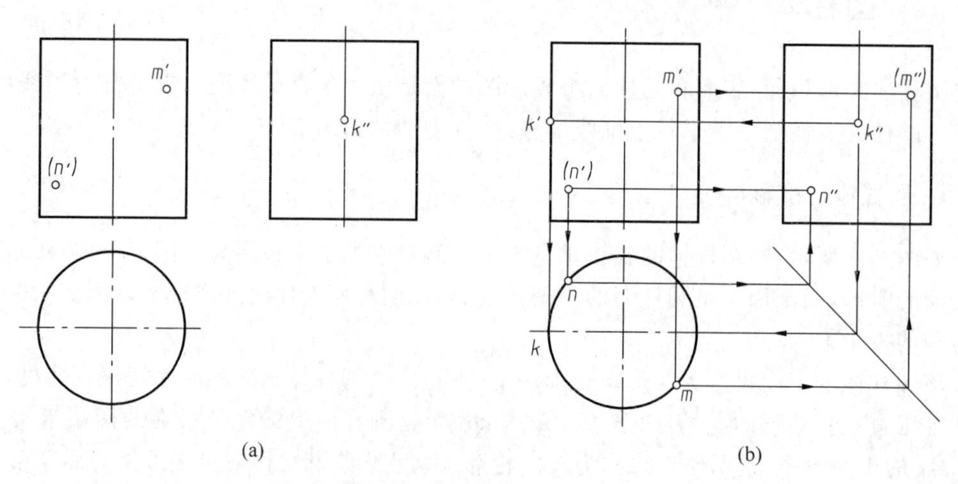

(a) (b)

图 3.6 在圆柱表面上取点

从投影图中可以看出，该圆柱体的轴线为铅垂线，圆柱面的水平投影积聚为一个圆，点 M、N、K 的水平投影必定在该圆的圆周上。由于 m'可见，故点 M 的 H 面投影 m 应在前半个圆周上。再由 m 和 m'可求出 m''，由于 M 处于圆柱面的右半部，所以 m''是不可见的，需加括号。

由于 n'不可见，故点 N 的 H 面投影 n 应在后半个圆周上。再由 n 和 n'可求出 n''，由于 n 处于圆柱面的左半部，所以 n''是可见的。

k''在圆柱侧面投影的轴线上，并且可见，所以点 K 在圆柱最左轮廓素线上，其正面投影 k'在圆柱最左轮廓素线的投影上，水平投影 k 在圆周左端点上。

Video

3.2.2 圆锥体

圆锥体由圆锥面和底面围成，圆锥面是由一条直母线 SA 绕与它相交的轴线 SO 旋转而成的，如图3.7(a)所示。在圆锥面上通过锥顶 S 的任一直线称为圆锥面的素线。

1. 圆锥体的投影

如图3.7所示，当圆锥体的轴线垂直于 H 面时，水平投影为一圆。它反映了底面的实形，同时也是圆锥面的投影。

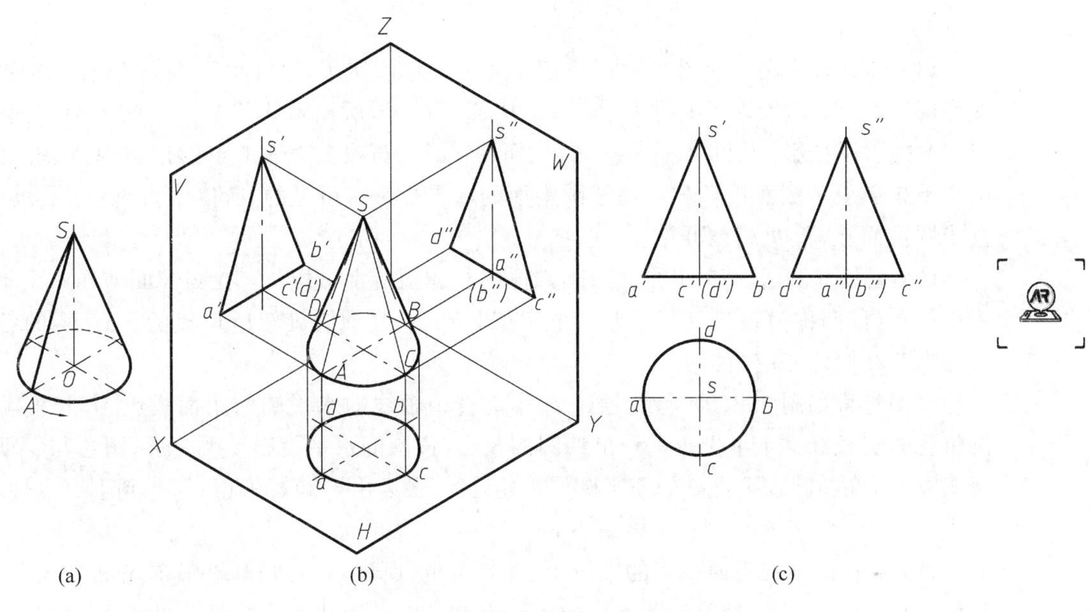

(a)　(b)　(c)

图3.7　圆锥体的投影

该圆锥体的正面和侧面投影为全等的等腰三角形。等腰三角形的底边是圆锥体底面积聚性的投影，而两腰分别是圆锥面上各轮廓素线的投影。圆锥体的最左、最右轮廓素线（SA、SB）是圆锥面正面投影时前半部可见与后半部不可见的分界线，而圆锥体的最前、最后轮廓素线（SC、SD）是圆锥面侧面投影时左半部可见与右半部不可见的分界线。

画圆锥体投影时，一般先画出轴线和圆的中心线及投影为圆的那个投影，然后画出其余投影。

2. 圆锥体表面上的点

如图3.8所示，已知圆锥体表面上点 K 和点 N 的正面投影 k' 和 n'，求作其水平投影 k、n 和侧面投影 k''、n''。

因为圆锥面在三个投影面上的投影都没有积聚性，所以必须用作辅助线的方法实现在圆锥体表面上取点。作辅助线的方法有以下两种。

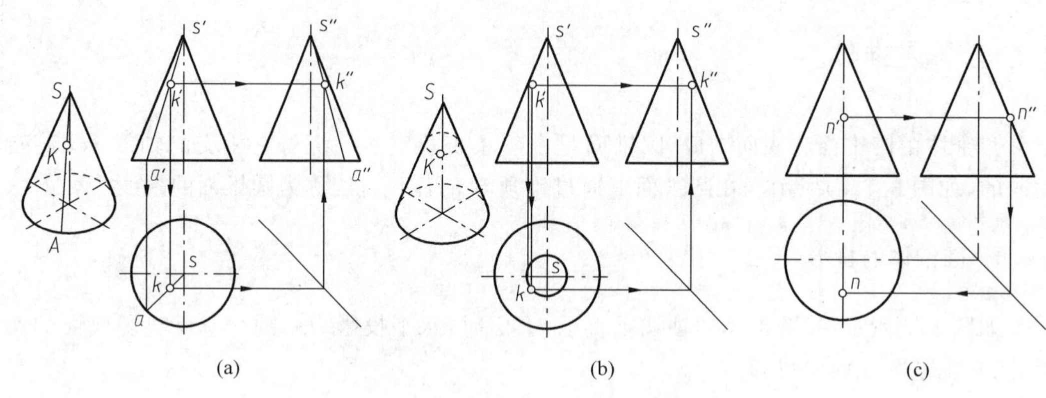

(a) (b) (c)

图3.8 圆锥体表面取点

(1) 辅助素线法。如图3.8(a)中圆锥体的立体图所示，过锥顶 S 与点 K 作一辅助素线交底圆于 A 点，在投影图上过 k' 作 $s'a'$，根据 k' 可见，所以素线 SA 位于前半圆锥面上，求出 SA 的水平投影 sa，再由 a 求得 a''，从而得 $s''a''$。再根据直线上点的投影规律，求出点 K 的水平投影 k 和侧面投影 k''。由于圆锥面的水平投影是可见的，所以 k 可见；又因点 K 在左半圆锥面上，所以 k'' 也可见。

(2) 辅助纬圆法。如图3.8(b)圆锥体的立体图所示，过点 K 在圆锥面上作一个平行于底面的圆(该圆称为纬圆)，实际上这个圆就是点 K 绕轴线旋转所形成的。点 K 的各个投影必在此纬圆的相应投影上。

作图过程如图3.8(b)所示，通过 k' 作垂直于轴线的水平圆的正面投影，其长度就是纬圆直径的实长。在水平投影上作出纬圆的投影(该圆的水平投影反映实形，圆心与 s 重合)，再根据 k'，在纬圆水平投影的前半圆周上定出 k，最后由 k 和 k' 求得 k''，并判别可见性，即为所求。

(3) n' 在圆锥的正面投影的轴线上，并且可见，所以点 N 是圆锥最前轮廓素线上的点，其侧面投影 n'' 在圆柱最前轮廓素线的投影上，由 n'、n'' 求出水平投影 n，并判别可见性。

Video

3.2.3 圆球

球面由母线圆绕其直径旋转而成，如图3.9(a)所示。

1. 圆球的投影

如图3.9所示，圆球的三面投影均为与其直径相等的圆。它们分别是球三个不同方向的轮廓圆的投影。正面投影的圆 a'，是球面上平行于正面的轮廓圆 A 的正面投影，轮廓圆 A 也是前、后半球可见和不可见的分界圆，它的水平和侧面投影都与球的中心线重合而不必画出。轮廓圆 B、C 的对应投影和可见性，请读者自己分析。

画圆球的投影时，应先画出三面投影中圆的对称中心线，对称中心线的交点为球心，然后再分别画出各轮廓圆的投影。

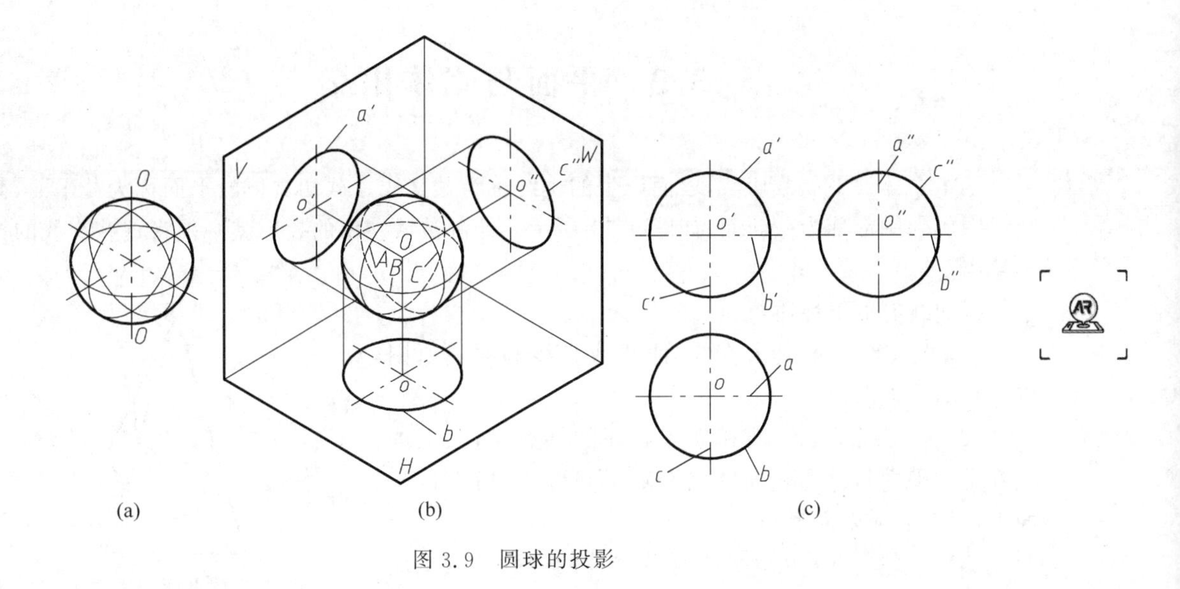

(a)　(b)　(c)

图3.9　圆球的投影

2. 圆球表面上的点

球面上不能作直线，因此，确定球面上点的投影时，可包含这个点在球面上作平行于投影面的辅助圆，然后利用圆的投影(积聚成直线或反映圆的实形)确定点的投影。辅助圆可选用正平圆、水平圆或侧平圆。

如图3.10所示，已知球面上点 M 的水平投影 m，求作其正面和侧面投影。

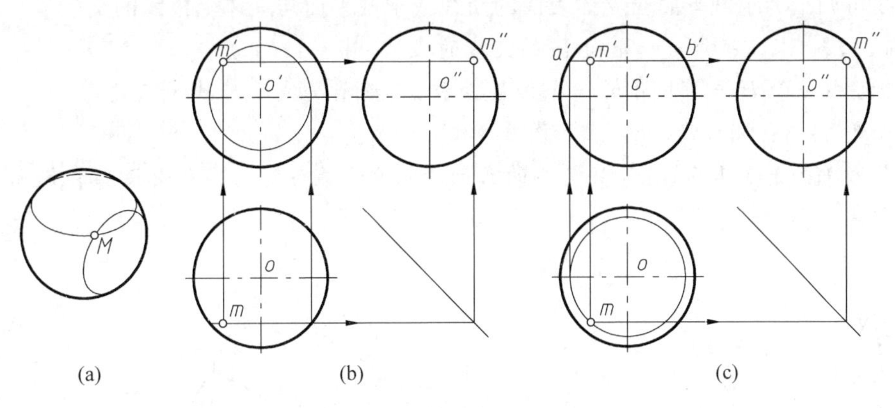

(a)　(b)　(c)

图3.10　在圆球表面上取点

根据 m 的位置和可见性，可知点 M 在前半球面的右上部。过点 M 在球面上作正平或水平的辅助圆，即可在此辅助圆的各个投影上求得点 M 的相应投影。

如图3.10(b)所示，在球面上作平行于 V 面的辅助圆，先过 m 作出该辅助圆的水平投影，然后作出该圆的正面投影，再根据点 M 在辅助圆上，其正面投影在辅助圆的正面投影上定出正面投影求出 m'，最后由 m 和 m' 作出 m''。m' 和 m'' 均可见。

同样也可按图3.10(c)所示，在水平投影上过 m 以 o 为圆心作圆，此圆即为辅助水平圆反映实形的水平投影，然后作出其正面投影 m'，最后由 m 和 m' 作出 m''。

3.3 平面与立体相交

基本立体被平面截切后，表面产生的交线称为截交线。截切立体的平面称为截平面，截交线围成的图形称为截断面，如图3.11所示。绘制被截立体的投影就必须将这些交线的投影绘出。

截交线有如下性质：

(1) 截交线一般是由直线、曲线或直线和曲线所围成的封闭平面图形。

(2) 截交线是截平面和立体表面的共有线，其上的点都是截平面与立体表面的共有点，即这些点既在截平面上，又在立体表面上。

(3) 截交线的形状取决于被截立体的形状和截平面与立体的相对位置。

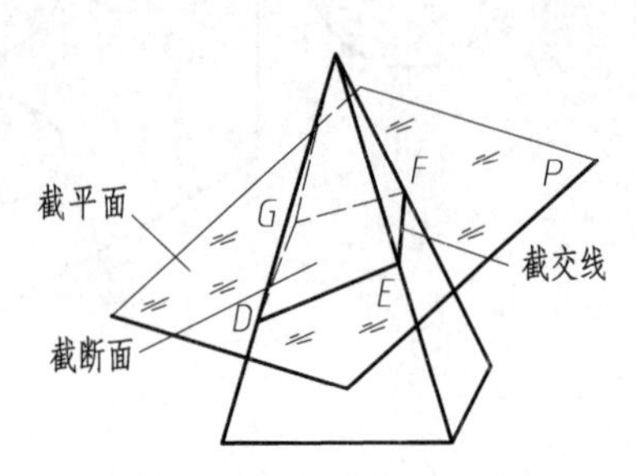

图3.11 平面截切立体

3.3.1 平面与平面立体相交

平面与平面立体相交所得的截交线是由直线组成的平面多边形，多边形的边是截平面与平面立体表面的交线，多边形的顶点是截平面与平面立体棱线的交点。因此，求平面立体的截交线可归结为求截平面与立体表面的交线或求截平面与立体上棱线的交点。

【例3.1】 求三棱锥与正垂面P的交线的投影(图3.12(a))。

分析：截平面P与三棱锥的三个侧棱面相交，故截交线的形状为三边形，其三个顶点是截平面P与三条侧棱线的交点，如图3.12(b)所示。

因为截平面是正垂面，所以截交线的正面投影积聚在p'上，其水平投影和侧面投影为空间截交线的类似形。

作图(图3.12(c))：

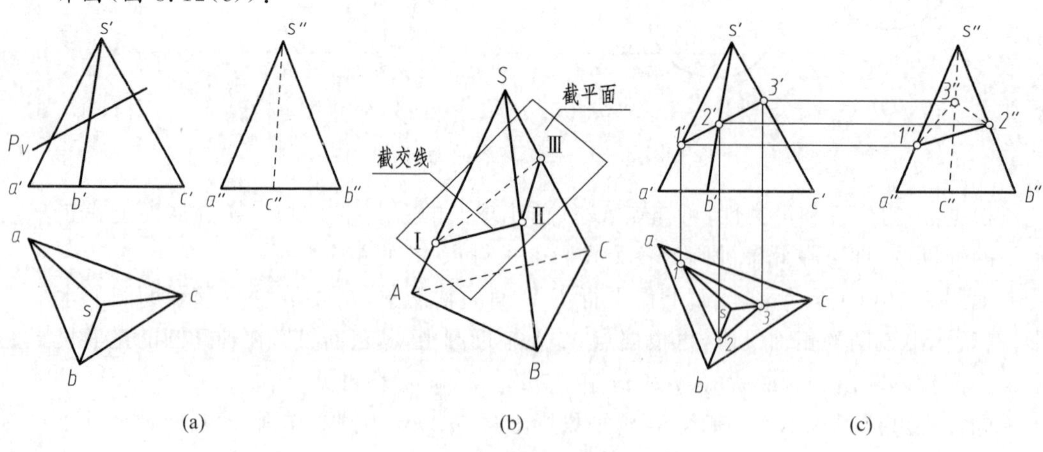

图3.12 三棱锥的截交线

(1) 在正面投影上依次标出截平面与三条侧棱线的交点的投影1′、2′、3′。

(2) 根据在直线上取点的方法由正面投影1′、2′、3′求得相应的侧面投影1″、2″、3″和水平投影1、2、3。

(3) 连接这些点的同面投影,即为截交线的投影。

(4) 判别可见性。水平投影上截交线可见,侧面投影中1″3″、2″3″不可见,画虚线。

【例3.2】 求正五棱柱被平面P截切后的投影(图3.13(a))。

分析:截平面P与正五棱柱的四个侧棱面以及顶面相交,故截交线的形状为五边形,其中三个顶点是截平面P与三条侧棱线的交点,另外两个顶点为截平面P与顶面五边形的边的交点,如图3.13(b)所示。

因为截平面是正垂面,所以截交线的正面投影积聚在p'上;因为正五棱柱的侧棱面的水平投影积聚在五边形的五条边上,所以截平面与侧棱面交线的水平投影与正五棱柱的水平投影重合,截交线的水平投影和侧面投影为空间截交线的类似形。

作图(图3.13(c)):

(1) 在正面投影上依次标出截平面与三条侧棱线的交点的投影1′、2′、3′,以及与顶面边线的交点4′、5′。

(2) 根据棱柱表面求点的方法由正面投影1′、2′、3′、4′、5′求得相应的水平投影1、2、3、4、5和侧面投影1″、2″、3″、4″、5″。

(3) 连接这些点的同面投影,即为截交线的投影,并判别可见性。

(4) 在侧面投影上擦去Ⅰ、Ⅱ、Ⅲ点所在的三条侧棱线位于截断面以上被截去的部分,并且注意将看不见的侧棱画成虚线。

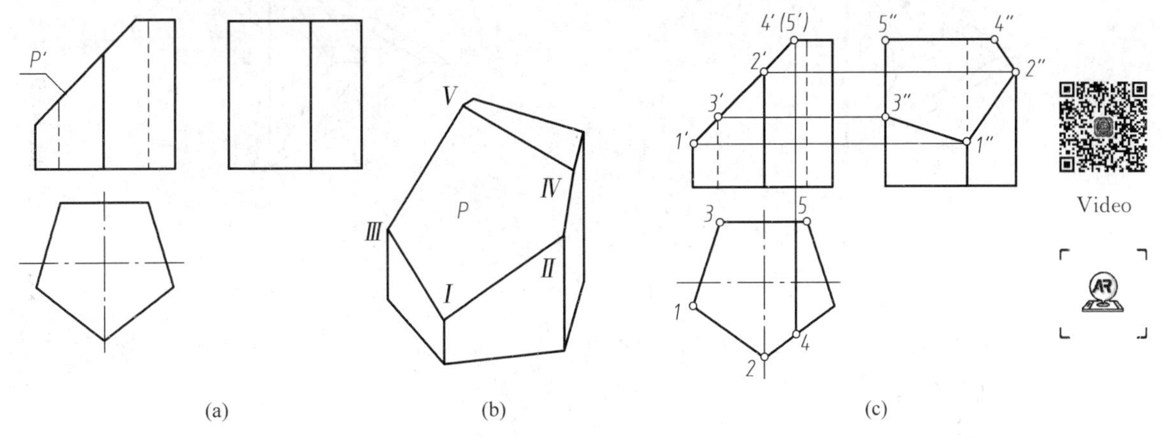

图3.13　正五棱柱的截交线

【例3.3】 已知正三棱锥被一正垂面和一水平面截切,试完成其截切后的水平投影和侧面投影,如图3.14(a)所示。当一个立体被多个平面截切时,常采用"分而治之,综合分析"的方法求解,即一般应逐个平面进行分析和作图,同时要注意各个截平面之间的交线。

分析:如图3.14(b)所示,正三棱锥被一正垂面和一水平面截切,因此切口的正面投影具有积聚性;截平面P与Q与正三棱锥的$\triangle SAB$和$\triangle SAC$相交,其中截平面P为水平面,与三棱锥的底面平行,故它与三棱锥的两个侧面的交线和三棱锥的底面的对应边平行;

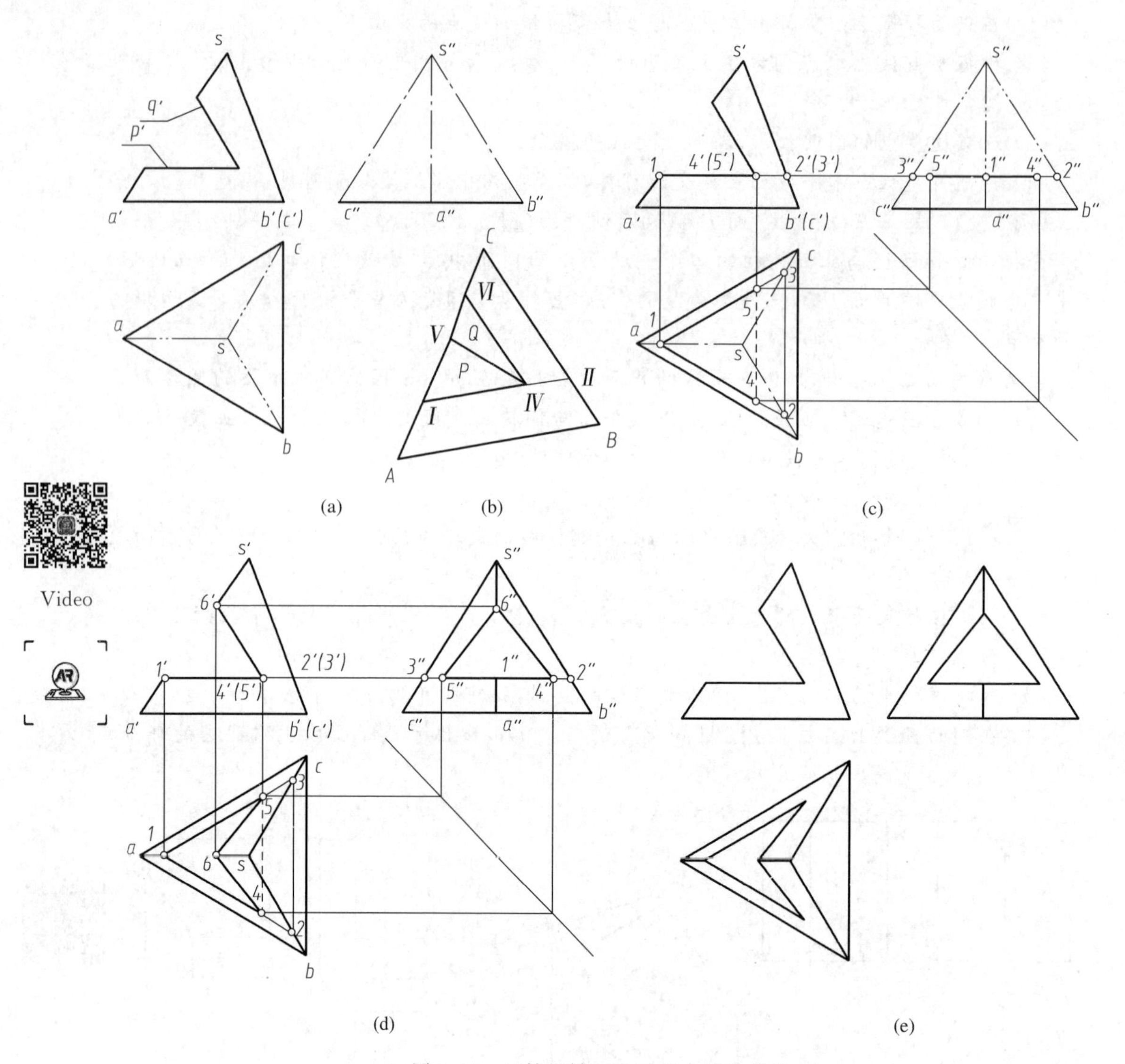

图 3.14　三棱锥被正垂面和水平面截切

截平面 Q 为正垂面，与三棱锥的两侧面的交线组成的截断面也应为正垂面。另外，截平面 P 与 Q 亦相交（交线为正垂线），故 P 与 Q 截出的截交线均为三边形。

作图：

(1) 作平面 P 与三棱锥的截交线ⅠⅣⅤ，如图 3.14(c)所示。首先作平面 P 与三棱锥的完整截交线，由正面投影 $1'$ 在 as 上得到 1，由 1 分别作 $12/\!/ab$、$13/\!/ac$，得水平投影△123，然后根据 $4'$、$5'$ 分别在 12 和 13 上取得点 4 和点 5，然后作出Ⅰ、Ⅳ、Ⅴ的侧面投影 $1''$、$4''$、$5''$。最后将ⅠⅣⅤ的水平投影和侧面投影依次连线，注意交线 ⅣⅤ的水平投影为不可见。

(2) 作平面 Q 与三棱锥的截交线ⅣⅤⅥ，如图 3.14(d)所示。由正面投影 $6'$ 很容易得到侧面投影上的 $6''$ 和水平投影上的 6。将ⅣⅤⅥ的侧面投影和水平投影依次连线。

(3) 在各个投影上擦去三棱锥的 SA 和 SB 两条侧棱线位于两截断面之间被截去的部分，结果如图 3.14(e)所示。

【例 3.4】 已知一个带切口的正六棱柱的水平投影和侧面投影，求其截切后的正面投影，如图 3.15(a)所示。

分析：如图 3.15(a)所示，正六棱柱被侧垂面 R、正平面 Q 和水平面 P 截切，截交线的侧面投影积聚在截平面的侧面积聚投影上；又由于棱柱的侧面投影具有积聚性，所以截平面与六棱柱侧面的交线积聚在正六棱柱的水平投影的六条边上，正平面 Q 的水平投影也积聚成直线。故只需求主视图截交线的投影。

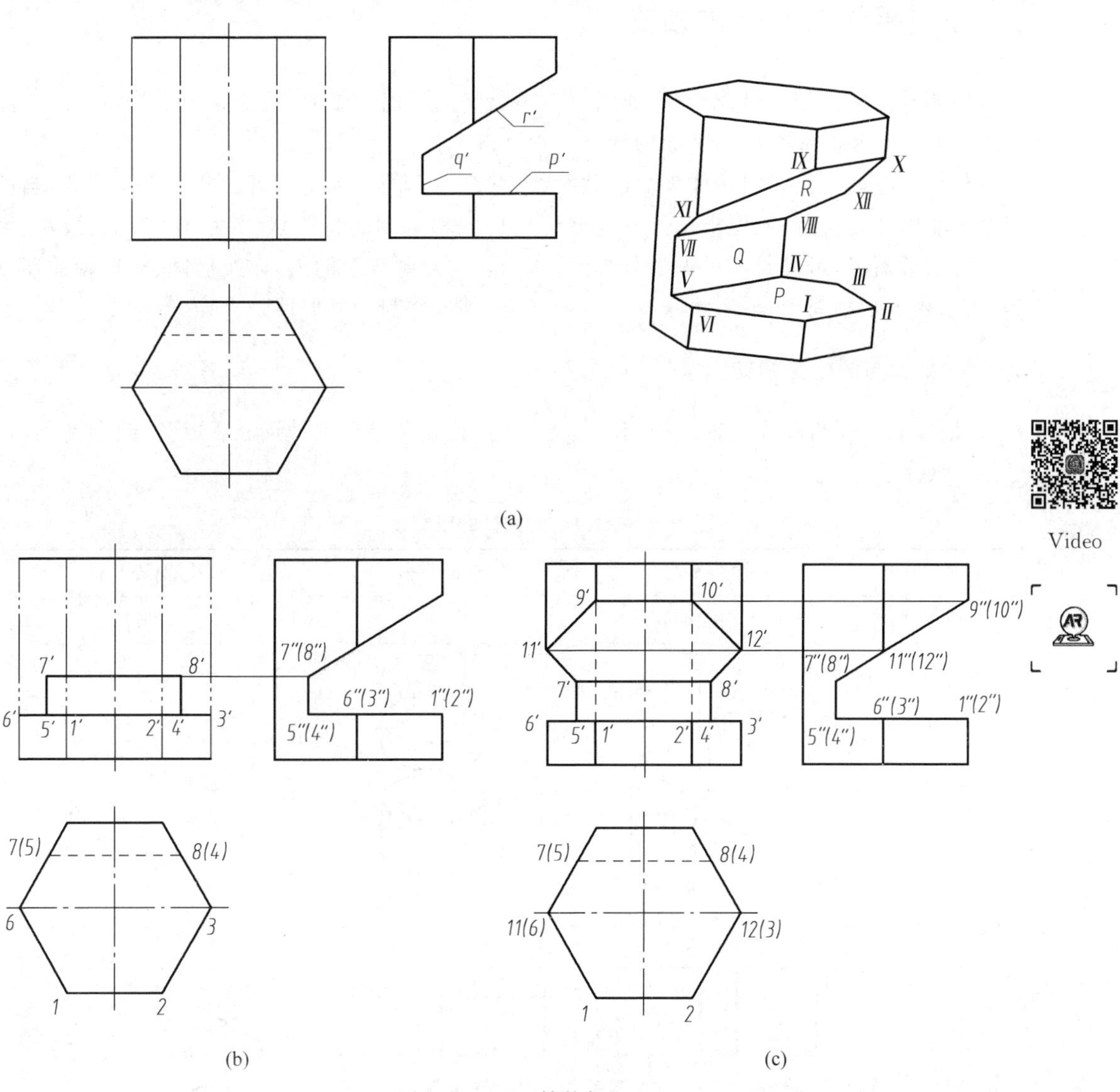

图 3.15　正六棱柱切口

作图：

(1) 作平面 P、Q 与正六棱柱的截交线，如图 3.15(b)所示。截平面 P 是水平面，与正六棱柱五个侧面相交，其正面投影积聚成一条直线 $6'3'$；截平面 Q 是正平面，与正六棱柱后面两侧面相交成为两条铅垂线，根据水平投影重影点 7(5)和 8(4)以及侧面投影重影点 7″(8″)、5″(4″)作出正面投影 7′5′和 8′4′；绘制截平面 Q 与 R 的交线ⅦⅧ的正面投影 7′8′。

(2) 作平面 R 与正六棱柱的截交线，如图 3.15(c)所示。侧垂面 R 与正六棱柱的五个侧面相交，与四条侧棱相交为Ⅸ、Ⅹ、Ⅺ、Ⅻ四个点，根据水平面和侧面投影作出该四点的正面投影 9′、10′、11′、12′，并连接。

(3) 擦除六棱柱的各棱线被截切的一段，并补全未被截切的棱线的投影，注意不可见的部分用虚线表示。

3.3.2　平面与回转体相交

平面与回转体相交时，截交线通常是一条封闭的平面曲线，也可能是由直线组成的平面多边形或直线和曲线组成的平面图形。

截交线是截平面和回转体表面的共有线，截交线上的点也是二者的共有点。因此，当截交线为非圆曲线时，一般先求出能确定截交线形状和范围的特殊点，如最高、最低、最左、最右、最前、最后点，可见与不可见的分界点（常为转向轮廓线上的点）以及椭圆长、短轴的端点等，再求出若干中间点，最后将这些点连成光滑曲线，并判别可见性。

1. 平面与圆柱体相交

根据截平面与圆柱面轴线的相对位置不同，其截交线有三种形状：矩形、圆和椭圆，如表 3.1 所示。

表 3.1　圆柱体的截交线

截平面的位置	与轴线平行	与轴线垂直	与轴线倾斜
交线形状	平行于轴线的直线	圆	椭圆
立体图			
投影图			

【例 3.5】 如图 3.16(a)所示，已知圆柱体被正垂面截切后的正面和水平投影，求作侧面投影。

分析：如图 3.16(b)所示，截平面 P 与圆柱轴线倾斜，因此截交线是一椭圆。由于截平面为正垂面，故截交线正面投影积聚在 p' 上；又因圆柱面的水平投影有积聚性，所以截交线的水平投影积聚在圆柱面的水平投影的圆周上，而侧面投影仍为椭圆，但不反映实形。

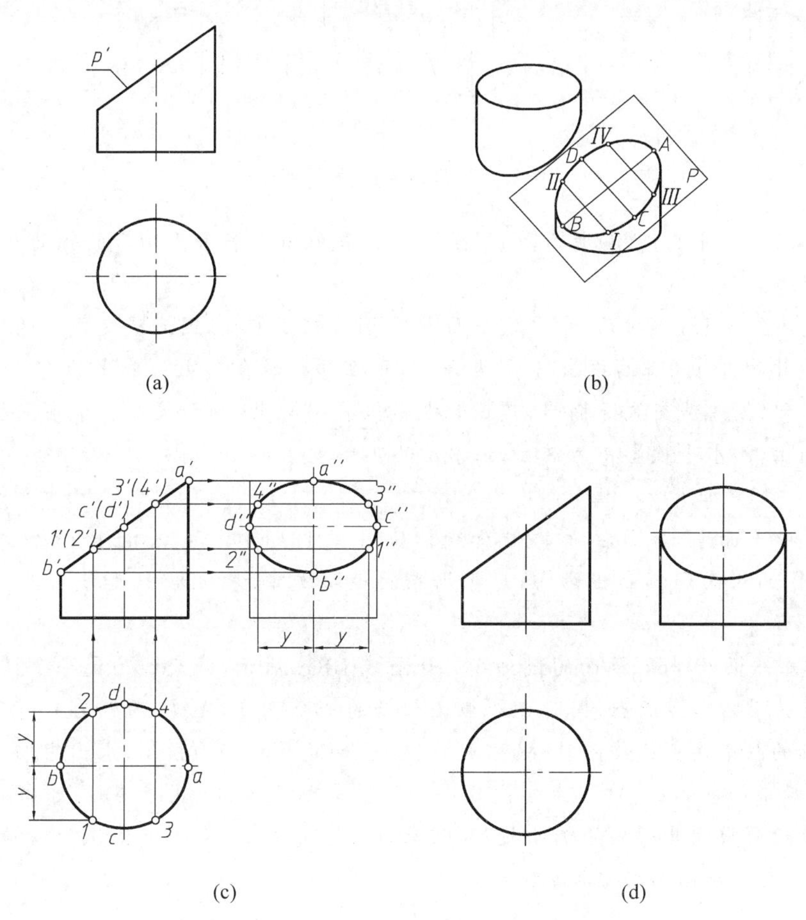

图 3.16　求正垂面截切圆柱的截交线

作图：

(1) 求特殊点。如图 3.16(c)所示，A、B 两点为最高、最低点，同时也是椭圆长轴的端点；C、D 两点为最前、最后点，也是椭圆短轴的端点。作图时，首先标记出 A、B、C、D 的正面和水平投影，然后求出它们的侧面投影 a''、b''、c''、d''。

(2) 求一般点。为了准确地作出椭圆，还需适当地作出一些一般点。如图 3.16(c)所示，先在水平投影上取对称于中心线的 1、2、3、4 点，再定出它们的正面投影 $1'$、$2'$、$3'$、$4'$，最后求出它们的侧面投影 $1''$、$2''$、$3''$、$4''$。

(3) 依次光滑地连接 a''、$3''$、c''…，即得截交线椭圆的侧面投影。最后注意圆柱的前后轮廓素线的侧面投影仅画到 c''、d''处，结果如图 3.16(d)所示。

当截平面倾斜于圆柱的轴线时，截交线为椭圆。如图 3.17 所示，椭圆的长、短轴随截平面与圆柱轴线夹角的变化而改变。当夹角为 45°时，椭圆投影的长轴和短轴相等，此时投影为圆。

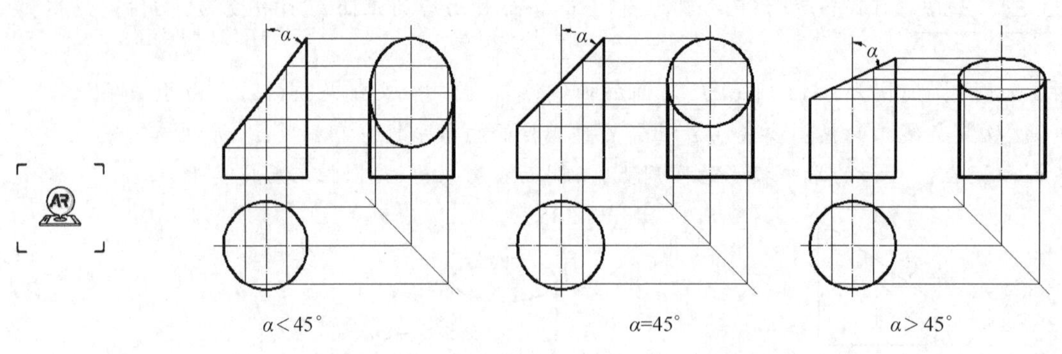

图 3.17　椭圆的长、短轴变化

【例 3.6】 如图 3.18(a)所示，已知圆柱被正垂面和水平面截切后的正面和侧面投影，求作水平投影。

分析：如图 3.18(a)所示，水平截平面 P 与圆柱轴线平行，因此截交线是两条平行轴线的侧垂线ⅠⅡ和Ⅲ Ⅳ，正面投影与 p' 重合，侧面投影积聚在圆上。截平面 Q 为正垂面，与圆柱轴线倾斜，因此截交线是椭圆，其正面投影积聚在 q' 上，侧面投影积聚在圆柱面的侧面投影的圆周上，而水平投影仍为椭圆，但不反映实形。

作图：

(1) 作截平面 P 与圆柱面的截交线。如图 3.18(b)所示，标记出两条侧垂线端点Ⅰ、Ⅱ、Ⅲ、Ⅳ的正面和侧面投影，然后根据点的投影规律，求出水平投影 1、2、3、4，并依次连接。

(2) 作截平面 Q 与圆柱面的截交线。如图 3.18(c)所示，截交线为大半个椭圆，先求特殊点。C 点为最右和最低点，同时也是椭圆长轴的一个端点，A、B 两点为最前、最后点，也是椭圆短轴的两个端点。作图时，根据点 A、B、C 的正面和侧面投影，求出它们的水平投影 a、b、c。然后求一般点Ⅴ、Ⅵ。为方便作图，可使Ⅴ、Ⅵ点和Ⅰ、Ⅲ点在 Z 方向关于轴线对称。由正面投影找到其对应的侧面投影，然后求出水平投影 $5'$、$6'$。依次光滑地连接 2、a、5、c…即得截交线椭圆的水平投影。

Video

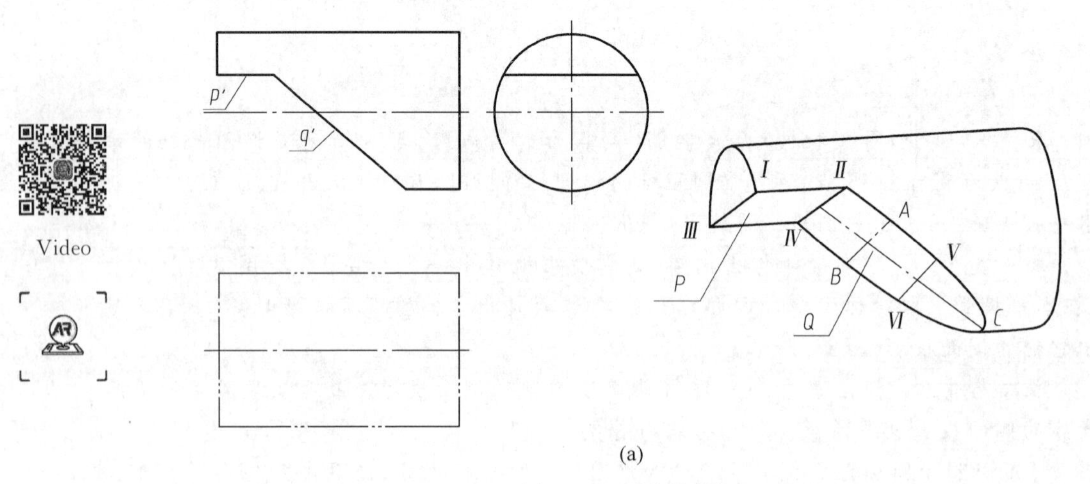

(a)

图 3.18　圆柱的截切

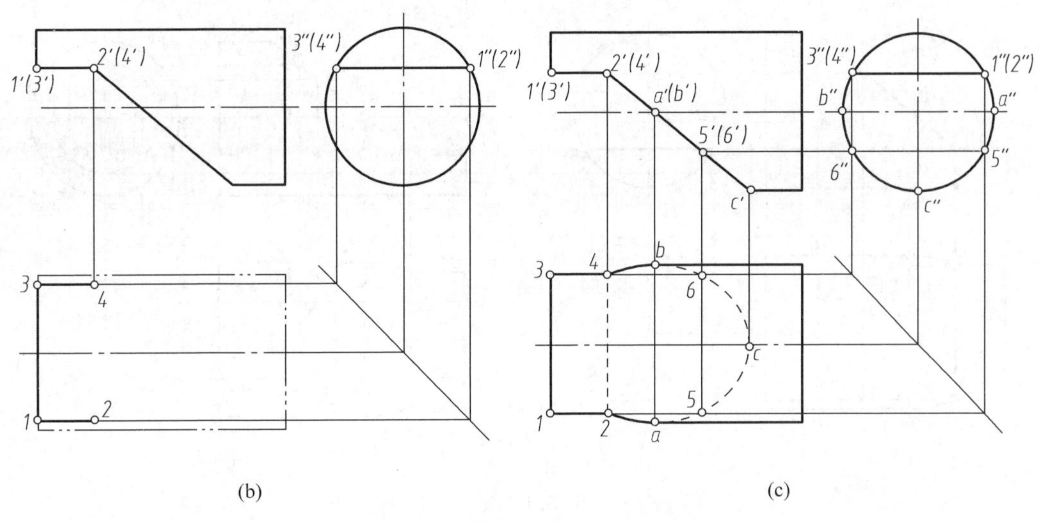

图 3.18(续)

注意：圆柱下半部分的水平投影不可见，所以应画成虚线。

(3) 绘制 P、Q 平面的交线的水平投影 24，注意线段不可见，应画成虚线；绘制圆柱的前、后轮廓素线的水平投影时，注意点 A、B 左边部分被截切，所以只能画 a、b 的右边部分，如图 3.18(c)所示。

【例 3.7】 如图 3.19(a)所示，已知空心圆柱体被正垂面和水平面截切后的正面和侧面投影，求作水平投影。

分析：如图 3.19(b)所示，截平面 P 与空心圆柱体的轴线平行，因此截交线是四条平行轴线的直线，正面投影与 p' 重合，侧面投影积聚在圆上。截平面 Q 为正垂面，与圆柱体的轴线倾斜，因此截交线是椭圆，其正面投影积聚在 q' 上，侧面投影积聚在圆柱面的侧面投影的圆周上，而水平投影仍为椭圆，但不反映实形。

首先忽略圆柱孔，画出圆柱外表面与两个截平面的截交线；然后将孔视为小圆柱，再求孔与两个截平面的截交线；最后，将两图叠加在一起。

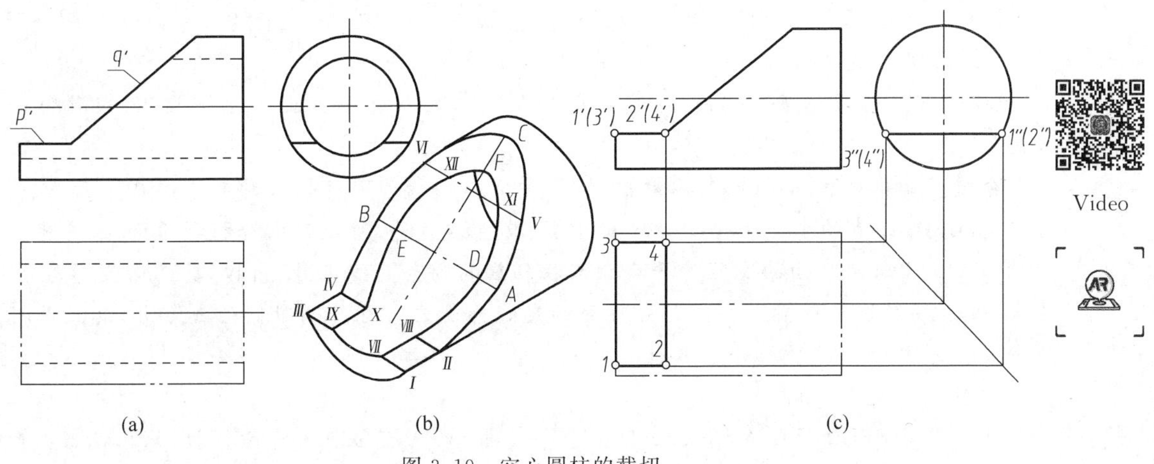

图 3.19　空心圆柱的截切

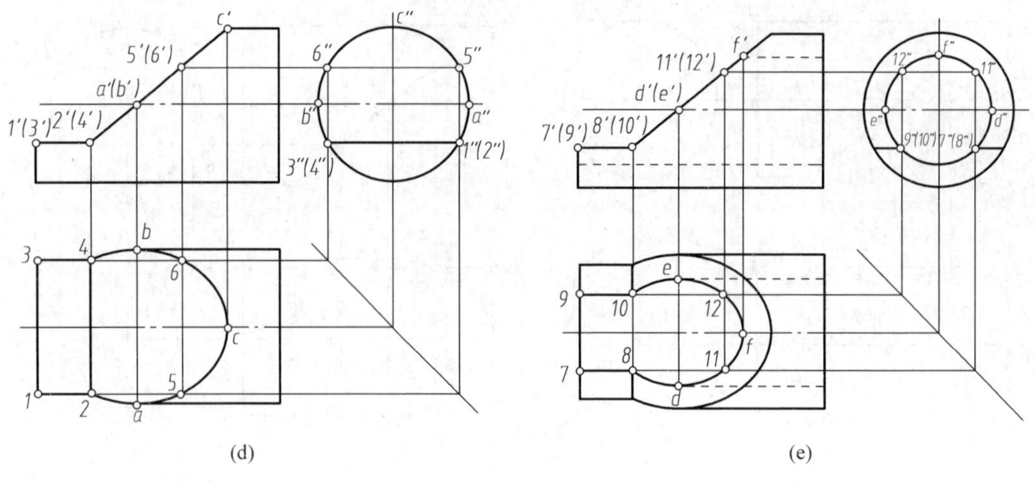

(d)　　　　　　　　　　　　(e)

图 3.19(续)

作图：

(1) 作截平面 P 与空心圆柱体外表面的截交线。如图 3.19(c)所示，步骤同例 3.6，首先根据两条侧垂线端点Ⅰ、Ⅱ、Ⅲ、Ⅳ的正面和侧面投影，求出水平投影 1、2、3、4，做出截平面 P 与空心圆柱体外表面的截交线。

(2) 作截平面 Q 与空心圆柱体外表面的截交线。如图 3.19(d)所示，截交线为大半个椭圆，先求特殊点。根据最右点 C、最前点 A、最后点 B 的正面和侧面投影，求出它们的水平投影 a、b、c。然后求一般点Ⅴ、Ⅵ。为方便作图，可使Ⅴ、Ⅵ点和Ⅰ、Ⅲ点在 Z 方向关于轴线对称。由正面投影找到其对应的侧面投影，然后求出水平投影 $5'$、$6'$。依次光滑地连接 2、a、5、c…，即得截交线椭圆的水平投影。

注意：绘制外圆柱的前、后轮廓素线的水平投影时，点 A、B 左边部分被截切，所以只能画 a、b 的右边部分。

(3) 作截平面 P、Q 与空心圆柱体内表面——孔的截交线，如图 3.19(e)所示。把孔看作内圆柱，其截交线的求法同上述步骤(1)、(2)，读者可自行分析。

注意：P、Q 两截平面的交线为线段ⅣⅩ、ⅡⅧ。同样，孔的前、后轮廓素线的水平投影只能画 d、e 的右边部分。

【例 3.8】 如图 3.20(a)所示，已知带两侧切口圆柱体的正面和水平投影，求作侧面投影。

分析：由图 3.20(a)、(b)可以看出，圆柱被两个平行于圆柱轴线的侧平面截平面 P、Q 和与圆柱轴线垂直的水平面 R 截切。由于 P、Q 左右对称，所以只需分析截平面 P 与圆柱面的交线。P 与圆柱面的交线为平行于圆柱轴线的两条直线ⅠⅡ、ⅢⅣ，其正面投影与 p' 重合，水平投影积聚在圆上。R 与圆柱面的交线为左右对称的两段圆弧ⅣⅤⅡ，其正面投影积聚在 r' 上，水平投影重合在圆上。

作图(图 3.20(b))：

作出完整圆柱体的侧面投影，标记出Ⅰ、Ⅱ、Ⅲ、Ⅳ、Ⅴ的正面和水平面投影，按投影关系求出其侧面投影 $1''$、$2''$、$3''$、$4''$、$5''$，依次连接 $1''2''5''4''3''$。

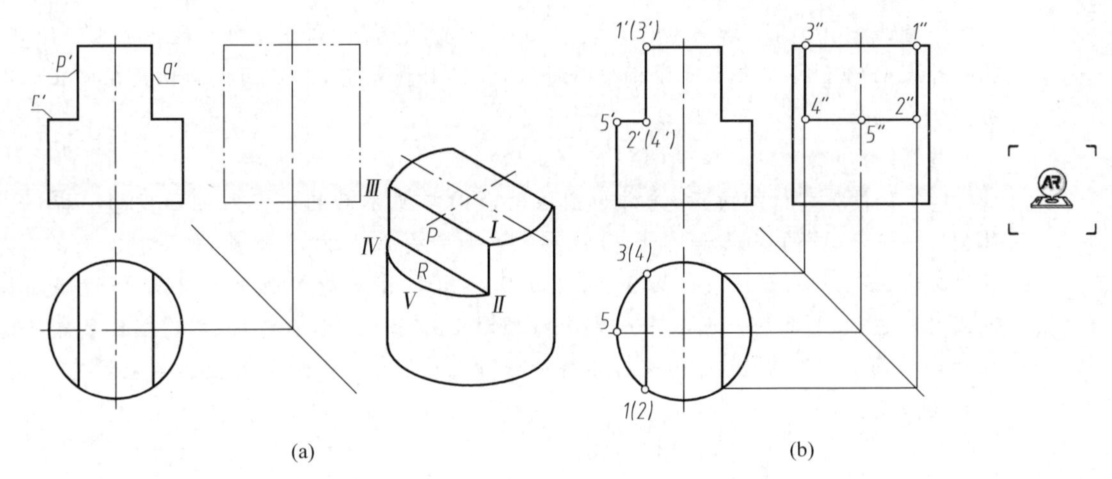

图3.20 求圆柱切口的投影

注意：由于截平面 R 没有截到圆柱的最前和最后轮廓素线，故在侧面投影中，线段的两端与转向轮廓线之间是有间隙的，并且侧面投影的转向轮廓线是完整的。

Video

当图中为空心圆柱体时(图3.21(a))，作图时把孔看作小圆柱，只要在图3.20(b)的基础上，再叠加上孔的截交线，并判别可见性即可。

作图(图3.21(b))：

作出完整圆柱孔的侧面投影，标记出侧平面 P 与孔截交线 A、B、C、D 的正面和水平面投影，按投影关系求出其侧面投影 a''、b''、c''、d''，并连接 a'' 与 b''，c'' 与 d''。

水平面 R 与圆柱孔的截交线为 BD 弧，在侧面投影上积聚为直线 $b''d''$。

最后综合考虑截平面及轮廓的投影，并判别可见性，完成截断体的侧面投影。

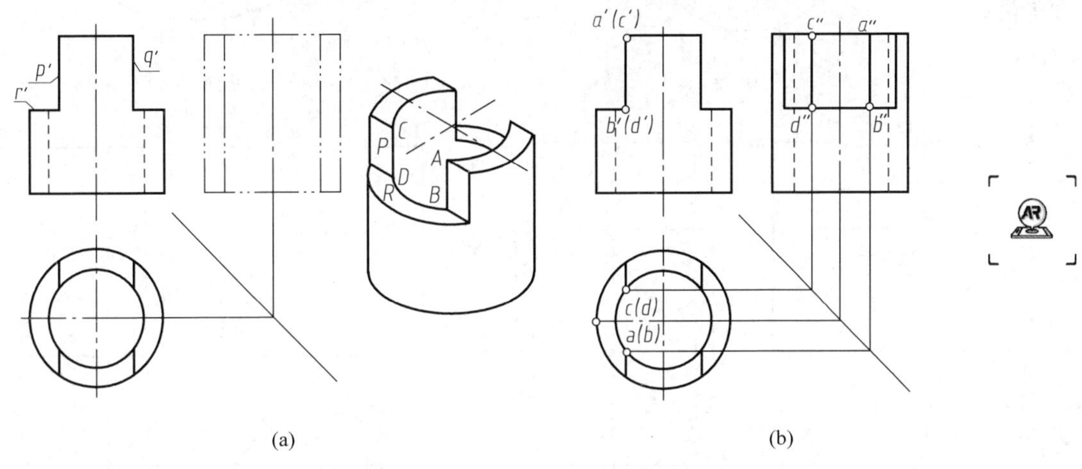

图3.21 求空心圆柱两侧切口的投影

【例3.9】 如图3.22(a)所示，已知空心圆柱体中间被切口的正面和水平投影，求作侧面投影。

分析：由图3.22(a)可以看出，空心圆柱体的切口由两个平行于圆柱轴线的侧平面截平面 P、Q 和一个与圆柱轴线垂直的水平面 R 截切而成。由于 P、Q 左右对称，所以只需分析截平面 P 与圆柱面的交线。P 与空心圆柱体的外表面和孔表面的交线为平行于圆柱轴线的四条直线ⅠⅡ、ⅢⅣ和 AB、CD，其正面投影与 p' 重合，水平投影积聚在圆上。R 与圆柱孔及外表面的交线为前后对称的四段圆弧 BEF 和ⅣⅤⅡ，其正面投影积聚在 r' 上，水平投影重合在圆上。

作图：

(1) 如图3.22(b)所示，先作出圆柱外表面与截平面的截交线侧面投影。标记出Ⅰ、Ⅱ、Ⅲ、Ⅳ、Ⅴ、Ⅵ的正面和水平面投影，按投影关系求出其侧面投影 $1''$、$2''$、$3''$、$4''$、$5''$、$(6'')$，依次连接 $1''$、$2''$、$3''$、$4''$ 及 $2''$、$5''$。注意画出与ⅡⅤⅥ对称的后半部分的侧面投影。连线时注意 R 平面的侧面投影一部分被圆柱面遮住，故为不可见，$2''4''$ 应画成虚线，此外位于截平面 R 上部的最前和最后轮廓素线被截去了，外表面侧面投影不应该有该段轮廓素线的投影。

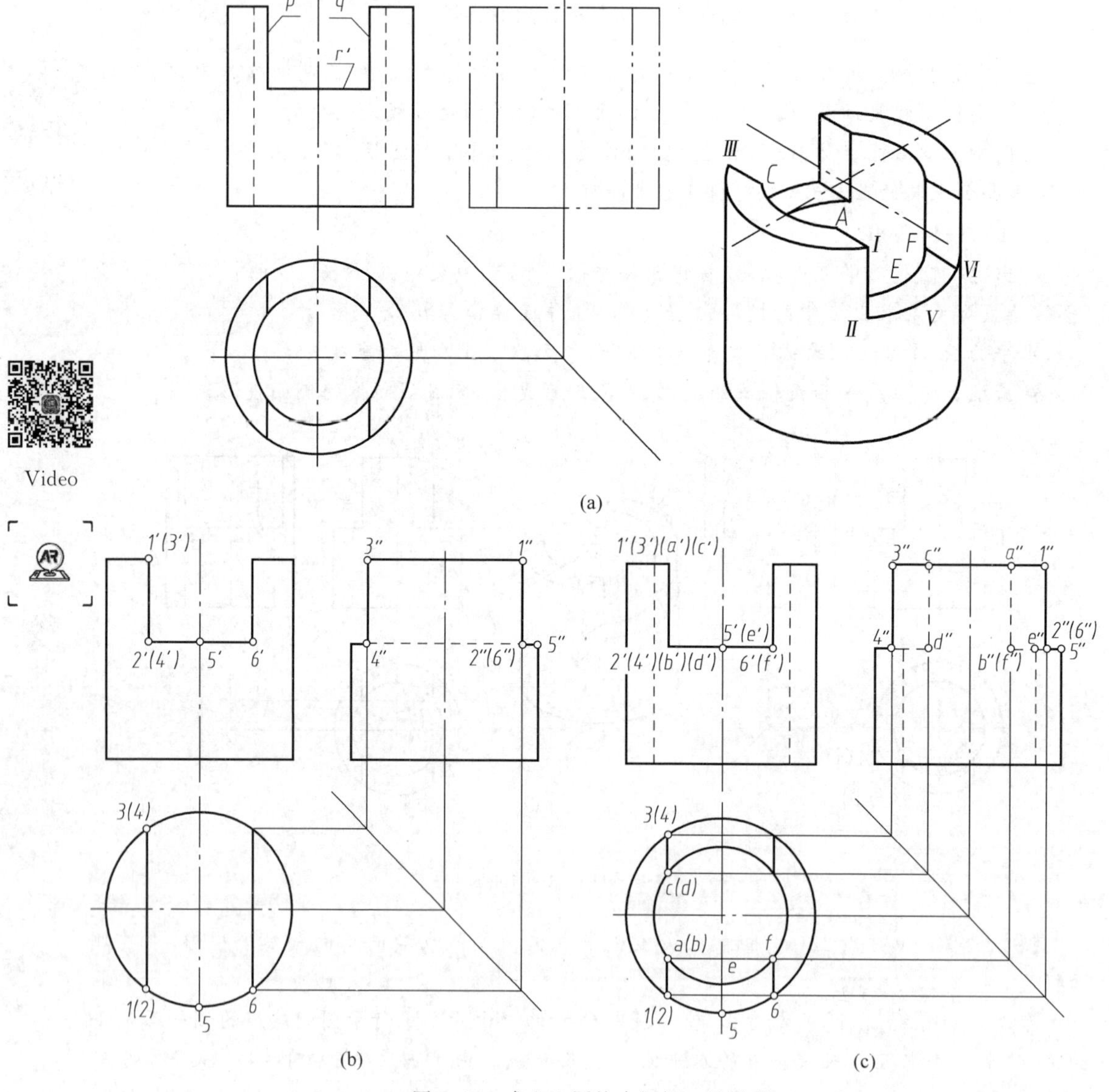

图3.22 求空心圆柱中间切口的投影

(2) 如图3.22(c)所示,作出圆柱孔表面与截平面的截交线侧面投影。标记出A、B、C、D、E、F的正面和水平面投影,按投影关系求出其侧面投影a''、b''、c''、d''、e''、(f''),连接$a''b''$、$c''d''$。同样注意位于截平面R上部孔的最前和最后轮廓素线被截去了,绘制侧面投影孔轮廓线时应擦去该段轮廓素线的投影。

由于截平面R被孔分成前后两部分,所以其侧面投影要去掉$b''d''$之间的虚线。

【例3.10】 如图3.23(a)所示,已知圆柱中间被矩形切口的正面和水平投影,求作侧面投影。

分析:由图3.23(a)可以看出,矩形切口的四个截平面分别是两个平行于圆柱轴线的侧平面和两个与圆柱轴线垂直的水平面。分析及作图方法与例3.8及例3.9类似,读者可参照自行分析。

作图:

如图3.23(b)所示,先标记出Ⅰ、Ⅱ、Ⅲ、Ⅳ的正面和水平面投影,按投影关系求出其侧面投影1″、2″、3″、4″,连线时注意水平截平面的侧面投影一部分被圆柱面遮住,故为不可见,1″3″和2″4″应画成虚线,此外位于两个水平截平面中间部分的最前和最后轮廓素线被截去了,侧面投影要擦去该段轮廓素线的投影。

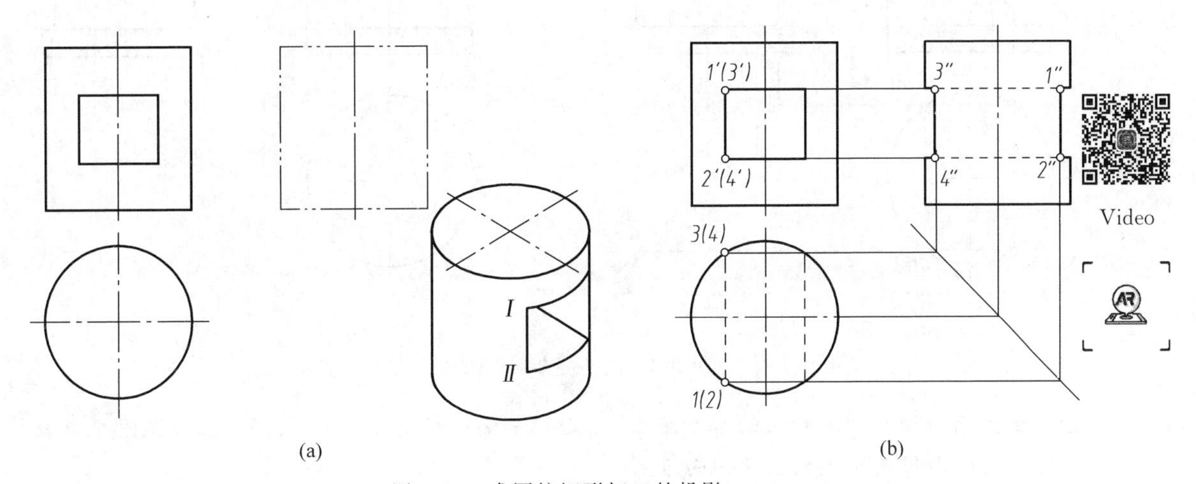

图3.23　求圆柱矩形切口的投影

【例3.11】 如图3.24(a)所示,已知圆柱体被正垂面、侧平面和水平面截切后的正面和水平投影,求作侧面投影。

分析:如图3.24(b)所示,截平面P与圆柱轴线垂直,因此截交线是圆,正面投影积聚在p'上,水平投影与圆重合,其侧面投影积聚成直线。截平面R与圆柱轴线平行,因此截交线是两条平行轴线的直线,正面投影与r'重合,水平投影积聚在圆上。截平面Q为正垂面,与圆柱轴线倾斜,因此截交线是一椭圆,其正面投影积聚在q'上,水平投影积聚在圆柱面的水平投影的圆周上,而侧面投影仍为椭圆,但不反映实形。

作图:

(1) 作截平面Q与圆柱的截交线。如图3.24(b)所示,先求特殊点:最低点Ⅰ,最前、最后点Ⅱ、Ⅲ。作图时,首先标记出Ⅰ、Ⅱ、Ⅲ的正面和水平投影,然后求出它们的侧面投影1″、2″、3″。其次求一般点Ⅳ、Ⅴ、Ⅵ、Ⅶ。为方便作图,可使点Ⅵ、Ⅶ和点Ⅳ、Ⅴ的X方向对

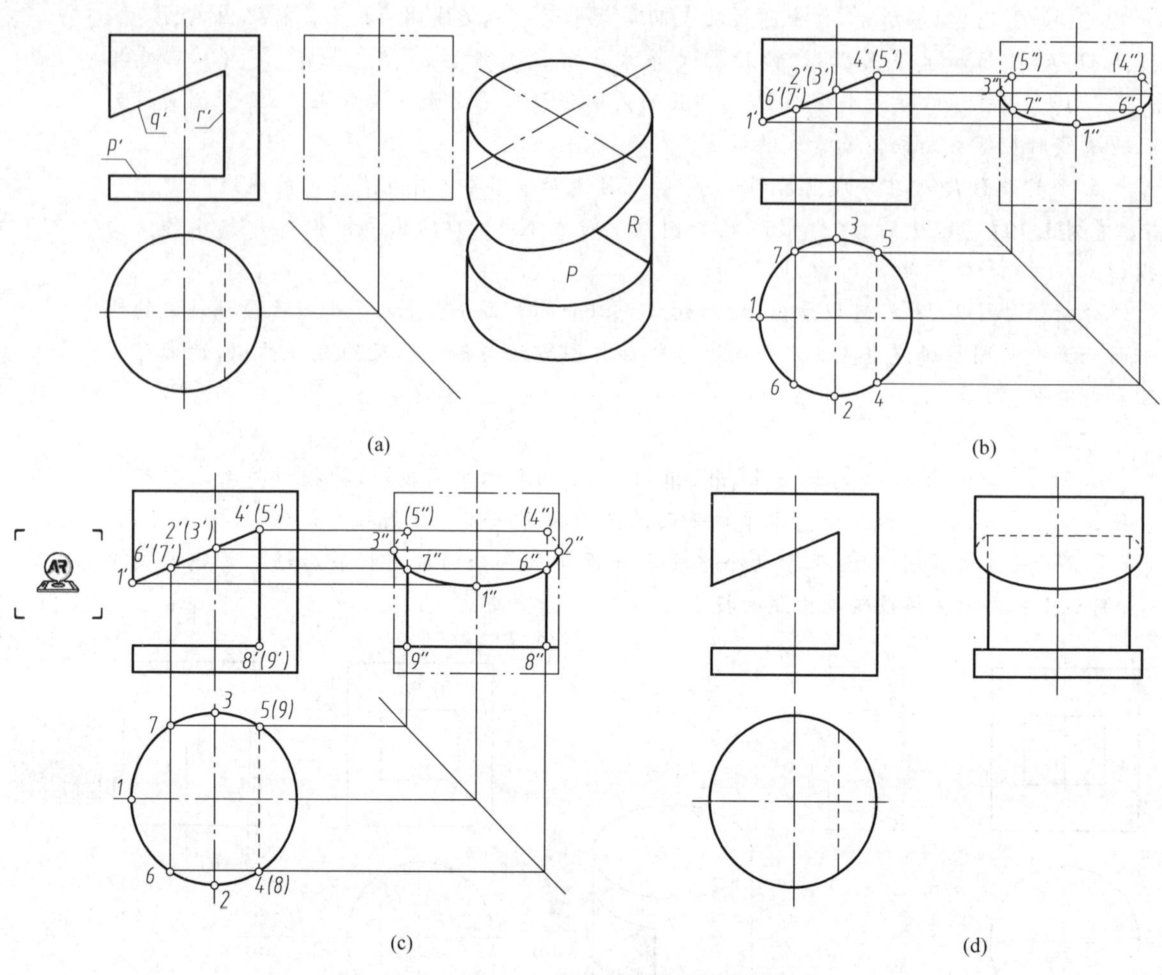

图 3.24　圆柱复杂切口的截交线

称。由正面投影找到其对应的水平投影，然后求出侧面投影 4″、5″、6″、7″。依次光滑地连接 5″、3″、7″…即得截交线椭圆的侧面投影。

Video

注意：Ⅳ、Ⅴ两点在圆柱的右半部分，侧面投影不可见，所以椭圆部分 3″5″、2″4″弧不可见，画虚线。

(2) 作截平面 P、R 与圆柱的截交线。如图 3.24(c)所示，截平面 P 与圆柱的截交线的侧面投影积聚为一条与轴线垂直的直线；截平面 R 与圆柱的截交线的侧面投影为两条平行轴线的铅垂线ⅣⅧ和ⅤⅨ，绘制侧面投影 4″8″、5″9″，注意判别其可见性，被 Q 平面以上部分圆柱遮住的部分为虚线，即 4″6″、5″7″不可见。绘制截平面 Q、R 的交线，由于被实体遮挡，所以不可见，为虚线。

(3) 绘制圆柱侧面投影的轮廓线，注意最前、最后的转向轮廓线上部画到点 2″、3″，并擦除中间被截切的部分，结果如图 3.24(d)所示。

Video

2. 平面与圆锥相交

根据截平面与圆锥面轴线的相对位置不同，其截交线有五种形状：三角形、圆、椭圆、双曲线、抛物线，如表3.2所示。

表3.2 圆锥体的截交线

截平面的位置	通过锥顶	与轴线垂直	与轴线倾斜	平行于一条素线	与轴线平行或倾斜
交线形状	两条相交直线	圆	椭圆	抛物线	双曲线
立体图					
投影图					

【例3.12】 如图3.25(a)所示，已知圆锥被正垂面P截切，试完成截交线的水平投影和侧面投影。

分析：从图上可以看出，截平面P与圆锥的轴线倾斜，截交线为椭圆。因截平面P为正垂面，所以截交线的正面投影积聚在p'上，其水平和侧面投影仍为椭圆，但不反映实形。

作图：

(1) 求特殊点。如图3.25(b)所示，截平面与圆锥最左、最右轮廓素线的交点A、B是椭圆一轴线的两个端点，其正面投影a'、b'位于圆锥的正面投影的轮廓线上，并由此可求出水平投影a、b及侧面投影a''、b''。我们知道椭圆的长轴和短轴垂直平分，所以a'、b'的中点c'、(d')即为椭圆另一轴的两个端点的重合投影，利用圆锥表面取点的方法可以求出其水平投影c、d和侧面投影c''、d''。截平面与圆锥最前、最后轮廓素线的交点为E、F。正面投影即为$a'b'$与轴线的交点e'、(f')，可以直接求得侧面投影，进而求得水平投影e、f，e''，f''两点也是圆锥侧面投影的轮廓线与截交线侧面投影椭圆的切点。

(2) 求一般点。如图3.25(c)所示，在截交线正面投影$a'b'$上取一对重影点$g'(h')$，然后利用圆锥表面取点的方法求出其水平投影g、h和侧面投影g''、h''。

(3) 依次光滑地连接各点的水平投影和侧面投影，擦去被截去的轮廓线的投影，结果如图3.25(d)所示。

【例3.13】 如图3.26(a)所示，圆锥被一正平面截切，补全截交线的正面投影。

分析：如图3.26(a)所示，由于截平面P与圆锥的轴线平行，所以截交线是双曲线，其水平投影积聚在截平面的水平投影P上，正面投影反映实形。

作图(图3.26(b))：

(1) 求特殊点。截交线的最低点A、B是截平面与圆锥底圆的交点，其水平投影a、b为截平面的水平积聚性投影p与圆锥底圆的交点，并由此可得正面投影a'、b'。A、B同时也是最左、最右点；最高点E的水平投影e位于ab的中点处，用过点E作水平辅助圆求出c'，如图3.26(b)所示。

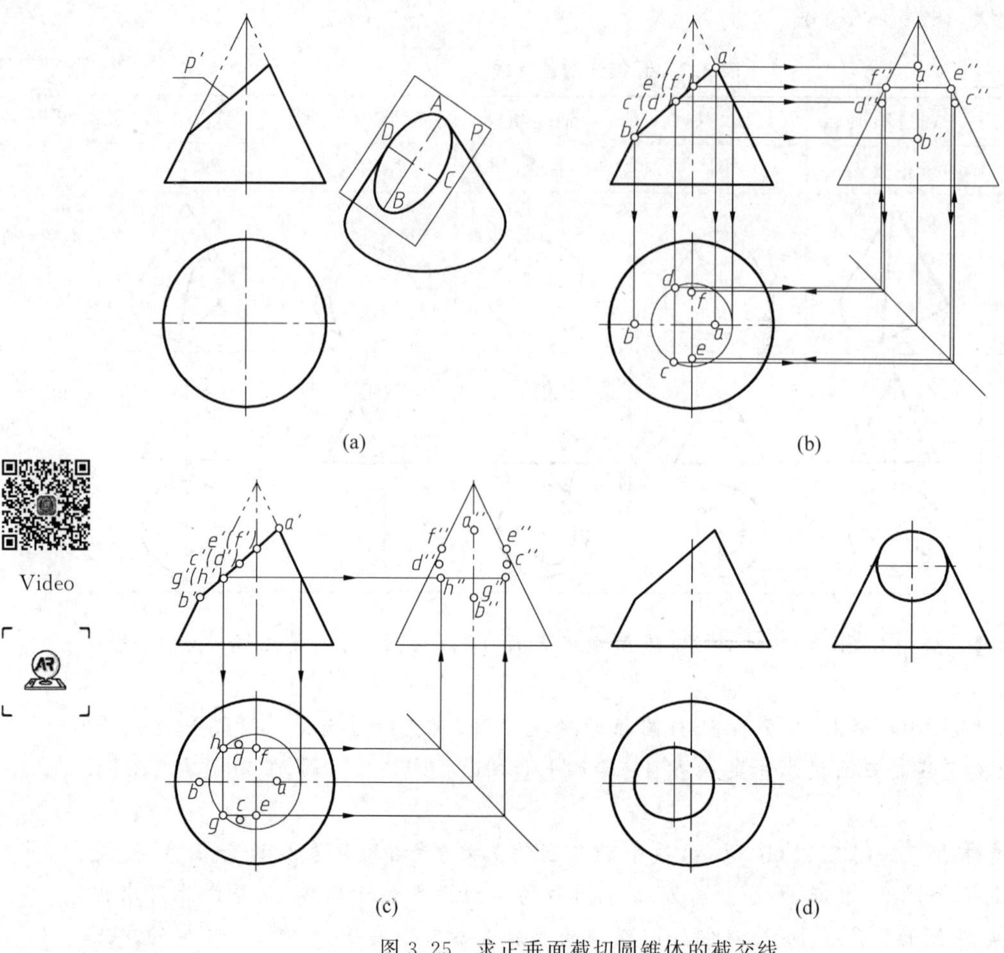

Video

图 3.25 求正垂面截切圆锥体的截交线

Video

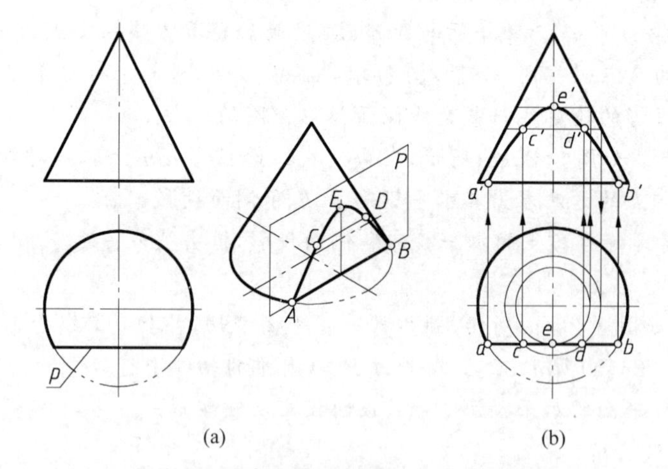

图 3.26 求正平面与圆锥体的截交线

(2) 求一般点。如图 3.26(b)所示，在截交线水平投影上对称地取两点 c、d，然后利用圆锥表面取点的方法求出其正面投影 c'、d'。

(3) 依次光滑地连接各点的正面投影 $a'c'e'd'b'$，结果如图 3.26(b)所示。

【例3.14】 如图3.27(a)所示,已知圆锥被两个正垂面和一个水平面截切,试完成截交线的水平投影和侧面投影。

分析:从图上可以看出,水平截平面 P 与圆锥的轴线垂直,故截交线为圆,其正面投影积聚在 p' 上,其水平投影为反映实形的圆,侧面投影积聚成与轴线垂直的直线。正垂面截平面 Q 过圆锥的锥顶,故截交线为两条过锥顶的直线,其正面投影积聚在 q' 上,其水平和侧面投影仍为两条过锥顶的直线。正垂面截平面 R 与圆锥的轴线倾斜,故截交线为椭圆,其正面投影积聚在 r' 上,其水平和侧面投影仍为椭圆,但不反映实形。

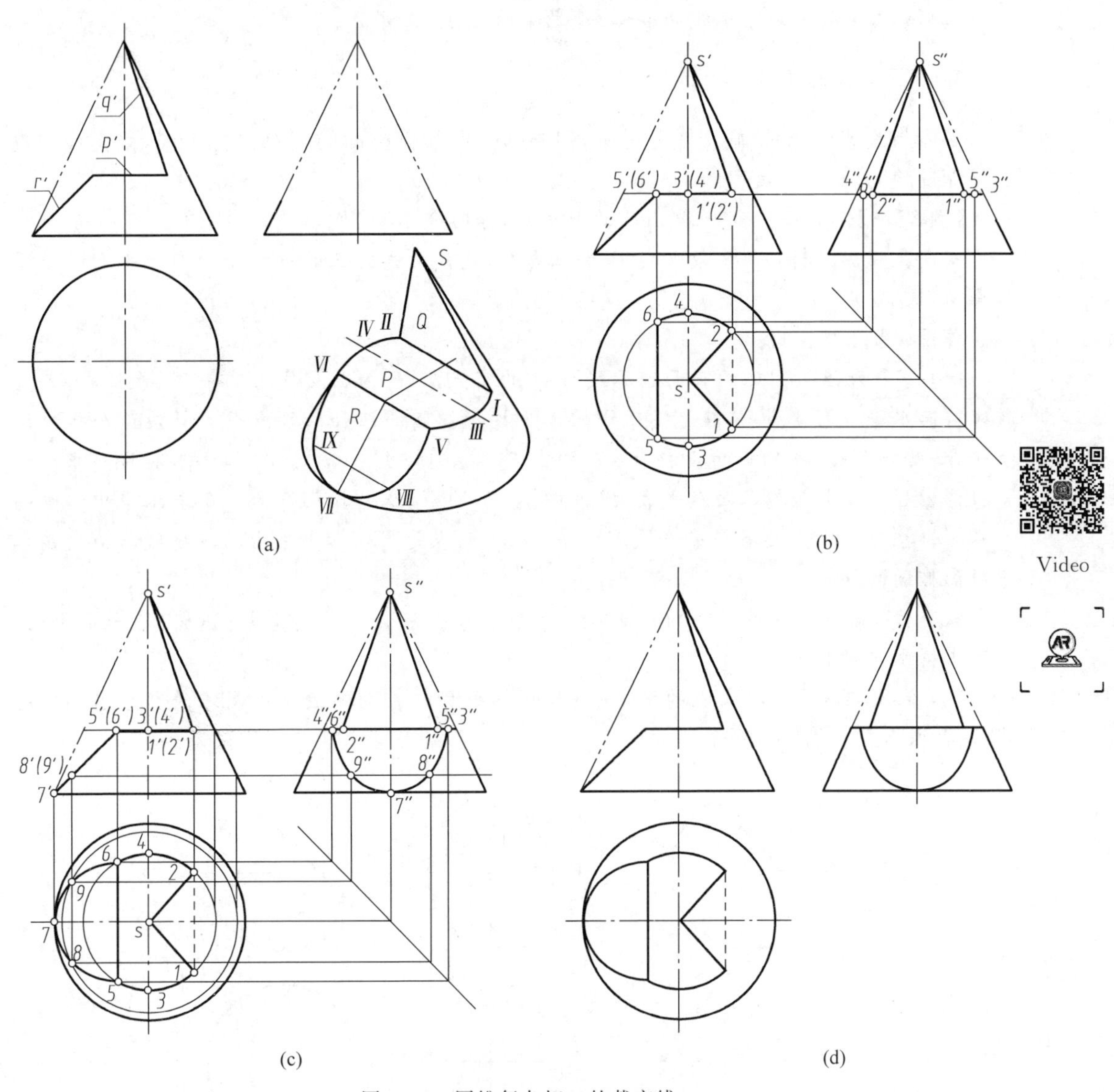

图3.27　圆锥复杂切口的截交线

作图:

(1) 作 P、Q 截平面与圆锥的截交线。如图3.27(b)所示,先绘制水平截平面 P 与圆锥的截交线圆,并通过1′(2′)、5′(6′)确定水平投影圆的范围,侧面投影为线段3″4″。接着绘制过锥顶的正垂面截平面 Q 与圆锥的截交线，连接线段 $s1$、$s2$ 和 $s''1''$、$s''2''$。然后绘制 P、Q 截平面的交线ⅠⅡ的投影，交线为正垂线。注意其水平投影不可见，为虚线。

(2) 作 R 截平面与圆锥的截交线。如图3.27(c)所示，该截交线为椭圆的一小部分，先求特殊点Ⅶ，它是截平面与圆锥最左轮廓素线的交点，由其正面投影 $7'$ 可求出水平投影 7 及侧面投影 $7''$。接着求一般点。在截交线正面投影上取一对重影点 $8'(9')$，然后利用圆锥表面取点的方法求出其水平投影 8、9 和侧面投影 $8''$、$9''$，依次光滑地连接ⅤⅥⅦⅧⅨ各点的水平投影和侧面投影。

(3) 擦去被截去的轮廓线的投影，结果如图3.27(d)所示。

3. 平面与圆球相交

平面与圆球相交时，截交线总是圆，但根据平面与投影面的相对位置不同，截交线的投影可能反映为圆、椭圆或直线。

【例3.15】 求正垂面 P 与圆球的截交线，如图3.28(a)所示。

空间及投影分析：由于截平面 P 为正垂面，故截交线的正面投影积聚在截平面的正面投影 p' 上，而水平投影为椭圆。

作图(图3.28(b))：

(1) 求特殊点。圆球的正面轮廓线与 P 的交点 a'、b' 为截交线上的最高、最低点，可直接求得其水平投影 a、b，它们是截交线的水平投影椭圆的短轴的端点。长轴应该与短轴垂直平分，其端点 C、D 的正面投影为 $a'b'$ 的中点 $c'(d')$，过 $c'(d')$ 作一水平圆，即可求得水平投影 c、d。截平面与球面水平最大圆的交点为 E、F，正面投影即为 $a'b'$ 与水平中心线的交点 e'、(f')，可以直接求得水平投影 e、f。e、f 两点是圆球水平投影的轮廓线与截交线水平投影椭圆的切点。

(2) 求一般点。在截交线的正面投影上取一对重影点 $g'(h')$，过 $g'(h')$ 作一水平圆，即可求得水平投影 g、h。

(3) 依次光滑地连接各点的水平投影，擦去位于 e、f 左侧被截去圆球的部分水平轮廓线，其结果如图3.28(c)所示。

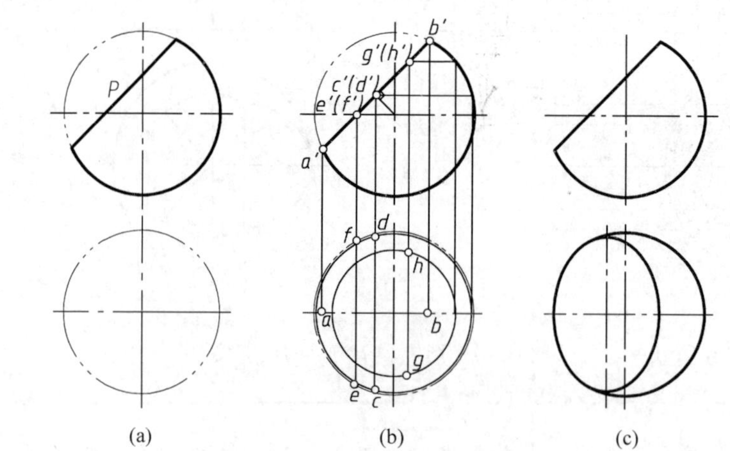

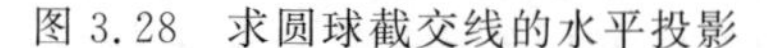
(a) (b) (c)

图3.28 求圆球截交线的水平投影

【例 3.16】 求作带切口槽半球的水平和侧面投影，如图 3.29(a)所示。

分析：从图 3.29(a)的投影图可以看出，半球的切口槽是由左右对称的两个侧平面 P 和一个水平面 Q 截切而成。

两个侧平面 P 与球面的交线分别为一段与侧面平行的圆弧，其正面和水平投影积聚成直线，侧面投影反映实形。而水平面 Q 与球面的交线为一段与水平面平行的圆弧，其正面和侧面投影积聚成直线，水平投影反映实形。截平面之间的交线为正垂线，如图 3.26(b)所示。

作图：

(1) 作 P 面截交线的水平和侧面投影。水平投影为直线，侧面投影为圆弧，其半径 R_1 从正面投影量取，如图 3.29(c)所示。

(2) 作 Q 面截交线的水平和侧面投影。侧面投影为直线，注意中间不可见部分画虚线；水平投影为圆弧，其半径 R_2 从正面投影量取，如图 3.29(d)所示。

注意：半球侧面投影的轮廓线在切槽以上部分被切去，结果如图 3.29(e)所示。

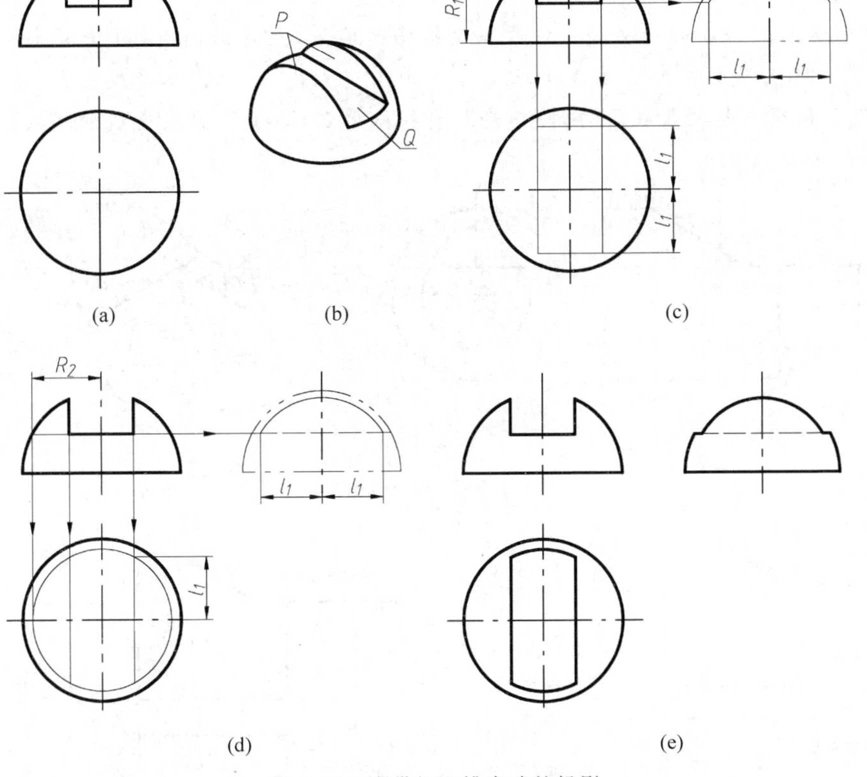

Video

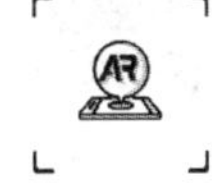

图 3.29　求带切口槽半球的投影

4. 平面与同轴组合回转体相交

作组合回转体的截交线时，首先要分析该立体是由哪些基本立体组成的，再分析截平面与每个基本立体的相对位置、截交线的形状和投影特性，然后逐个画出每个基本立体的截交线，并注意相邻部分的连接点。

【例 3.17】 求作组合回转体截交线的水平投影，如图 3.30(a)所示。

分析(图 3.30(a)、(b))：该同轴组合回转体由轴线为侧垂线的一个圆锥体和两个直径不等的圆柱体组成，左边的圆锥和圆柱同时并被水平面 P 截切，而右边大圆柱不仅被 P 截切，还被正垂面 Q 截切。P 与圆锥面的交线为双曲线，水平投影反映实形，正面和侧面投影积聚成直线。P 与两个圆柱面的交线均为平行于轴线的直线，水平投影反映实形，正面投影积聚在 p' 上，侧面投影分别积聚在圆上。Q 与大圆柱面的交线为椭圆的一部分，正面投影积聚在 q' 上，侧面投影积聚在大圆上，水平投影为一段椭圆弧。

作图(图 3.30(c))：

(1) 作出立体截切前的水平投影。

(2) 作锥面的截交线。该截交线的最左点 E 是圆锥正面轮廓线与 P 的交点，其正面投影 e' 和侧面投影 e'' 可直接得到，并可求出水平投影 e。A、B 两点是圆锥底圆与 P 的交点(也是与小圆柱面上截交线的连接点)，其正面投影 a'、b' 和侧面投影 a''、b'' 也可直接得到，由此求出水平投影 a、b。在正面投影取一对重影点 $c'(d')$，利用侧平的辅助圆求出侧面投影 c''、d''，进而求出水平投影 c、d。依次连接 a、b、c、e、d 即得该段截交线的水平投影。

(3) 作 Q 与大圆柱面的截交线。该段截交线的最右点(也是最高点)H 是圆柱正面轮廓线与 Q 的交点，其正面投影 h' 和侧面投影 h'' 可直接得到，并可求出水平投影 h。F、G 两点是 P 面与 Q 面交线与大圆柱面的交点(是大圆柱体上 Q 面与 P 面截交线的连接点)，其

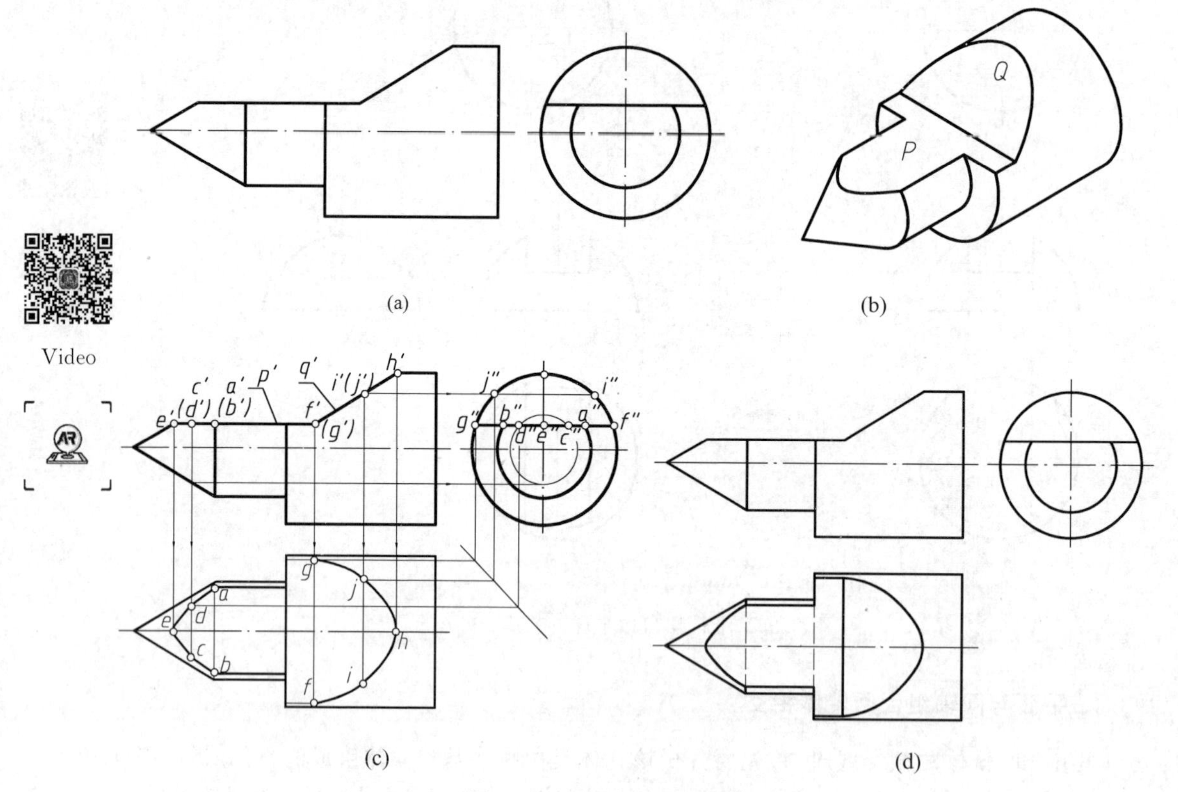

(a)　(b)　(c)　(d)

图 3.30　平面与组合回转体相交

正面投影 f'、g' 和侧面投影 f''、g'' 也可直接得到，由此求出水平投影 f、g。在正面投影取一对重影点 $i'(j')$，然后求出侧面投影 i''、j''，进而求出水平投影 i、j。依次连接 f、i、h、j、g 即得该段截交线的水平投影。

(4) 作 P 面与大、小圆柱面的截交线。P 面与大、小圆柱面的截交线均为侧垂线。正面投影与 p 重合，侧面投影分别积聚在大、小圆上，而水平投影为分别过连接点的水平线。

注意：圆锥与圆柱之间以及大、小圆柱之间的交线的下半部分的水平投影为虚线。

3.4 两回转体表面相交

两立体相交称为相贯，其表面的交线即为相贯线。

两回转体相贯时，其相贯线的形状取决于回转体各自的形状、大小和相对位置。一般情况下，相贯线是封闭的空间曲线；在特殊情况下，可能不封闭，也可能是平面曲线或直线。

由于相贯线是两立体表面的交线，故相贯线是两立体表面的共有线，相贯线上的点是两立体表面上的共有点。当相贯线为非圆曲线时，一般先求出能确定相贯线形状和范围的特殊点，如最高、最低、最左、最右、最前、最后点，可见与不可见的分界点等，然后再求出若干中间点，最后将这些点连成光滑曲线，并判别可见性。注意：只有一段相贯线同时位于两个立体的可见表面时，这段相贯线的投影才是可见的；否则就不可见。

求共有点的方法有表面取点法和辅助平面法。

3.4.1 相贯线产生形式

相贯线有三种产生形式：

(1) 外表面相贯(柱柱相交)，如图 3.31(a)所示；

(2) 内表面与外表面相贯(孔柱相交)，如图 3.31(b)所示；

(3) 两内表面相贯(孔孔相交)，如图 3.31(c)所示。

从图 3.31 中可以看出虽然它们的形式不同，但相贯线的形状是一样的。

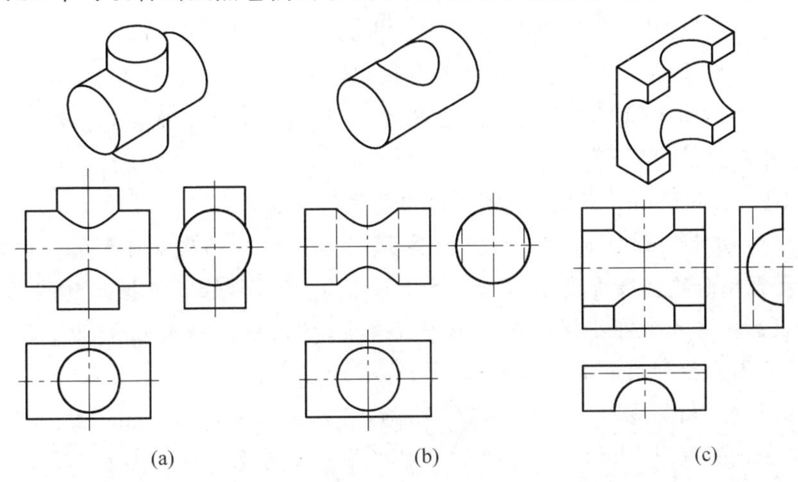

Video

图 3.31 两正交圆柱相贯线的形式

3.4.2 相贯线的变化

两相贯立体相对大小的变化将影响相贯线的形状。图 3.32 表明了两正交圆柱的直径大小的变化对相贯线的影响。

从相贯线非积聚性的投影图中可以看出，相贯线的弯曲方向总是朝凹向较大直径的圆柱的轴线，如图 3.32(a)、(b)、(d)所示；当两圆柱的直径相等时(即共切于一个圆球时)，相贯线变为两椭圆(当椭圆所在面垂直于投影面时，投影为交叉直线)，如图 3.32(c)所示。

Video

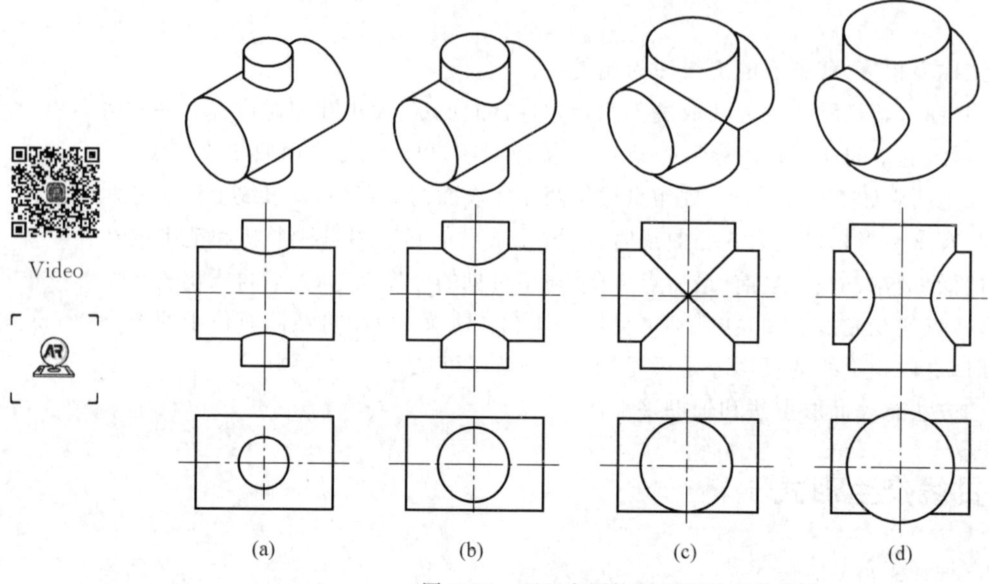

图 3.32　两正交圆柱相贯线的变化规律

3.4.3 表面取点法作相贯线

如果相贯的回转体中有一个是轴线垂直于投影面的圆柱，则圆柱在该投影面上的投影积聚为一圆，而相贯线的一个投影必在这个有积聚性的投影圆上。于是，利用这个投影的积聚性，先确定两回转体表面若干共有点的已知投影，然后用立体表面上取点的方法求其他投影，从而作出相贯线的投影。

【例 3.18】 已知两圆柱正交，求作它们相贯线的投影，如图 3.33 所示。

空间及投影分析：从图 3.33(a)中可以看出，小圆柱面的轴线垂直于 *H* 面，其水平投影有积聚性；大圆柱面的轴线垂直于 *W* 面，其侧面投影有积聚性。根据相贯线的共有性，相贯线的水平投影一定积聚在小圆柱面的水平投影上，侧面投影积聚在大圆柱面的侧面投影上，为两圆柱面侧面投影共有的一段圆弧。

由上分析可见，相贯线水平和侧面投影已知，可以求出正面投影。由于相贯线前后、左右对称，所以在正面投影中，相贯线可见的前半部分和不可见的后半部分重合，且左右对称。

作图(图 3.33)：

(1) 求特殊点。首先求出相贯线上的特殊点，特殊点决定了相贯线的投影范围。在水平投影中可以直接定出相贯线的最左、最右、最前、最后点Ⅰ、Ⅱ、Ⅲ、Ⅳ的水平投影1、2、3、4，然后作出这四点相应的侧面投影1″、2″、3″、4″，再由这四点的水平投影和侧面投影求出其正面投影1′、2′、3′、4′。可以看出：点Ⅰ、Ⅱ是大圆柱正面投影转向轮廓线上的点，是相贯线上的最高点；而点Ⅲ、Ⅳ是小圆柱侧面转向轮廓线上的点，是相贯线上的最低点。

(2) 求一般点。在相贯线的水平投影上取左右、前后对称的5、6、7、8，然后作出其侧面投影5″、6″、7″、8″，最后求出正面投影5′、6′、7′、8′。

(3) 连线并判别可见性。按水平投影的顺序，将各点的正面投影连成光滑的曲线。由于相贯线是前后对称的，故在正面投影中，只需画出可见的前半部1′5′3′6′2′，不可见后半部分1′(8′)(4′)(7′)2′与之重影。

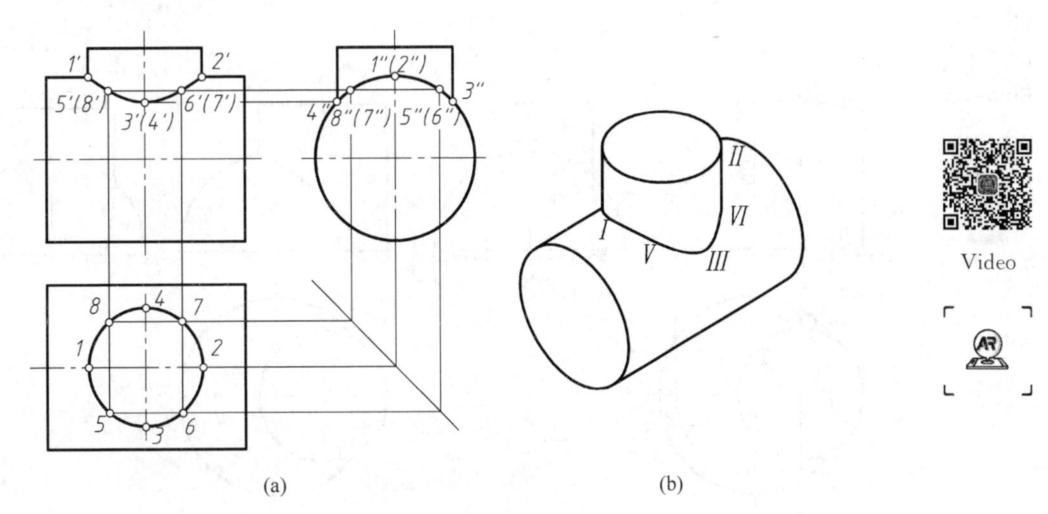

图3.33　求正交两圆柱的相贯线

【例3.19】 求圆柱与半球的相贯线，如图3.34(a)所示。

分析：从图3.34(a)中可以看出，圆柱和半球前后均对称，且两者共底互交，故相贯线为前后对称的不封闭的空间曲线。

由于圆柱面轴线垂直于H面，其水平投影有积聚性，故相贯线水平投影积聚在半球范围内的圆柱面水平投影上，而相贯线的正面和侧面投影未知。

因为相贯线是两立体表面共有的线，现水平投影已知，故可以利用表面取点的方法求出相贯线上一系列点的正面和侧面投影，从而作出相贯线的正面和侧面投影。

作图(图3.34(b))：

(1) 作特殊点。相贯线的最低点Ⅰ、Ⅶ是圆柱底圆和半球底圆的交点，其水平投影即为圆柱面积聚性投影和半球底圆投影的交点1、7，而正面和侧面投影分别在圆柱底圆和半球底圆的积聚性投影上；最前(后)点Ⅱ(Ⅵ)是圆柱最前(后)轮廓素线与球面的交点，其水平投影2、6已知，利用球表面取点(作辅助水平圆)求出其正面和侧面投影；最高点点Ⅳ是圆柱最右轮廓素线与球面的交点，可以直接得到水平和正面投影4、4′，从而求出侧面投影4″；点Ⅲ、Ⅴ是球面侧面轮廓圆与圆柱面的交点，是相贯线侧面投影和球面的切点，其水平投影3、5和侧面投影3″、5″可以直接得到，进而求出正面投影3′、5′。

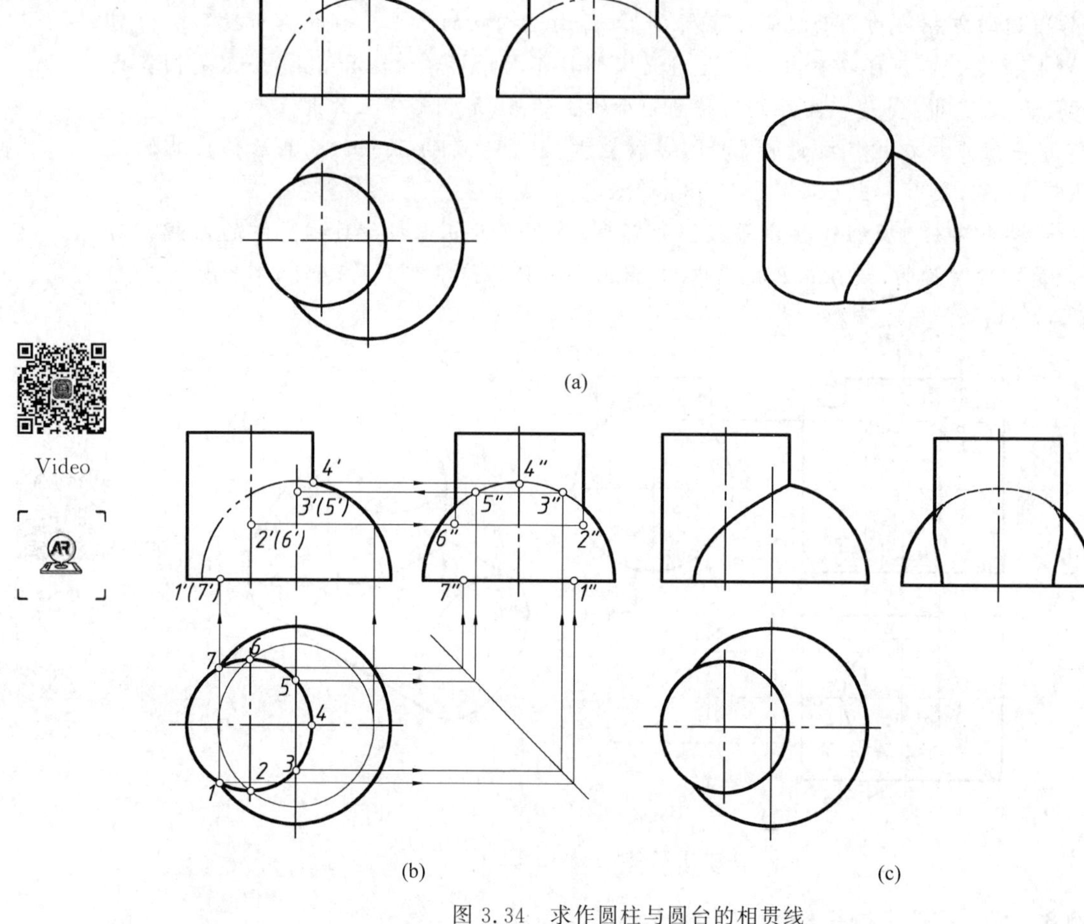

图 3.34 求作圆柱与圆台的相贯线

(2) 求一般点。在特殊点之间适当取1～2对点，同样用辅助纬圆法求出它们的正面和侧面投影(其作图略)。

(3) 按相贯线在水平投影中诸点的顺序，连接诸点的正面投影，由于前后对称，所以前半和后半相贯线的正面投影 $1'2'3'4'$ 和 $7'6'5'4'$ 重合；按同样的顺序连接诸点的侧面投影，作出相贯线的侧面投影。注意：位于圆柱面右半部分的相贯线侧面投影是不可见的，即 $2''3''4''5''6''$ 的侧面投影为虚线。

图 3.34(c)是作图结果。注意：在正面投影中半球和圆柱轮廓线仅画到 $4'$ 为止，在侧面投影中，半球的轮廓线画到 $3''$、$5''$ 为止，而圆柱轮廓线画到 $2''$、$6''$ 为止。

3.4.4 辅助平面法作相贯线

辅助平面法就是利用三面共点的原理求相贯线上的一系列的点，即假想用一个辅助平面截切两相贯回转体，得两条截交线，两截交线的交点，即为两相贯立体表面共有的点，也是辅助平面上的点。

为了能方便地作出相贯线上的点，最好选用特殊位置平面（投影面的平行面或垂直面）作为辅助平面，并使辅助平面与两回转体交线的投影为最简单（为直线或圆）。

【例 3.20】 求轴线正交的圆柱与圆台的相贯线，如图 3.35(a)所示。

空间及投影分析：如图 3.35(b)所示，圆柱与圆台正交的相贯线为一前后对称的空间封闭曲线。由于圆柱的轴线为侧垂线，故相贯线的侧面投影重影在圆柱面侧面投影的圆周上，而相贯线的水平和侧面投影无积聚性，需求出。

此题可用表面取点法，也可用辅助平面法求解。这里采用辅助平面法。为了使辅助平面与圆柱面及圆锥面的交线的投影为直线或圆，对于圆柱而言，辅助平面应平行或垂直于圆柱的轴线；对于圆锥而言，辅助平面应垂直于圆锥的轴线或过锥顶。

Video

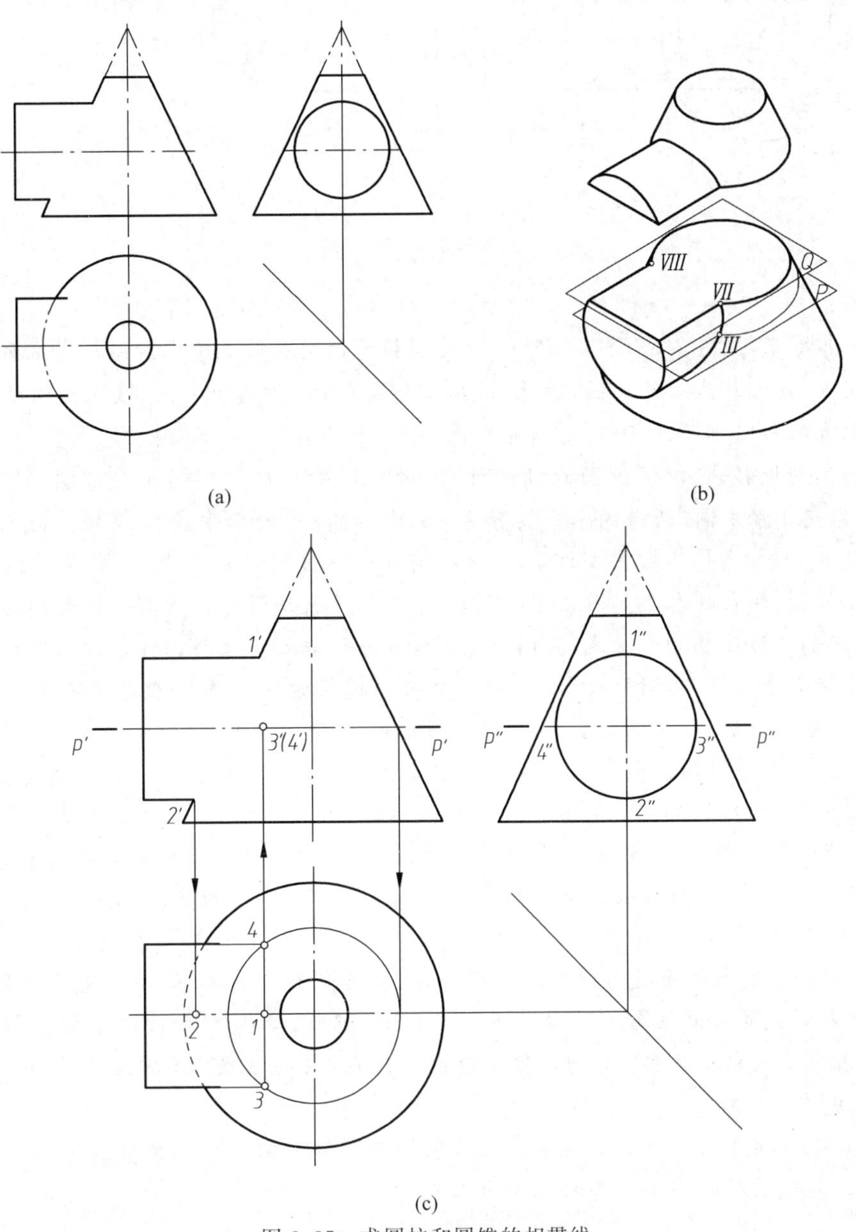

图 3.35 求圆柱和圆锥的相贯线

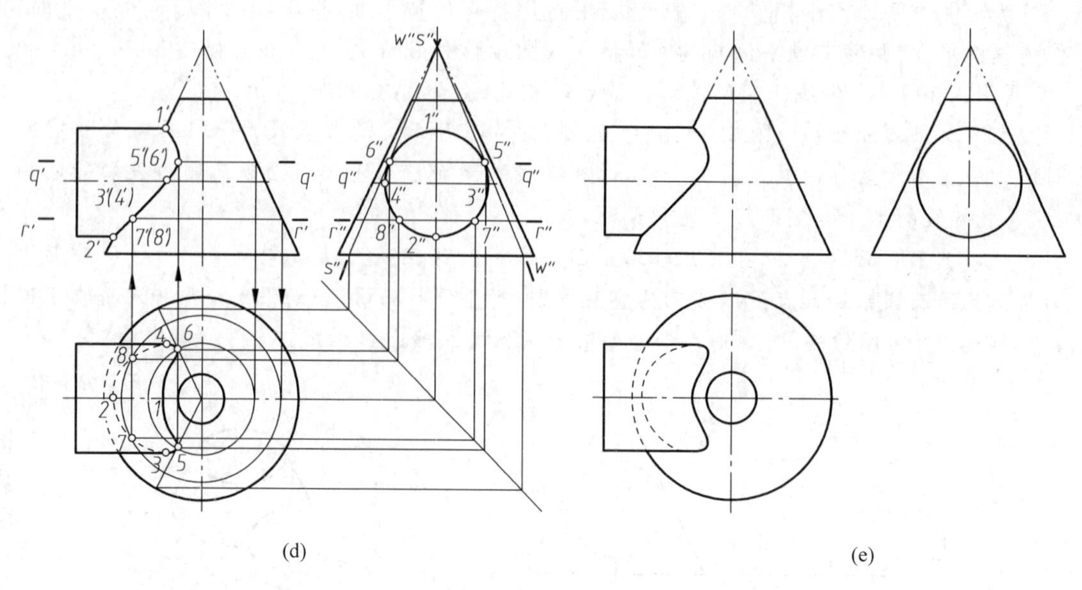

图 3.35(续)

作图：

(1) 求特殊点(图 3.35(c))。点Ⅰ、Ⅱ是圆柱面最高和最低轮廓素线与圆锥面最左轮廓素线的交点，是相贯线上的最高、最低点，其三个投影可直接求出；点Ⅲ、Ⅳ是圆柱面最前和最后轮廓素线与圆锥面的交点，是相贯线上的最前、最后点，其侧面投影 3″、4″可直接求出，而水平和侧面投影，可以通过圆柱轴线作水平辅助面 P，P 与圆柱相交于最前、最后的素线，与圆锥交于水平圆，两者的水平投影的交点即为Ⅲ、Ⅳ的水平投影 3、4，并由此求 3′、4′。从正面投影可知，点Ⅱ是相贯线的最左点，我们可以通过确定最右点Ⅴ、Ⅵ两点来控制曲线的走势。Ⅴ、Ⅵ两点的取法如图 3.35(d)所示：在侧面投影过锥顶作与圆柱面相切的侧垂面 W 和 S，它们与圆柱相切于素线，其侧面投影积聚在侧垂面与圆柱面侧面投影的切点处；与左圆锥面相交于素线，其侧面投影与 w''、s''重合。圆柱素线与圆锥素线的交点就是相贯线上的点，两者交于Ⅴ、Ⅵ两点。求Ⅴ、Ⅵ两点投影的做法有两种，一种是利用圆锥素线法，先做出俯视图相应的圆锥素线，由 5″、6″，可求出 5、6，再求出 5′、6′。另一种方法是过Ⅴ、Ⅵ点作一辅助水平面 Q，利用辅助平面法求出水平及正面投影。

(2) 求一般点(图 3.35(d))。在点Ⅱ与Ⅲ、Ⅳ之间的适当位置作一辅助水平面 R，它与圆锥面交于一水平圆，与圆柱面交于两条素线，两者交于Ⅶ、Ⅷ两点，可由 7″、8″求出 7、8，再求出 7′、8′。

(3) 按相贯线在侧面投影中各点的顺序，连接诸点的正面投影，由于前后对称，所以前半和后半相贯线的正面投影 1′5′3′7′2′和 1′6′4′8′2′重合；按同样的顺序连接各点的水平投影，作出相贯线的水平投影。注意：位于圆柱面下半部分的相贯线水平投影是不可见的，即 37284 画成虚线。

图 3.35(e)是作图结果。注意：在正面投影中圆柱和圆锥轮廓素线仅画到 1′、2′为止，在水平投影中，圆柱轮廓素线画到 3、4 为止。

3.4.5 相贯线的特殊情况

Video

在一般情况下,两回转体的相贯线是封闭空间曲线,但在特殊情况下,也可能是平面曲线或直线或不封闭曲线。下面介绍几种相贯线的特殊情况:

(1) 两轴线平行共底的圆柱相交,其相贯线是两条平行于轴线的直线,不封闭,如图3.36(a)所示;

(2) 两共锥顶共底的圆锥相交,其相贯线为两条相交直线,不封闭,如图3.36(b)所示;

(3) 同轴回转体相交,其相贯线为垂直于轴线的圆,如图3.37所示;

(4) 两相交回转体共内切球时,其相贯线为垂直于正面的两相交椭圆,如图3.38所示。

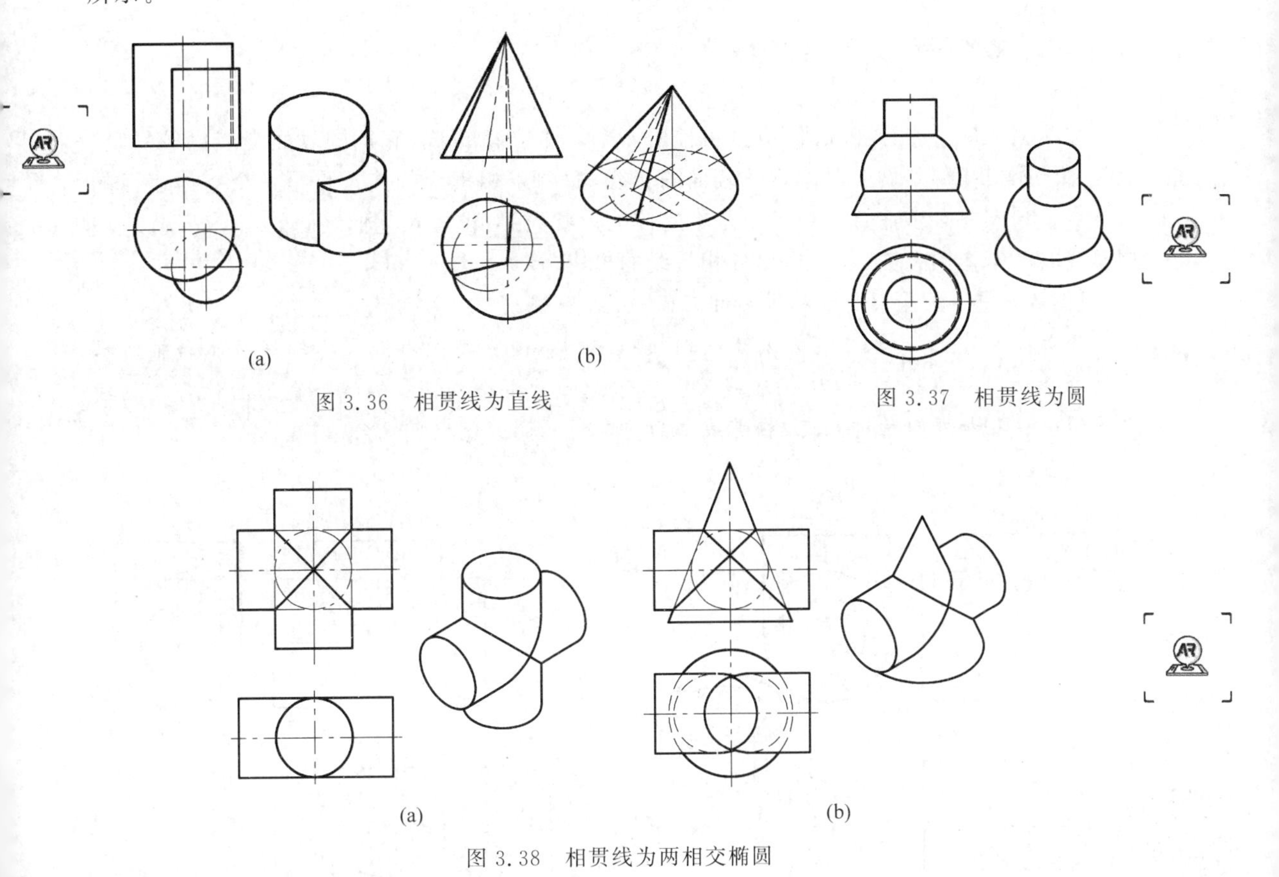

(a) (b)

图3.36 相贯线为直线

图3.37 相贯线为圆

(a) (b)

图3.38 相贯线为两相交椭圆

3.4.6 相贯线的简化画法

当两个正交圆柱的直径相差较大时,其相贯线可用圆弧代替,即用大圆柱的半径作圆弧代替,并向大圆柱的轴线方向弯曲,如图3.39所示。

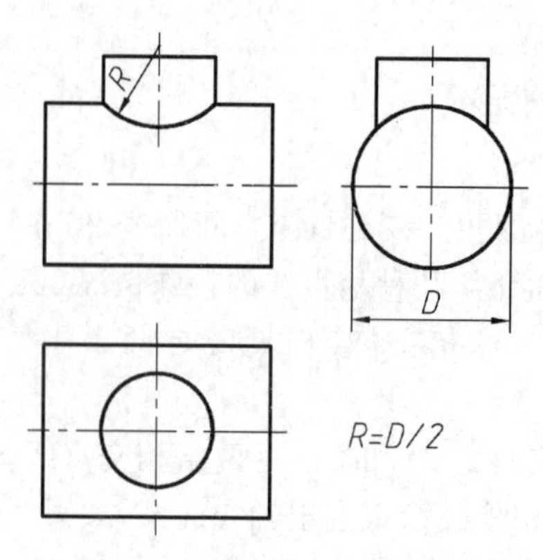

图 3.39　相贯线简化画法

3.4.7　多个形体的相贯线

除了上述两个立体相贯外，有些机件由多个基本立体构成，它们的表面交线比较复杂，但是每段相贯线都是两个基本立体表面的交线，而两条相贯线的连接点是三个立体表面的共有点。画图时必须注意分析各个基本立体的形状、相对位置及它们之间的相交情况，应用相贯线的基本作图方法，逐一作出各相贯线的投影。

【例 3.21】 求复杂圆柱相贯线的正面投影，如图 3.40(a)所示。

分析：从图 3.40(a)中可以看出，立体前后对称，圆柱与圆柱正交。轴线竖直和轴线水平的两个外圆柱直径相等，故相贯线为垂直于正面的半个椭圆；轴线竖直的圆柱孔与轴线水平的圆柱孔和外圆柱都相交，相贯线都为前后对称的封闭空间曲线。

作图：

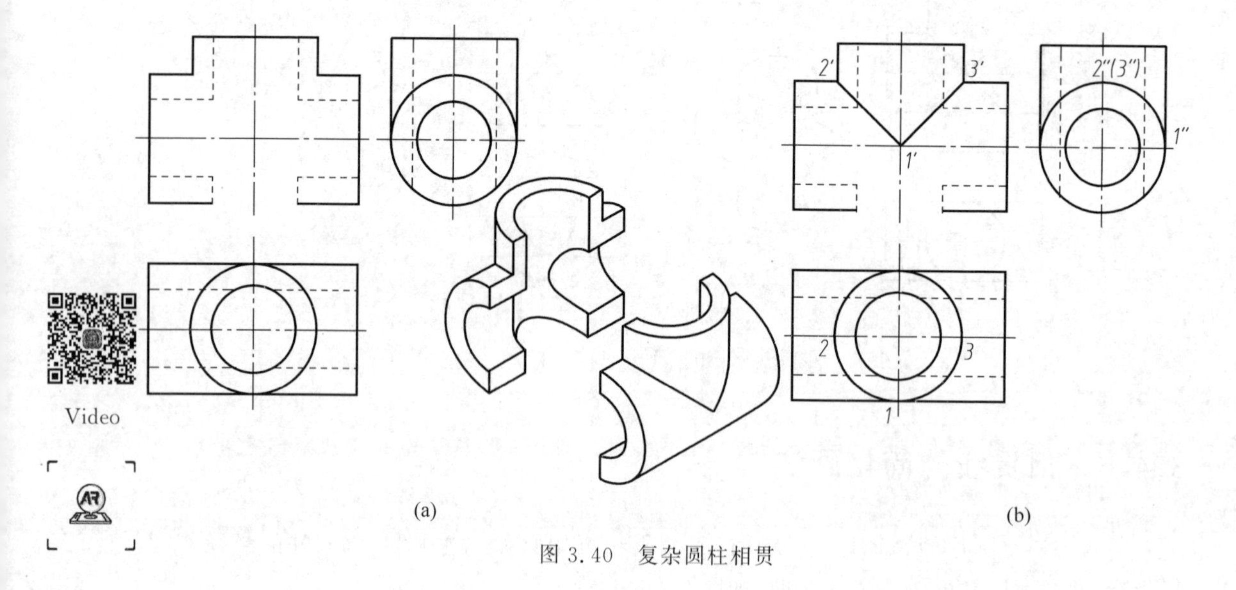

(a)　(b)

图 3.40　复杂圆柱相贯

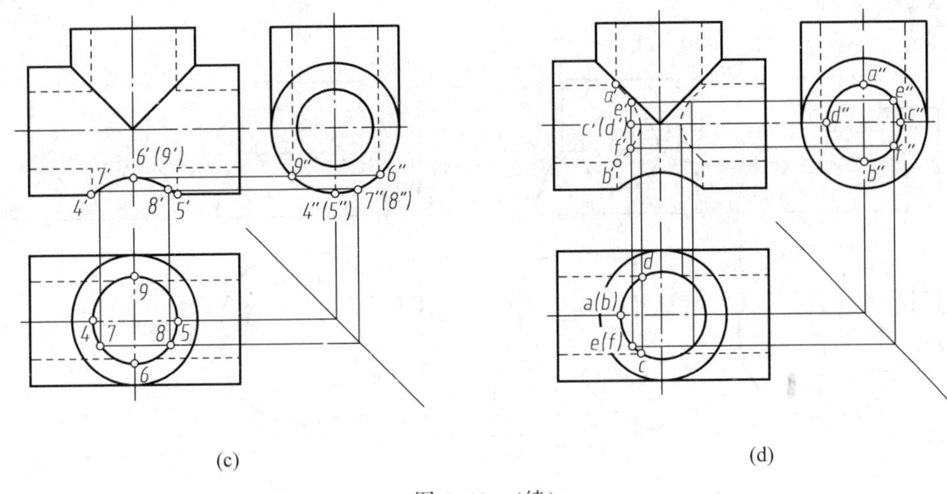

图 3.40 (续)

(1) 求作轴线竖直和轴线水平的两个外圆柱的相贯线,如图 3.40(b)所示。由于其相贯线为垂直于正面的半个椭圆,所以相贯线正面投影积聚成两条直线 1′2′和 3′4′。

(2) 求作轴线竖直孔和轴线水平的外圆柱的相贯线,如图 3.40(c)所示。竖直孔的轴线垂直于 H 面,其水平投影有积聚性,相贯线的水平投影就积聚在该圆柱孔的水平投影上;轴线水平的外圆柱的轴线垂直于 W 面,其侧面投影有积聚性,相贯线的侧面投影积聚在该圆柱面的侧面投影上,为两圆柱面侧面投影共有的一段圆弧(6″、9″以下的圆弧)。①先求特殊点。在水平投影中可以直接定出相贯线的最左、最右、最前、最后点Ⅳ、Ⅴ、Ⅵ、Ⅸ的水平投影 4、5、6、9,然后作出这四点相应的侧面投影 4″、5″、6″、9″,再由这四点的水平投影和侧面投影求出其正面投影 4′、5′、6′、9′。②再求一般点。在相贯线的水平投影上,取左右对称的 7、8,然后作出其侧面投影 7″、8″,最后求出正面投影 7′、8′。③连线并判别可见性。按水平投影的顺序,将各点的正面投影连成光滑的曲线。由于相贯线是前后对称的,故在正面投影中,只需画出可见的前半部分。

(3) 求作两孔的相贯线,如图 3.40(d)所示。轴线水平的孔的轴线垂直于 W 面,其侧面投影有积聚性,相贯线的侧面投影积聚在该圆柱面的侧面投影上;竖直孔的轴线垂直于 H 面,其水平投影有积聚性,相贯线的水平投影就积聚在该圆柱孔的水平投影上,为两圆柱孔面水平投影共有的一段圆弧。其相贯线为左右对称的两个封闭空间曲线。左边相贯线中 A、B、C、D 为特殊点,E、F 为一般点,它们的水平和侧面投影为已知,由此求出正面投影。按侧面各点顺序,连接其正面投影,注意不可见线画为虚线。右边相贯线作法与左边相同,读者自行分析。

【例 3.22】 完成组合相贯线的正面投影及水平投影,如图 3.41(a)所示。

分析:由图 3.41(a)可以看出,立体由圆柱 A、半球 B、圆柱 C 组成。其中 A 与 C 为圆柱正交,相贯线的侧面投影积聚在位于圆柱面 C 内的圆柱面 A 的积聚性投影上(上半圆),水平投影积聚在位于圆柱面 A 内的圆柱面 C 的积聚性投影上(一段圆弧),正面投影待求;A 与 B 为圆柱半球正交,相贯线的侧面投影积聚在位于半球 B 内的圆柱面 A 的积聚性投影上(下半圆),水平投影和正面投影待求;B 与 C 为圆柱与半球共轴相交,相贯线为水平圆,其正面和侧面投影为水平直线,水平投影重合在圆柱面 C 的积聚性圆上。三段相贯线的连接点为Ⅱ、Ⅲ两点。

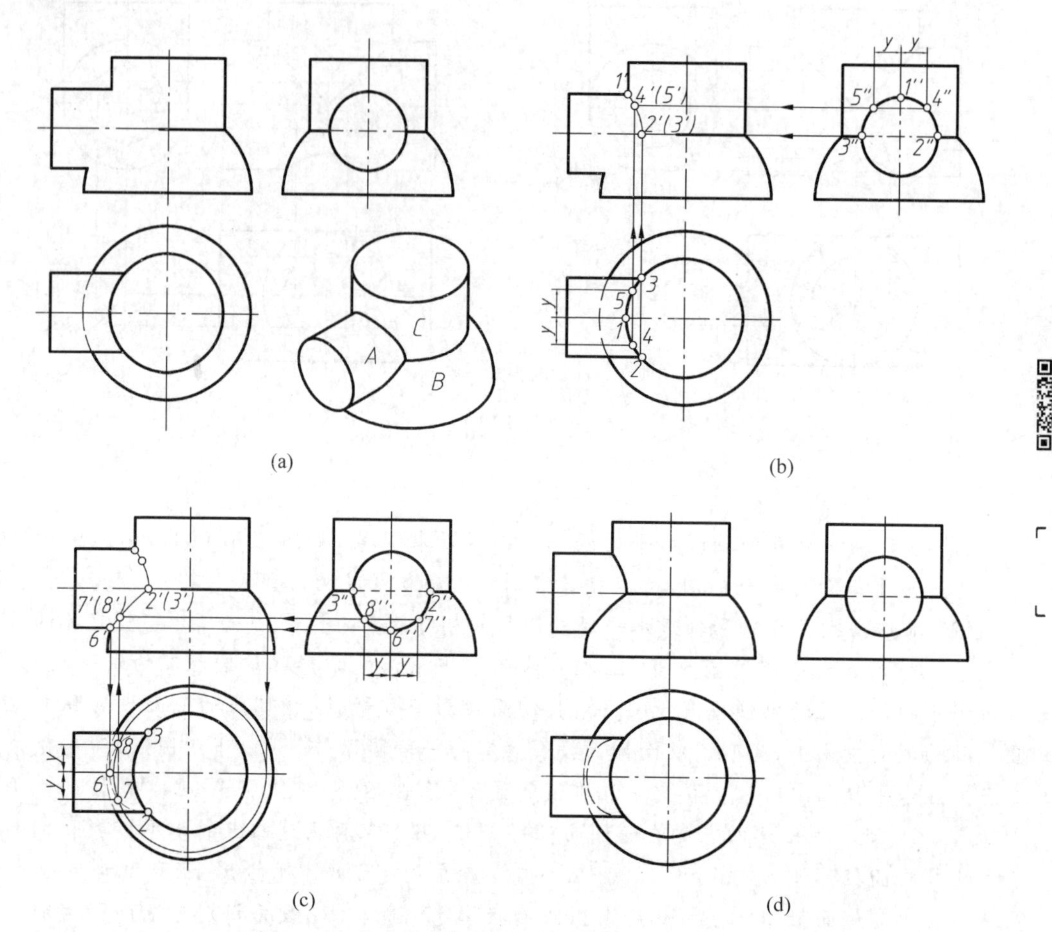

Video

图 3.41　完成组合相贯线的正面投影及水平投影

作图：

(1) 作圆柱 A 与圆柱 C 的相贯线。如图 3.41(b)所示，Ⅰ、Ⅱ、Ⅲ为特殊点，Ⅳ、Ⅴ为一般点，它们的水平和侧面投影为已知，由此求出正面投影。按侧面各点顺序，连接其正面投影。

(2) 作圆柱 A 与半球 B 的相贯线。如图 3.41(c)所示，Ⅵ、Ⅱ、Ⅲ为特殊点，Ⅶ、Ⅷ为一般点，它们的侧面投影为已知，利用过点Ⅶ、Ⅷ的水平辅助圆可以求出其水平和正面投影。按侧面各点顺序，连接其水平和正面投影。由于该段相贯线位于圆柱面 A 的下半部分，故水平投影不可见，画虚线。

(3) 作圆柱 C 与半球 B 的相贯线。可以直接得到。注意：侧面投影位于圆柱 A 区域的一段为虚线。

最终结果如图 3.41(d)所示。

第 4 章

图元识读与组合体构形

为了学习与掌握零部件的视图表达方法，通常根据机械零部件的常见结构特征，抽象形成组合体(图 4.1)进行分析与学习，目的是培养读者的空间想象能力与构形建模能力。

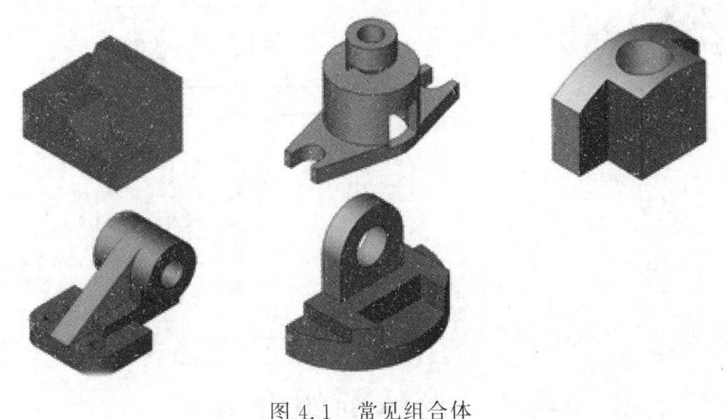

图 4.1 常见组合体

4.1 三视图的形成与投影规律

国家标准(GB/T4458.1—2002)规定，用正投影法绘制的形体图形称为视图。如图 4.2(a)所示，常采用第一角投影在三投影面体系中，把形体由前向后投影所得的图形称为主视图(V 面投影)；把形体由上向下投影所得的图形称为俯视图(H 面投影)；把形体由左向右投影所得的图形称为左视图(W 面投影)。由此定义的三视图分别相当于形体在三投影面体系中的正面投影、水平投影和侧面投影。

三视图的配置如图 4.2(b)所示时，按三投影面体系展开时无需标注视图名称。其形体特征是通过三个视图在二维投影面中的投影来完整表达形体的三维信息与相对位置。由于形体各图形元素的投影均保持相对位置不变，因此，在实际的三视图表达中常省略投影轴。

如图 4.2 所示，主视图反映形体的左右和上下的相对位置关系，即反映了形体的长和高；俯视图反映形体的左右和前后的相对位置关系，即反映了形体的长和宽；左视图反映形体的上下和前后的相对位置关系，即反映了形体的高和宽。

因此，三视图的投影关系(尺寸关系)为

主、俯视图——**长对正**(具有相同的 X 坐标)；

主、左视图——**高平齐**(具有相同的 Z 坐标)；

俯、左视图——**宽相等**(具有相同的 Y 坐标)。

形体三视图投影规律不仅适用于形体整体的投影，也适用于形体局部结构的投影。同时要注意形体上下、左右和前后各部位在各视图中的对应。俯视图和左视图除了宽相等以外，俯视图中的下方与左视图中的右方，反映了形体的前方；俯视图中的上方和左视图中的左方，反映的是形体的后面，如图4.2(b)所示。

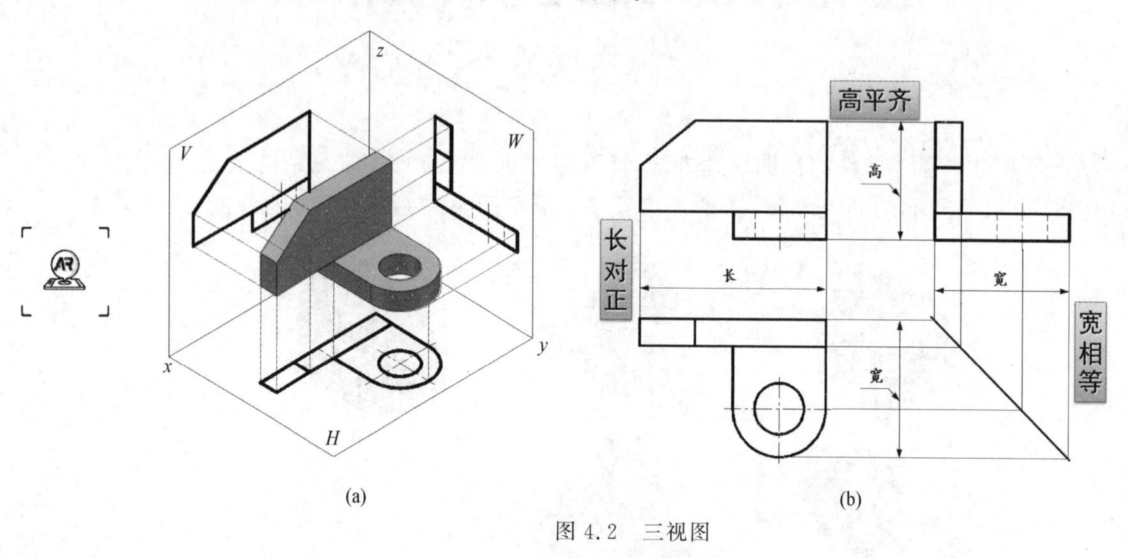

(a) (b)

图4.2 三视图

4.2 形体的组合方式

Video

4.2.1 形体组合域运算

布尔(Boolean)运算可将两个形体组合起来，从而建立一个合成后的形体新模型。它们为建立复杂的实体模型提供了一种有效的分析手段。基本运算符与集合运算的并、差、交相同，这里引用了其空间集合运算的概念。如图4.3所示，两个形体都部分地占据各自空间，通过布尔运算可将它们合并成一个新的形体并取而代之。

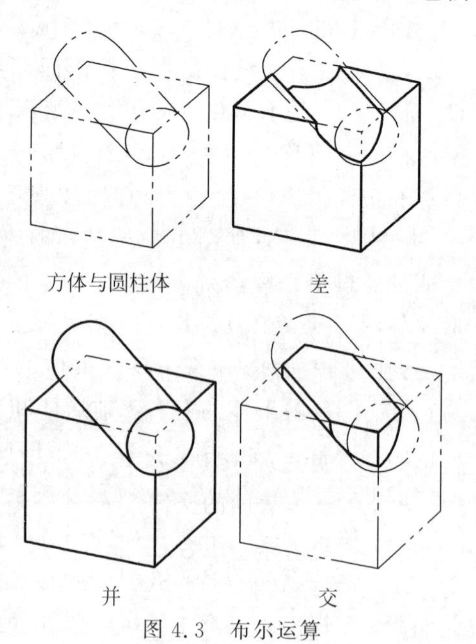

图4.3 布尔运算

(1) 差集运算后形成的形体占据第一个形体原有的全部空间，但第二个形体所占据的那部分空间除外。差在许多实体造型系统中也称为相减。本例为从长方体减去圆柱体。

(2) 并集后形成的形体占据了两个形体原来所占据的全部空间，并在许多实体造型系统中也称为相加。

(3) 交集后形成的形体只占据原来两个形体所共同占据的空间。

布尔运算的应用类似于某些机械加工和装配

情况：相减类似于切削加工；相加类似于焊接或装配；布尔运算对理解形体构型的分解与组合具有重要的意义，在现代CAD建模技术中占有重要的位置。

4.2.2　组合体构型

1. 组合体的组合形式

大多数的机件都可以抽象成由一些基本立体经过叠加(并)、切割(差)等方式组合而成的组合体，如图4.4所示。

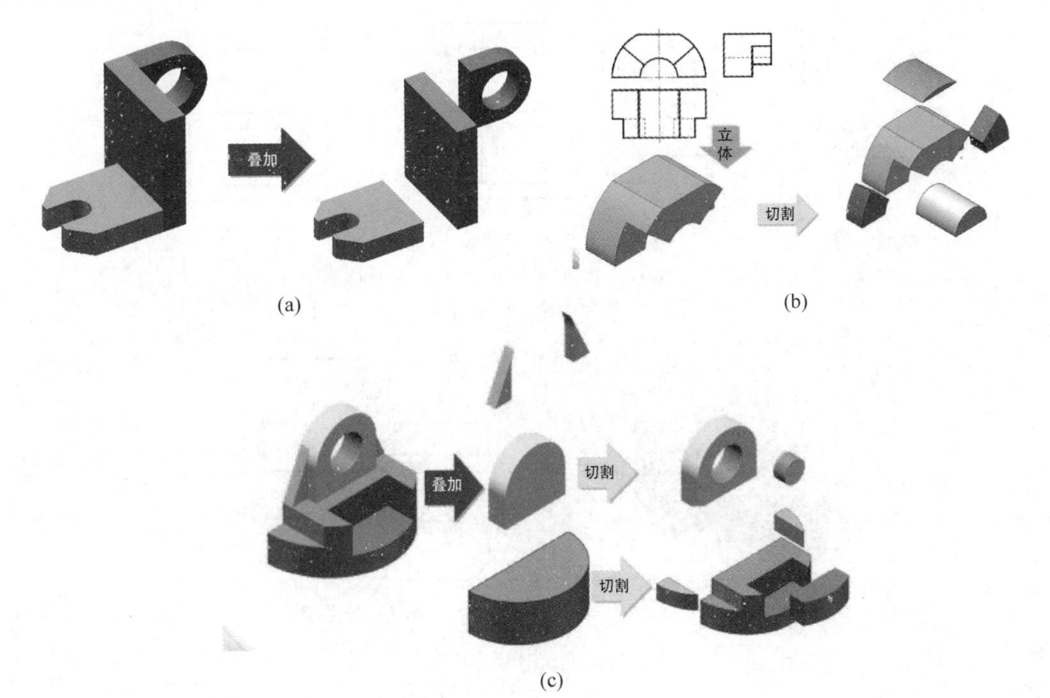

Video

图4.4　常见的组合体

(a) 叠加型；(b) 切割型；(c) 综合型

2. 组合体表面间的相对位置

组合体在叠加与切割过程中，原来的基本形体表面轮廓线在组合过程中会发生一定的变化，需进行特别的处理：

(1) **平齐关系**。当形体组合后形成了一个平面时，因表面平齐，中间的线段应去除，如图4.5(a)所示。

(2) **相交关系**。组合过程中，不同形体表面发生相交关系时会形成交线，主要类型包括：平面与立体表面的交线(图4.6(a))以及立体与立体表面的交线——相贯线。

(3) **相切关系**。组合过程中因两个形体表面相切等原因，光滑过渡时，原有的轮廓连接处无线，并且有些积聚面会由此而形成悬线，如图4.6(b)所示。

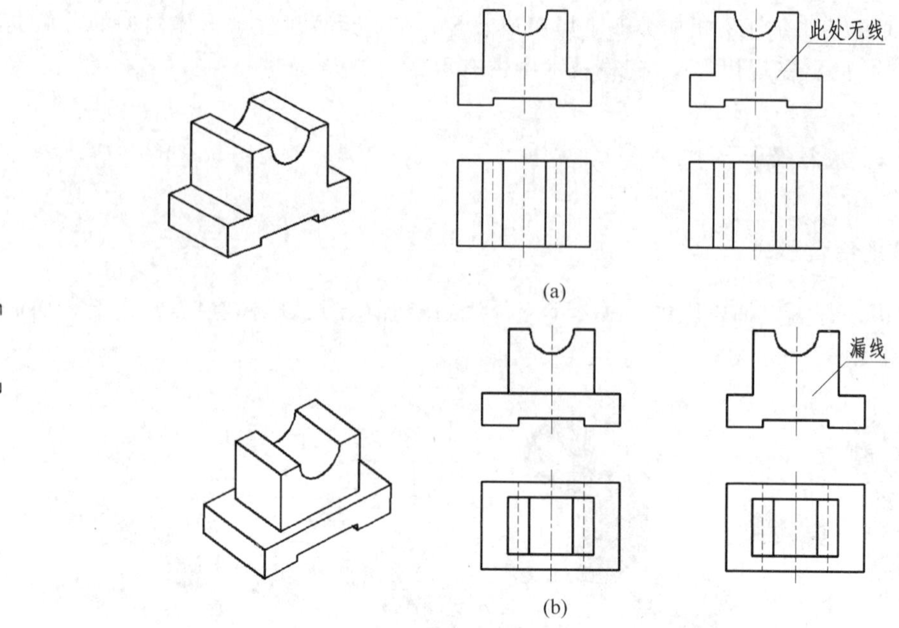

图4.5 组合体表面间相对位置——平齐关系

(a) 两表面平齐，连接处无线；(b) 两表面相错，连接处有线

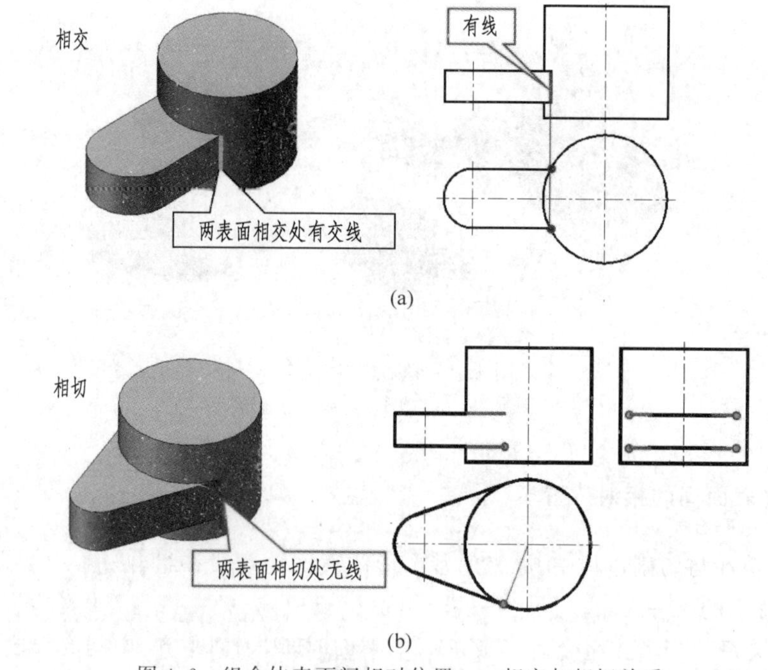

图4.6 组合体表面间相对位置——相交与相切关系

4.2.3 形体分析及组合体画法

形体的三视图绘制方法有两种：形体分析法与线面分析法。最常用与最基本的方法是形体分析法，它把相对复杂的形体分解成简单的子形体，再按其正确的位置与表面连接关

系画出整体投影图样的方法。初学时应尽可能将组合体分解到基本能掌握的子形体，以便正确绘制其形状特征与组合关系。

下面以图4.7所示的轴承座为例说明绘图过程。

1. 形体分析

该零件由底板、轴承、支承板、肋板、凸台和耳板六个部分组成。轴承是一个空心圆柱体；底板、支承板、肋板的组合关系为堆叠，且表面不共面；支承板两侧面与轴承外圆柱面相切；肋板两侧面与轴承外圆柱面相交；凸台与轴承内外圆柱面都相交；耳板与外圆柱面相交，且二者的前表面共面。

2. 视图选择

在三视图中，主视图是图样中最重要的视图，其选择合理与否对形体的正确表达至关重要。选择主视图时应尽可能反映组合体的形状特征，一般原则是：

(1) 放置位置。通常选择形体所述零件的工作位置或加工位置，不了解时可将组合体自然放正，并考虑使组合体的主要平面或主要轴线与投影面平行或垂直。本例选择底板与水平面平行。

(2) 投影方向。以最能清楚地表达组合体的位置和形状特征，以及能减少其他视图上的虚线的投影方向，作为主视图的方向。

图4.7(a)中，轴承座以自然位置(底面与水平面平行)放置后，对由箭头所示的A、B、C和D四个方向的投影进行比较。首先以A向和C向作为主视图投影方向进行比较，显然A向比C向好，因为C向的主视图虚线太多，使视图不是很清楚，不利于读图。再比较B向和D向，虽然两者的主、俯视图几乎一样，但由B向确定的左视图中的虚线要比D向确定的左视图中的虚线多，因此D向比B向好。而从形状特征上看，A向比D向能更好地反映其形状特征。所以最后确定A向作为主视图的投影方向，B向作为左视图的投影方向，E向作为俯视图的投影方向。

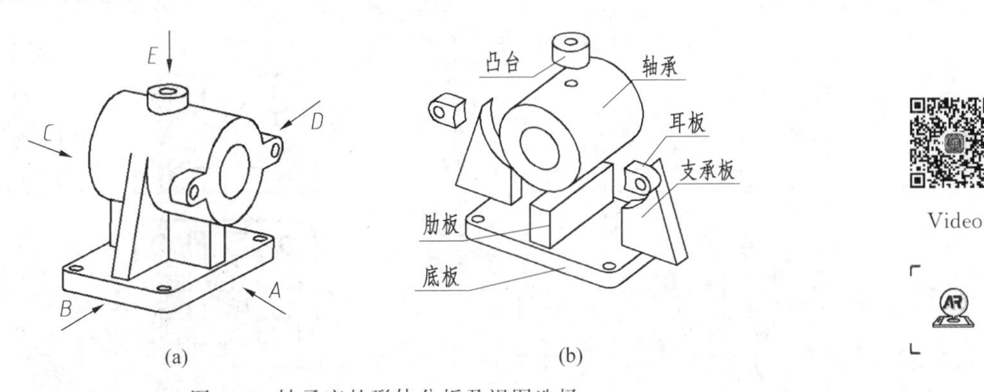

图4.7 轴承座的形体分析及视图选择

3. 绘制三视图

(1) 布置视图。根据组合体的大小，选定适当的比例，确定图纸的幅面。按图纸的图幅布置各视图的位置，即画出各视图的定位基准线、对称中心线、主要轴线等，如图4.8(a)所示。

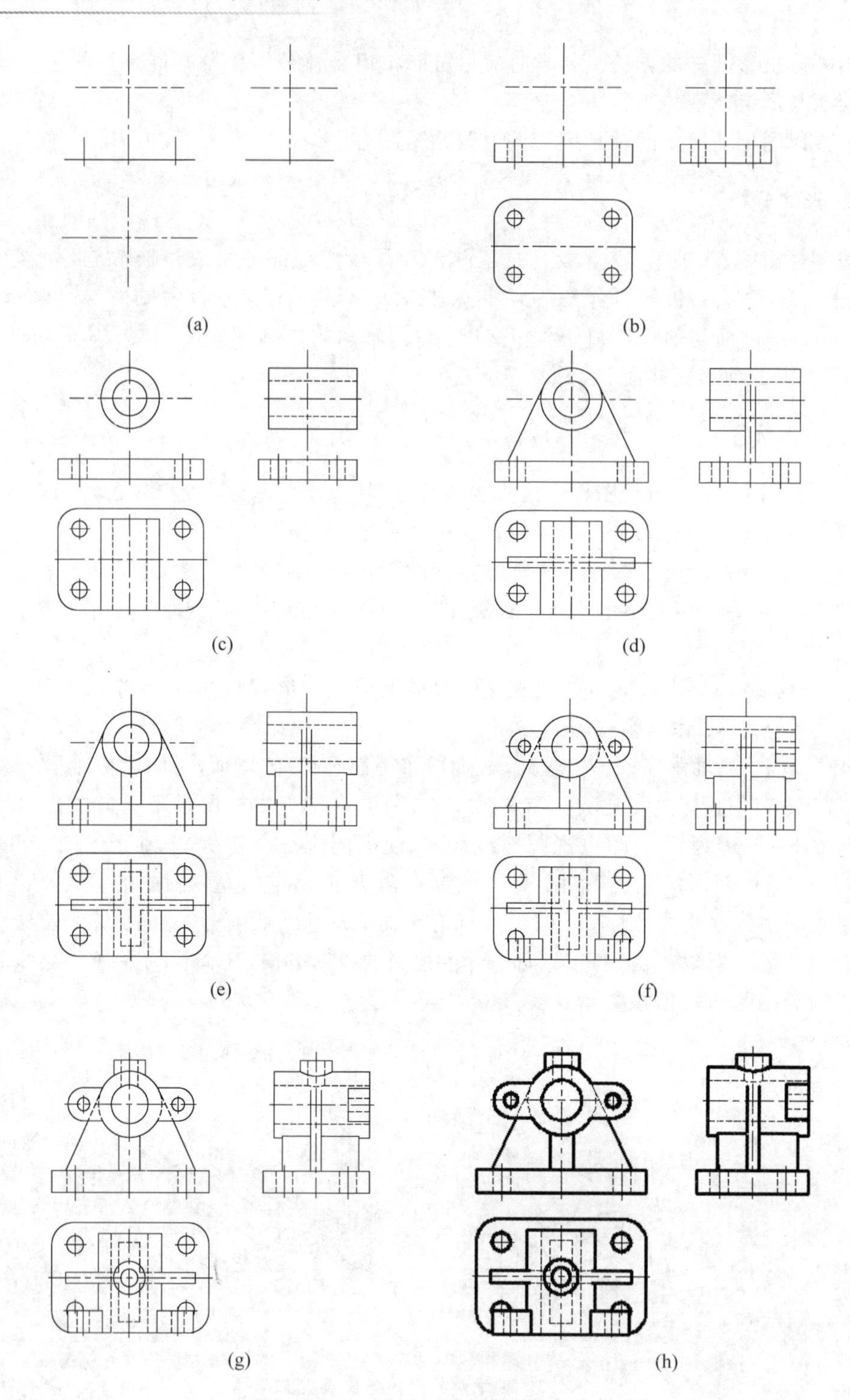

图4.8 轴承座三视图的画图步骤

(a) 画定位线；(b) 从俯视图开始画底板的三视图；(c) 从主视图开始画轴承的三视图，注意与底板的相对位置；(d) 从主视图开始画支承板的三视图，注意与轴承相切处无线；(e) 从左视图开始画肋板的三视图，注意与轴承的交线；(f) 从主视图开始画耳板的三视图，注意与轴承的前表面共面；(g) 从俯视图开始画凸台的三视图，注意与轴承的内外表面相交；(h) 检查加深

（2）画底稿。按形体分析法的分析，用细线逐个画出组合体各基本形体的三视图。先画主要形体，后画次要形体，画后面形体时要注意与先前画的形体相对位置、表面连接关系、遮挡关系的处理；先画各形体的基本轮廓，再画各形体的细节。在绘制各形体视图时，一般先画反映该形体形状特征的视图，然后再按投影规律画出其他视图，如图 4.8(b)～(g)所示。一般应几个视图结合起来同时绘制，以提高绘图速度。

（3）检查加深。底稿画完之后必须仔细检查，纠正错误，擦去多余图线，再按规定的线型加深，如图 4.8(h)所示。

4.3　组合体的尺寸标注

视图主要表达形体的形状，形体的真实大小则是根据图上所标注的尺寸来确定的，加工时也是按照图样上的尺寸来制造与检验的。标注尺寸时应做到以下几点：

（1）尺寸标注要**符合标准**。所注的尺寸应符合国家标准中有关尺寸注法的规定。

（2）尺寸标注要**完整**。所注的尺寸必须能将各组成体的形状大小及相对位置完全确定下来，不允许遗漏尺寸，一般也不要重复标注尺寸。

（3）尺寸安排要**清晰**。尺寸的安排应恰当，以便读图和寻找尺寸并使图面清晰。

（4）尺寸标注要**合理**。尺寸标注应尽量考虑到设计与工艺的要求。

4.3.1　基本形体的尺寸标注

要掌握组合体的尺寸标注，首先应了解基本形体的尺寸标注方法。图 4.9 示出了几种常见平面立体的典型尺寸标注方法，如长方体必须标注其长、宽、高三个尺寸（图 4.9(a)）；三棱柱应标注底面的长、宽及高度尺寸（图 4.9(b)）；正六棱柱应标注正六边形的对边距离及其高度（图 4.9(c)）；四棱锥应标注底面的长、宽及高度尺寸（图 4.9(d)）；四棱台应标注其上、下底面长、宽及高度尺寸（图 4.9(e)）。

图 4.10 所示为五个常见的回转体的尺寸标注，如圆柱体应标注其直径及轴向长度（图 4.10(a)）；圆锥应标注底圆直径及轴向长度（图 4.10(b)）；圆锥台应标注两底圆直径

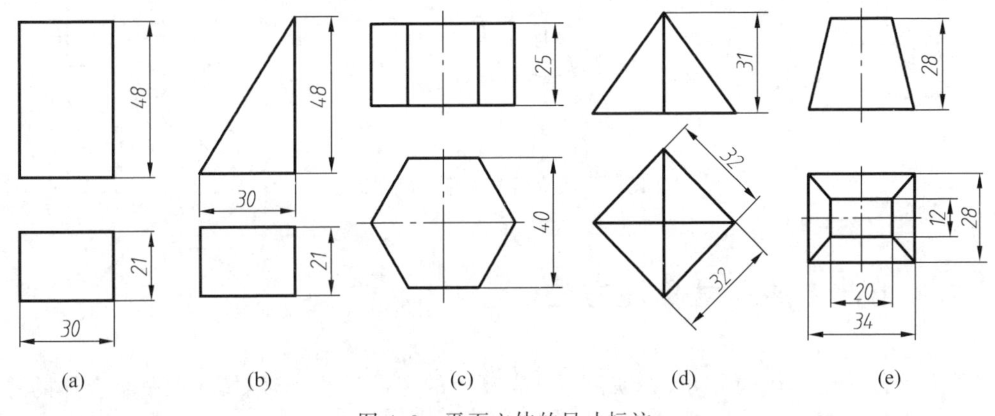

图 4.9　平面立体的尺寸标注

及轴向长度(图 4.10(c))；球体只需标注一个直径(图 4.10(d))；圆环只需标注两个尺寸，即母线圆的直径及中心圆的直径(图 4.10(e))。

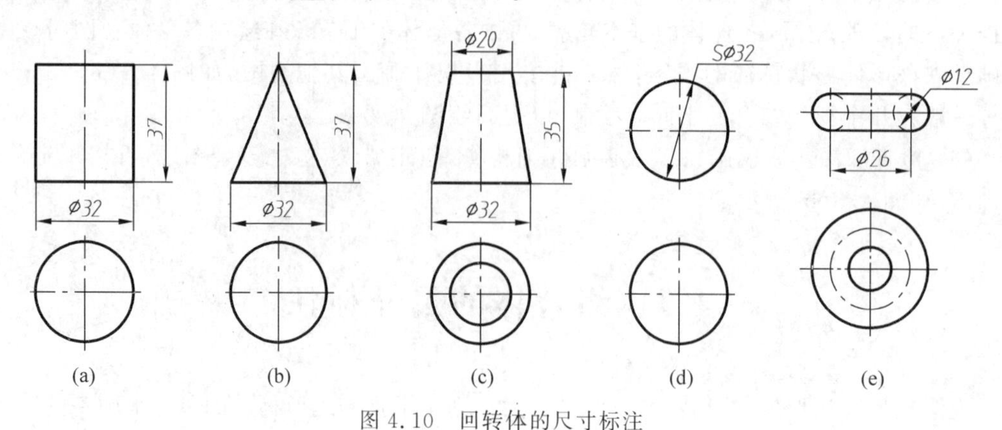

图 4.10　回转体的尺寸标注

4.3.2　截切、相贯形体的尺寸标注

当基本形体遇到切割时，应先标注基本形体的尺寸，对于切割缺口，应标注出截切平面的定位尺寸，如图 4.11(a)中的 16、12 和 16、9，图 4.11(b)中的 21、8 标注的都是截切平面的定位尺寸；对于相贯的两回转体，应标注两个形体的相对位置尺寸，如图 4.11(c)中的 15 和 28。根据上述标注，其截交线和相贯线自动形成，所以不能直接在交线上标注尺寸，如图 4.11 打“×”的尺寸都不能标注。

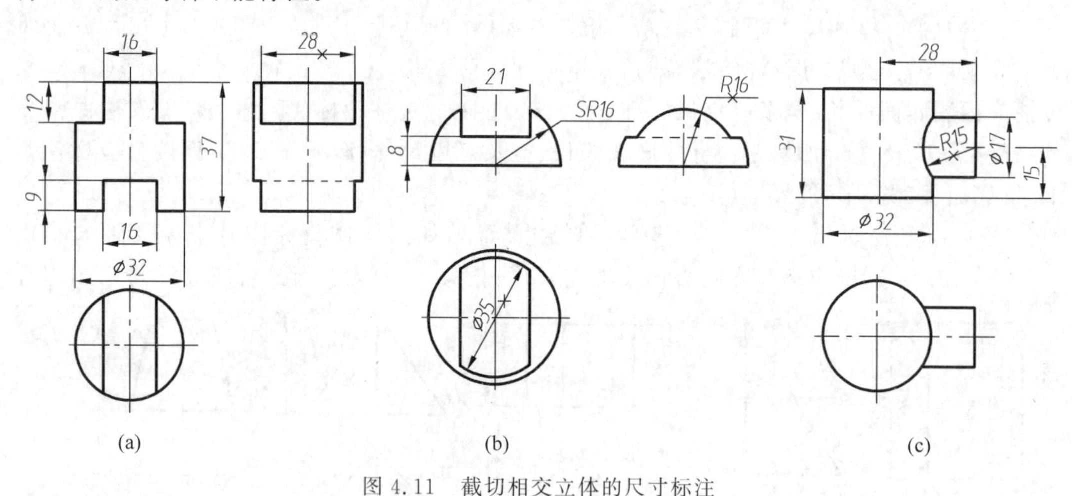

图 4.11　截切相交立体的尺寸标注

4.3.3　组合体的尺寸标注方法

要完整标注组合体的尺寸，必须包括基本形体的定形尺寸、定位尺寸以及组合体的总体尺寸。组合体的尺寸标注通常采用形体分析法，将组合体分解为若干基本形体，标注出基本

形体的定形尺寸，再依据各形体间的相对位置，标注出定位尺寸，最后综合考虑标注总体尺寸。

(1) 定形尺寸。确定组合体中各个基本体形状大小的尺寸称为定形尺寸，定形尺寸应标注其长、宽、高三个方向的尺寸。在标注时，若两个以上相同的基本形体（如圆孔）按对称或有规律的布置时，只标注一个基本形体的大小尺寸即可。如相同形状大小的圆孔标注时可在ϕ前写上其数量（例如，图 4.12 中底板的安装孔直径 $4\times\phi8$）。

(2) 定位尺寸。尺寸基准：标注尺寸的起点称为尺寸基准。组合体应有长、宽、高三个方向的尺寸基准。一般选取组合体（或基本形体）的对称中心线、轴线、底面或重要端面作为尺寸基准。

确定组合体中各基本形体间相互位置的尺寸称为定位尺寸，一般长、宽、高各个方向均应有定位尺寸。

(3) 总体尺寸。组合体的长、宽、高三个方向的最大尺寸为总体尺寸。总体尺寸有时要直接标注，有时则由其他尺寸反映出来，当总体尺寸与定位尺寸或定形尺寸重合时，则只需标注一次，不要重复标注，一定要避免出现多余尺寸。

下面以图 4.12 所示的轴承座为例，说明组合体尺寸标注的步骤与方法。

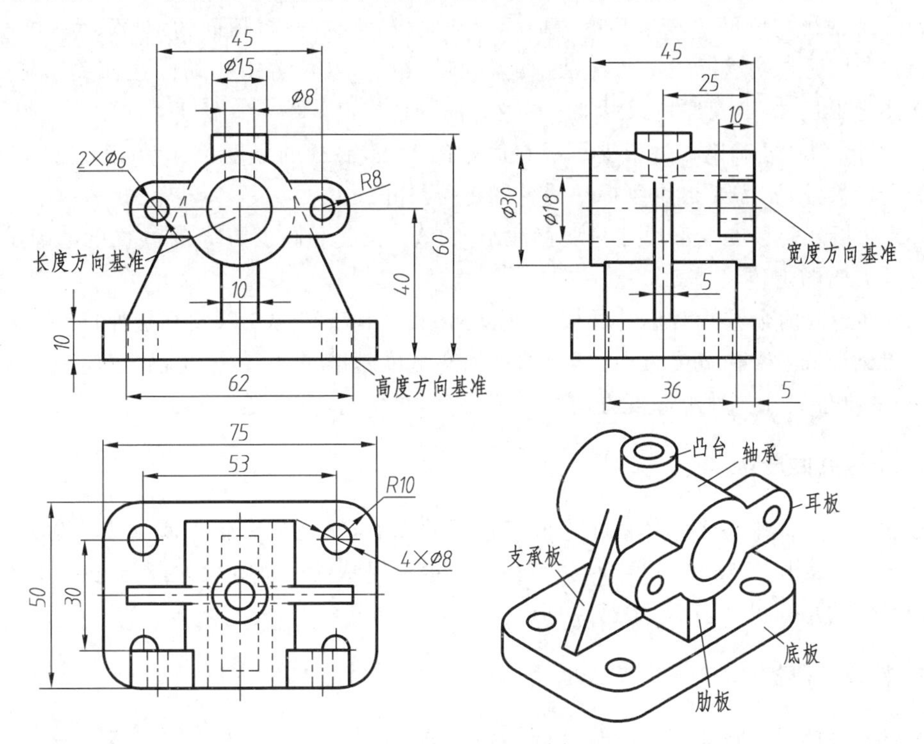

图 4.12　轴承座的尺寸标注

1. 形体分析

如图 4.12 所示，分析轴承座的组合关系，可以将其分解成底板、轴承、凸台、支承板、肋板、耳板六个基本形体。

2. 选择尺寸基准

选择长、宽、高三个方向的尺寸基准。轴承座结构左右对称，长度方向的尺寸基准可以选择对称平面；宽度方向的尺寸基准选择轴承的端面；高度方向的尺寸基准选择底板的底面。

3. 逐个标注每一简单形体的定形尺寸和定位尺寸

(1) 底板。先标注底板的定形尺寸，长度 75、宽度 50 和厚度 10、圆角尺寸 $R10$，再标注底板孔的尺寸 $4\times\phi8$、53、30；再确定底板的定位尺寸，由于整个组合体长度方向对称，因此长度方向上的定位尺寸可以省略。在宽度方向，底板的前面与宽度方向的基准面平齐，位置已经确定，定位尺寸可以省略；高度方向的位置也已经确定，定位尺寸也可以省略。

(2) 轴承。轴承是一个空心的圆柱，先标注轴承的定形尺寸，内径 $\phi18$、外径 $\phi35$、长度 45。再标注定位尺寸，长度方向和宽度方向的位置已经确定，定位尺寸可以省略，只要标注从高度基准出发到轴承中心轴线的高度尺寸 40。

(3) 凸台。凸台也是一个空心的圆筒，先标注凸台的定形尺寸，内径 $\phi8$ 和外径 $\phi15$。再标注凸台的定位尺寸，长度方向的位置已经确定，定位尺寸省略；宽度方向标注从宽度基准出发到凸台轴线定位尺寸 25；高度方向标注从底板底面到凸台顶面的定位尺寸 60。

(4) 支承板。支承板的上部与轴承的外圆柱相切，其位置由相切的几何关系确定。还需要标注定形尺寸 62 及厚度尺寸 5。长度方向的位置已经确定；宽度方向的位置根据凸台的定位尺寸 25 已经确定；由于支承板在底板的上面，底板的厚度尺寸 10 就是支承板高度方向的定位尺寸，不需要再重复标注另外的定位尺寸。

(5) 肋板。肋板的定形尺寸只要标注 10 和 36，长度和高度方向的位置已经确定，只要标注宽度方向的定位尺寸 5。

(6) 耳板。两个左右对称的耳板，标注定形尺寸 $R7$、$2\times\phi6$ 以及耳板厚度 10。长度方向的位置已经确定；在宽度方向，耳板的平面与宽度基准平齐，位置也已经确定；在高度方向，耳板的定位尺寸与轴承高度方向的定位尺寸 40 相同，不需再重复标注。

4. 标注总体尺寸

标注了组合体中各个形体的定形和定位尺寸以后，对于整个轴承座还要考虑总体尺寸的标注。底板的长度 75 和宽度 50 就是整个轴承座的总长和总宽尺寸，凸台的定位尺寸 60 就是轴承座的总高尺寸，在图中已经标出。

5. 检查与调整

对已标注的尺寸按正确、完整、清晰的要求进行检查，如有不妥再作调整。

对于图 4.13 所示的切割类的组合体，一般先对组合体进行形体分析，选定长、宽、高三个方向的尺寸基准，先标注完整立体的定形尺寸，再按照立体的切割步骤，标注每一次切割的截切平面的定位尺寸，注意不要在交线上标注尺寸。图 4.13 表示了切割类组合体的尺寸标注过程。

图 4.13(b)为基本体的长方体三个长、宽、高尺寸；图 4.13(c)通过主视图上的三个尺寸 10 确定两个正垂面的截切位置；图 4.13(d)在俯视图中标注 10、25 确定缺口的尺寸。

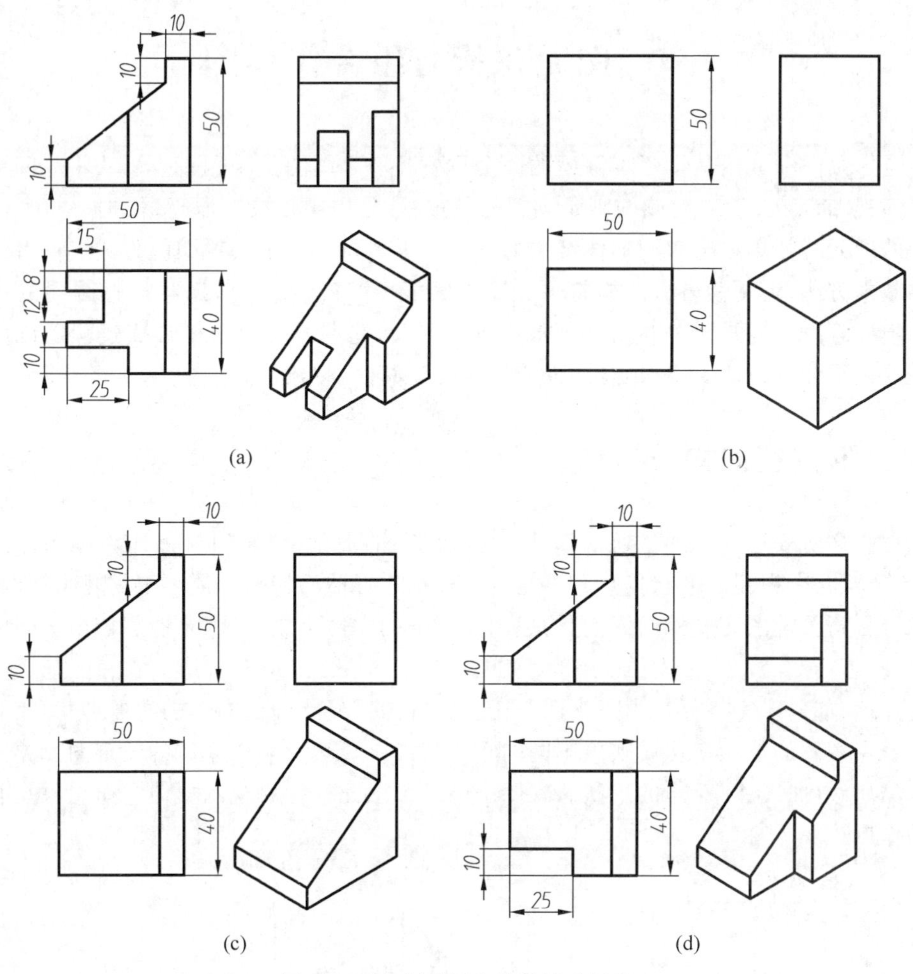

图 4.13　切割类组合体的尺寸标注

4.3.4　组合体尺寸标注注意事项

(1) 同一形体的尺寸尽量集中标注，且尽量标注在形状特征最明显的视图上，以便于读图。例如，图 4.12 所示空心圆柱体尺寸 $\phi 18$、$\phi 30$、45 都标注在左视图上。

(2) 半径尺寸都应标注在投影为圆的视图上，如图 4.12 所示 $R8$ 与 $R10$。

(3) 圆柱的直径尺寸尽量标注在投影为非圆的视图上，如图 4.12 所示 $\phi 15$、$\phi 18$、$\phi 30$。

(4) 尺寸的排列要整齐，小尺寸标在里面，大尺寸标在外面；平行尺寸之间的间隔应一致；尺寸尽量布置在视图的外面，以免尺寸线、尺寸数字与视图轮廓相交。当图线穿越尺寸数字时，应将图线断开，如图 4.12 所示主视图中 10、62 尺寸标注。

(5) 尺寸尽可能不注在虚线上。

在标注尺寸时，有时不能同时兼顾以上各点，在这种情况下，必须在保证尺寸标注正确、完整和清晰的前提下，根据具体情况，统筹安排，合理布局。

4.4 图元识析与组合体读图

组合体画图和读图是学习本课程的两个重要环节。画图是采用正投影法将空间形体用一组平面视图表示出来；而读图则是画图的逆过程，是运用正投影原理，依据一组平面图形（视图）的图元特征想象出空间形体结构的过程。本节将通过示例说明的方式讨论看组合体视图的基本方法，为阅读机械图样打下关键性的能力基础。4.5节还将通过图元的计算机形体建模原理，学习图元拉伸、切割等基本组合方式，并且了解组合体形成过程。读图的基本方法是以形体分析法为主，结合线面分析法帮助阅读、想象、理解。

4.4.1 形体空间构思方法

工程图样所表达的零部件通常都具有比较复杂的形状结构，组合体作为零部件的形体抽象，单个或两个视图的形状信息常不足以清晰描述形体的特征。需要根据几个视图，运用投影综合分析关键图元要素的影响，构思图元特征的立体形成方式，才能想象出正确的空间形体特征。

简单地，如图4.14所示，由主视图与俯视图的图元只能确定立体的大概形状，该立体的形状随着左视图的形状变化反映出不同的立体特征。显然影响该立体的关键图元要素是左视图中AB线（曲线或直线）的形状。视图中的二维图元往往对视图形体空间想象具有十分重要的作用。

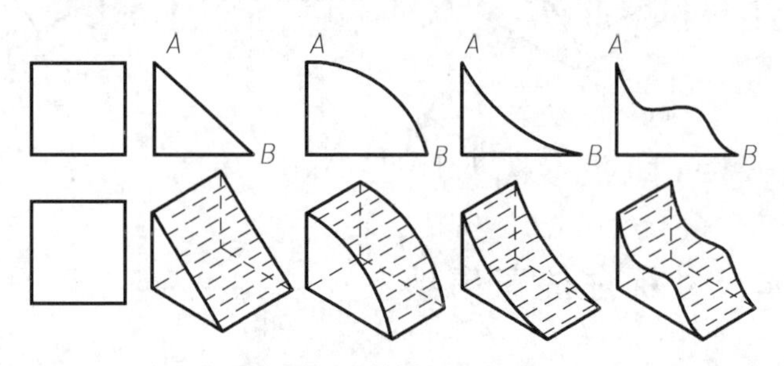

图4.14 关键图元要素

图4.15表明了根据三视图构思出该形体的过程。图4.15(a)给出的三视图，首先根据主视图的关键图元，即主视图的外轮廓，可以帮助想象出该形体是L形形体(图4.15(b)，然而由于缺乏前后方向的信息，不能获得该形体的宽度，也无法判断主视图内的三条虚线和一条实线表示什么结构。因此需要在上述构思的基础上，进一步观察俯视图的关键性图元结构，并想象(图4.15(c))补充确定该形体的宽度，以及其左端的形状为前、后各有相同的倒角，中间开了一个长方形槽，右端直立部分的形状结合“高平齐”的对应原则，观察左视图的关键性图元结构，进一步想象(图4.15(d))，可以分析判断出右端是一个顶部为半圆形的竖板，中间开了一个圆柱孔(在主、俯视图上用虚线表示)。经过这样构思与分析，从而完整地想象出该形体的形状。

图4.16给出的四组视图，主视图完全相同，甚至图(a)和图(b)的左视图也相同，但事实

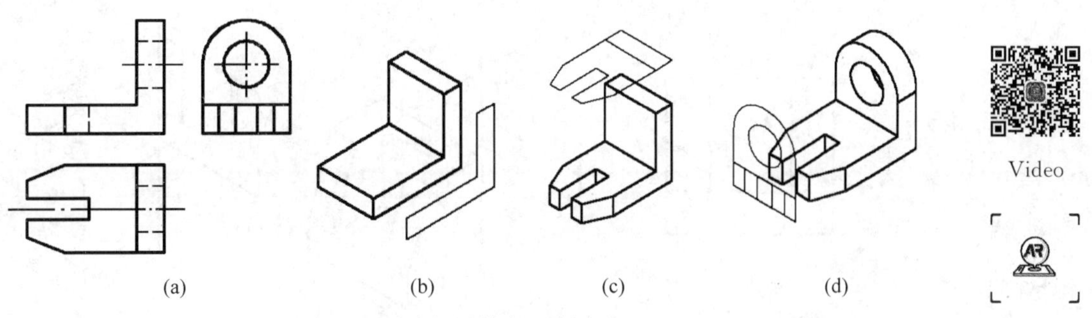

图 4.15　多视图结合识读图元

上却是四种不同形体的投影。图(a)和图(b)主视图上方的中间部位结构相同，而上方的左右二侧分别被不同的方式切割掉了一块，其关键性结构特征由俯视图中的图元要素决定；图(c)的结构与图(b)相似，主要区别在于上方的中间部位表示的形状为一个斜面，其关键性图元要素反映为左视图的斜线；图(d)的结构也与图(b)相似，主要差异在于上方的中间部位形状前凸，因而在俯视图上相应地出现虚线。显然针对一个视图的形状，当给出不同的图元解释时，形体结构差异度相当大，读者可能对图 4.16 的主视图形状还有更多解释，给出更多的形体想象结构吗？为了正确、迅速地看懂视图和培养空间思维能力，需要通过不断地读图实践，积极发挥形体想象能力，进而逐步提高空间构思能力。

读图时须将几个视图结合起来，互相对照，综合进行分析，这样才能正确地想象出形体的形状。其中一个关键性的步骤与技能是对视图中线段与线框等图元要素的正确理解。

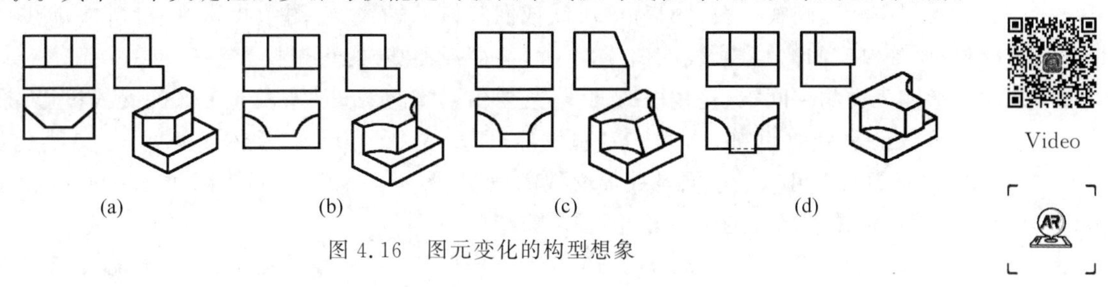

图 4.16　图元变化的构型想象

4.4.2　形体组合的视图图元特征

通过组合体绘图我们学习了组合体视图的形体特征表达方法，实现了由空间到平面的多视图投影方法。组合体视图是由图线以及图线所围成的封闭线框组成的，阅读组合体的视图，想象空间形体结构，必须先弄清图线和线框的含义及规律。

这里特别介绍视图中的特征图元，当仅有形体的一个视图时，可以根据视图中线及线框的图元形状构思出可能的很多不同形状的形体投影，如图 4.17 所示，随着空间形体的改变，在同样一个主视图上，它的每条线段以及每个封闭线框及其相邻关系所表示的意义也随之变化。

根据形体结构表达方法，下面从线段、线框、线框间关系等三个方面来归纳说明视图中二维图元要素的几何意义。

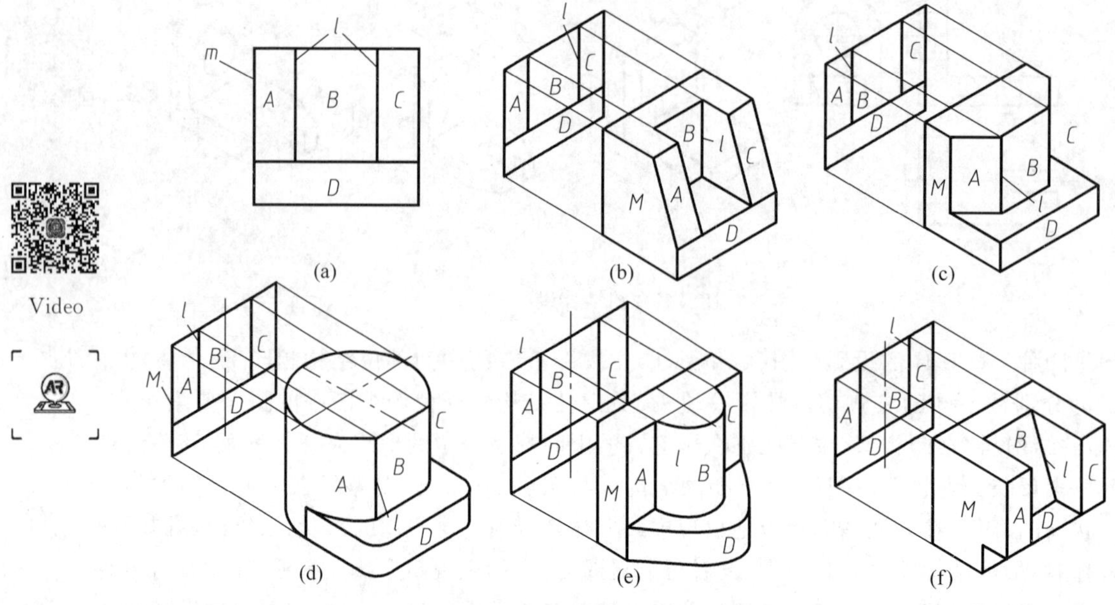

(a)　(b)　(c)　(d)　(e)　(f)

图 4.17　视图图元的形体特征含义

1. 视图中图线的含义

视图中的点画线一般是对称中心线或回转体的轴线，视图中投影为实线（或虚线）线段时，主要源自空间的线（直线或曲线）与面（平面或曲面）的积聚投影。

形体表面的空间线（直线段或曲线）主要由两类组成，即体表两个面的交线投影与回转体的转向轮廓线。例如，图 4.17 视图上的直线 l，可以是形体上两平面交线的投影（图 4.17(c)），也可以是平面与曲面交线的投影（图 4.17(d)、(e)）。图 4.17(d)视图上的直线 m，表示形体上圆柱的转向轮廓线投影。

垂直面的积聚投影。如（图 4.17(b)、(f)）视图上的直线 l 和 m，可以是形体 A 和 C 相应的侧平面 L 和 M 的投影。

2. 视图中线框的含义

视图中由图线围成的封闭线框，一般情况下表示一个面的投影，可以是一个平面也可以是一个曲面，或其他光滑过渡的面。特殊的情况还可能是一个空心孔的投影。

(1) 平面的投影。如图 4.17(a)、(c)所示视图上的封闭线框 A，可以是形体上平行面的投影，也可以是斜面的投影。注意：平面不能以线框的边界是否为曲线来简单地判断。

(2) 曲面。如图 4.17(d)所示视图上的封闭线框 A 是形体上圆柱面的投影。

(3) 光滑过渡的面（曲面及其切平面，或曲面间相切而形成光滑过渡的曲面）。如图 4.17(d)、(e)所示视图上的封闭线框 D，可以是形体上圆柱面以及和它相切平面的投影。

(4) 通孔的投影。如图 4.18(a)俯视图上的圆形线框表示圆柱通孔的投影。

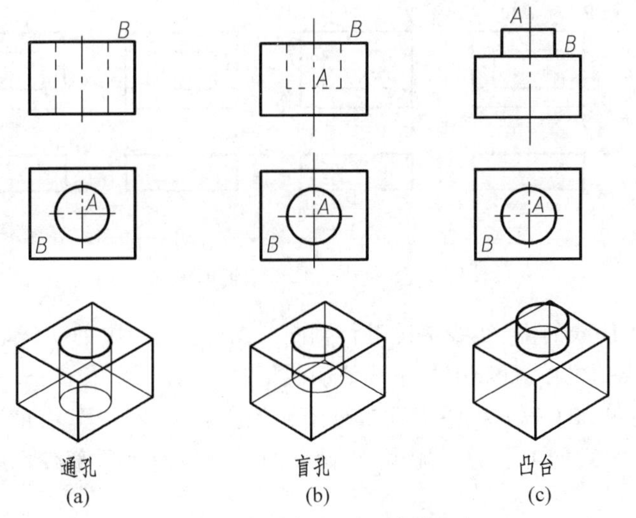

图 4.18 框中框的图元特征含义

Video

4.4.3 视图图元变化的规律

1. 邻接线框相互关系

视图中相邻线框通常由三种空间位置关系形成：①两个相交的面(平面或曲面)，线框的交线为两个面交线的投影；②两个平行的阶梯面(视图中线框的共有线是投影面垂直面的积聚投影)；③两个错位的阶梯面(线框共有线也是面的积聚投影)。

如图 4.19(c)、(d)中，线框 A 和 B 表示为相交的两个面(平面或曲面)；如图 4.19(a)、(b)，封闭线框 A 和 B 分别表示为前后的两个面(平行面或斜面)。

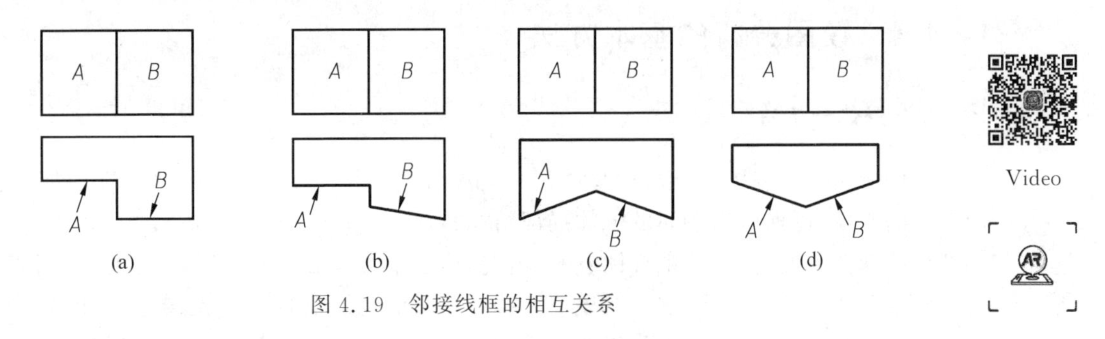

图 4.19 邻接线框的相互关系

Video

2. 线框中还有线框的情况

视图中线框 B 内含另一个封闭线框 A 的空间几何元素位置关系如图 4.18 所示，线框 A 分别表示通孔(图 4.18(a))或盲孔(图 4.18(b))或凸台(或凹坑)的投影(图 4.18(c))。

故线框里包含线框表示两个面凹凸不平(图 4.20(a)～(c)，图 4.20(e))，也可能里面的线框是一个通孔(图 4.20(d))。

3. 虚线和实线的关系

可以利用虚线和实线区分形体各部分的相对位置。例如，图 4.21 上面部分的凸凹情况

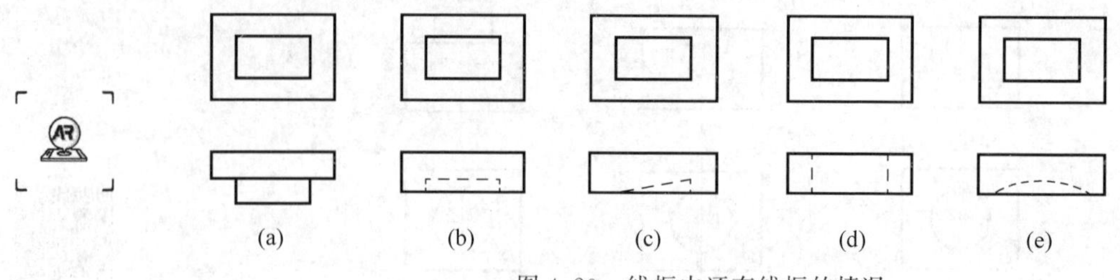

图 4.20　线框中还有线框的情况

主要依据俯视图中 L 线的虚、实线情况进行判断。图 4.21(a)中的实线表示线框 A 相对于线框 B 呈凹而可见；图 4.21(a)中的虚线说明线框 A 相对于线框 B 凸，故虚线代表线框 B 的积聚投影而不可见。了解并熟悉上述二维图元的投影形成原理，有助于提高根据投影形状进行空间构思的推理能力和分析能力，在后续的组合体及其零部件图样的阅读中要进一步加以具体应用。

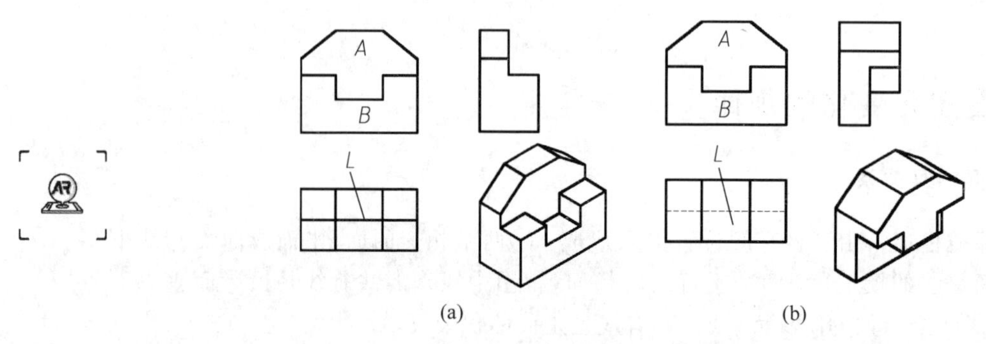

图 4.21　利用实线和虚线判断相对位置

4.4.4　读图分析的基本方法

1. 形体分析法

形体分析法是视图阅读与理解过程中最常用的基本方法。前面通过视图二维图元的对应关系的想象，可抽取出空间的形体局部结构特征。从整体而言，总是选择最能表达形体结构特征的视图方向，因此从主视图着手分析形体的基本组成单元特征，再根据“长对正、宽相等、高平齐”的投影规律，理解各组成单元特征在其他视图中的投影，综合想象出各个基本单元的结构形状、相互位置关系与组合关系，获得完整正确(无二义)的形体空间结构形状。

图 4.22 所示为一轴承座的三视图，它的形状比较复杂，需要三个视图结合并合理利用二维视图中的图元获取各组成单元特征的结构形状及其相互间的组合关系，才能将它读懂理解。从主视图上大致可以看出它由四个部分组成。图 4.22 示出了轴承座四步形体分解获取单元特征的分析过程。

图 4.22(a)表示下部底板的投影。俯视图反映其图元特征，它是一个包括四个圆柱安装孔与带圆角的长方体板。

图 4.22(b)表示底板的正上方是一个空心圆柱体，主视图反映出该空心圆柱体的特征，从俯、左视图可以看出它与底板的相对位置关系。

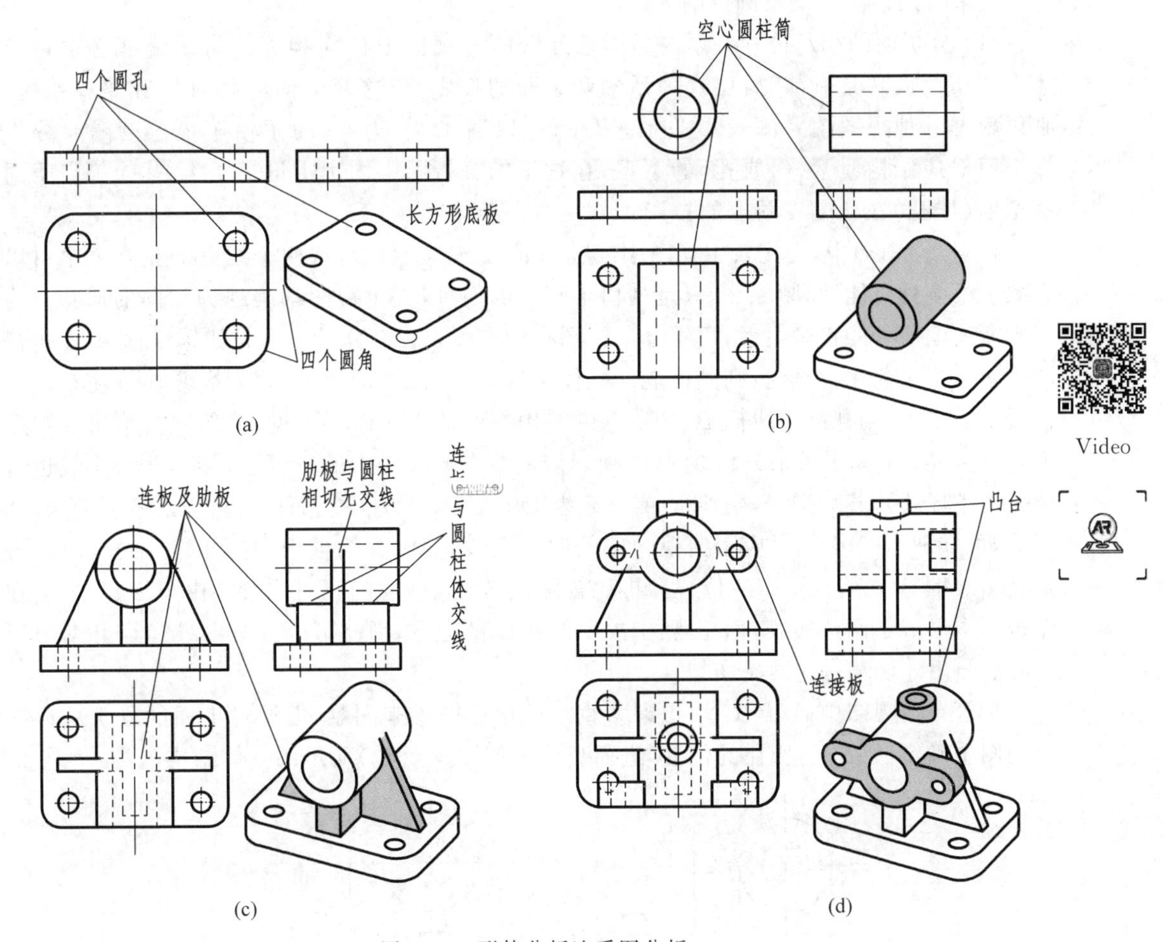

图 4.22　形体分析法看图分析

图 4.22(c)表示在底板和空心圆柱体之间有一个连接板,其形状特征在左视图中得到反映。为了加强二者的连接,还左右对称地各有一个肋板,其形状特征对应的图元主要反映在主视图上,通过连接板与肋板将空心圆柱体与底板结合成一个整体,在图中用箭头表明了肋板与圆柱体相切连接处原有线条的消失以及连接板与圆柱体相交处的画法与投影关系。

图 4.22(d)表示空心圆柱体的正上方增加了一个凸台,俯视图的两个圆,反映了凸台的圆形特征,且凸台开有一个空心孔与圆柱体的内孔相通,左视图反映了外圆表面与两个内孔之间形成了相贯线;此外在圆柱体前端有一个耳环,结构相对清晰,该结构与圆柱体的前端平齐。

这样逐个分析形体单元特征及其相互间的关系,最后就能想象出轴承座的整体形状。

在学习组合体读图过程中,常采用给出两个视图,通过分析想象得到形体整体结构的基础上,再补画出第三个视图的方式检查阅读图样的理解能力——是想象能力与表达能力的综合,必须通过大量的练习实践才能将空间想象能力真正内化为自身的一种能力。

2. 线面分析法

读图时,在采用形体分析法的基础上,对局部较难看懂的地方,还经常需要运用线面分析方法来帮助读图。现举例说明如下。

(1) 分析面的相对位置关系。前面已经分析过视图上任何相邻的封闭线框必定是形体上相交的或者具有前、后层次关系的两个面的投影，但这两个面的相对位置究竟如何，必须根据其他视图图元的投影关系来分析。以图4.23为例，为了便于描述读图时分析线框所对应结构元素（面或孔）的关系，在这里的分析图中均用字母 A、B、C、D 等表明同一个面（或孔）在各个视图上的投影。

在图4.23(a)中，先比较主视图中线框图元 A、B、C 和 D，这四个线框的相互关系可以想象出很多种可能性，图4.23只是列出了其中的两种，其主视图都表现为相同的形状。为了判断线框所处的正确关系，要结合俯视图中的交线来帮助分析。首先如果线框 A 在俯视图中对应于最前端的直线，则其可能的立体结构如图4.23(b)所示，因为线框 A 在主视图中位于最上方，其俯视图中线框 B、C 所含的结构都要被遮住而不可见，显然这与给出的视图形状有差异；下一步再来分析线框 D 所对应的线在俯视图中的位置（可能是两条实线也可能是两条虚线），若为实线，则线框 A 在俯视图中位于 B 的位置，而虚线就无法解释其来源，因此，可推理出 D 必然对应于俯视图中的两条虚线，实际为线框 A 内含的一个孔，由此可推理出线框 A 在俯视图中的位置。再比较线框 A、B、C 间的相对位置。由于 B、C 之间在俯视图中形成了两条实线，而主视图中 B 又在 C 的上方，因此可以分析出只有 C 相对位于 B 向前凸出才能获得这两条实线。

尽管在俯视图中 A、B、C 均积聚为直线会给读图带来困难，但通过上面的分析可以在俯视图中确定 A、B、C 所在的位置，进而想象出如图4.23(a)所示的立体结构。

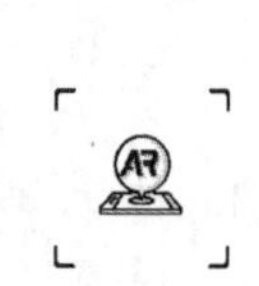

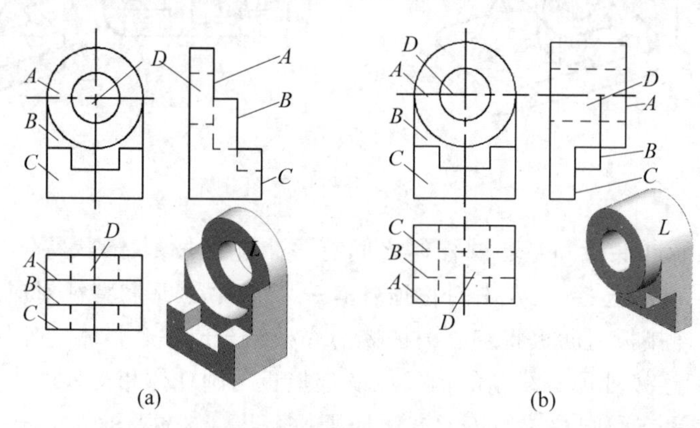

图4.23 线框图元帮助分析空间层次结构

(2) 分析面的形状。当平面图形与投影面平行时，平面的投影反映实形；当平面与投影面倾斜时，该平面在投影面上的投影一定反映为一个类似形（具有相同边数与曲直类型的图形），图4.24中四个形体上各视图投影中阴影部分平面的投影均反映此特性。图4.24(a)中有一个L形的铅垂面，图4.24(b)中有一个凸字形的正垂面，图4.24(c)中有一个凹字形的侧垂面，除在一个视图上重影成直线外，其他两个视图上仍相应地反映L形、凸形和凹形的特征。图4.24(d)中有一个梯形的倾斜面，它在三个视图上的投影均为梯形。下面举例说明类似形在组合体读图中的具体应用。

图4.25给出了一切割体的主、俯视图，要求补画出其左视图。图4.26表示该切割体的补图分析过程。该切割体的形体也可利用形体分析法分析，即其初始状态为图4.26(a)所

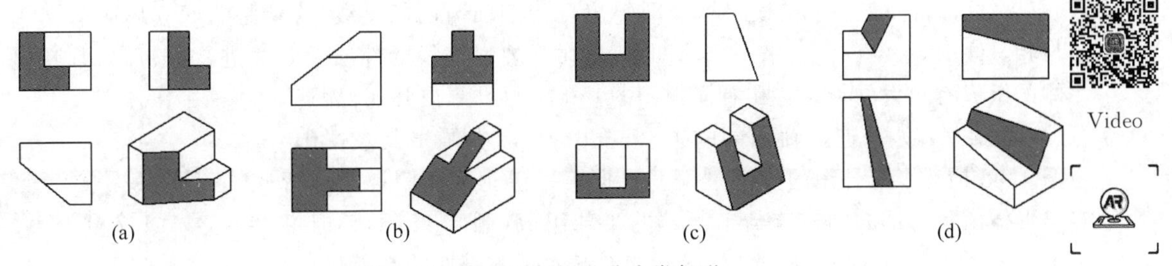

图 4.24　斜平面投影反映为类似形

Video

示的柱体，经过图 4.26(b)所示将左上方部分经二次切割，获得最终结果。

补左视图时，除了画出长方形轮廓外，还要加上两个平面之间的交线，如侧平面 P 和正垂面 Q 的交线Ⅰ和Ⅱ的投影，这时侧平面 P 为长方形，它的水平投影积聚为直线，而侧面投影反映实体。图 4.26(b)表明切割体带有槽口的斜面，这时 Q 面在侧面和水平投影上表现为类似形。图 4.26(c)指出了如何根据俯视图 Q 的线框顶点 $1\sim10$，在主视图上找出对应点的投影 $1'\sim10'$，再根据投影规律，找出左视图上点 $1''\sim10''$的投影，顺序连线，从而作出 Q 的侧面投影，如图 4.26(d)所示。

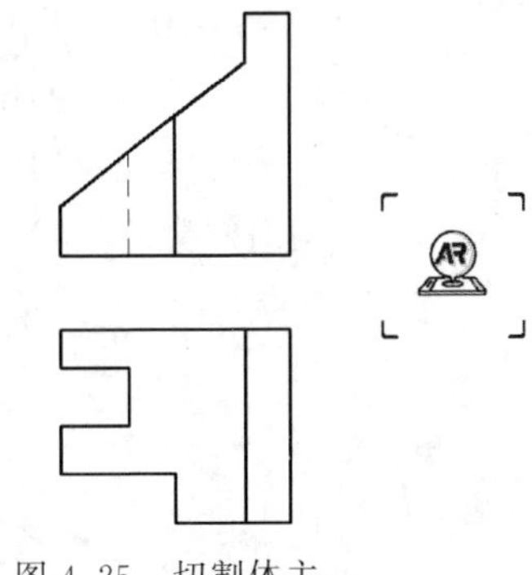

图 4.25　切割体主、俯视图

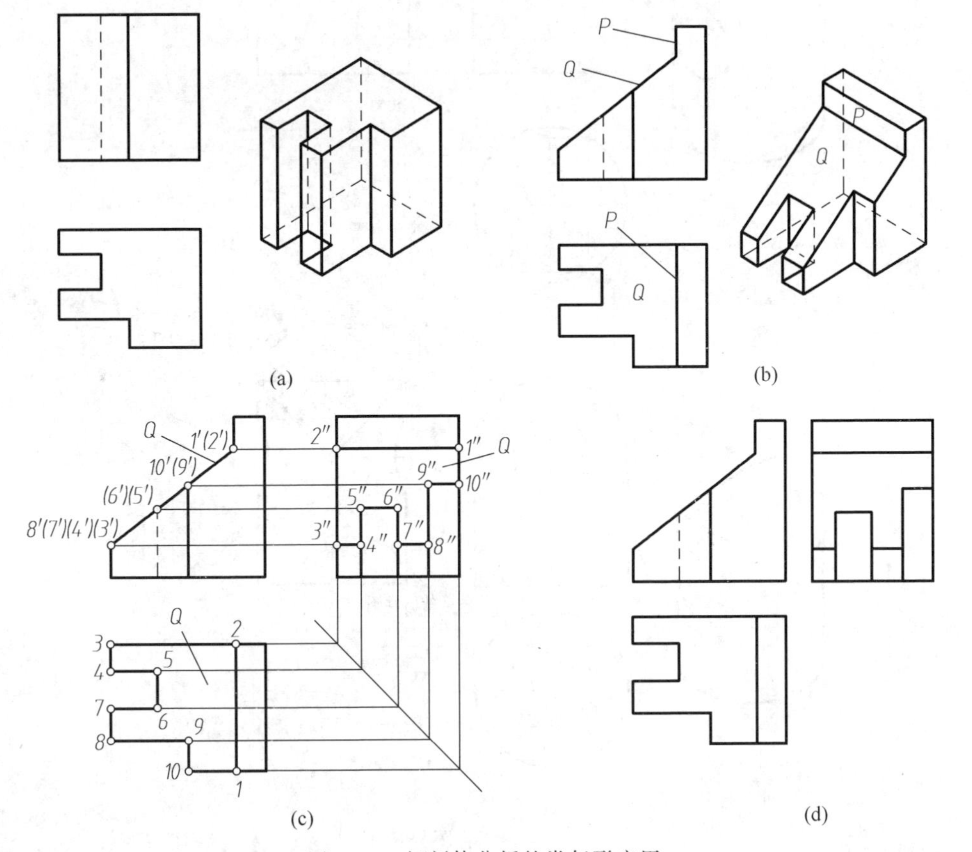

Video

图 4.26　切割体分析的类似形应用

(3) 分析面与面的交线。当视图上出现较多面与面的交线，特别是曲面立体的截交线与相贯线时，会给读图带来一定的困难，这时只要对交线的性质及画法进行分析，对判断形体的组成有很大的帮助。在看懂视图的基础上再补画出其他视图。

图4.27为一连接轴端部的主、俯视图，要求补画出其左视图。图4.28描述了其补图的分析过程。根据第一感觉从主俯视图分析出形体由下半部的圆柱体与上半部的半球组成(图4.28(a))，但事实上该形体分析时，中间部分的内孔交线起到了关键性的判断作用，如果是柱球组合，则内孔与球的交线在俯视图中应为直线，但图4.27的俯视图中却没有出现直线，因此可以否定上半部是半球的可能性。而形成的结构只可能如图4.28(b)所示：一个圆柱体被另一个圆柱体表面切除而形成的结构。由此可以想象出两个圆柱相交所构面的交线形状，并补画两个正交圆柱体相交所形成的两条交线的形状。

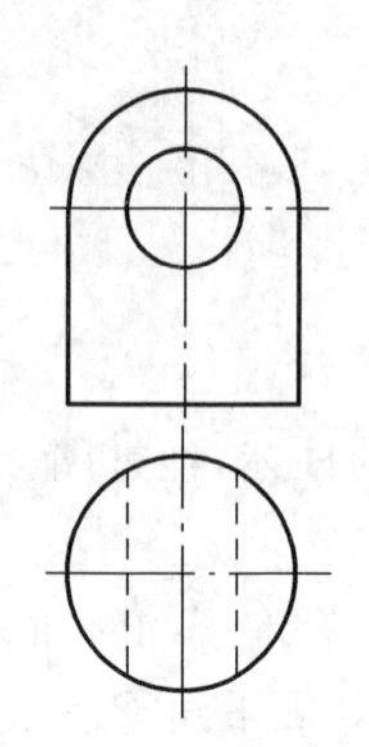

图4.27　连接轴端部的主、俯视图

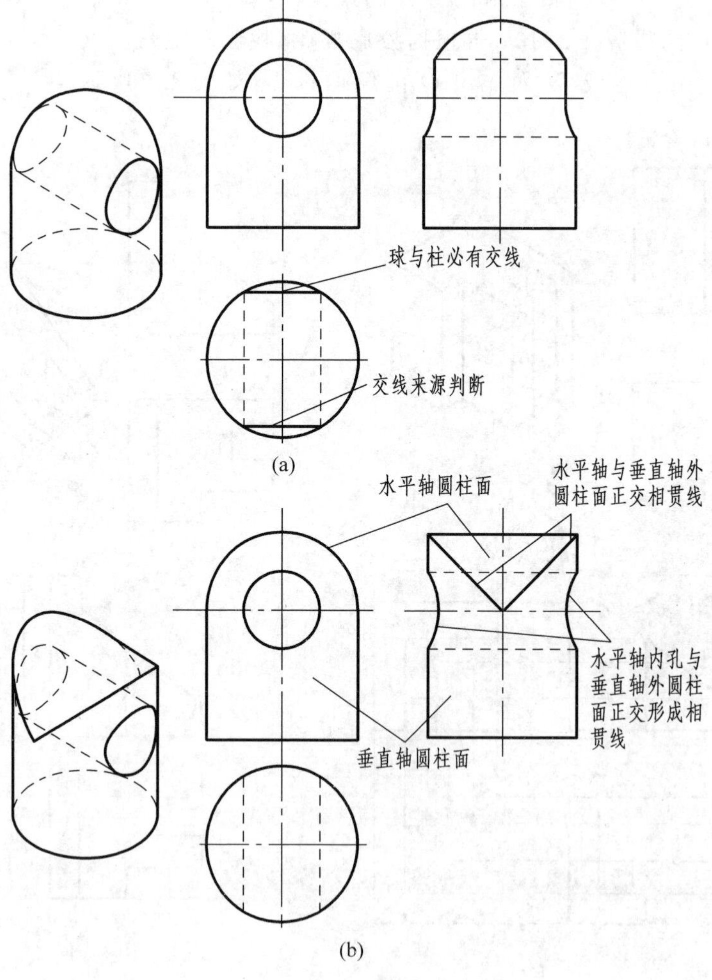

图4.28　看图分析

3. 组合体补图示例

【例 4.1】 如图 4.29 所示，已知主、左视图，求作俯视图。

解：根据主视图可以将该形体分解成两个大的组成部分。具体分析过程见表 4.1。

Video

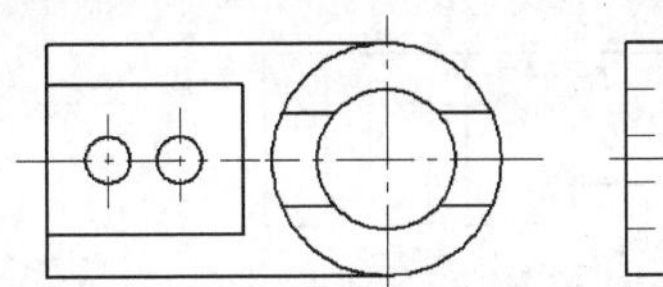
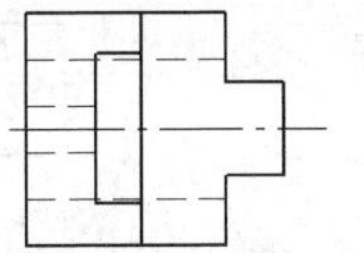

图 4.29　形体分析法组合体读图示例(1)

表 4.1　例 4.1 的具体分析过程

步骤	视　图	说　明
1	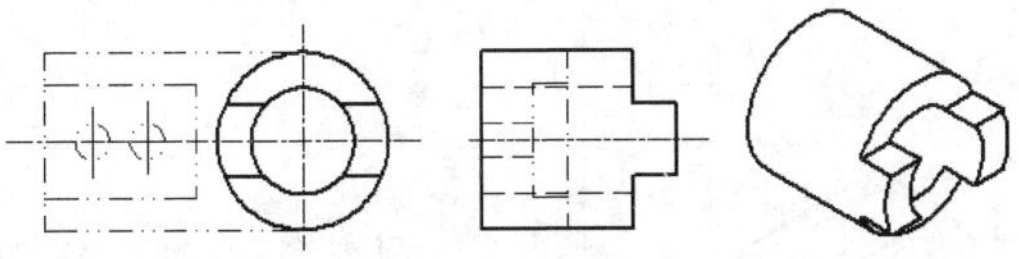	根据主视图左侧圆形部分的投影所对应的左视图，可以想象出该形体的左侧部分为空心圆柱体经二侧截切后形成
2	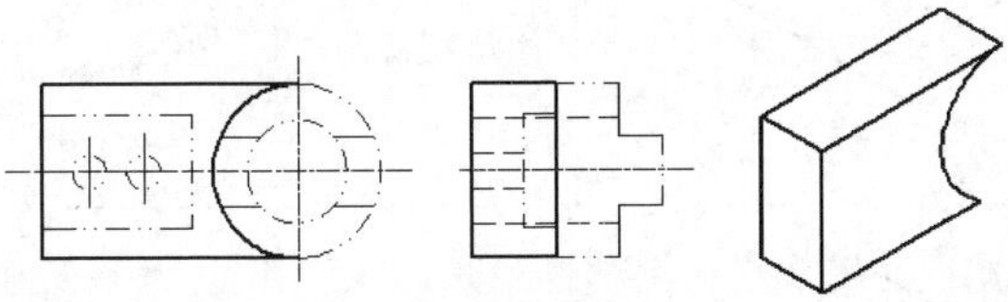	想象右侧侧板的投影及其形体
3	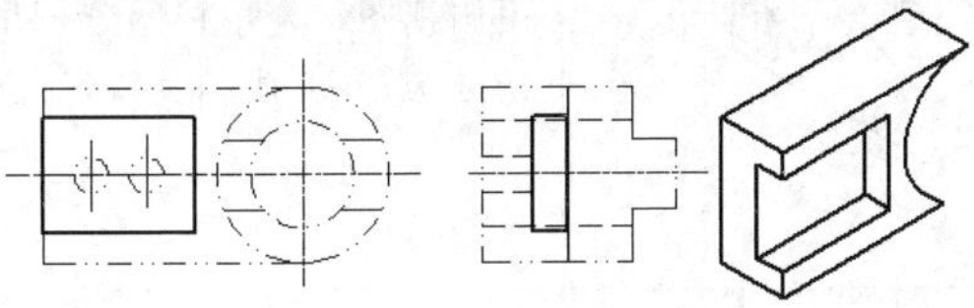	对应出右侧侧板的方形缺口投影及其形成结构
4	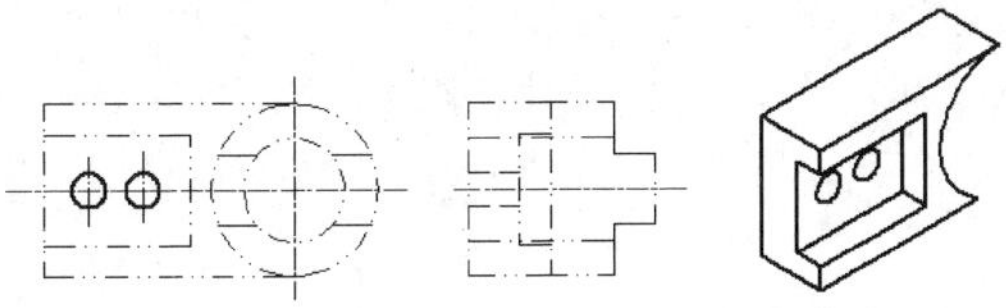	对应出右侧侧板方形缺口中的通孔投影及其通孔结构
5	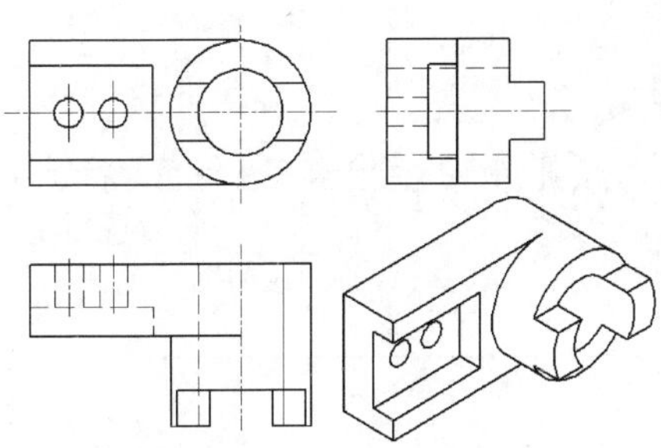	综合后想象获得图示的立体结构。注意：左右两侧形体是相切关系 根据上述投影关系，可完成最终俯视图投影

【例4.2】 如图4.30所示，已知主、俯视图，求作左视图。

Video

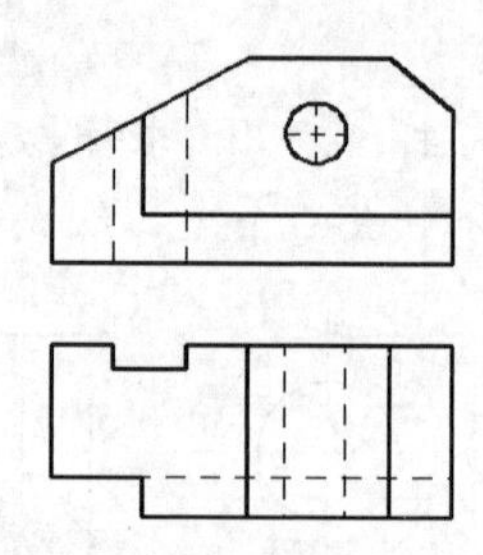

图4.30 形体分析法组合体读图示例(2)

解：该形体可以采用形体分析法分析形体的形成过程，也可采用线面分析法辅助分析得到形体的结构特征，分析面P的类似形形状。具体分析过程见表4.2。

表4.2 例4.2的具体分析过程

步骤	视图	说明
1	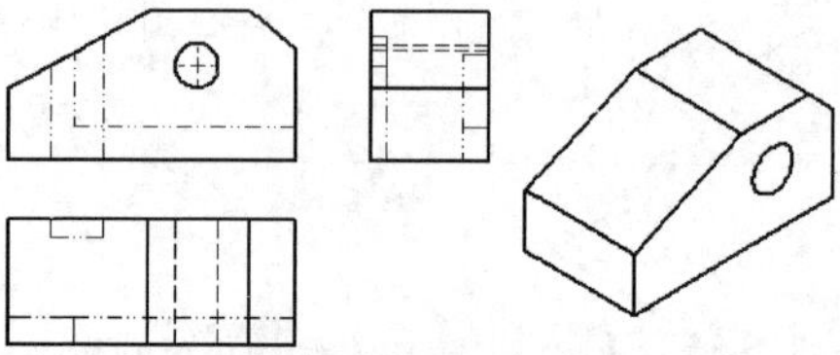	根据主俯视图的二维图元特征，想象出该二维特征拉伸后的形体特征，并补画左视图
2	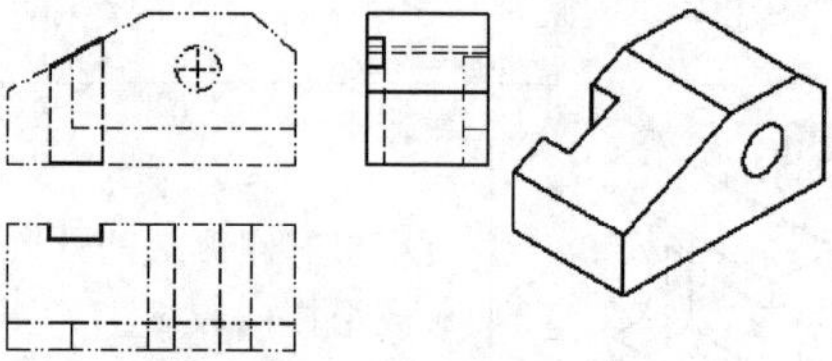	由俯视图结合主视图分析出后部的凹槽结构，并完成相关特征
3	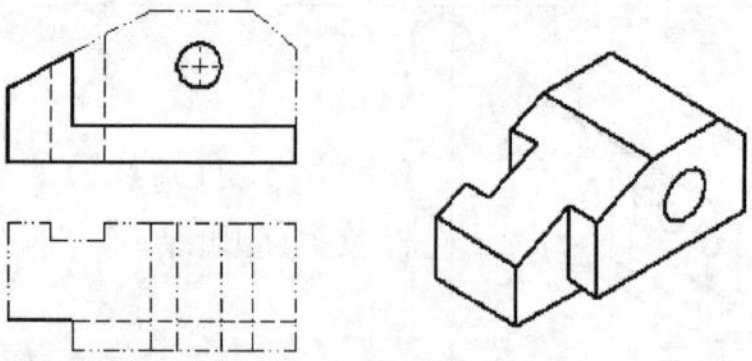	由主视图二维图元结合俯视图内凹情况，完成结构特征
4	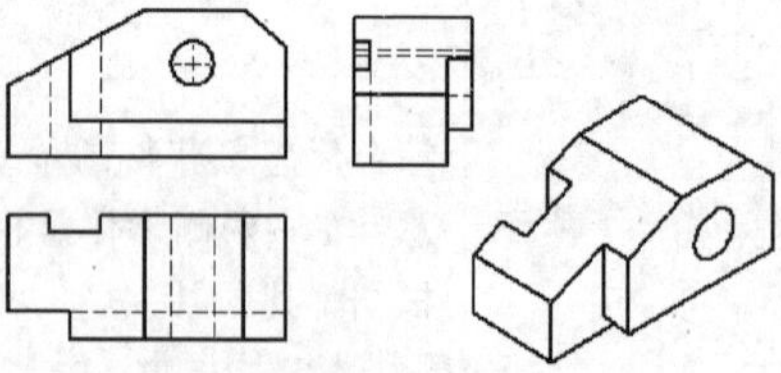	去除多余线条并整理得到最后结果

注：表中的双点画线表示假想线。

4.4.5　看视图步骤小结

归纳以上的读图例子，可总结出看视图的步骤如下：

（1）初步了解。根据形体的视图和尺寸，初步了解它的大概形状和大小，并按形体分析法分析它由哪几个主要部分组成。一般可从较多地反映组合体形状特征的主视图着手。

（2）逐个分析。采用上述读图的各种分析方法，对形体各组成部分的形状和线面逐个进行分析。在分解组合体单元特征过程中，要注意抓特征视图的图元特征，分析出形状和位置特征视图是其中的关键。

（3）综合想象。通过形体分析和线面分析了解各部分形状后，确定其各组成部分的相对位置以及相互间的关系，从而想象出整个形体的形状。

特别要注意将几个视图联系起来进行分析推理，通常一个视图不能确定形体上各形体的空间形状以及相邻表面间的相互位置。因此，在读图时，一般要根据几个视图运用投影规律进行分析、构思，才能想象出形体的空间形状。同时要注意反映形体之间连接关系的图线，注意交线形状特征对形体空间结构的影响。

在整个读图过程中，一般以形体分析法为主，合理地利用二维图元特征结合线面分析法，分析推理线框及交线所在位置及形成原因，边分析、边想象、边作图，结合推理与判断，这样有利于较快地看懂视图。

4.5　组合体三维建模的基本方法

4.5.1　基本体建模中的草图绘制方法

1. 草图绘制方法

无论是叠加型还是切割型组合体，从形体组合域运算的角度考查，都是两个基本体之间“并”“交”“差”的布尔运算。基本体在三维建模系统中称为“特征”，在三维建模系统中创建一个特征通常是先绘制一幅二维图元，然后在此基础上实施拉伸、旋转、切除等操作，从而获得一个特征。在此，所绘制的二维图元称为草图，绘制二维图元的平面称为图元平面。因此，二维图元是生成特征的基础，特征又是组合体的基础。

如图 4.22 所示的轴承座，生成其底板的三维模型的方法与步骤是首先绘制如图 4.31(a)所示的二维图元，然后沿垂直于图元平面的方向拉伸一定长度，从而生成底板的三维模型，如图 4.31(b)所示。

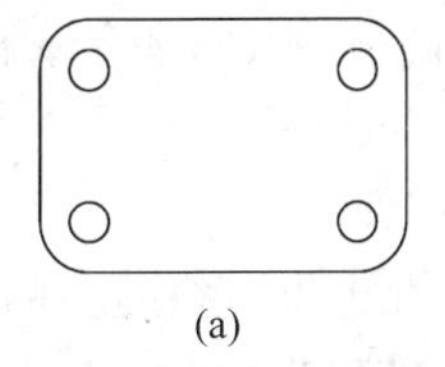

(a)

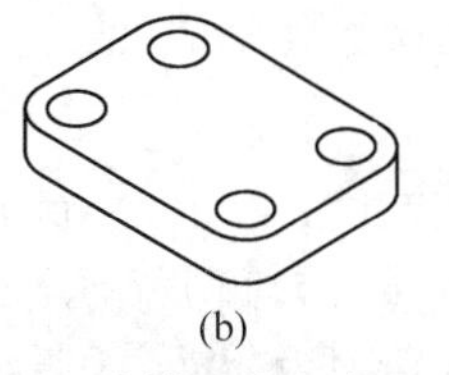

(b)

Video

图 4.31　轴承座底板三维模型的生成

(a) 绘制底板二维图元；(b) 拉伸生成底板三维模型

图元是由线段、圆、圆弧及曲线等图形要素组成的，图形要素本身有大小要求，相互之间又有相对位置关系，相对位置关系又可分为两种：一种是距离（尺寸）关系，另一种是几何关系，如相切、平行、垂直、同心等。如图 4.32 所示，图中给出了圆弧②、④的半径两个定形尺寸，以及两个圆弧的定位尺寸。图中还包含了如下几何关系：①和②相切、②和③相切、③和④相切、①和④相切、②和⑤同心、④和⑤半径相等、②的圆心与坐标原点重合、②和④的圆心在同一水平线上。这些几何关系在绘制二维图元时，可以使用相关工具添加几何关系。

通常在二维图元中标注出必要的定形、定位尺寸之外，还要添加几何关系。如果一幅草图具有完备的尺寸和几何关系，则该草图就是完全定义的。完全定义的草图其大小、形状和位置都被固定，除非修改尺寸参数或（和）几何关系。

如果修改图形的尺寸数值，则图形将按新的尺寸数值绘制，但几何关系仍然保持不变。例如，将图 4.32 中圆弧④的半径值更改为 60，则圆弧④将自动绘制成半径为 60 的圆弧，由于图中直线①、③与圆弧②、④都相切，因此直线①、③也将自动调整其长度与位置，以保证几何关系不变。另外，圆⑤与圆弧④有相等的几何关系（即半径相等），因此圆⑤也将自动改变其半径，变更后的图形如图 4.33 所示。这种修改图形尺寸从而改变图形形状的特性称为尺寸驱动。

Video

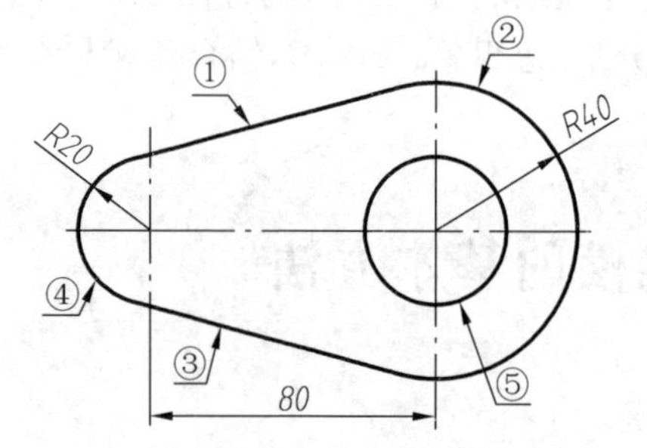

图 4.32　平面图形几何关系分析图

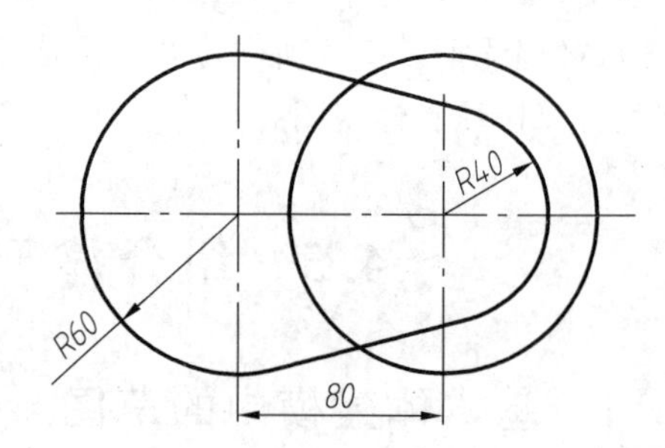

图 4.33　草图的尺寸驱动

2. 草图绘制实例

首先，以图 4.32 为例说明草图绘制的一般过程。在 SolidWorks 平台下，新建零件，在设计树中选取“上视基准面”，然后单击“草图”按钮，开始绘制草图，如图 4.34 所示。

其次，绘制草图二维图元。单击“圆”按钮，在工作区内任意位置绘制三个任意大小的圆，再单击“直线”按钮，绘制两直线段，其结果如图 4.35 所示。

然后，添加图形要素之间的几何关系。单击“添加几何关系”按钮，进入添加几何关系工作状态。

第一步，选取图中右侧大圆圆心和坐标原点，如图 4.36(a)所示；然后选取“重合”几何关系项，大圆便自动移动至圆心与原点重合，如图 4.36(b)所示。同时，屏幕中显示出重合的标记。

第二步，选取图中右侧两圆，添加同心的几何关系。

第三步，再添加上方直线与右侧大圆“相切”及上方直线与左侧圆“相切”的几何关系。

第四步，添加相切的几何关系，使下方直线分别与两圆相切。

第五步，添加左侧圆心与右侧两圆圆心或原点“水平”的几何关系。

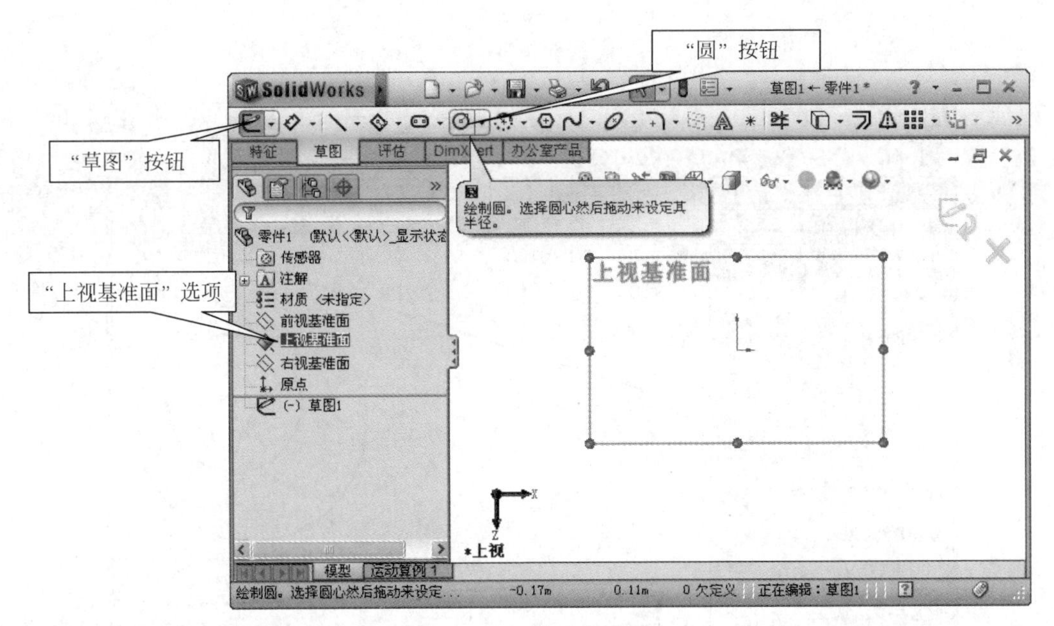

图 4.34　开始绘制草图

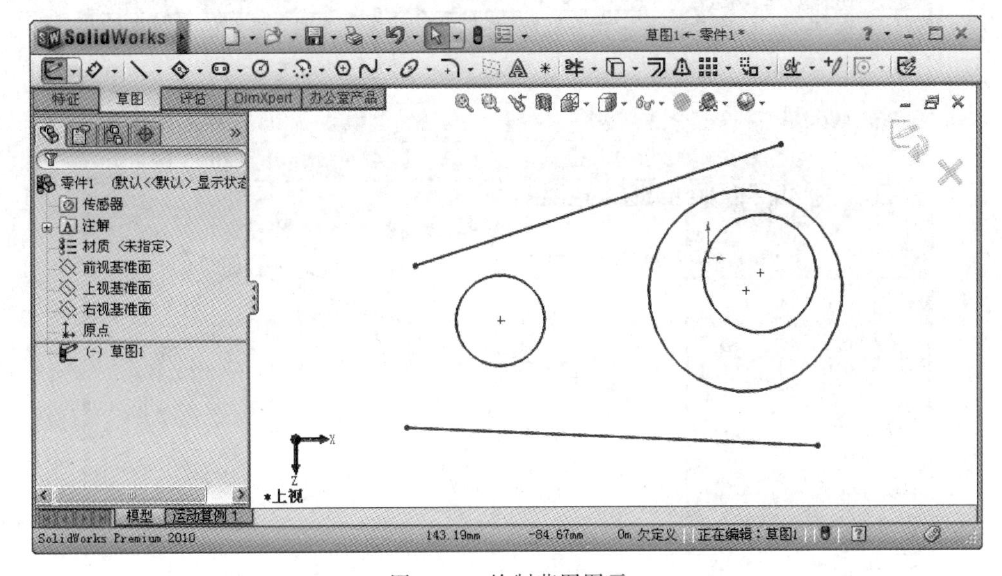

图 4.35　绘制草图图元

第六步，添加左侧圆与右侧小圆"相等"的几何关系，结果如图 4.37 所示。

第七步，使用"裁剪实体"工具，对直线和圆进行修剪，其结果如图 4.38 所示。

最后，标注草图尺寸。单击"智能尺寸"按钮，选取右侧大圆弧，在弹出的尺寸编辑对话框中输入该圆弧半径的值 40，单击"确定"按钮，完成大圆弧的尺寸标注，如图 4.39 所示。同理标注出左侧小圆弧半径及两圆弧圆心距尺寸，结果如图 4.40 所示。至此，完成草图绘制，同时系统在状态栏中显示"完全定义"字样。

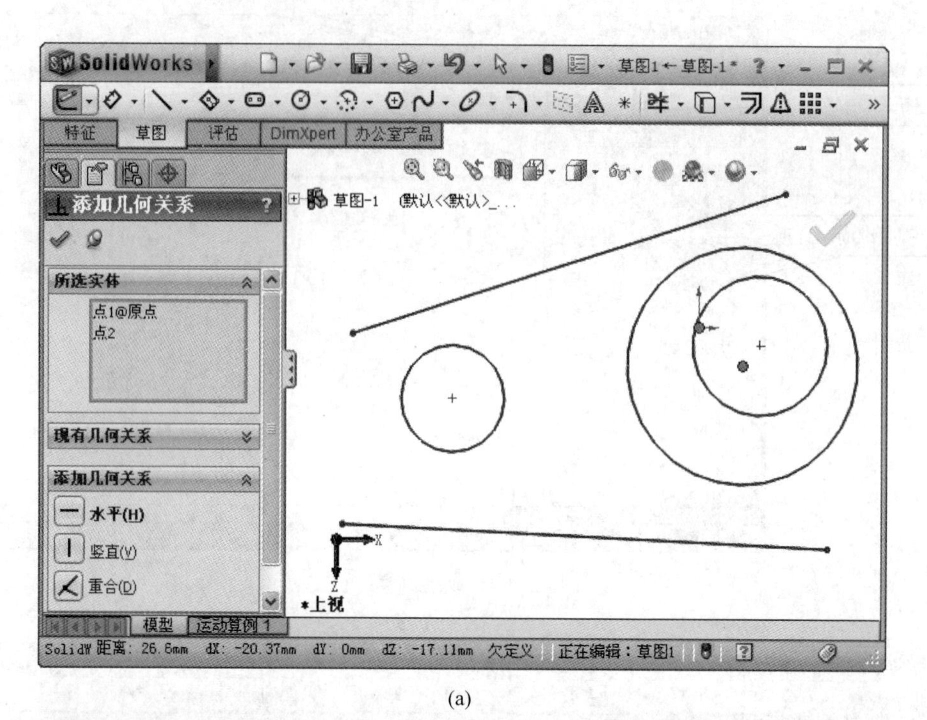

(a)

(b)

图 4.36 添加重合几何关系(1)

(a) 选取重合的几何约束；(b) 大圆圆心约束到原点上

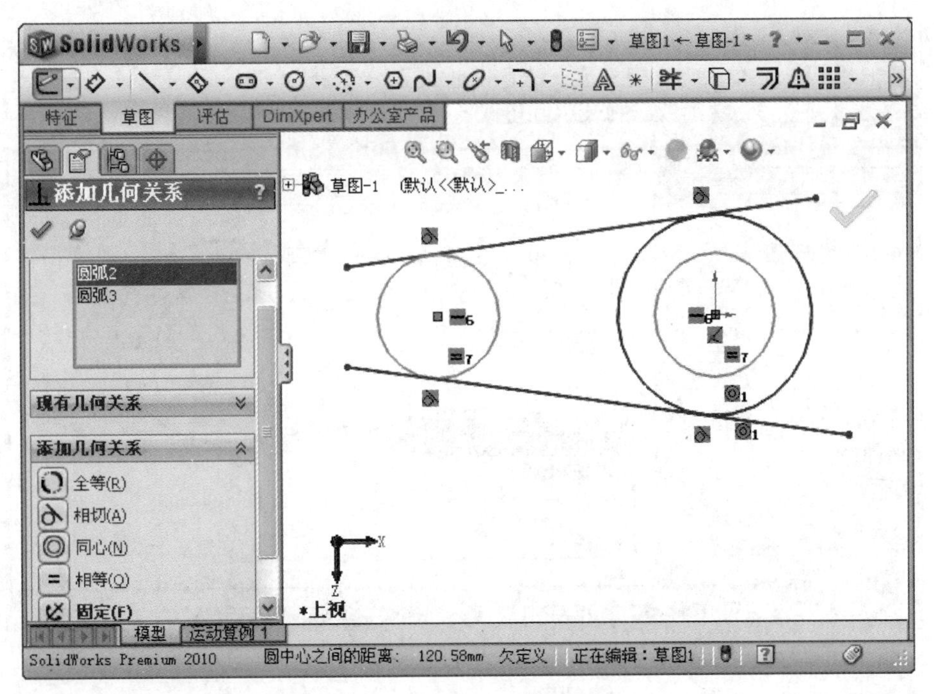

图 4.37　添加重合几何关系(2)

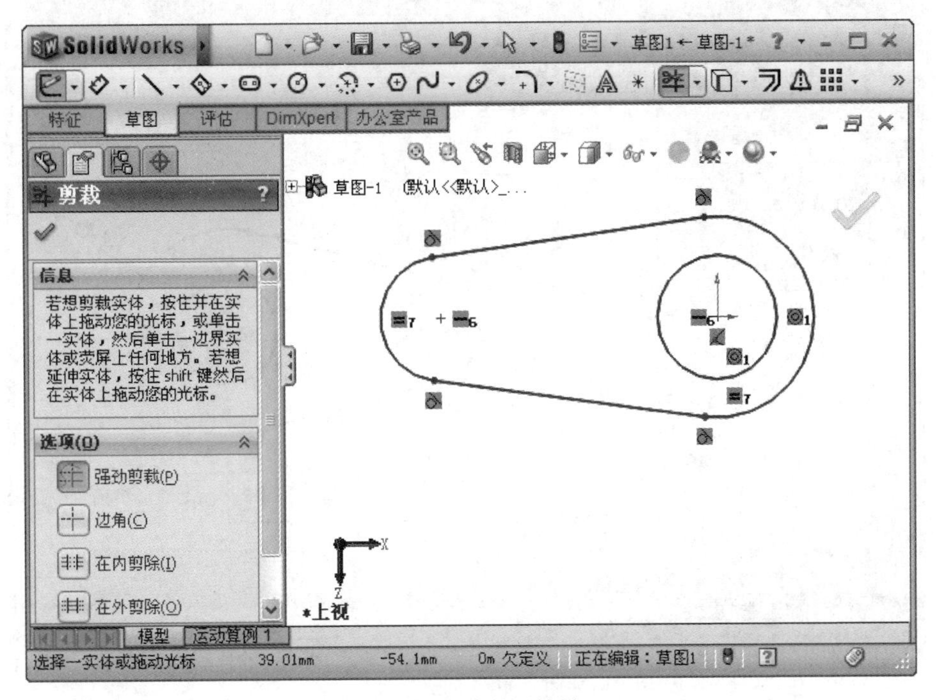

图 4.38　裁剪后结果

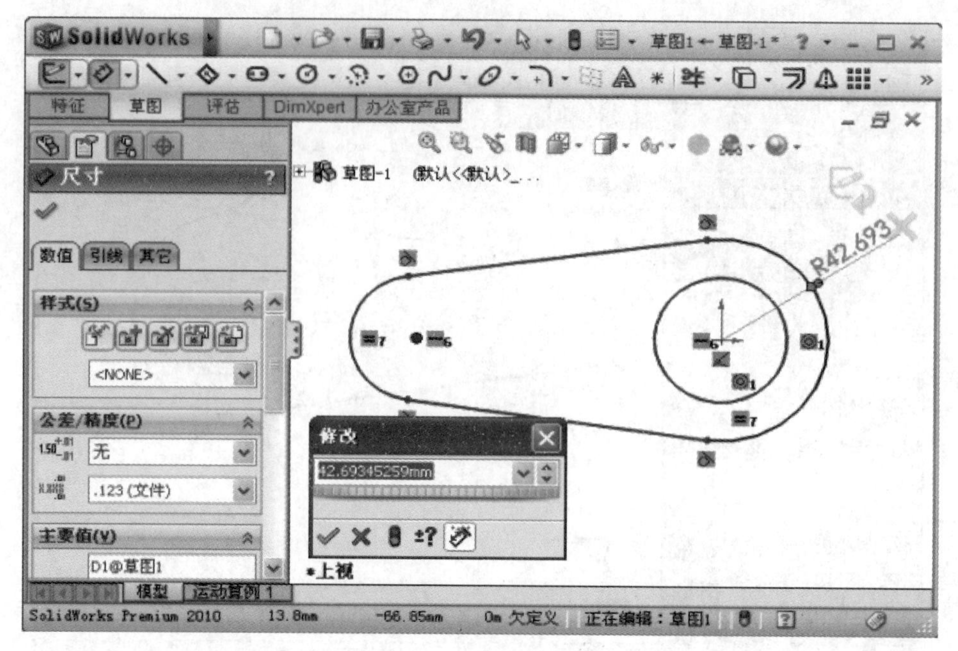

图 4.39 标注尺寸

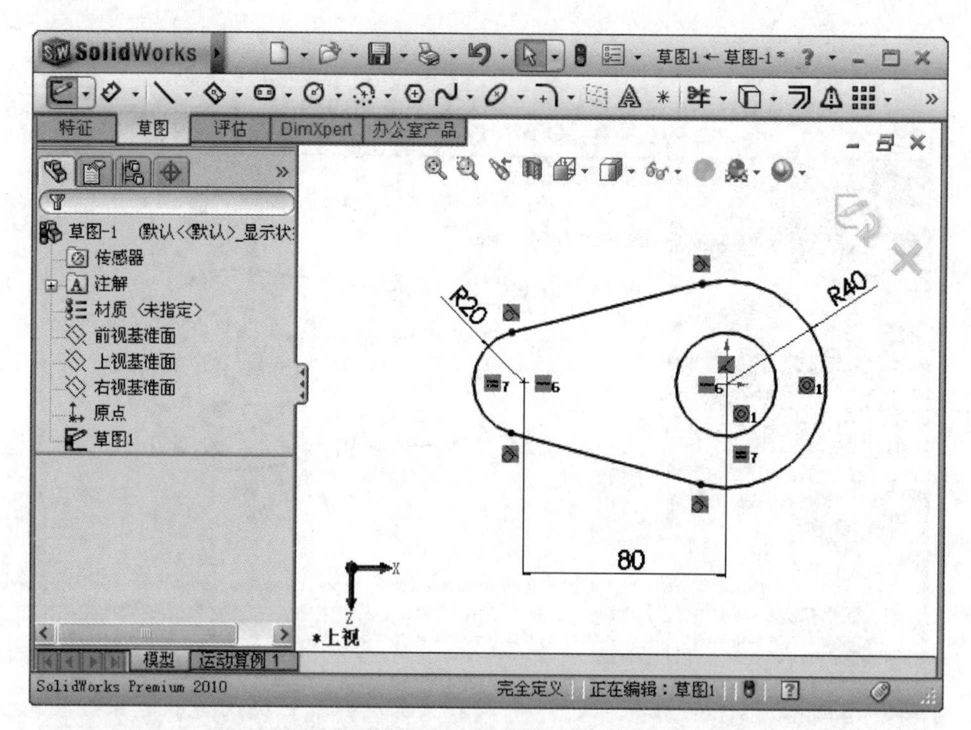

图 4.40 最终结果

4.5.2　基本体的三维建模方法

前已述及，基本体在三维建模系统中称为“特征”，在三维建模系统中创建一个特征通常是先绘制一幅二维图元，然后在此基础上实施拉伸、旋转、切除等操作，从而获得一个特征。本节以棱柱、棱锥、圆锥、圆筒等建模为例，说明三维建模的基本方法。

1. 正六棱柱的建模

Video

第一步，与 4.5.1 节的操作相同，在设计树中选取“上视基准面”，然后单击“草图”按钮，开始绘制草图。

第二步，单击“多边形”按钮，在参数设置对话框内，设定多边形边数为 6，然后在工作区中输入两个点，系统便绘制出一个正六边形，如图 4.41 所示。输入的第一个点是正六边形内切圆或外接圆的圆心，第二个点是正六边形上的一个角点。如果输入第一个点时，将光标放在坐标原点处停顿一会儿后再单击鼠标，系统则自动添加圆心与原点重合的几何关系。

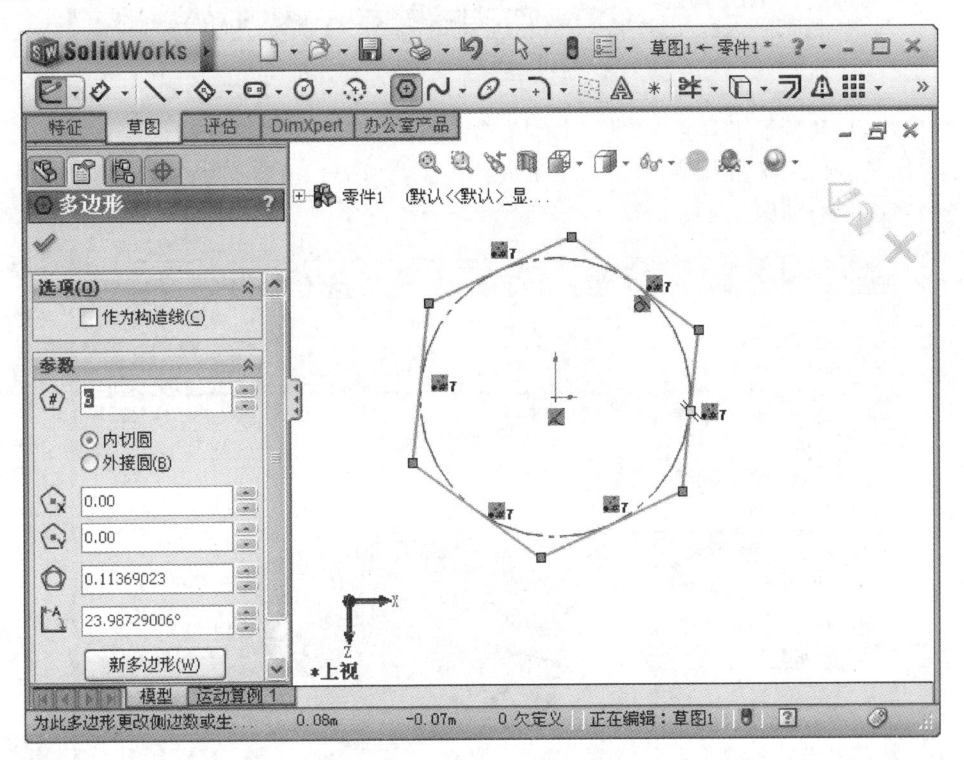

图 4.41　绘制正六边形草图

第三步，选取正六边形上任意一条边，添加几何关系，使其为水平方向。然后再标注内切圆直径。如此该草图就是完全定义的了，如图 4.42 所示。草图中的点画线称为构造线，它们仅仅作为草图绘制时的参考、定位元素，而不会影响或改变由此草图生成的特征。

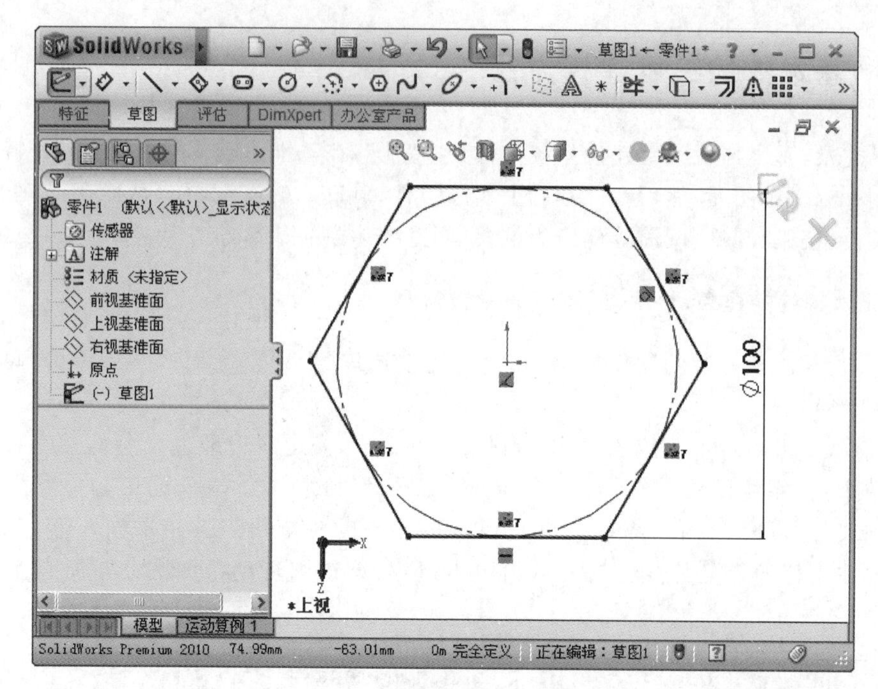

图 4.42　绘制完成后的草图

第四步，打开特征工具条，单击“拉伸凸台/基体”按钮，然后设置拉伸深度值为 30，如图 4.43 所示。最后单击“确定”按钮，便生成特征名为“凸台-拉伸 1”的正六棱柱，该特征名显示在特征树中，如图 4.44 所示。

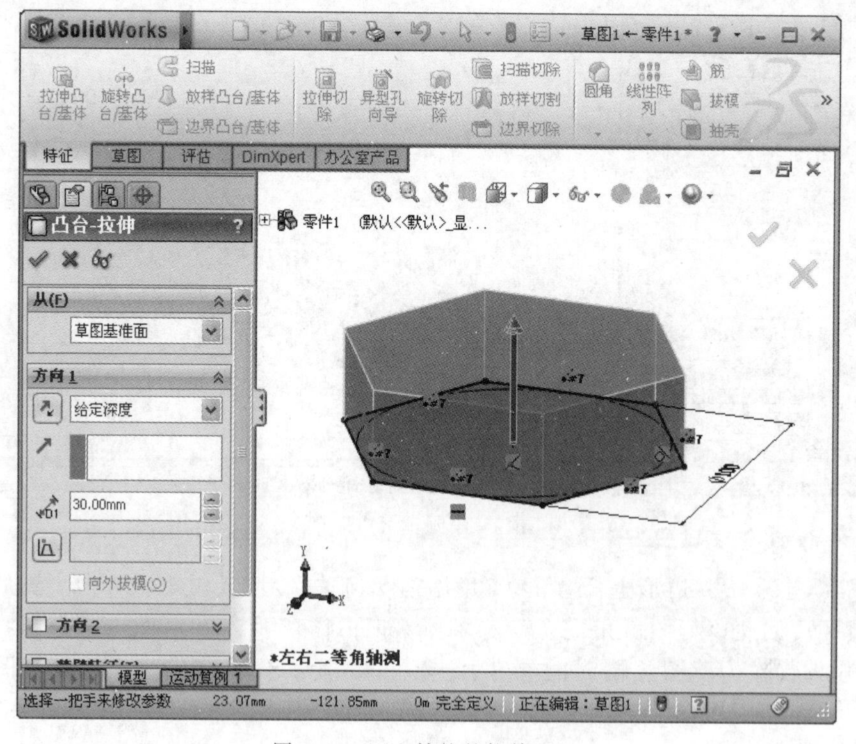

图 4.43　正六棱柱的拉伸过程

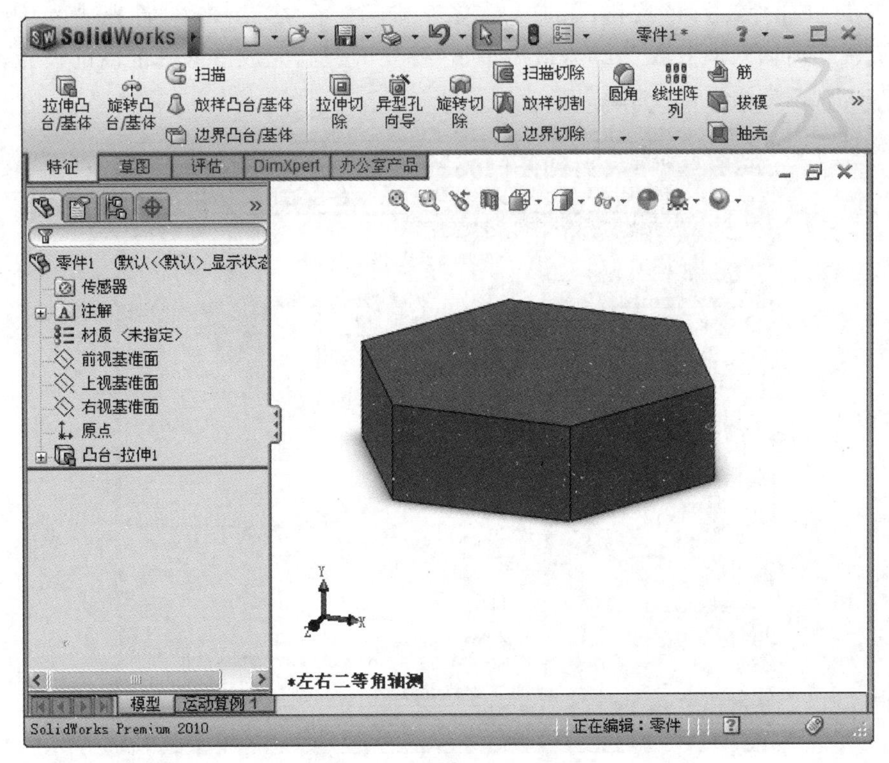

图 4.44　生成正六棱柱特征

2. 正三棱锥的建模

Video

第一步，在上视面上绘制一等边三角形，然后单击工作区右上角的“结束草图绘制”按钮，如图 4.45 所示，完成草图 1 的绘制。

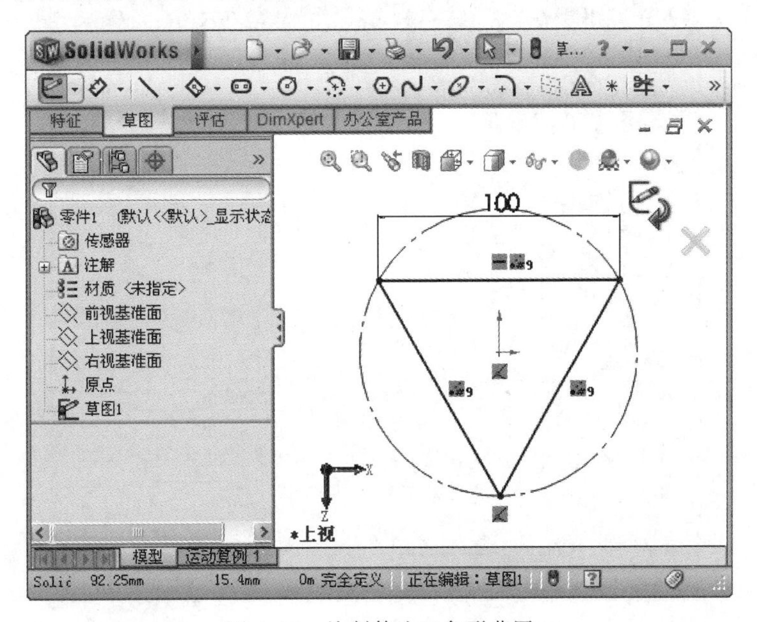

图 4.45　绘制等边三角形草图

第二步，单击“参考面”按钮，添加一参考基准面。在图4.46中，首先选取“上视基准面”，然后在距离输入框中输入150，最后单击“确定”按钮，完成参考基准面的设置，该参考基准面与上视基准面平行且相距150。

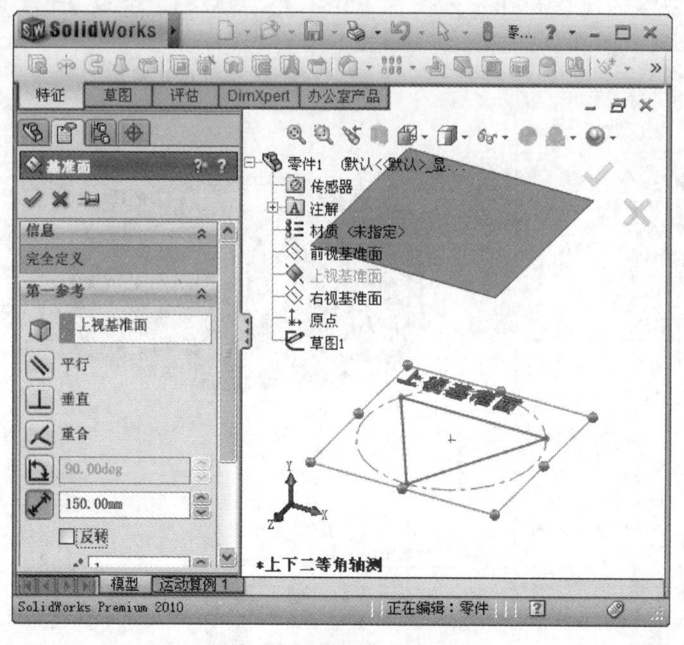

图4.46　添加参考基准面

第三步，在参考基准面上绘制草图。首先，选取参考基准面，然后单击“草图绘制”按钮，单击绘制“点”的按钮，在参考基准面上绘制一个点，并使该点与原点重合。最后单击“退出草图”按钮，完成草图绘制，该草图名称为“草图2”，如图4.47所示。

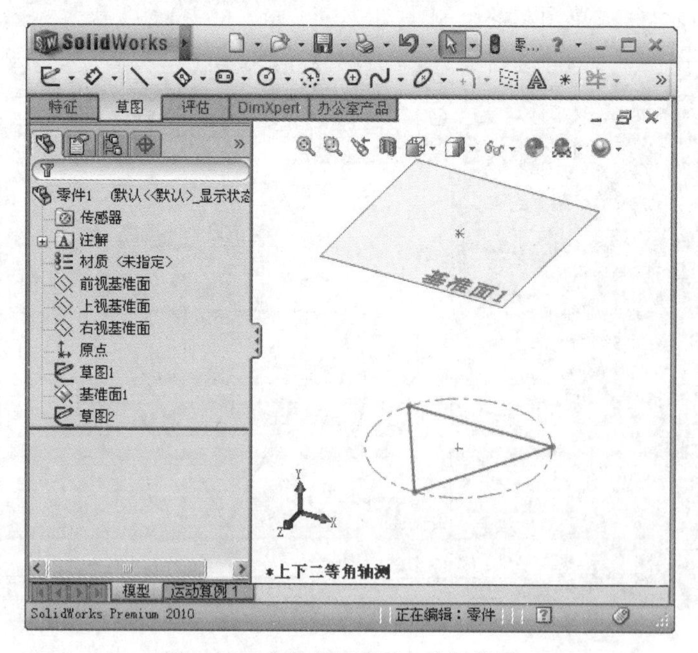

图4.47　在参考基准面上绘制草图2

第四步，放样凸台/基体，生成三棱锥。单击特征工具栏中的“放样凸台/基体”按钮，然后用鼠标分别选取草图 1 和草图 2，如图 4.48 所示。最后单击“确定”，完成三棱锥的建模，如图 4.49 所示。

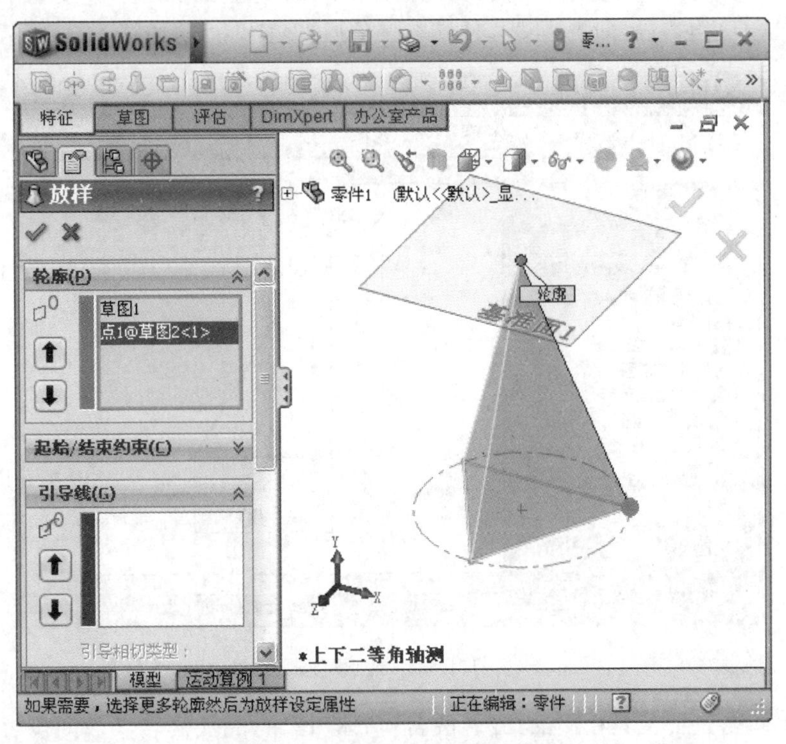

图 4.48　放样凸台/基体生成棱锥

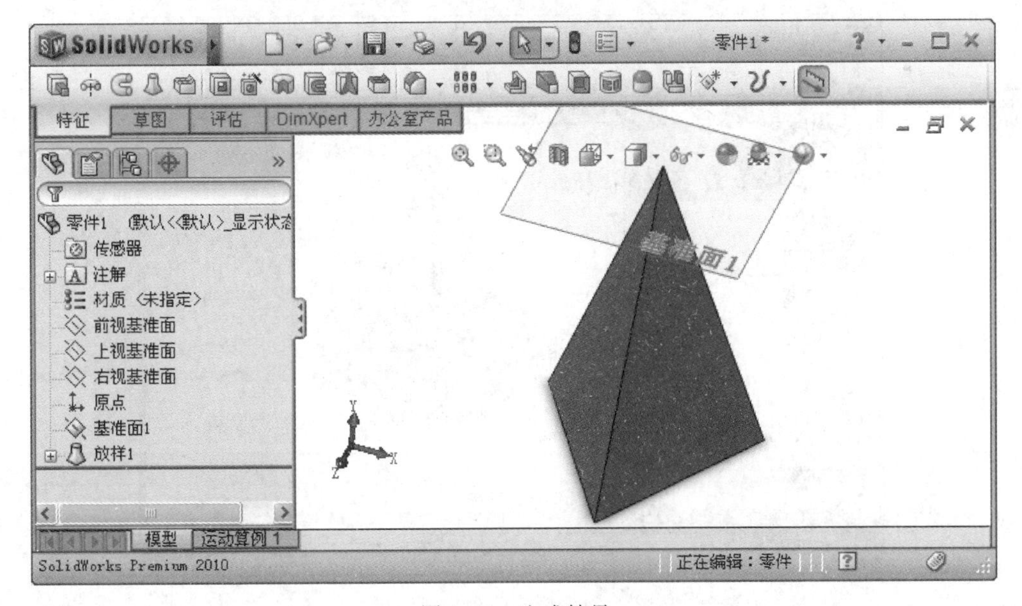

图 4.49　生成结果

Video

3. 圆锥的建模

第一步，选择前视面为草图平面，在该平面上绘制一直角三角形，并使直角点与坐标原点重合，再绘制一构造线（即点画线），使其与三角形直角边重合，如图4.50所示。

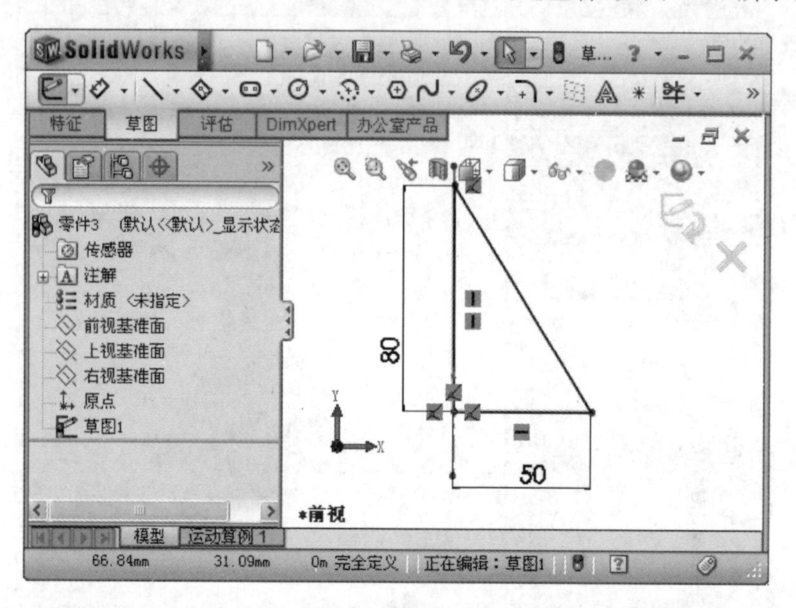

图4.50 绘制草图

第二步，单击特征工具栏中的“旋转凸台/基体”按钮，完成旋转参数的设置，如图4.51所示，然后单击“确定”按钮，便完成了圆锥的建模。

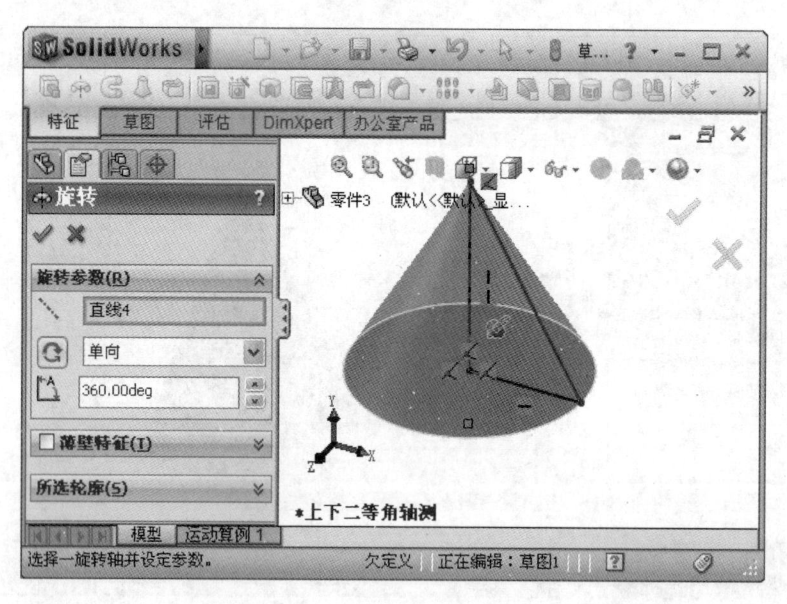

图4.51 旋转凸台生成圆锥

4. 圆筒的建模

Video

圆筒的建模可以采用两种不同的方式，第一种方式与圆锥建模方法相同，即采用"旋转凸台/基体"的方法，其草图如图 4.52 所示，图中尺寸分别是圆筒的内径、外径和高度。图 4.53 是建模结果。

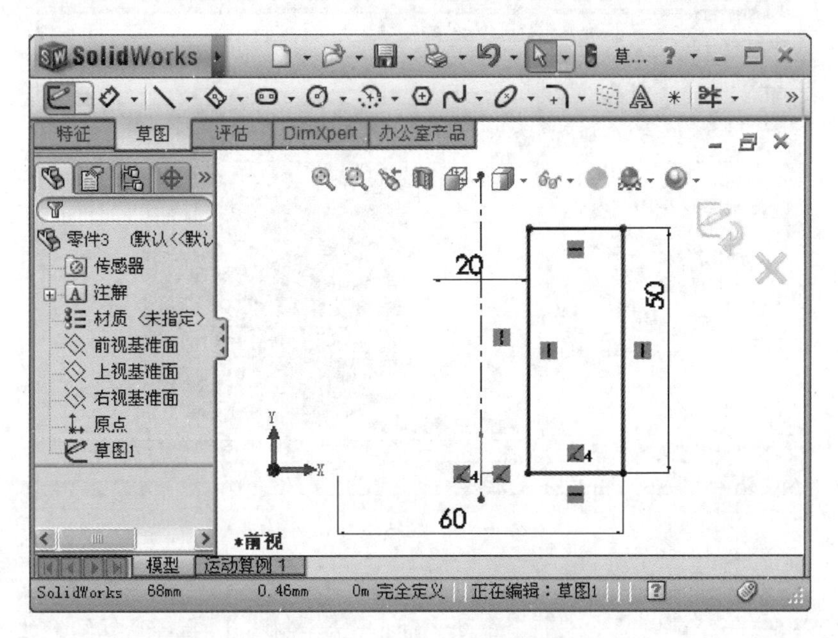

图 4.52　圆筒草图

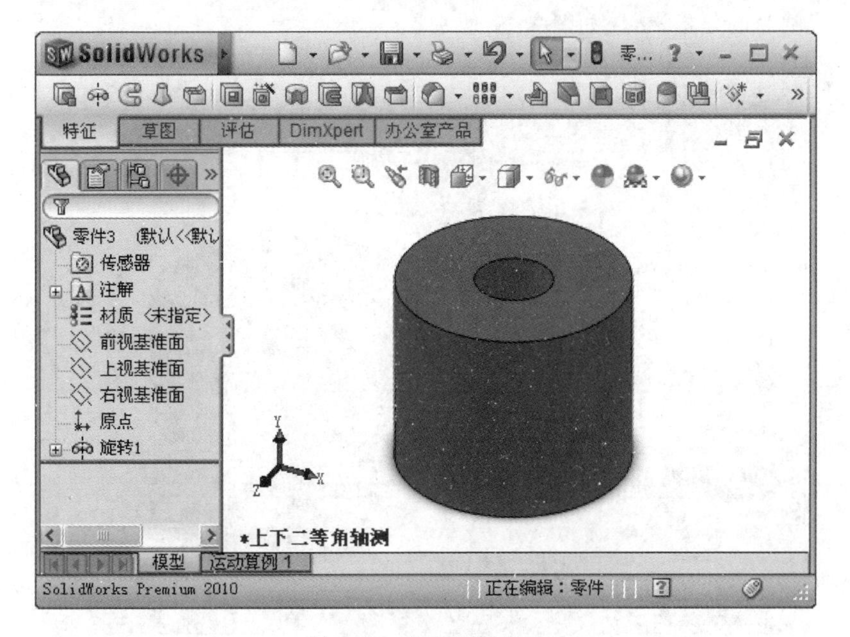

图 4.53　圆筒三维模型

第二种建模方式的操作步骤如下：

第一步，在上视面上绘制一直径为60的圆，并使圆心与坐标原点重合。然后使用“拉伸凸台/基体”工具，设置拉伸高度为50，建立圆柱体模型如图4.54所示。

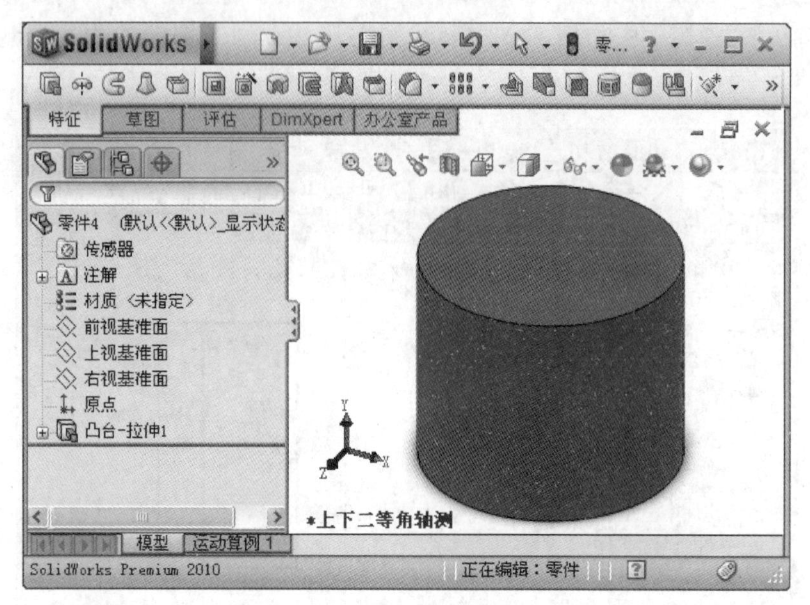

图4.54 圆柱体特征

第二步，绘制圆孔草图。在图4.55中的圆柱体中选取其上端面，然后单击草图工具栏中的“画圆”按钮，于是就以圆上端面为草图平面，开始绘制圆孔的草图，其结果如图4.55所示。再单击特征工具栏中的“拉伸切除”按钮，在图4.56所示的界面中设置参数，最后单击“确定”，完成圆筒的建模，结果如图4.57所示。

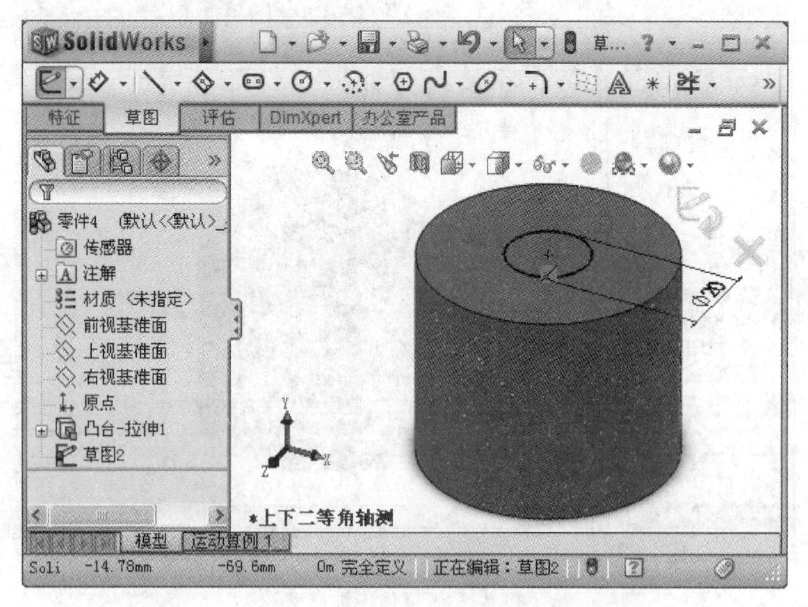

图4.55 以圆柱上端面为草图平面绘制圆孔草图

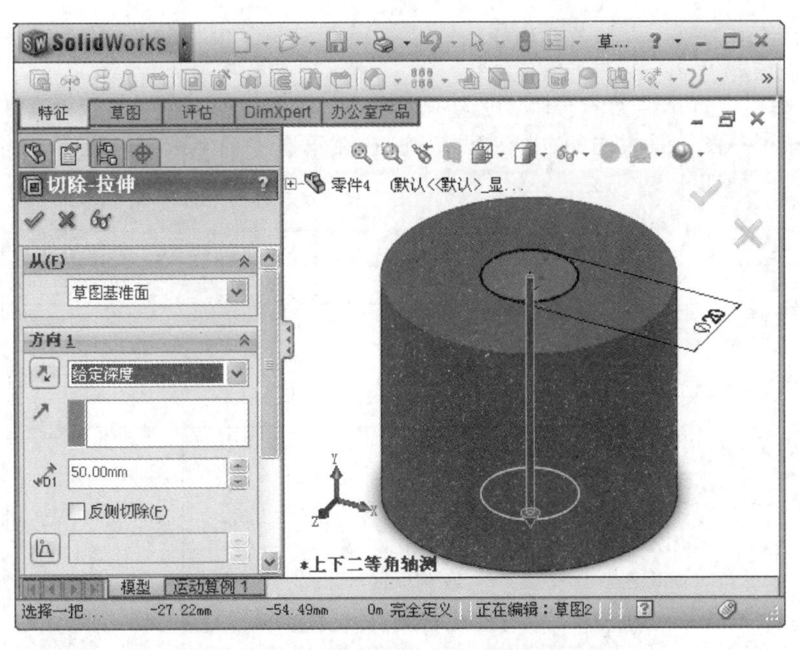

图 4.56　生成拉伸切除特征

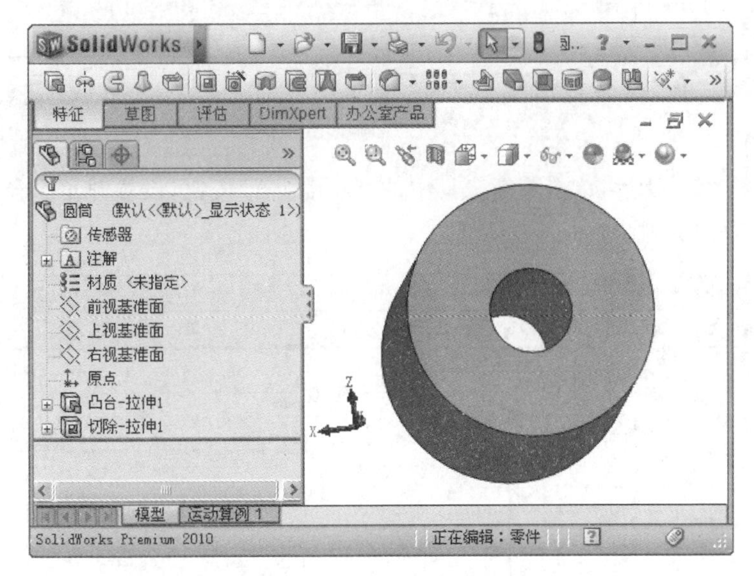

图 4.57　圆筒建模结果

如果在深度输入对话框中输入的数字小于 50，则生成盲孔。如果在终止条件下拉列表中选取“完全贯穿”，则界面中不出现深度输入对话框，此时，单击“确定”按钮，生成通孔特征。

4.5.3　组合体的组合运算及其三维建模方法

本节分别以图 4.22 所示的轴承组合体及图 4.26 所示的切割式组合体为例，分析其三维建模方法与步骤。

Video

1. 叠加式组合体——轴承座的建模

第一步，以上视基准面为草图平面绘制底板草图，构建轴承座底板特征。

首先，单击草图工具栏中的“中心矩形”按钮，在草图平面上绘制一矩形，并使其中心与坐标原点重合，如图 4.58 所示。

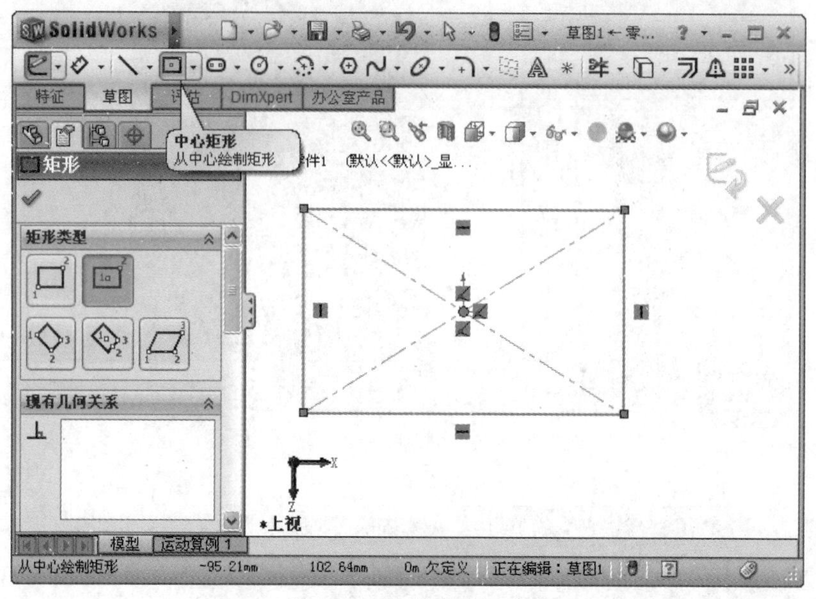

图 4.58　绘制中心矩形

其次，如图 4.59 所示，单击草图工具中的“绘制圆角”按钮，设置圆角半径为 10mm，依次对矩形的四个角点倒圆。

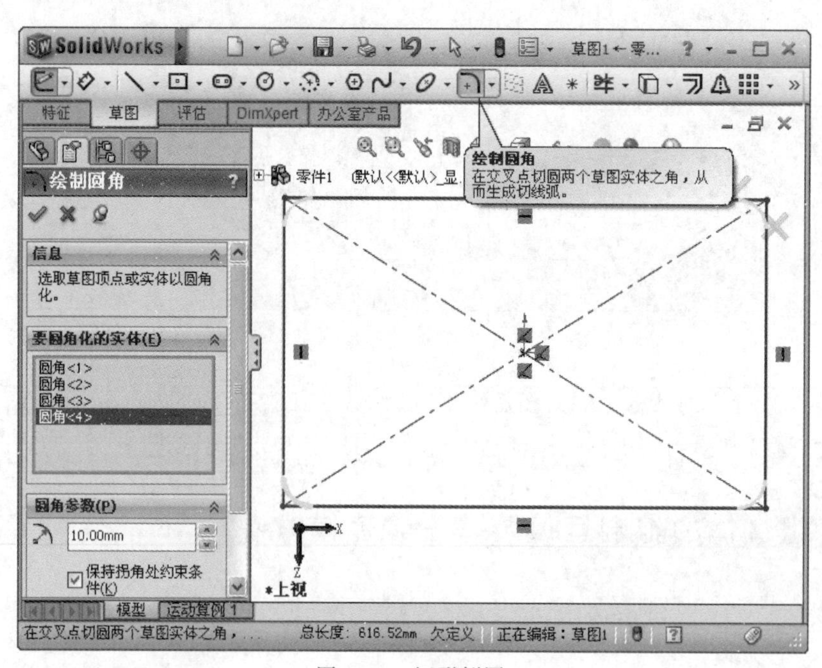

图 4.59　矩形倒圆

再次，绘制四个小圆，并添加几何关系如下：小圆圆心与圆角圆心重合，四个小圆等半径。标注草图尺寸如图 4.60 所示。

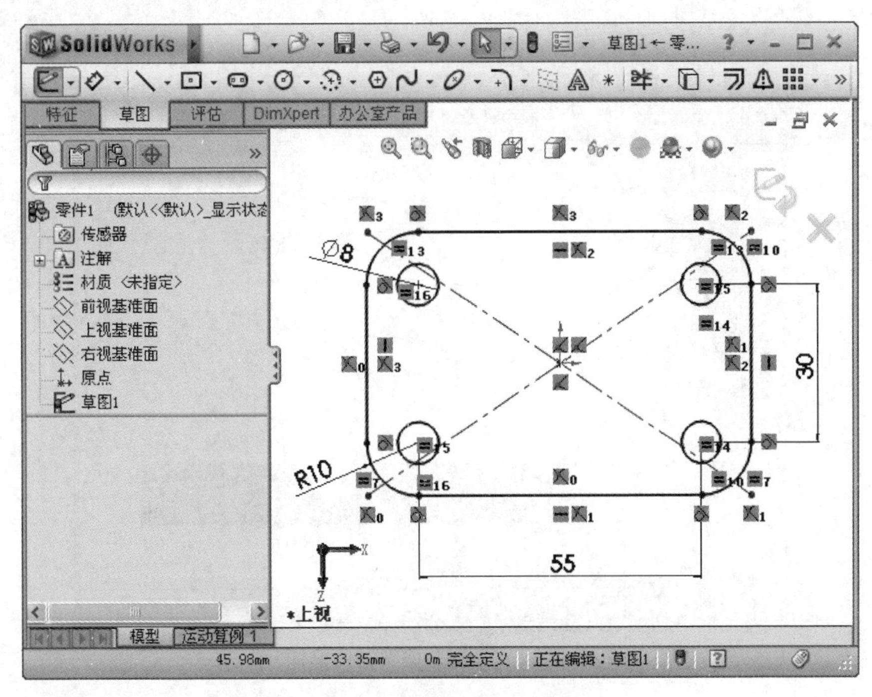

图 4.60　绘制完成的底板草图

最后，单击特征工具栏中的“拉伸凸台/基体”按钮，并设置拉伸深度为 10mm，于是便生成了底板特征，如图 4.61 所示。

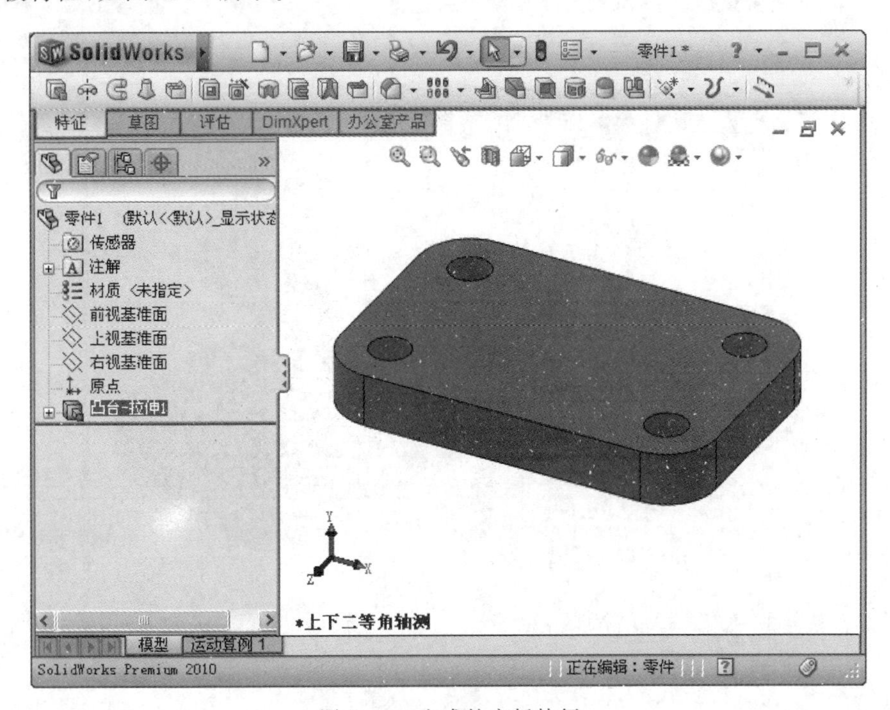

图 4.61　生成的底板特征

第二步，以前视面为草图平面绘制圆筒草图，构建圆筒特征。

首先，单击草图工具栏中的“圆”按钮，在草图平面上绘制两同心圆，并添加圆心与坐标原点的“竖直”几何关系，标注尺寸，如图4.62所示。

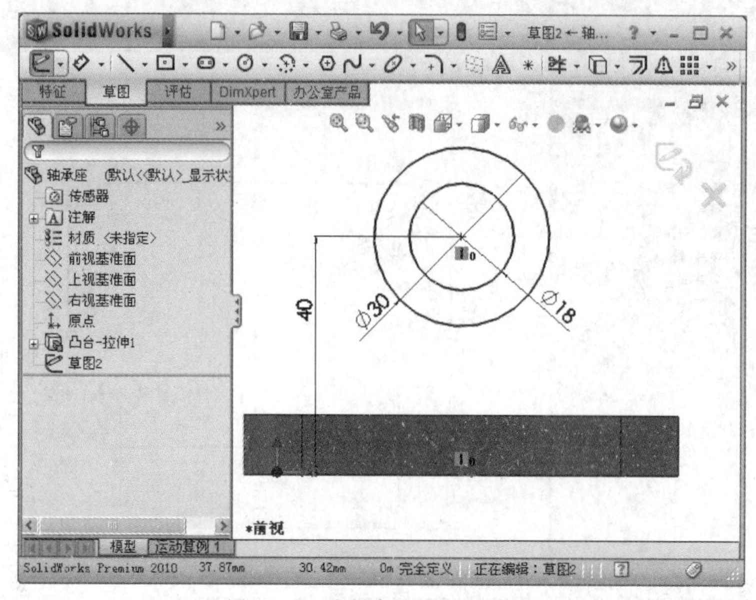

图4.62　绘制完成圆筒的草图

其次，单击特征工具栏上的“拉伸凸台/基体”按钮，设置“方向1”向前拉伸，拉伸深度为25mm，“方向2”向后拉伸，拉伸深度为20mm，如图4.63所示。

图4.63　圆筒的拉伸参数设置(1)

最后，单击“确定”按钮，完成圆筒的建模。

第三步，以底板上表面为草图平面绘制连板草图，构建连板特征。

首先，选取底板上表面为草图平面，绘制如图 4.64 所示的草图。

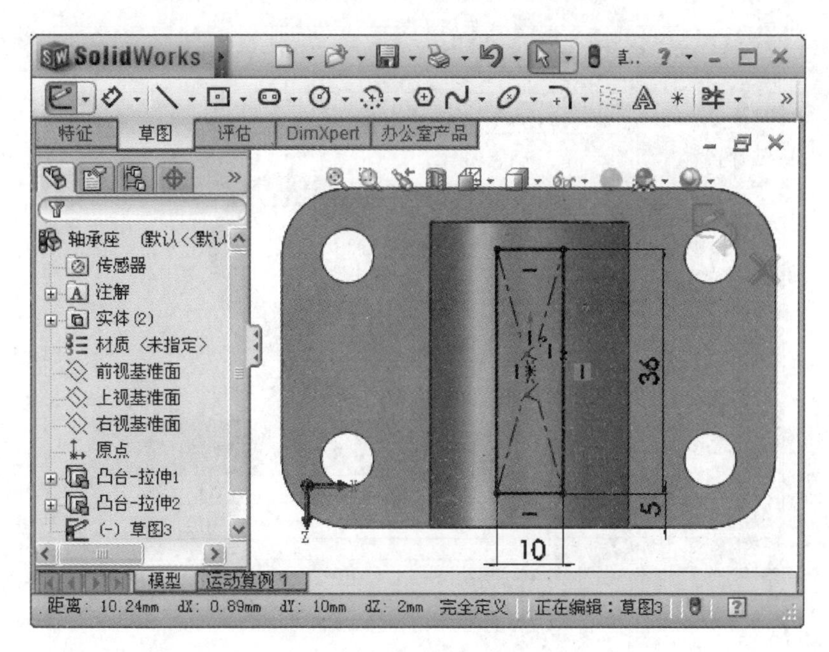

图 4.64　绘制完成的连板草图

然后，单击特征工具栏中的“拉伸凸台/基体”按钮，将方向 1 的终止条件设置为“成形到下一面”，然后单击“确定”按钮，完成连板特征的建模。

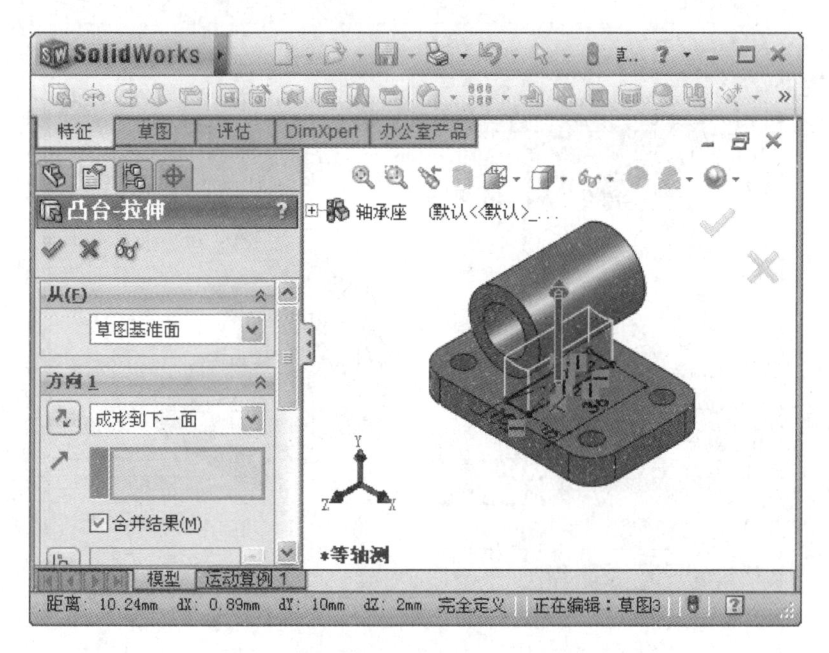

图 4.65　圆筒的拉伸参数设置(2)

第四步，以前视基准面为草图平面绘制肋板草图，构建肋板特征。

首先，选取前视面绘制一条直线，如图4.66所示，并使直线与圆筒外表面相切，标注尺寸。

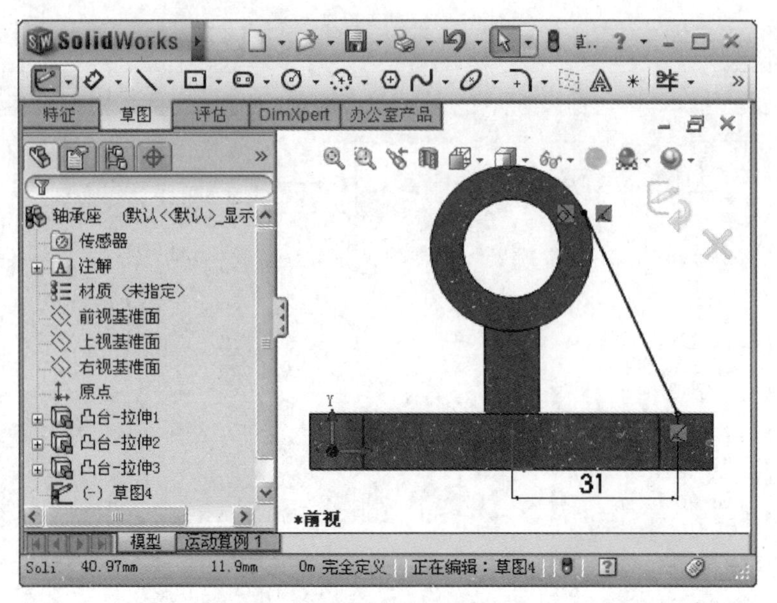

图4.66 绘制完成的肋板草图

然后，单击特征工具栏中的"筋"按钮，在如图4.67所示的参数设置对话框内选取"两侧"选项，在筋厚度输入对话框中填写5mm，拉伸方向选取"平行于草图"，勾选"反转材料方向"，单击"确定"按钮，生成右侧的肋板。

图4.67 肋板参数设置

左侧肋板使用镜向方法生成。其操作方式如下：选取右视基准面，单击特征工具栏中的“镜向”按钮，单击图 4.68 中所示的“要镜向的特征”选取对话框，再单击工作区中特征树下的“筋 1”节点，单击“确定”按钮完成镜向操作，结果如图 4.69 所示。

图 4.68　镜向参数设置

图 4.69　肋板特征结果

第五步，以圆筒前表面为草图平面绘制连接板草图，构建连接板特征。

在圆筒前表面内绘制草图，如图4.70所示。然后按10mm深度拉伸生成连接板，如图4.71所示。

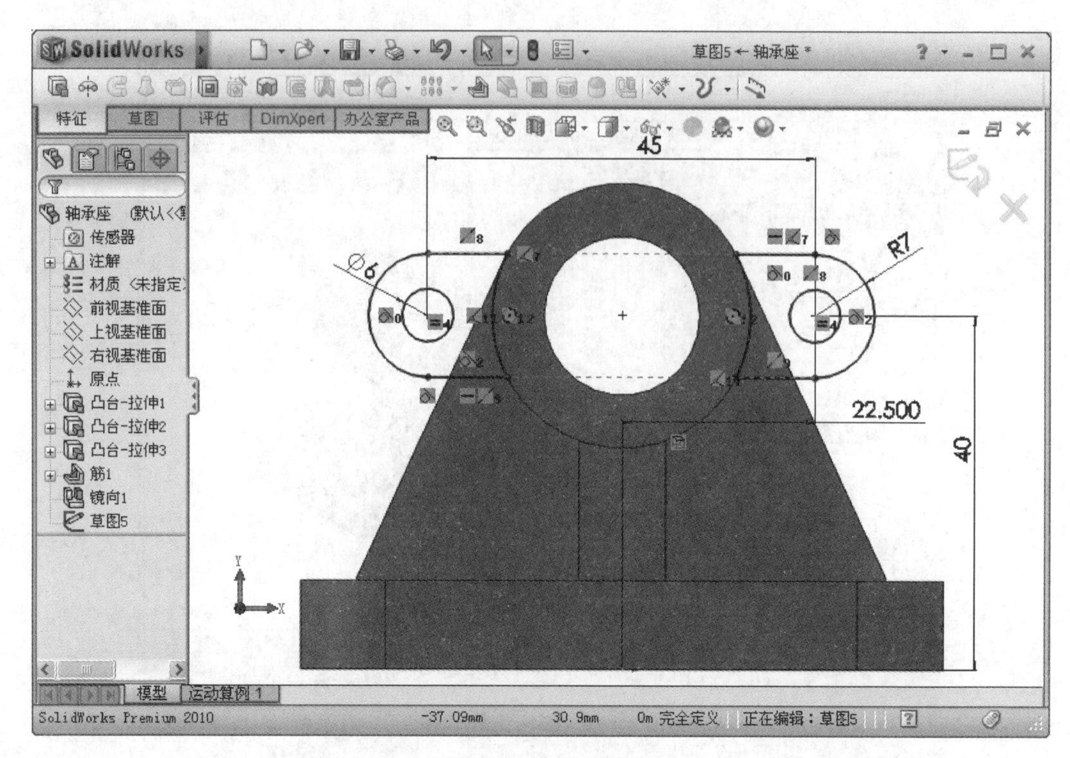

图4.70　连接板草图

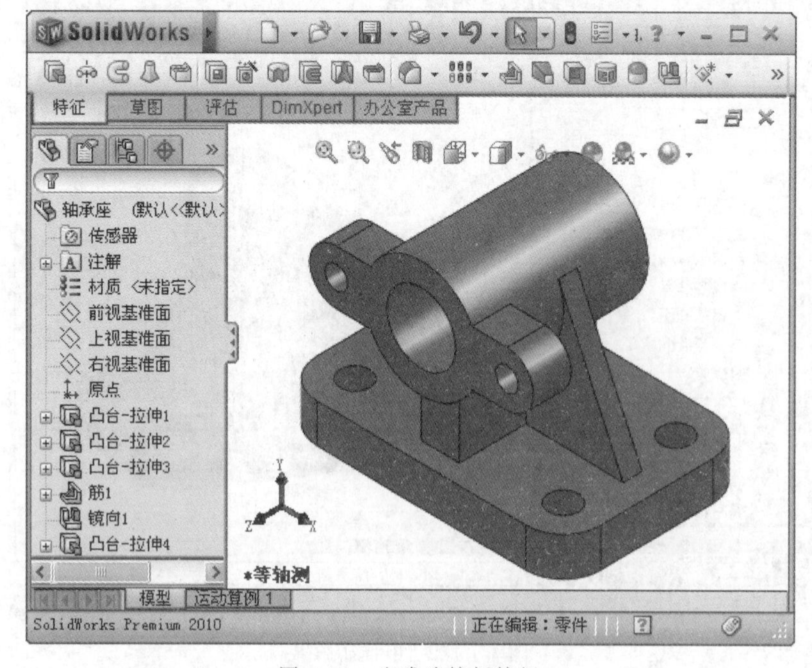

图4.71　生成连接板特征

第六步，构建凸台特征。

首先，在上视基准面上绘制一圆，其直径为 15mm，并使其圆心与坐标原点重合。

其次，单击特征工具栏中的“拉伸凸台/基体”按钮，在图 4.72 所示的“开始条件”列表中选取“等距”，并在其下的输入对话框中输入等距值为 60mm，这样就确定了凸台上端面到底板底面的距离。在“终止条件”列表中选取“成形到一面”，单击“面/平面”对话框，用鼠标选取圆筒外表面，单击“确定”按钮，创建凸台特征。

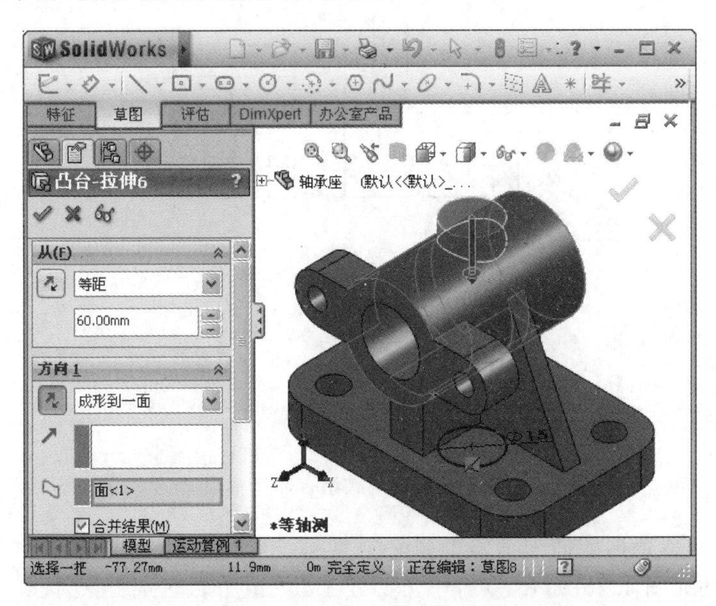

图 4.72　凸台特征参数设置

最后，以凸台上表面为草图平面，绘制一直径为 8mm 的同心圆，使用“拉伸切除”按钮，生成小孔特征。

至此，完成了轴承座的三维建模工作，结果如图 4.73 所示。

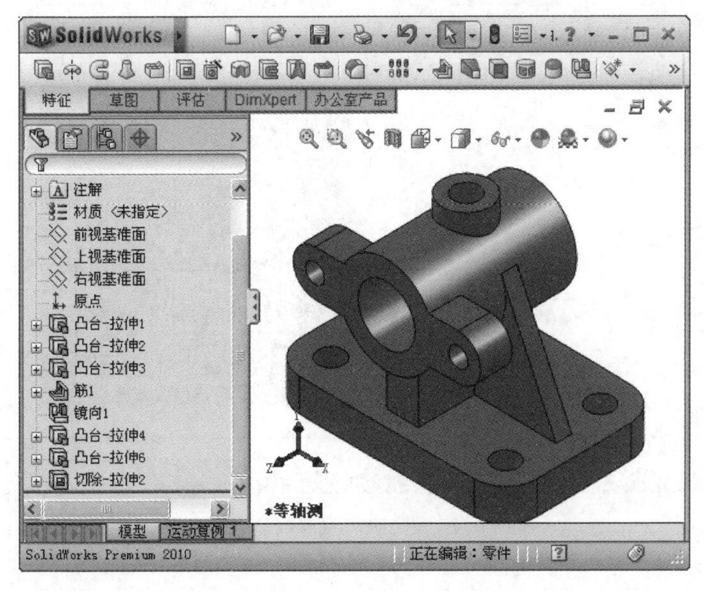

图 4.73　轴承座

Video

2. 切割式组合体的建模

第一步，图 4.74 所示的切割式组合体是在长方体的基础上切割而得的，因此，首先在上视基准面上绘制长、宽分别是 50mm、40mm 的矩形，然后按 50mm 深度拉伸，得到长方体特征。

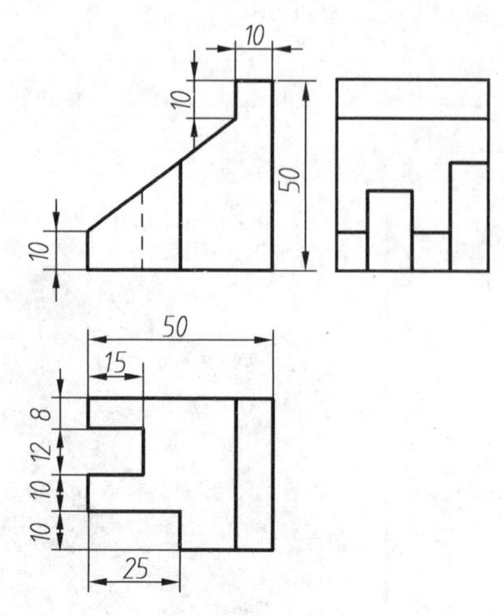

图 4.74 切割式组合体三视图

第二步，以长方体前表面为草图平面绘制草图，切除长方体左上角。首先，在长方体前表面上绘制草图如图 4.75 所示，然后单击特征工具栏上的"拉伸切除"按钮，单击"确定"按钮，生成切割特征如图 4.76 所示。

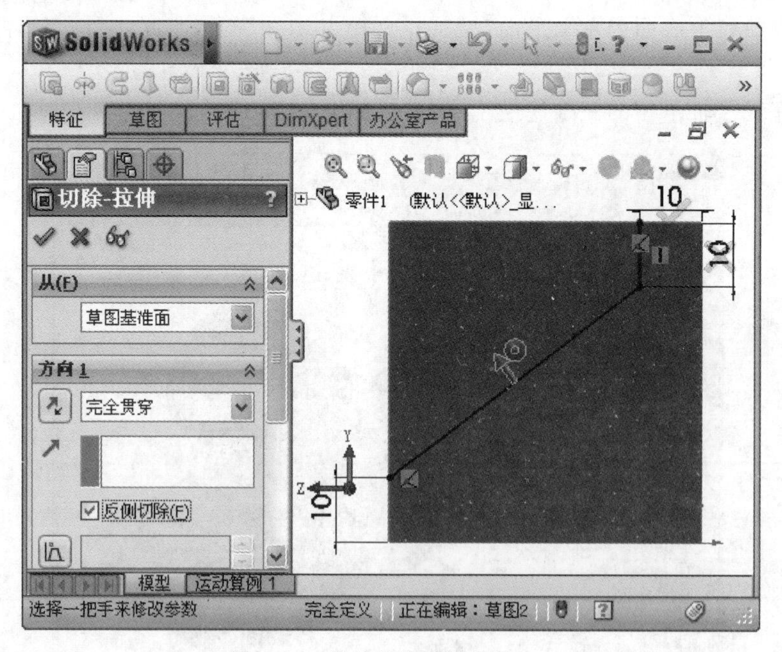

图 4.75 拉伸切除参数设置(1)

图 4.76　生成切割特征(1)

第三步，切除立体右前方的缺口。在立体下表面上绘制一矩形，其长、宽分别是 25mm、10mm。然后单击特征工具栏中的“拉伸切除”按钮，终止条件设置为“完全贯穿”，如图 4.77 所示。单击“确定”按钮，生成特征如图 4.78 所示。

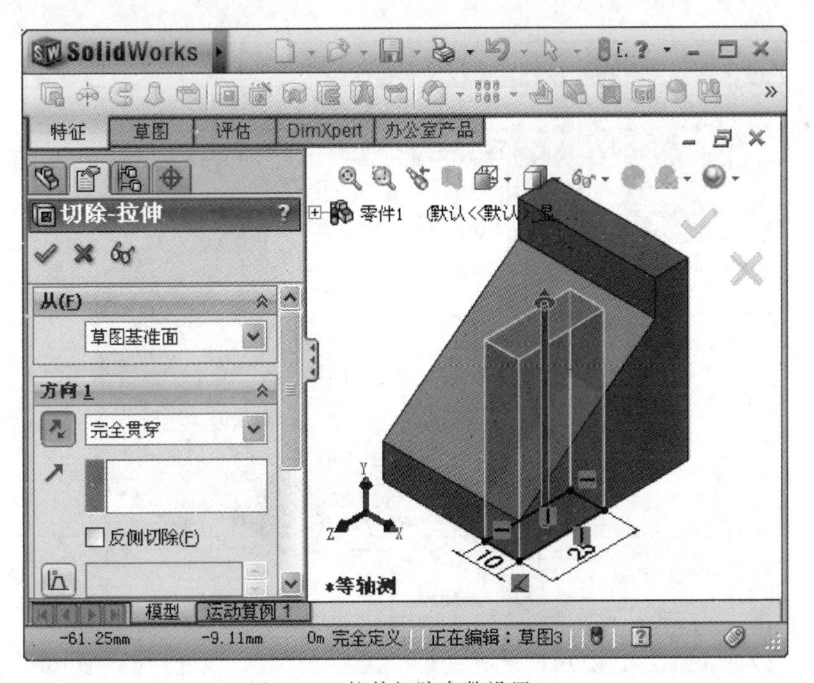

图 4.77　拉伸切除参数设置(2)

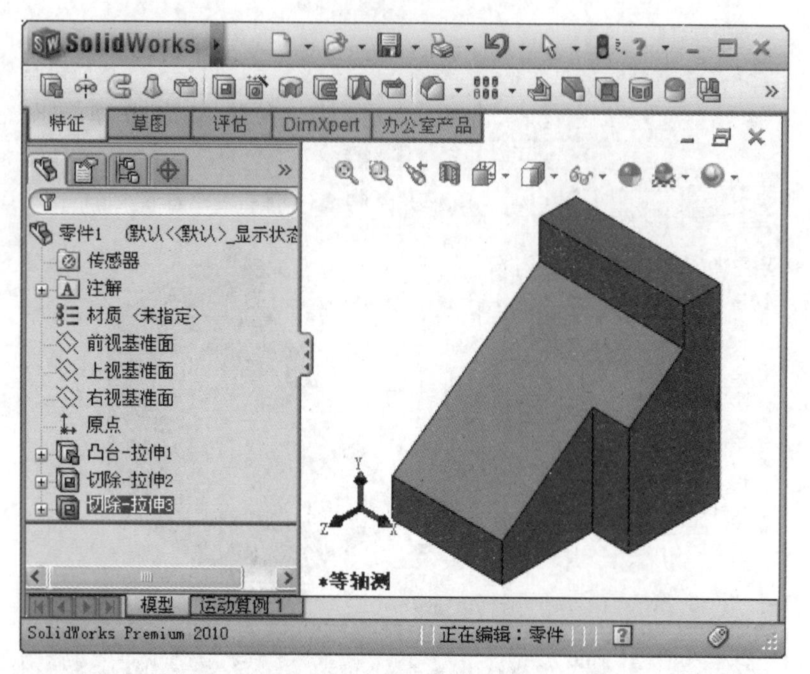

图 4.78 生成切割特征(2)

第四步，在立体左侧中间开槽。在立体下表面上绘制一矩形，其长、宽分别是15mm、12mm。然后单击特征工具栏中的“拉伸切除”按钮，终止条件设置为“成形到下一面”或“完全贯穿”，如图4.79所示。单击“确定”按钮，生成特征如图4.80所示。

至此，完成该组合体的三维建模。

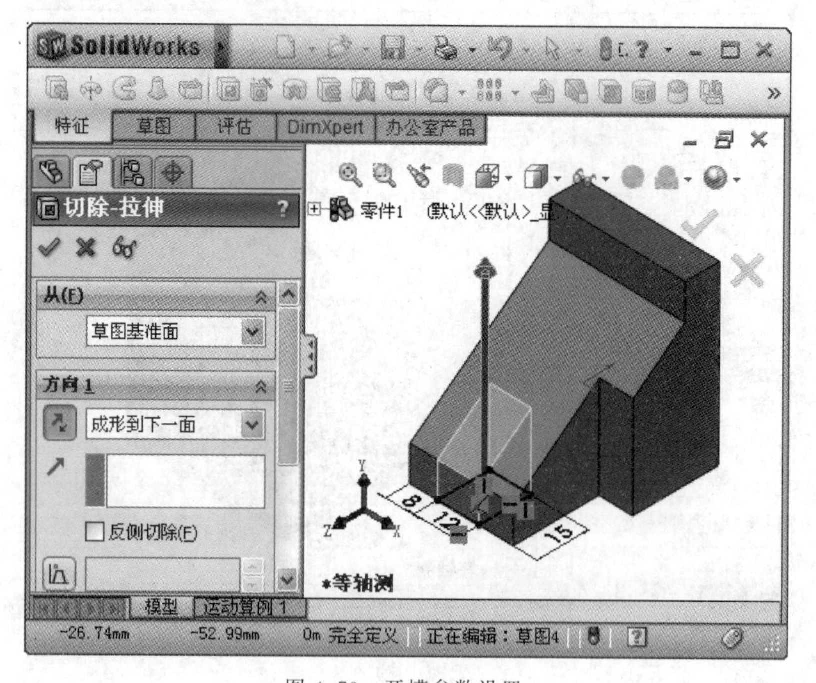

图 4.79 开槽参数设置

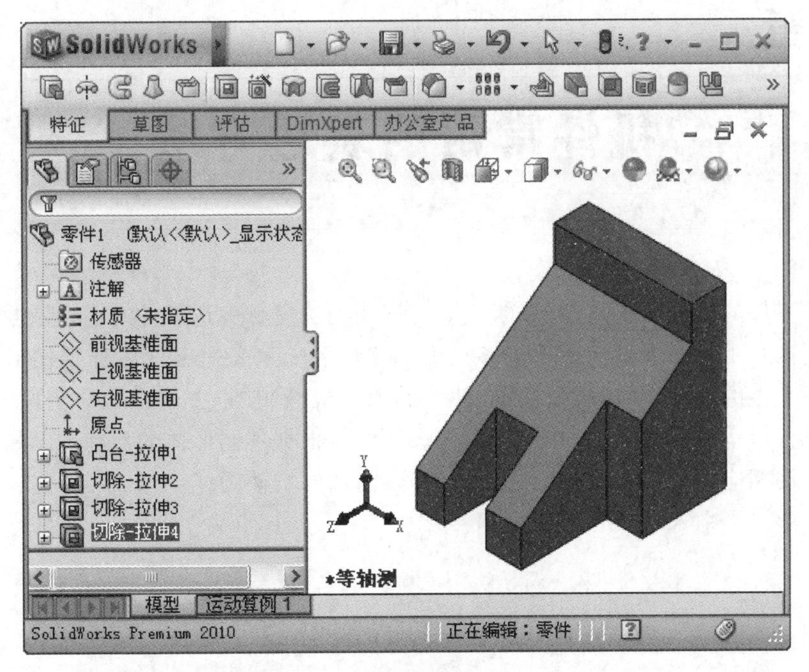

图 4.80　生成切割特征(3)

第 5 章

机件常用的表达方法

机器上零件的结构形状复杂多样，仅用三视图无法完整表达零件结构，且在很多情况下会产生表达内容重复。为了使图样能够正确、完整、清晰地表达零件内外结构形状，排除视图表达可能产生的歧义理解，国家标准《技术制图》《机械制图》中规定了绘制机械图样的基本方法和零件形状的表达方法，在实际图样表达中应根据不同形体的形状和结构特点，灵活而合理地运用相应的表达方法，绘制完整、清晰、简洁的机件图样。

5.1 视　　图

《机械制图 图样画法 视图》(GB/T 4458.1—2002)规定：机件外形视图表达有基本视图、向视图、局部视图和斜视图四种。

5.1.1 基本视图

向基本投影面投射所得的视图称为基本视图，如图 5.1 所示。在原有 H、V、W 三投影面的基础上，将机件置于六面体中间，按六个基本投射方向分别向六个基本投影面作正投影，投影后再将空间六个基本投影面展开，展开的规则是：正面固定不动，其余五个投影面按图 5.1 中箭头所示方向旋转到与正面重合在一个平面上，即得到如图 5.2 所示的六个基本视图。除了前面介绍的三个基本视图(主视图、俯视图、左视图)外，新增加的三个视图分别是：

右视图——从右向左投射所得的视图，反映形体右端面及其后结构；

仰视图——从下向上投射所得的视图，反映形体底面及向上的结构；

后视图——从后向前投射所得的视图，反映形体后面及向前的结构。

六个基本视图之间仍然保持着与三视图相同的投影规律(图 5.2)，即长对正、高平齐、宽相等。此外，除后视图以外，各视图靠近主视图的一边，均表示机件的后面，远离主视图的一边均表示机件的前面。

虽然机件可以用六个基本视图来表示，但实际应用中应按需选用：主视图不可缺少，再优先选用俯视图、左视图，并应在完整、清晰表达的前提下追求用图量最少，图样最简。

图 5.3 所示为一个壳体机件，其主要结构集中在内腔和两个端面上，按基本三视图表达时，会出现俯视图中虚线较多且表达结构与其他视图重复，左视图虚、实线重叠，而右端面的结构又无法表达等问题。图 5.4 中采用去除俯视图，而增画右视图，同时由于右视图中已表达的结构在左视图中的虚线就可省略不画。这样的图样既清晰又合理。

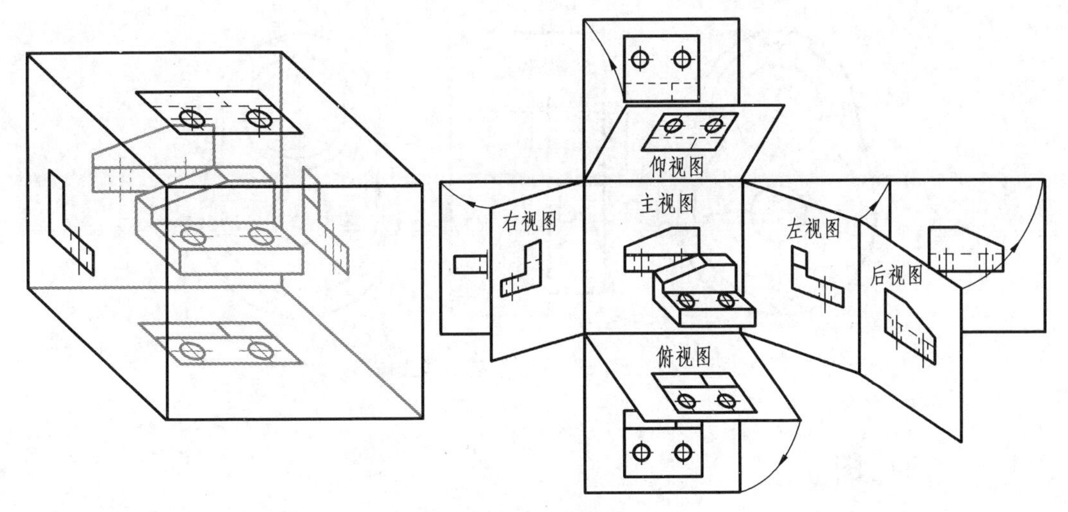

图 5.1　基本视图

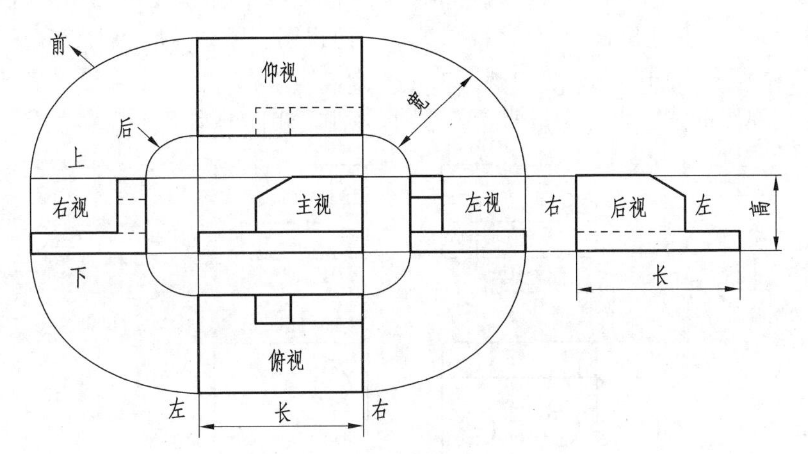

图 5.2　基本视图的投影规律

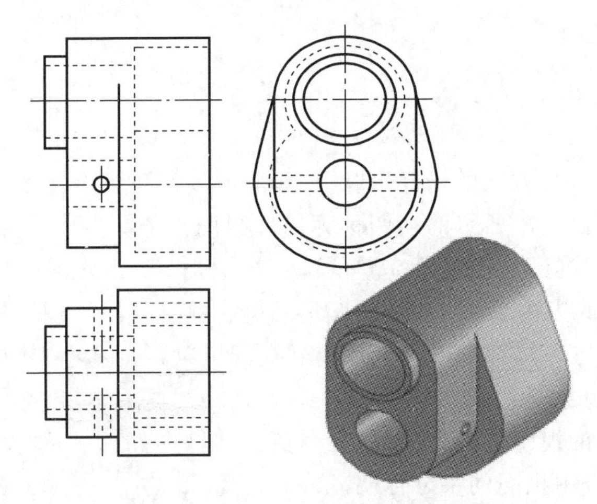

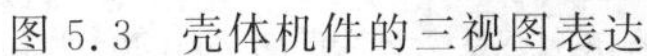
图 5.3　壳体机件的三视图表达

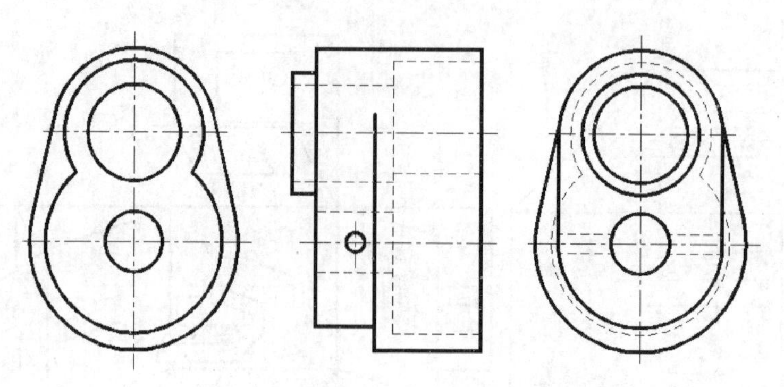

图 5.4　壳体机件的主、左、右视图表达

5.1.2　向视图

在工程图样中，为了图幅的合理利用和图样的布局匀称，某些基本视图会离开基本视图位置而配置到合适的其他位置，此时该视图被称为向视图。图 5.5 所示的仰视图可用图 5.5 的 *B* 向视图表示，标注方法为：在向视图的正上方注写×（×为大写的英文字母，如 *A*、*B*、*C* 等），在相应视图的附近用箭头指明投影方向，并注写相同的字母。

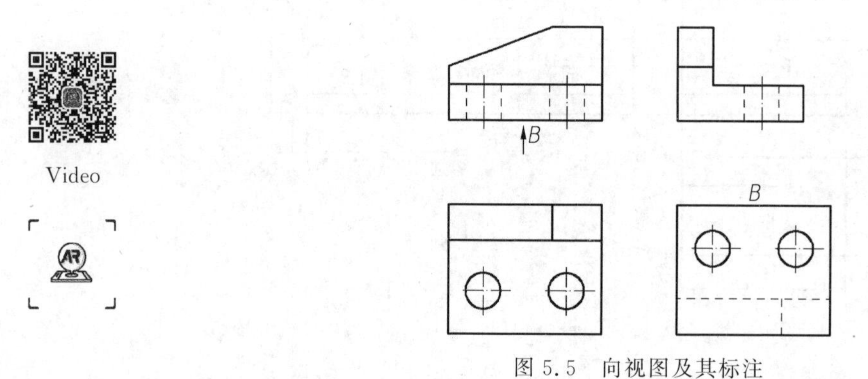

图 5.5　向视图及其标注

5.1.3　局部视图

当只需表达机件某个方向的局部形状，而没有必要画出整个基本视图时，将机件的某一局部结构向基本投影面投影所得的视图称为局部视图。如图 5.6 所示机件，用局部视图来表达左、右凸台结构。局部视图是不完整的基本视图，用波浪线表示与省略部分的分离，如图 5.6(b)中的 *A* 局部视图。当所表示的图形结构完整且外轮廓线又封闭时，则波浪线可省略，如图 5.6 中的 *B* 和 *C* 局部视图。利用局部视图可以减少基本视图的数量，使表达简洁，重点突出。

局部视图在相应的视图上用带字母（大写英文字母）的箭头表示投影的部位和投影的方向，并在局部视图上方用相同的字母标明。

局部视图应尽量按基本视图的配置方式配置，如图 5.6 中的 *A* 局部视图；也可按向视图的配置方式配置，如图 5.6 中的 *B* 和 *C* 局部视图。

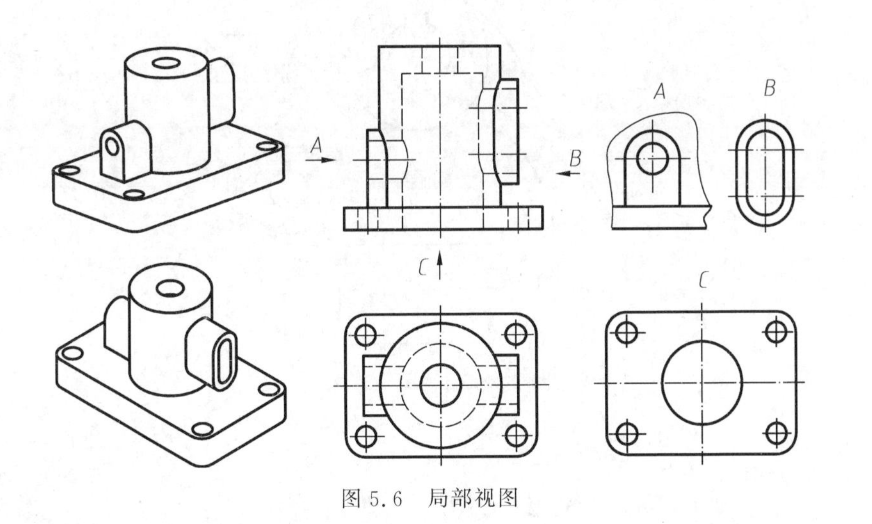

图5.6　局部视图

5.1.4　斜视图

斜视图是将机件向不平行于基本投影面的平面进行投影所得的视图。工程机件时常会出现倾斜结构，如图5.7所示，其在基本视图上的变形投影既不利于绘制和标注尺寸，也不利于读图。可选一个平行于倾斜结构的辅助投影面，将机件的倾斜部分向该投影面投影，就可得到反映倾斜结构实形的视图，即斜视图，如图5.8中的A向斜视图，不反映实形的部分可以省略不画。

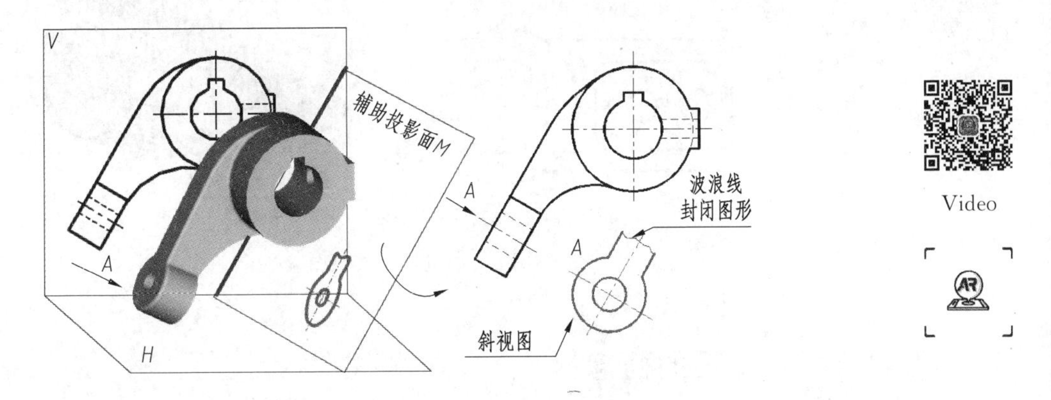

图5.7　倾斜结构零件

斜视图的标注方法与局部视图相似，一般按向视图方向进行配置和标注，也可配置在其他适当位置。为了画图方便，允许旋转斜视图，但必须在斜视图上方加注旋转标记，且表示斜视图名称的大写拉丁字母应靠近旋转符号箭头端，如图5.8中A向斜视图所示。

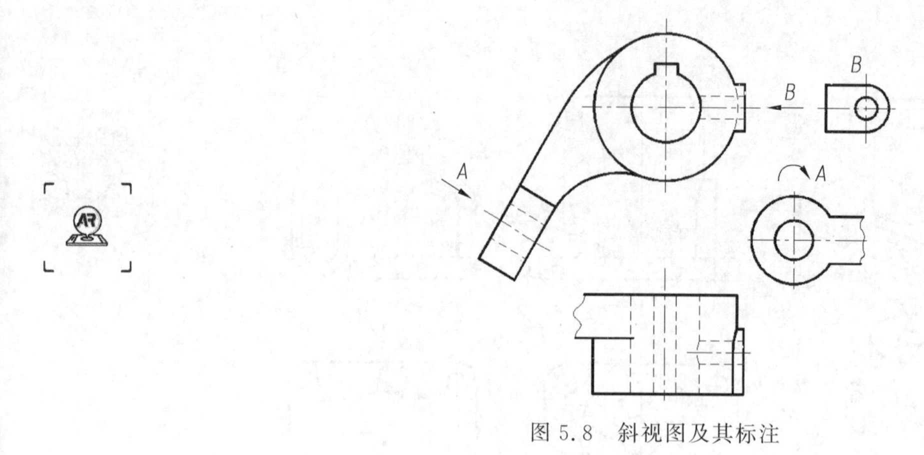

图 5.8　斜视图及其标注

5.2　剖　视　图

用视图表达机件时，机件不可见的机构（内部或背面）形状都用虚线表示，如图 5.9 所示。不可见的结构形状越复杂，视图中虚线就越多，这样就会使图形不够清晰，既不利于看图，又不便于标注尺寸。因此，为了清晰地表达机件的内部结构，需采用剖视图来表达。机件不可见的内部结构形状常采用剖视图（GB/T 17452—1998）表达。

Video

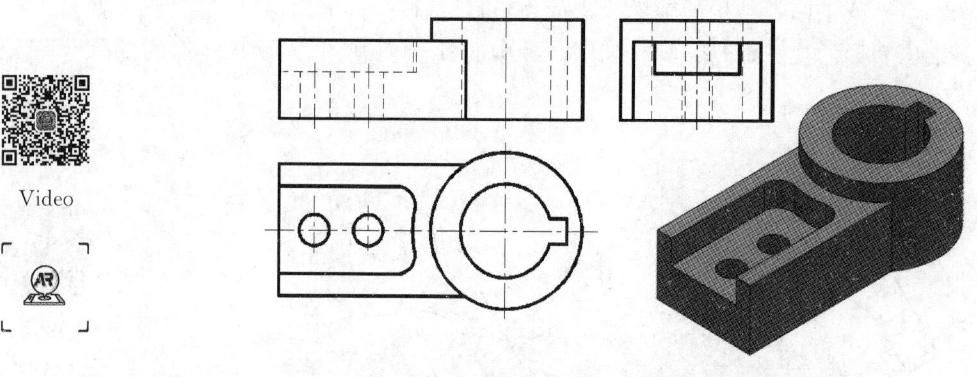

图 5.9　机件及其视图表达

5.2.1　剖视图的概念

假想用剖切平面剖开含有内部结构的机件，并将处在观察者和剖切平面之间的部分移去，而将余下的部分向投影面投影，并在剖切区域（剖切平面与机件的接触部分）画上剖切符号，所得的视图称为剖视图。这种画法将不可见结构转化为可见要素表达出来，使图样更明晰、简洁，一般不必改变表达方案。

采用剖视方法应注意以下规则：

(1) 选择剖切面的位置。一般用平面作剖切面，剖切平面通常选择平行于投影面，且尽量通过较多的内部结构(孔、槽等)的轴线或对称平面。如在图5.10中,以机件的前后对称面为剖切平面。

(2) 想象剖切后的机件。机件被剖切后,要明确被移走的形体结构,想象出剖切区域的形状及剖切平面后面的形体结构。画图时要把剖切区域和剖切面后面的可见轮廓线画完整。

(3) 剖切与移走都是假想的,仅对剖视图而言,而不对其他视图产生影响,不能将其他视图画成不完整结构的表达。

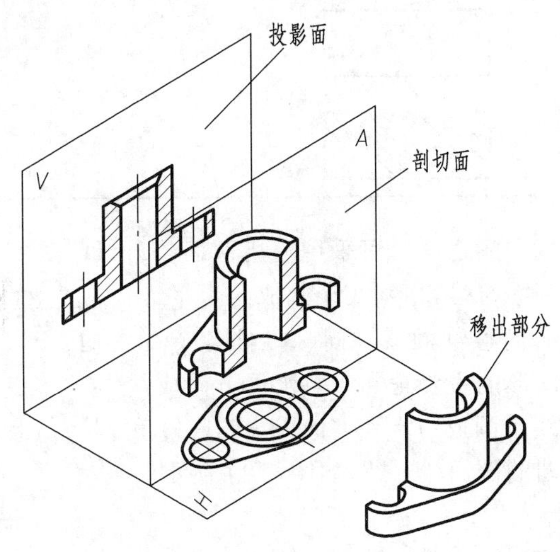

图5.10　剖视图的形成

Video

5.2.2　剖面符号

剖视图中为明晰假想剖切时形体分离而被剖切平面剖切到的区域,需要画上剖面符号。剖切平面通过的空腔处则不应画上剖切符号。

剖面符号还被赋予了表征被剖机件的材料类型的功能。常用材料的剖面符号列于表5.1。

表5.1　常用材料的剖面符号(GB 4457.5—1984)

材料类别	剖面符号	材料类别		剖面符号
金属材料(已有规定剖面符号者除外)		型砂、填砂、粉末冶金、砂轮、陶瓷刀片、硬质合金刀片等		
线圈绕组元件		玻璃及供观察用的其他透明材料		
转子、电枢、变压器和电抗器等的叠钢片		木材	纵剖面	
非金属材料(已有规定剖面符号者除外)			横剖面	

续表

材料类别	剖面符号	材料类别	剖面符号
胶合板 （不分层数）		砖	
基础周围的泥土		格网 （筛网、过滤网等）	
混凝土		液体	
钢筋混凝土			

当不需要表达特别规定的材料时可采用通用剖面符号，即非特别规定的金属材料剖面符号，用细实线画成与水平方向成45°的间隔均匀的平行线，简称剖面线。同一机件各个视图的剖面符号应相同。如果图形的主要轮廓线与水平方向成45°或接近45°时，该视图剖面线应画成与水平方向成30°或60°角，其倾斜方向仍应与其他视图的剖面线一致，如图5.11所示。

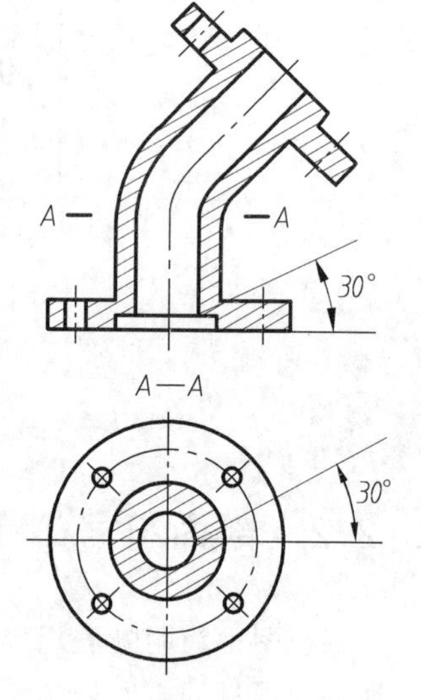

图5.11　剖面符号的画法

5.2.3　剖视图标注及画法

剖视图中剖切位置不同往往会导致剖切结果有很大差异，因此需明确注出剖视图的剖切位置。完整标注包括：剖切线、剖切符号、字母与投影箭头，并将它们标注在剖切位置明显的视图上。

剖切线是表示剖切面位置的线，用细点画线表示，在实际工程图样中较少使用。

剖切符号用来表示剖切起、迄位置和中间转折位置。起、迄位置的符号分布在视图两侧，为一对长度为5～10mm的粗实线。且在外侧画箭头表示投影方向。中间转折处应画在视图内部，尽管避免与视图粗实线相交或重叠。

字母是大写的拉丁字母，应标注在剖切符号的近处，同时需要在相应的剖视图正上方标注相对应的字母“×—×”作为剖视图的名称，字号应比尺寸字体大两号。

需要指出，因剖视图在工程图样中的普遍应用，为方便使用，剖视标注在多数情况下遵循能省则省的原则：

（1）当剖切平面通过零件的对称面或基本对称的平面，且剖视图按照投影关系配置，中间又没有其他图形隔开时，可以省略标注。

（2）当剖视图按投影关系配置，且中间又无其他图形隔开时，可以省略箭头；但在可能产生歧义理解时仍需加以标注。

画剖视图应注意如下问题：

（1）由于剖视图是假想的，当一个视图取剖视后，其他视图仍要按原来形状画出（图 5.12）。

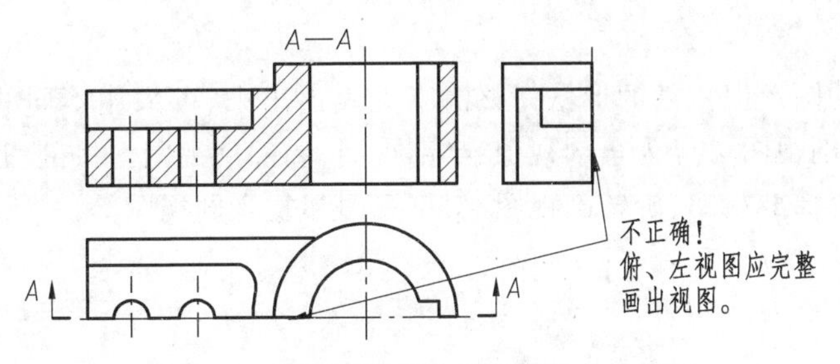

图 5.12　剖视图的其他视图表达方式不变

（2）剖视图可省略不必要的虚线，原则上不画虚线，只有对尚未表达清楚的零件结构形状才画出少量虚线（图 5.13）。在没有剖开的其他视图上，表达内外结构的虚线也按同样原则处理。

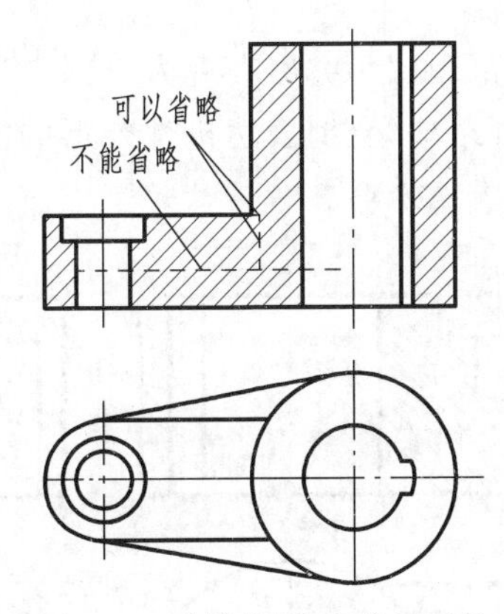

图 5.13　剖视图中虚线的画法

（3）画剖视图时，在剖切面后面的可见轮廓线必须用粗实线画出，不能遗漏，如图 5.14 所示。

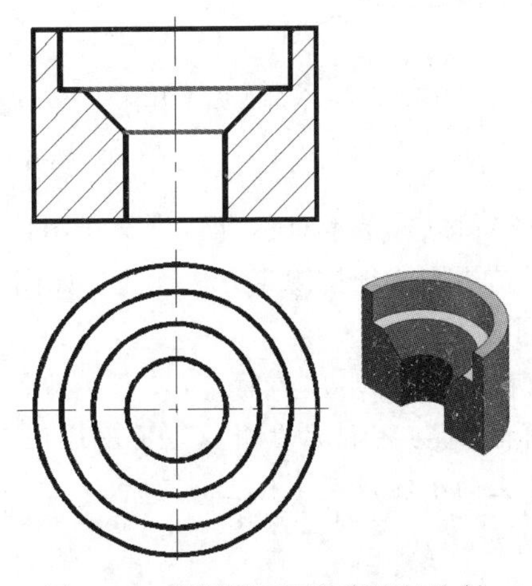

图 5.14　剖视图后面轮廓线的绘制

5.2.4 剖视图的分类

为了用较少的图形把机件的形状完整清晰地表达出来，可采用不同的剖视图画法。按剖切范围的大小，剖视图可分为全剖视图、半剖视图、局部剖视图。按剖切面的位置和方法，剖视图又可分为阶梯剖视图、旋转剖视图、斜剖视图和复合剖视图等。

1. 全剖视图

1）概念

用剖切平面完全地剖开机件后投影所得的剖视图称为全剖视图。

2）适用范围

当机件的外形比较简单（或外形已在其他视图上表达清楚），内部结构较复杂时，常采用全剖视图来表达机件的内部结构。

如图5.15中的主视图为全剖视图。突出表现为全剖表达机件内部形状的能力非常强大。但由于其剖切后移走了前部结构，全剖表达机件外形的能力就比较弱。当外形比较复杂时，需要通过其他视图来补充表达外形。

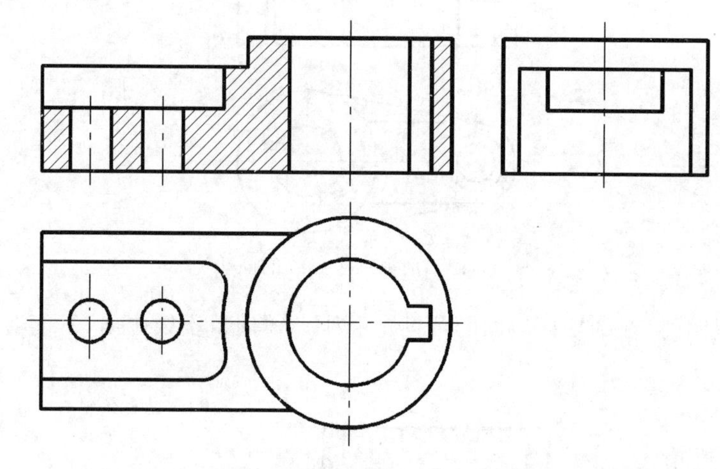

图5.15 全剖视图及其标注

3）标注

当剖切平面通过机件的对称（或基本对称）面，且剖视图按投影关系配置，中间又无其他视图隔开时，可以省略标注，否则必须按规定方法标注。如图5.15中的主视图，由于剖切平面通过对称面，所以省略了标注。

【例5.1】 图5.16(a)所示结构外形比较简单，但内部结构比较复杂，在三个视图方向上均形成了较复杂的虚线网格，十分不利于看图。为了表达侧垂阶梯孔，主视图取全剖视；左视图取全剖视以表达塔耳上的小孔以及主体上正垂的小孔；机件左侧两沉孔也取全剖的右视图表达，如图5.16(b)所示。

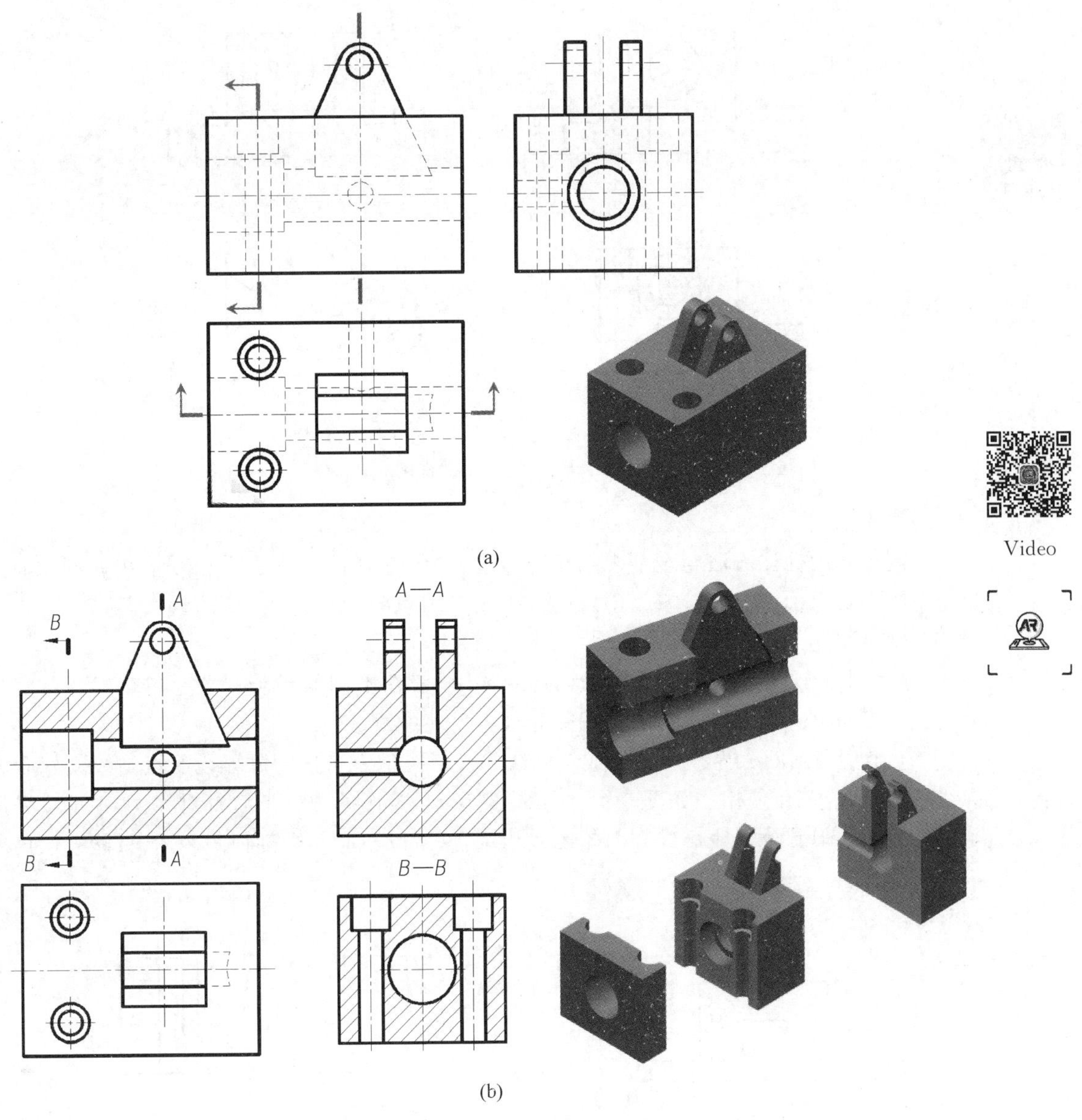

图 5.16　压块全剖视图

2. 半剖视图

1）概念

图 5.17(d)所示机件的前后、左右都有内孔，机件前面有个凸台，如果主视图用图 5.17(c)所示的普通视图表达，则虚线过多，视图不够清晰；如果主视图用全剖视图表达，见图 5.17(b)，则其前面的凸台无法表达。根据该零件对称的特点，可取半个视图表达外形和半个剖视图表达内形合成一个图形，以表达其内外结构。如图 5.17(a)所示，当机件具有对称平面时，以对称中心线为界，一半画成剖视图，另一半画成视图，这种表达方法的剖视称为半剖视图。当机件的形状基本对称，且不对称部分已另有图形表达清楚时，也可以画成半剖视图。

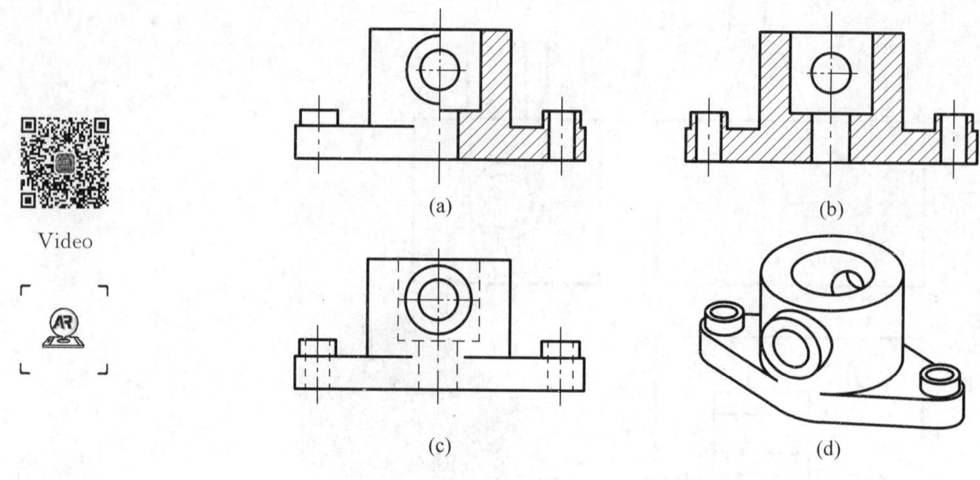

图 5.17　半剖视图

2）标注

半剖视图的标注方法与全剖视图相同。起、迄线通常都绘制在图样以外，单一剖切面的半剖视图不可以标注成起、迄线符号垂直(图 5.18)的错误标注。

3）画半剖视图应注意的问题

（1）在半剖视图上已表达清楚的内部结构，一般在不剖的半个视图上省略虚线。实际上，在引入剖视图概念后，规范的工程图样很少出现虚线。

（2）半剖视图的分界线规定画成点画线以表示对称。当作为分界线的点画线刚好和轮廓线重合时，应避免使用。如图 5.19 所示主视图，尽管图的内外形状都对称，似乎可以采用半剖视表达。但其分界线恰好和内轮廓线相重合，所以不应用半剖视图表达，只能采取局部剖视图表达。

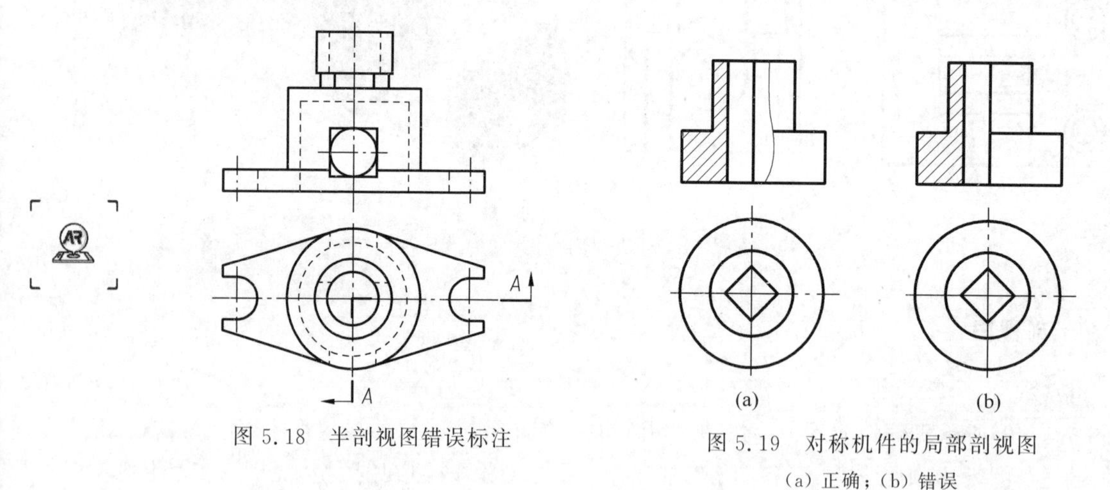

图 5.18　半剖视图错误标注

图 5.19　对称机件的局部剖视图

(a) 正确；(b) 错误

【例 5.2】 图 5.20 所示机件采用 A—A 剖视图后其前面的外形结构将会失去。由于该机件在主视图方向上具有左右对称结构，因此，主视图采用 A—A 剖＋外形视图的表达方式可以完整地将该方向的内外形结构表达出来。由于左侧的内形在右侧剖视部分已表达

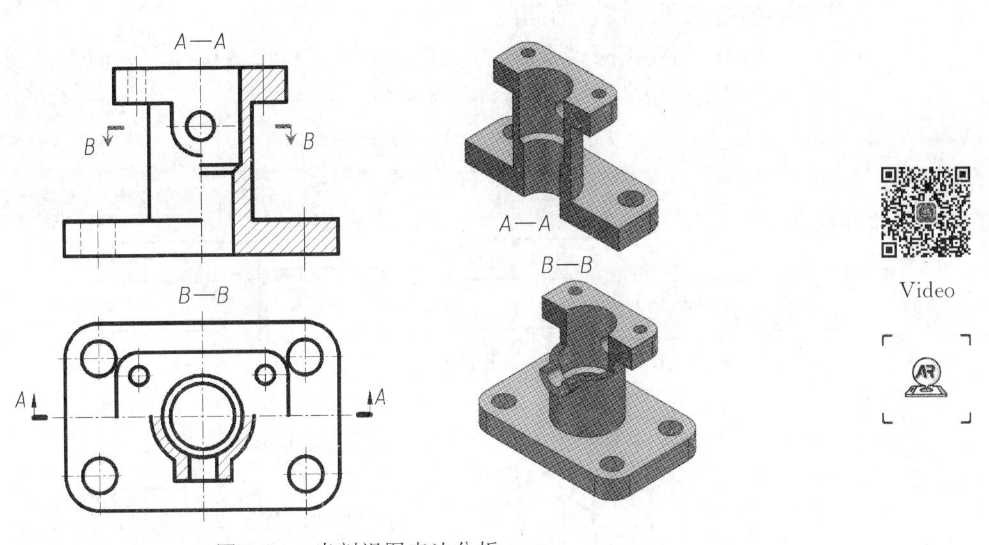

图 5.20　半剖视图表达分析

清楚,故其虚线可省略。该机件的俯视图同样左右对称、前后对称,为表达内形,采用 $B—B$ 剖来表达凸台内腔与中间通孔的连通关系。

3. 局部剖视图

1) 概念

用剖切平面局部地剖开机件所得的剖视图称为局部剖视图,如图 5.21 所示。

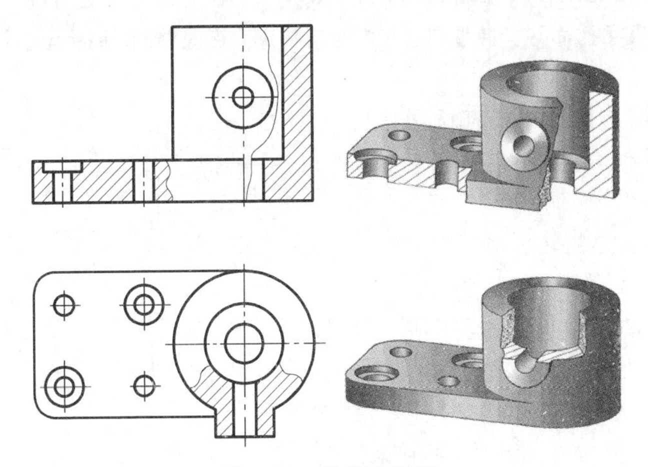

图 5.21　局部剖视图

2) 适用范围

局部剖视图适用于机件的局部内部形状需要表达,而没有必要画成全剖视图或不宜画成全剖视图(机件的局部外形需要保留),又不能画成半剖视图(机件不具备对称或基本对称的条件)的场合。

3) 标注

如果局部剖视图的剖切位置非常明显,则可以不标注,如图 5.21 所示。

4）画局部视图应注意的问题

(1) 画局部剖视图时，剖切平面的位置与范围应根据机件需要而决定，剖开部分与视图之间的分界线用波浪线分开。波浪线表示机件断裂痕迹，如图 5.22(c)所示的局部剖，其正确的表达方法如图 5.22(a)所示。

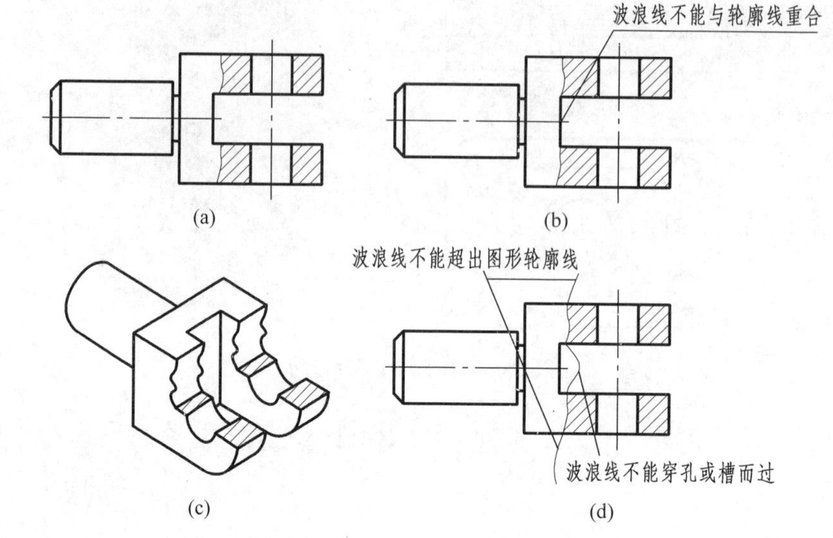

图 5.22　局部视图中波浪线的画法

画波浪线应注意以下各点：

① **波浪线不能超出图形轮廓线**，图 5.22(d)中的波浪线画法是错误的。

② **波浪线不能穿孔而过**，如遇到孔、槽等结构时，波浪线必须断开。图 5.22(d)中的波浪线画法是错误的。

③ **波浪线不能与图形中任何图线重合**，也不能用其他线代替或画在其他线的延长线上。图 5.22(b)中的波浪线画法是错误的。

(2) 当被剖结构是回转体时，可以将该结构的轴线作为剖切部分的分界线，如图 5.23 所示。

(3) 局部剖视图非常灵活，运用适当，可以使图形简洁明了。当实心机件上有孔、槽时，应采用局部剖视图来表示这些结构。但在一个视图中，如果局部剖视图的数量过多，就会使图形显得支离破碎，不利于读图。

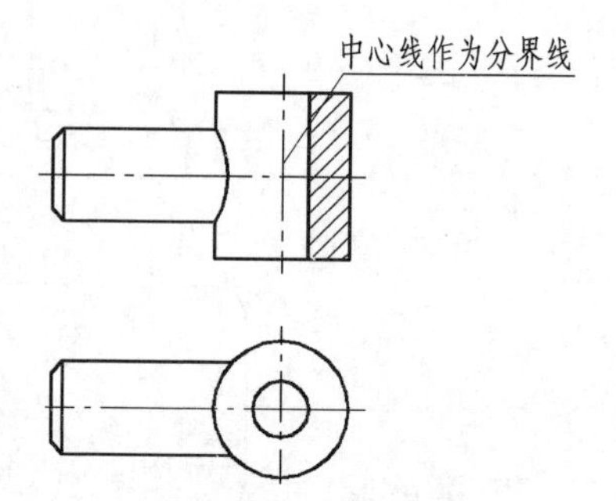

图 5.23　中心线作为分界线

【例 5.3】 图 5.24 所示壳体类机件兼有内形与外形特征需要表达。在主视图中前端的法兰盘结构需要保留，同时采用局部剖视图表达其内腔的通孔结构，由于通孔结构已比较明确，相关的虚线可省略；俯视图中采用局部剖将接管法兰剖开以表示其孔与壳体内腔相连通的局部内形结构(图 5.25)。由于局部剖的剖切平面位置都比较清晰，因此这里的剖视标注可以省略。最后还需要增加 A 向局部视图以补充未表达清楚的 U 形槽结构。

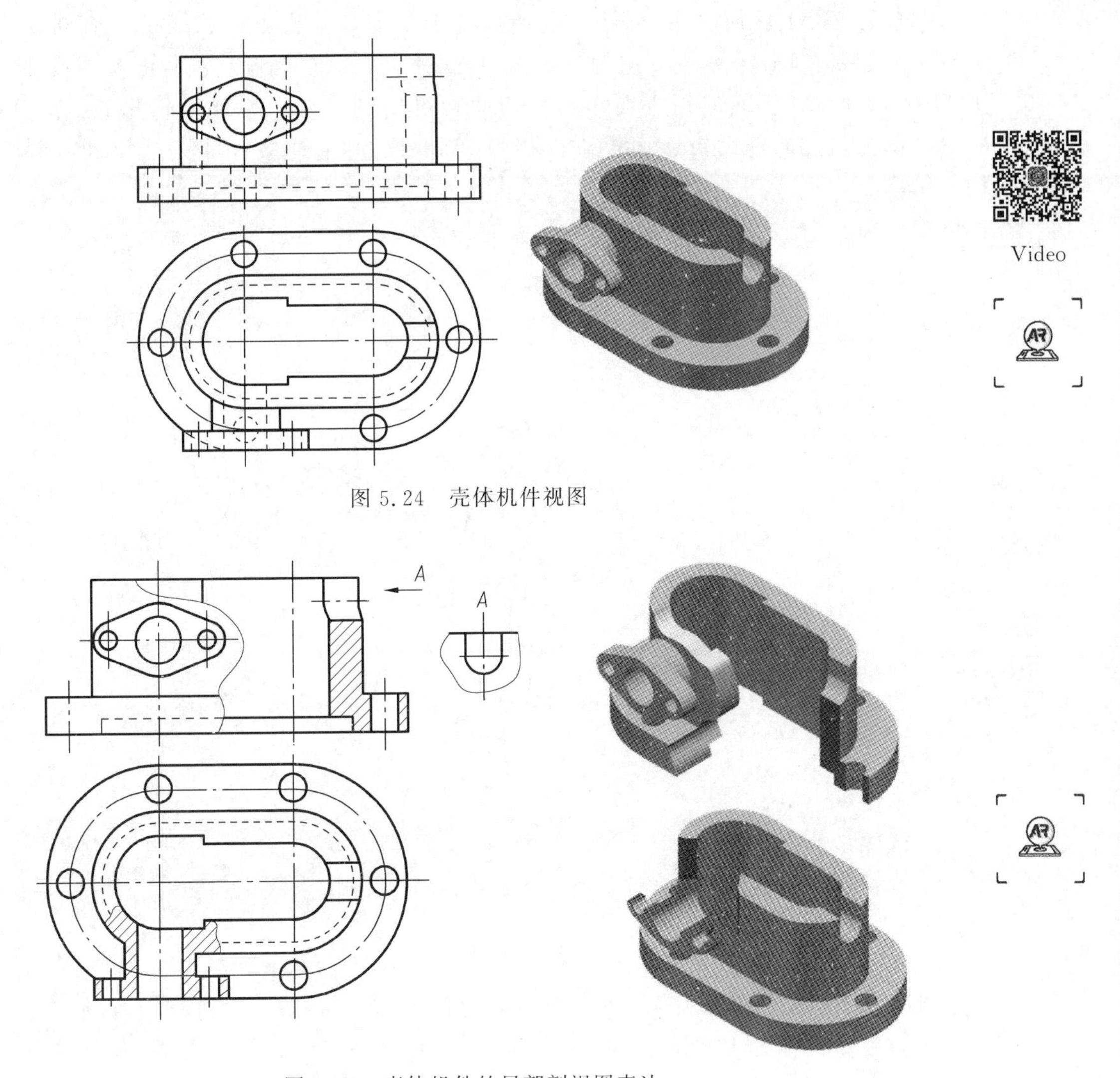

图 5.24　壳体机件视图

图 5.25　壳体机件的局部剖视图表达

5.3　剖切面的种类

在画剖视图时，可以根据机件的结构特点，选用不同的剖切面和剖切方法来表达。常见的有单一剖切平面、几个互相平行的剖切平面、两个相交的剖切平面、组合的剖切平面等。

1. 单一剖切平面

用一个剖切平面剖开机件的方法称为单一剖切面。

(1) 平行于基本投影面的剖切面，前面介绍的全剖视图、半剖视图、局部剖视图实例均是用单一剖切平面剖切得到的，这种方法应用最多。

（2）不平行于任何基本投影面，但却垂直于一个基本投影面的剖切平面剖开机件的方法称为斜剖视图。图5.26中的$B—B$剖视，为了表达接管倾斜法兰的实形及凸台上孔的形状，取通过孔轴线的正垂面作为剖切面将机件剖切开。移走切开的下半部分机件，将剩余部分机件向辅助投影面投影，得到一斜剖视图，它主要用来表达机件倾斜部分的内部结构。

Video

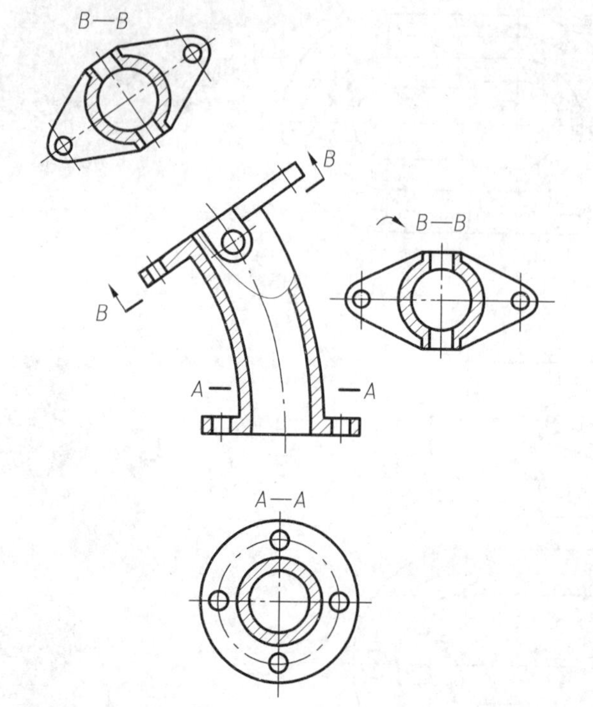

图5.26 斜剖视图

斜剖视图一般放置在箭头所指的方向，也可放置在其他位置，必要时允许旋转，但要在剖视图的上方用旋转符号指明旋转方向并标注字母，如图5.26所示的$B—B$剖。斜剖视图的标注内容不能省略，需完整标注剖视图名称、剖切位置与投影方向。

2. 几个互相平行的剖切平面

用两个或多个互相平行的剖切平面把机件剖开的方法称为阶梯剖。如图5.27所示，当机件上孔、槽的轴线或对称面位于若干相互平行的平面时，可以用阶梯剖视图来表示。

画阶梯剖视图时，应注意下列几点：

（1）阶梯剖视图必须标注，如图5.27所示。在剖切平面的起始、转折和终止处画出剖切符号（即粗短线）表示剖切位置，且转折处必须是直角，并标注相应的字母“×”；在剖切符号两端用箭头表示投影方向（若剖视图按投影关系配置，中间又无其他图形隔开时，可省略箭头）；在剖视图上方用相同的字母标出相应的名称“×—×”。

（2）为了表达孔、槽等内部结构的实形，几个剖切平面应同时平行于同一个基本投影面。

（3）在剖视图上，不应画出两个平行剖切平面转折处的投影，如图5.28(a)所示。

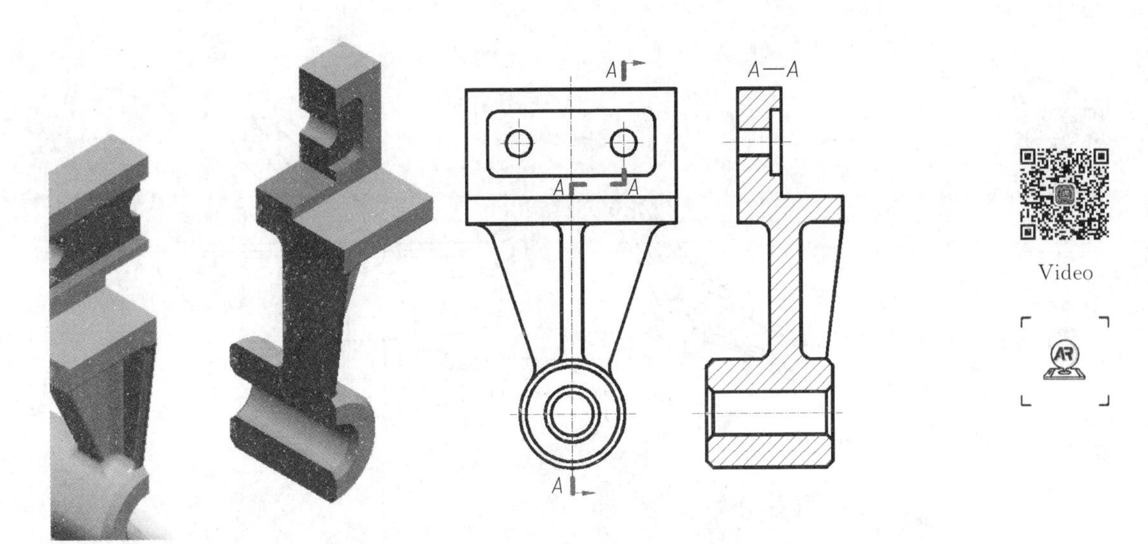

图 5.27　阶梯剖视图

(4) 两个剖切平面的转折处，不允许与零件上的轮廓线重合，如图 5.28(b)所示。

(5) 要正确选择剖切平面，在剖视图中不应出现不完整的要素，如半个孔、不完整的肋板等，如图 5.28(c)所示。

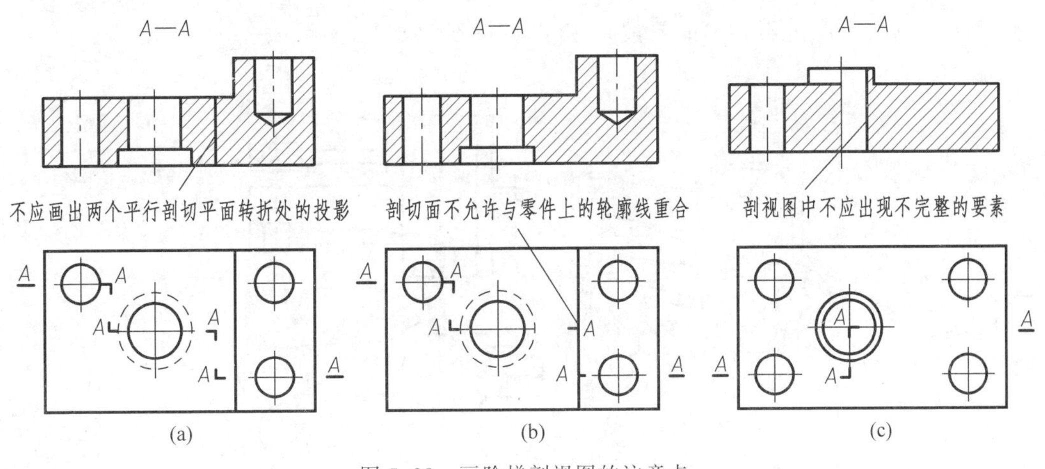

图 5.28　画阶梯剖视图的注意点

3. 两个相交的剖切平面

如图 5.29 所示，当机件的内部结构形状用一个剖切平面不能完整表达，而机件又具有同一回转轴线时，可用两个相交的剖切平面(交线垂直于某一基本投影面)剖开机件，并将倾斜部分的被剖结构绕公共轴线旋转到与投影面平行的位置，然后再进行投影的方法称为旋转剖。如图 5.29 所示的摇臂，可以用旋转剖视表达。

与阶梯剖相似，在剖切平面的起、迄、转折处应标注剖切符号(即粗短线)与相应的字母“×”；在剖切线首尾处画出箭头表示投影方向，箭头必须垂直于剖切位置线；在对应的剖视图上方标注其剖视图名称“×—×”。

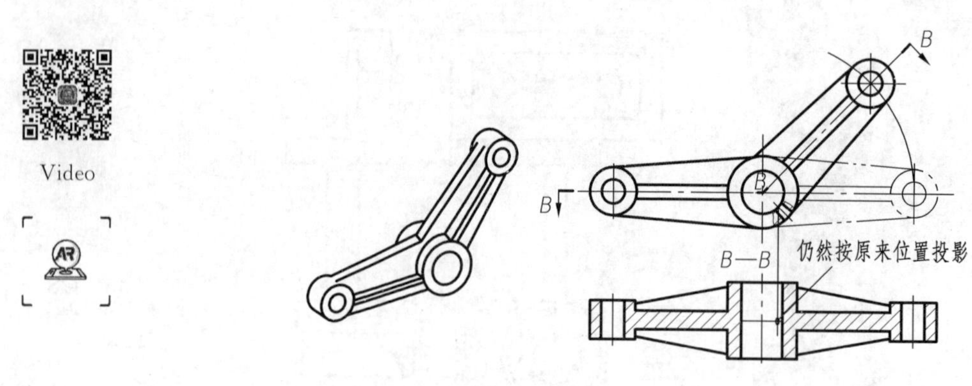

图 5.29 两相交的剖切平面剖切

画旋转剖视图时应注意以下几点：

(1) 旋转是假想的，在绘制其他视图时，机件仍然按其初始位置投影；剖切面的相交处不应画出不存在的交线。

(2) 当倾斜剖切面通过机件中某结构的对称面或轴线时，该结构应旋转后投影；在剖切平面后的其他结构，一般仍应按原来位置投影，图 5.29 所示的 B—B 剖视图中小圆孔的画法。

(3) 当剖切后产生不完整的要素时，该部分按不剖处理，如图 5.30 所示。

Video

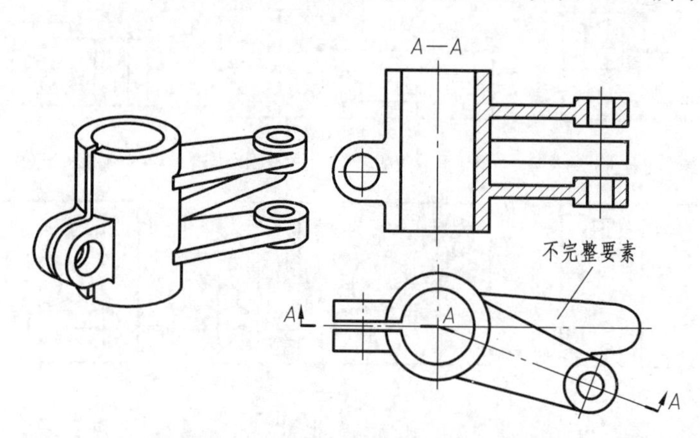

图 5.30 剖切后产生不完整的要素时的画法

4. 组合的剖切平面(复合剖)

当机件的内部结构比较复杂，用阶梯剖或旋转剖仍不能完全表达清楚时，可以采用以上几种剖切平面的组合来剖开机件，称为复合剖。

如图 5.31(a)所示的机件，为了在一个图上表达各孔、槽的结构，采用了复合剖视，如图 5.31(b)所示。要特别注意复合剖视图中的标注方法，应绘制完整的标注。采用展开画法时，应标注“×—×展开”，如图 5.32 所示。

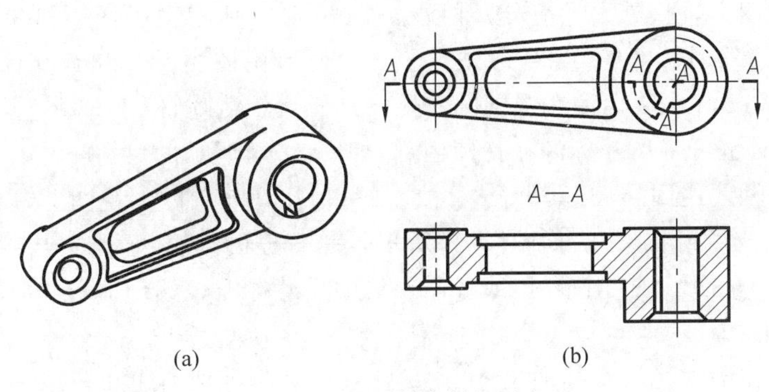

图5.31　机件的复合剖视图之一

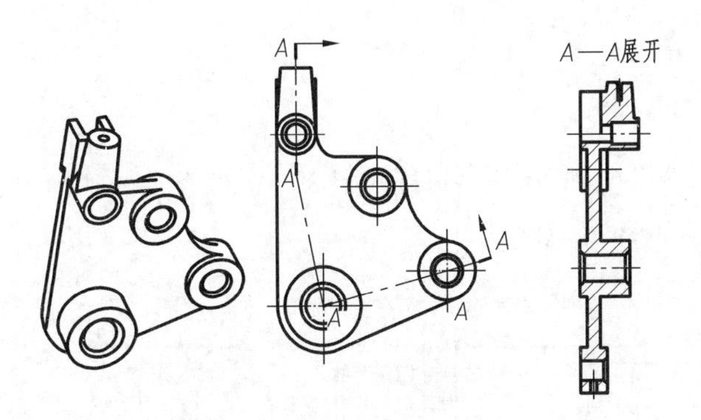

图5.32　机件的复合剖视图之二

5.4　剖视图的尺寸标注

除前面已讲过的尺寸标注要满足正确、齐全、清晰的要求外，在剖视图上标注尺寸还应注意以下几点：

(1) 当采用半剖视图或局部剖视图时，若某内部尺寸(如直径)不能完整地标注出来，则尺寸线应略画超出对称线、回转轴线或波浪线(均为图上的分界线)，此时仅在尺寸线的另一端画出箭头，如图5.33所示的直径尺寸$\phi 22$和$\phi 10$。

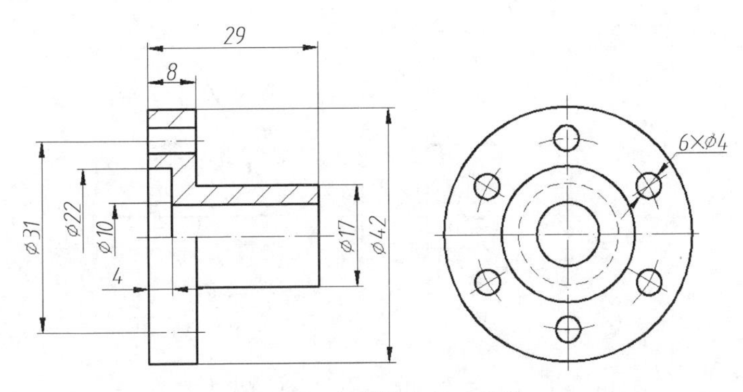

图5.33　剖视图的尺寸标注

（2）在剖视图上，内、外尺寸应分开标注。如图5.33所示主视图中，表示内孔长度的4标注在下方，表示外形长度的8、29标注在上方；表示孔径的ϕ22和ϕ10标注在视图的左边，表示外径的ϕ17和ϕ42标注在视图的右侧。这样比较清晰，便于看图。尺寸一般标注在视图外围，必要时也可将尺寸标注在视图内部，如图5.33所示的尺寸4。

（3）在同一轴线的回转体，其直径尺寸应尽量标注在非圆的剖视图上，以避免在投影为圆的视图上标注成放射状尺寸，如图5.33所示表示直径的5个尺寸。但在特殊情况下，当在剖视图上标注直径尺寸有困难时，或者需要借助尺寸标注表达形体形状时，也可以标注在投影为圆的视图上。

（4）如必须在剖视区域中标注尺寸，在尺寸数字处应将剖切线断开。

5.5　断　面　图

对于图5.34(a)所示的轴段，假想用剖切平面将机件在某处切断，只画出截断面形状的投影图，称为断面图，如图5.34(b)所示。

Video

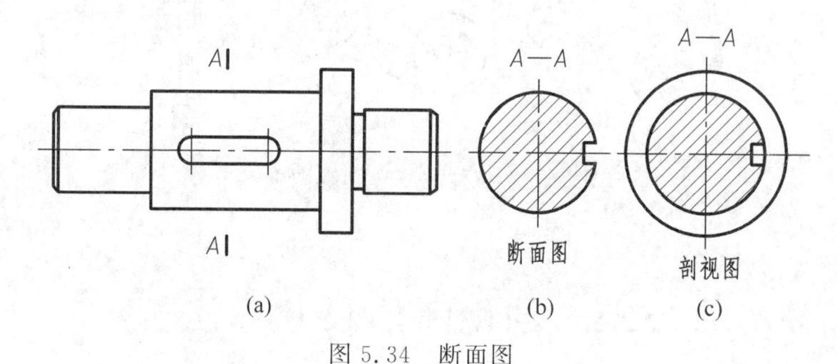

图5.34　断面图

断面图与剖视图的区别：断面图仅画出机件断面的形状，而剖视图则要画出剖切平面后立体的投影，如图5.34(c)所示。

如图5.35所示，断面图按配置位置不同，分为移出断面图和重合断面图两种。

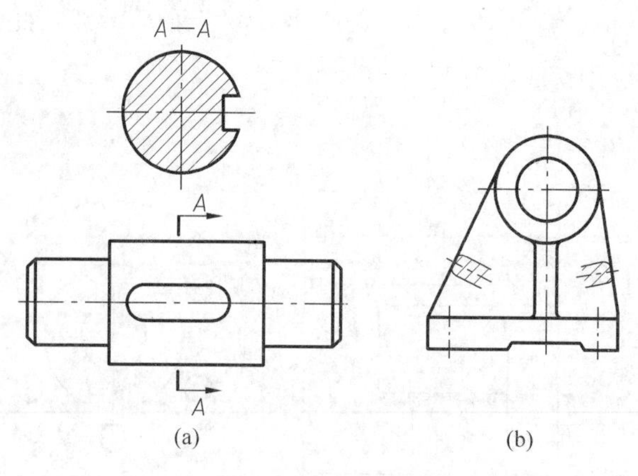

图5.35　移出断面图和重合断面图

(a) 移出断面图；(b) 重合断面图

5.5.1 移出断视图

画在视图轮廓之外的断面图称为移出断面图。

1. 移出断面图的画法

移出断面图的轮廓线用粗实线绘制，断面上画出剖面符号，如图 5.36 所示。画移出断面图时应注意以下问题：

(1) 当剖切面通过回转面形成的孔或凹坑的轴线时，这些结构应按剖视绘制，如图 5.36(a) 所示；

(2) 当剖切平面通过非圆孔，会导致出现完全分离的断面时，这样的结构也应按剖视画出，如图 5.36(b) 所示；

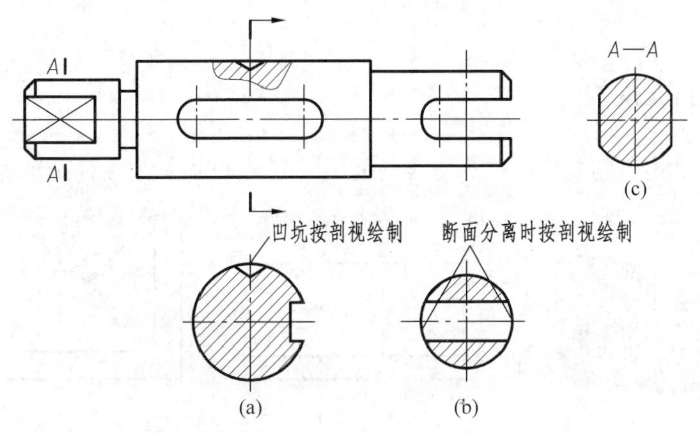

图 5.36　通过圆孔等回转面的轴线时断面图的画法

(3) 由两个或多个相交的剖切面剖切得到的移出断面，中间一般应断开，剖切面分别垂直于轮廓线，断面图中间用波浪线断开，如图 5.37 所示；

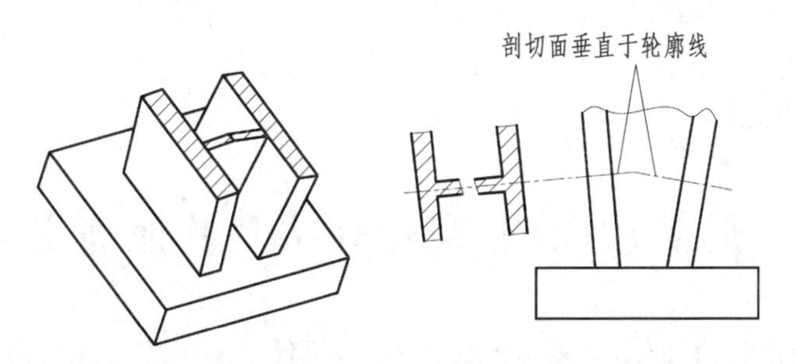

图 5.37　用两个相交的剖切平面绘制的移出断面图

(4) 如图 5.38 所示，当移出断面图画在视图的中断处时，视图应用波浪线断开。

2. 移出断面图的配置与标注

移出断面图应尽量配置在剖切平面的延长线上，必要时也可将断面图配置在其他适当位置。

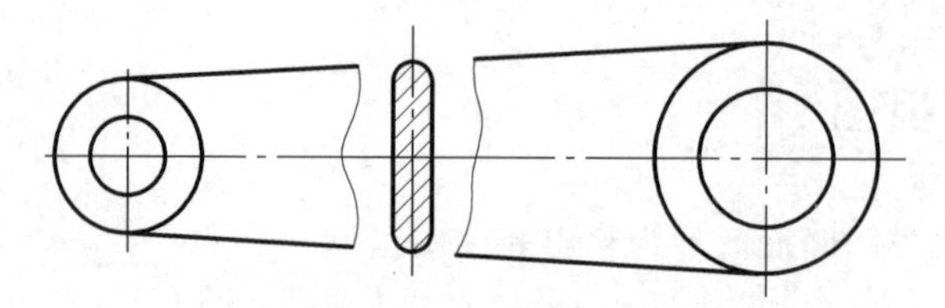

图 5.38 画在视图中断处的移出断面图

移出断面图一般用剖切符号表示剖切位置，用箭头表示投影方向，并注上字母，在断面图上方标出相应的名称"×"，如图 5.35(a)所示的 $A—A$ 断面图。如下情况可省略某些标注：

(1) 配置在剖切符号延长线上的不对称移出断面，可省略字母，如图 5.36(a)所示。

(2) 不配置在剖切符号延长线上的对称移出断面以及按投影关系配置的不对称移出断面，均可以省略箭头，如图 5.36(b)和图 5.36(c)所示。

(3) 配置在剖切符号延长线上的对称移出断面以及配置在视图中间断处的对称移出断面，均不必标注，如图 5.36(b)和图 5.38 所示。

5.5.2 重合断视图

画在视图轮廓之内的断面图称为重合断面图。图 5.39 所示的断面画法即为重合断面图。

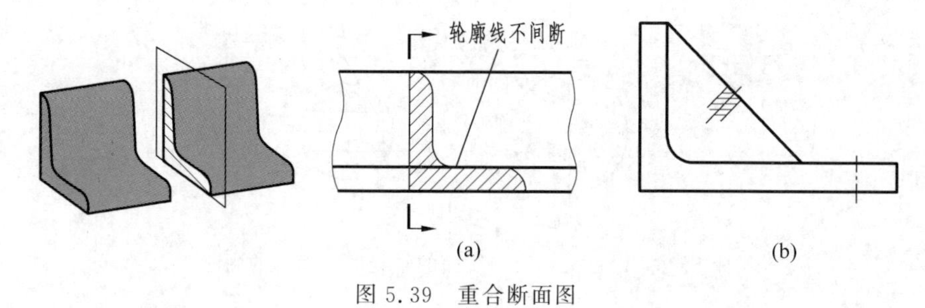

图 5.39 重合断面图

重合断面的轮廓线用细实线绘制，当重合断面的轮廓线与视图的轮廓线重合时，仍按视图的轮廓线画出，不可中断，如图 5.39(a)所示。

当重合断面为不对称图形时，需标注其投影方向，如图 5.39(a)所示；当重合断面为对称图形时，一般不必标注，如图 5.39(b)所示。

5.6 局部放大图、简化画法及其他规定画法

除了视图、剖视图、断面图等表达方法以外，对机件上的一些特殊结构，还可以采用一些规定画法和简化画法。

5.6.1 局部放大图

机件上某些细小结构在视图中按原比例表达不清楚，或不便于标注尺寸时，可将这些部分用大于原图形所采用的比例画出，这种图称为局部放大图，如图 5.40 所示。

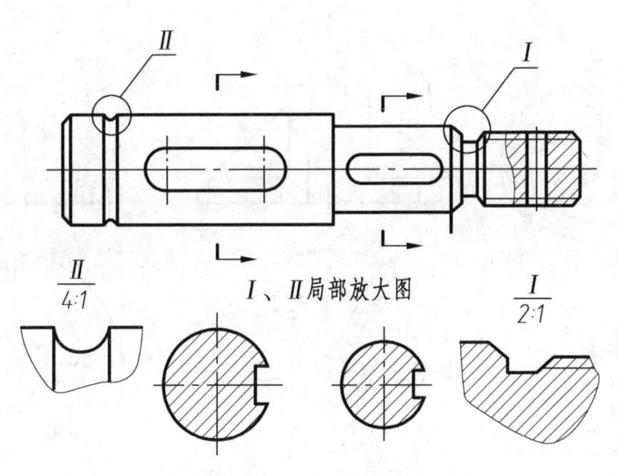

Video

图 5.40 局部放大图

绘制局部放大图时，用细实线圈出被放大的部位，在放大图的上方注明所用的比例。注意：图形所用的放大比例应根据实际结构需要按 GB/T 14690—1993 而定，与原图比例无关，如图 5.40 所示，2∶1 表示实际机件放大 2 倍，而非原图放大 2 倍。局部放大图尽量配置在被放大部位的附近。如果放大部位不止一个时，必须用罗马字依次表明被放大的部位，并在局部放大图上方标注出相应的罗马字和所采用的比例。

5.6.2 简化画法及其他规定画法

(1) 机件上的肋板、轮辐等结构，如按纵向剖切，即剖切平面通过这些结构的基本轴线或对称平面时，这些结构都不画剖面符号，而是用粗实线将它们与其相邻部分分开，如图 5.41 所示。

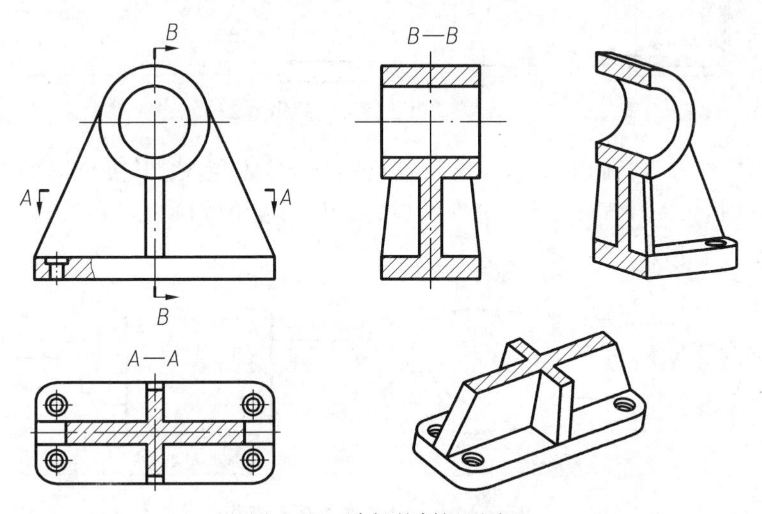

图 5.41 肋板的剖视画法

(2) 回转体上均匀分布的肋板、轮辐、孔等结构不处于剖切平面上时，可将这些结构假想旋转到剖切平面上画出，如图 5.42 所示。

(3) 相同结构的简化画法。当机件上具有若干相同结构(齿、槽、孔等)，并按一定规律分

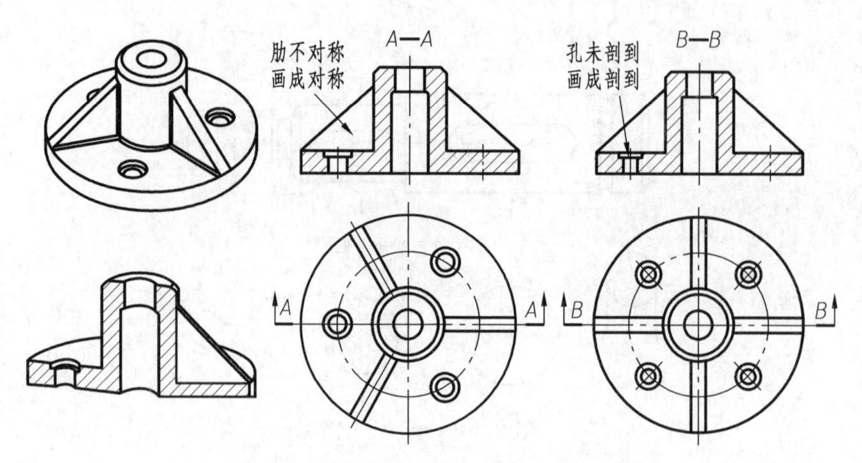

图 5.42 均匀分布的肋板、孔的剖切画法

布时，只需画出几个完整结构，其余用细实线相连或标明中心位置，并注明总数，如图 5.43 所示，t 为结构厚度。

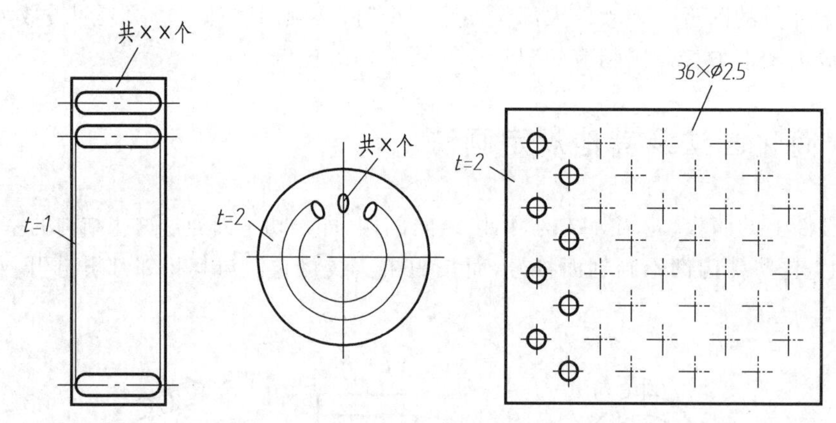

图 5.43 相同结构的简化画法

(4) 较长机件的折断画法。较长的机件(轴、杆、型材等)，沿长度方向的形状一致或按一定规律变化时，可断开缩短绘制，机件断裂边缘常用波浪线画出，但必须按原来实长标注尺寸，如图 5.44 所示。

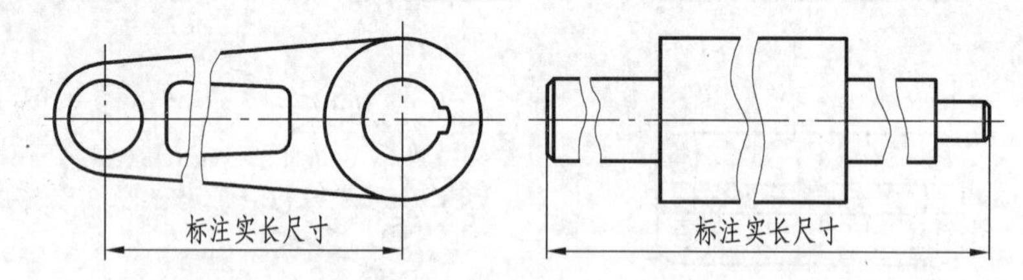

图 5.44 较长机件的折断画法

(5) 较小结构的简化画法。机件上较小的结构，如在一个图形中已表示清楚时，在其他图形中可以简化画出，如图 5.45(a)所示。在不致引起误解时，图形中的相贯线允许简化，例如用圆弧或直线代替非圆曲线，如图 5.45(b)所示。

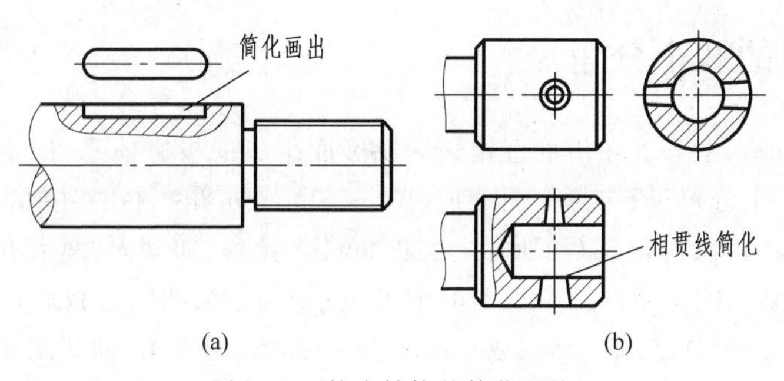

图 5.45 较小结构的简化画法

(6) 某些结构的示意画法。网状物、编织物或机件上的滚花部分,可在轮廓线附近用细实线示意画出,并标明其具体要求,图 5.46 即为滚花的示意画法。图形不能充分表达平面时,可以用平面符号(相交细实线)表示,如图 5.47 所示。

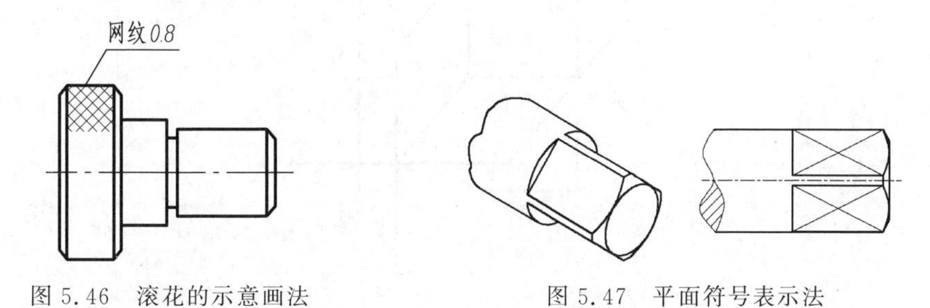

图 5.46 滚花的示意画法

图 5.47 平面符号表示法

(7) 对称机件的简化画法。在不致引起误解时,对于对称机件的视图可以只画 1/2 或 1/4,并在对称中心线的两端画出两条与其垂直的平行细实线,如图 5.48 所示。

(8) 法兰盘上均匀分布孔的画法。零件法兰盘上均匀分布在圆周上直径相同的孔,可按图 5.49 的画法表示。

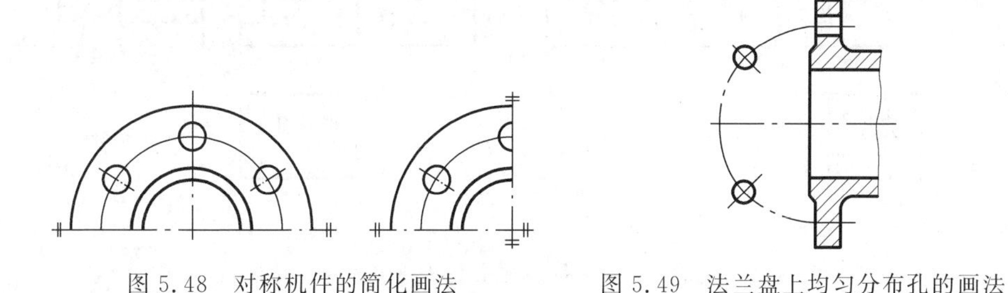

图 5.48 对称机件的简化画法

图 5.49 法兰盘上均匀分布孔的画法

5.7 第三角投影法简介

我国的工程图样是按正投影法并采用第一角投影画法绘制的。而有些国家(如英、美、日等国)的图样是按正投影法并采用第三角投影画法绘制的。

5.7.1 空间的8个分角

如图5.50所示，由三个互相垂直相交的投影面组成的投影体系，把空间分成了八个部分，每一部分为一个分角，依次为Ⅰ、Ⅱ、Ⅲ、Ⅳ、…、Ⅶ、Ⅷ分角。将机件放在第一分角进行投影，称为第一角画法，如图5.51(a)所示。美国、英国、日本、加拿大、澳大利亚等国采用第三角投影。这两种画法的主要区别是视图的配置关系不同，视图间的投影规律不变，如"长对正、高平齐、宽相等"同样适用。要注意：右视图、左视图、俯视图、仰视图靠近主视图的一侧为机件的前面。

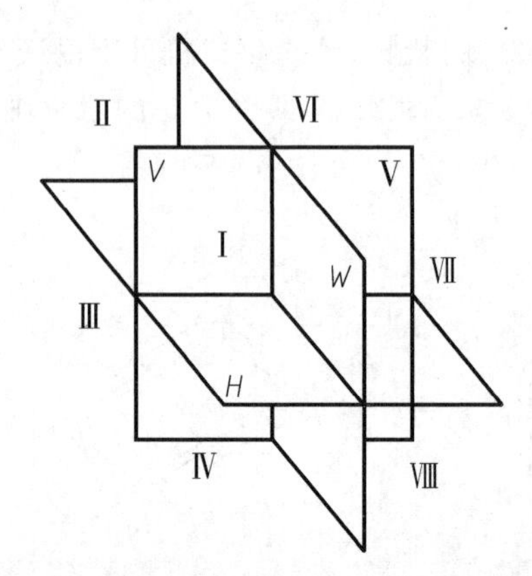

图5.50 空间的八个分角

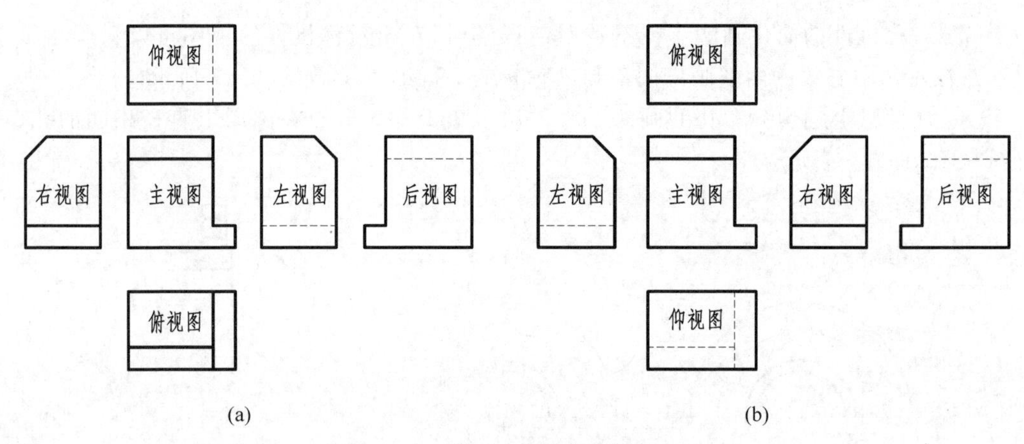

图5.51 两种画法中基本视图的配置

(a) 第一角画法；(b) 第三角画法

5.7.2 第一角和第三角投影画法的识别符号

为了识别第三角画法和第一角画法，国家标准GB/T 14692—1993规定采用第三角画法时，必须在图纸标题栏的上方或左方画出第三角画法的识别符号，见图5.52(a)。当采用第一角画法时，一般不画出识别符号，必要时可按图5.52(b)画出第一角画法的识别符。规定的识别符号如图5.52所示。

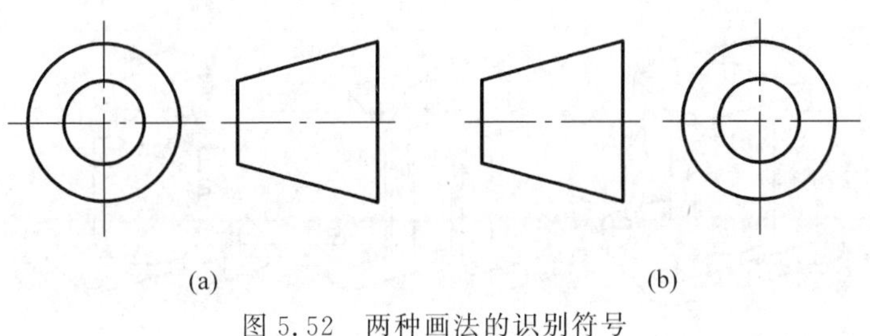

图 5.52　两种画法的识别符号
(a) 第三角画法；(b) 第一角画法

5.8　表达方法综合举例

5.8.1　表达方法选用原则

本章介绍了表达机件的各种方法，如视图、剖视图、断面图及各种规定画法和简化画法等。在绘制图样时，确定机件表达方案的原则是：在完整、清晰地表达机件各部分内外结构、形状及相对位置的前提下，力求看图方便，绘图简单。因此，在绘制图样时，应针对机件的形状、结构特点，合理、灵活地选择表达方法，并进行综合分析、比较，确定出最佳的表达方案。主要从以下几方面考虑表达方案：

(1) **分析机件的结构形状和特点**。选择最能反映机件特征的视图作为主视图，补充其他视图表达清楚机件的内外形状。要求每个视图均有各自表达重点，各视图之间应相互补充，避免重复表达。

(2) **视图数量应适当**。在看图方便的前提下，用尽量少的基本视图表达机件，但也不是越少越好，如果由于视图数量的减少而增加了看图的难度，则应适当补充视图。

(3) **合理地综合运用各种表达方法**。视图的数量与选用的表达方案有关。因此，在确定表达方案时，既要注意使每个视图具有明确的表达内容，又要注意它们之间的相互联系及分工，以达到表达完整、清晰的目的。在选择表达方案时，应首先考虑主体结构和整体的表达，然后针对次要结构及细小部位进行修改和补充。

(4) **比较表达方案，择优选用**。同一机件，往往可以采用多种表达方案。不同的视图数量、表达方法和尺寸标注方法可以构成多种不同的表达方案。同一机件的几种表达方案要认真分析，择优选用。

5.8.2　综合运用举例

下面以图 5.53 所示阀体为例，说明表达方法的综合运用。

1. 案例一

图 5.53 所示机件是一个带有上下底板的圆筒，底板上各有四个圆孔，前、后有耳形凸台及通孔，且结构前后、左右对称。为了清除地表达结构的内外形状，可用主视图和俯视图两个视图表达，有以下方案可供选择。

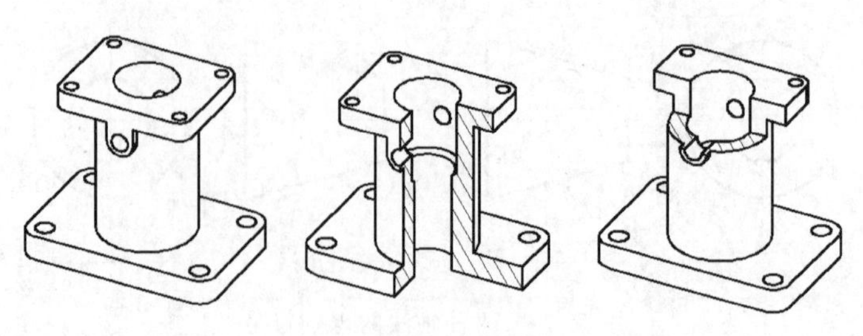

图5.53　综合表达案例一

方案一：用主视图和俯视图表达，如图5.54(a)所示。视图中虚线太多，表达不够清晰。

方案二：为了减少视图中的虚线，采用剖视表达，剖视主视图和半剖视图如图5.54(b)所示。该方案不能表达机件的外形，即前面的耳板没有表达清楚，上下凸台的通孔也没有表达清楚。

方案三：为了表达清楚前面的耳板，增加一个局部视图，如图5.54(c)所示。但没有表达清楚上下凸台上的通孔。

方案四：主视图采用局部剖表达前面的耳板和上下凸台上的通孔，俯视图采用半剖，如图5.54(d)所示。

方案五：主视图采用半剖加局部剖表达前面的耳板和上下凸台上的通孔，俯视图采用半剖，如图5.54(e)所示。

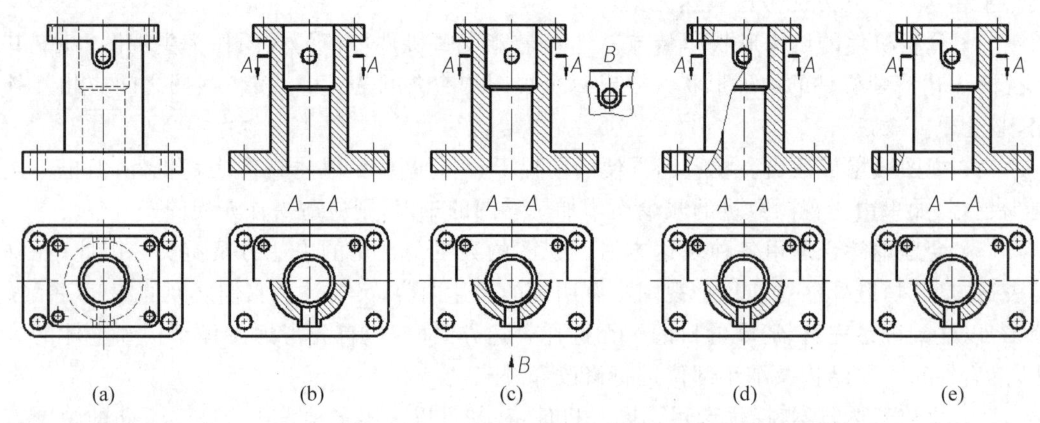

图5.54　五种表达方案比较

比较上述五种表达方案，方案五优于其他几种方案，能用较少的视图较完整、清晰地表达机件的内外结构特征。

2. 案例二

图5.55所示机件主要由三部分组成，左右圆筒、底板、连接左右圆筒的两块连接板。左边圆筒左前方切成平面，并有一通孔；右边圆筒上小下大，上面圆筒前面有一U形凸台，并有一通孔；底板上有五个通孔；连接板上薄下厚，与左右两圆筒相交；底板下部中间有一凹槽。

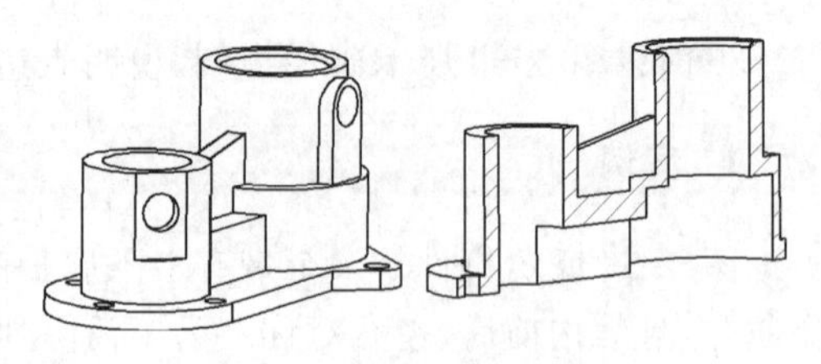

图5.55　综合表达案例二

该机件有筒体、板、凸台、凹槽、孔等结构特征，形状复杂，且前后、左右、上下都不对称，为表达清楚该机件的内外结构，需要综合应用多种剖视图、断面图和局部视图。现选两种方案进行表达。

方案一：采用四个视图，如图5.56(a)所示，$A—A$旋转剖主视图表达结构内形，局部剖

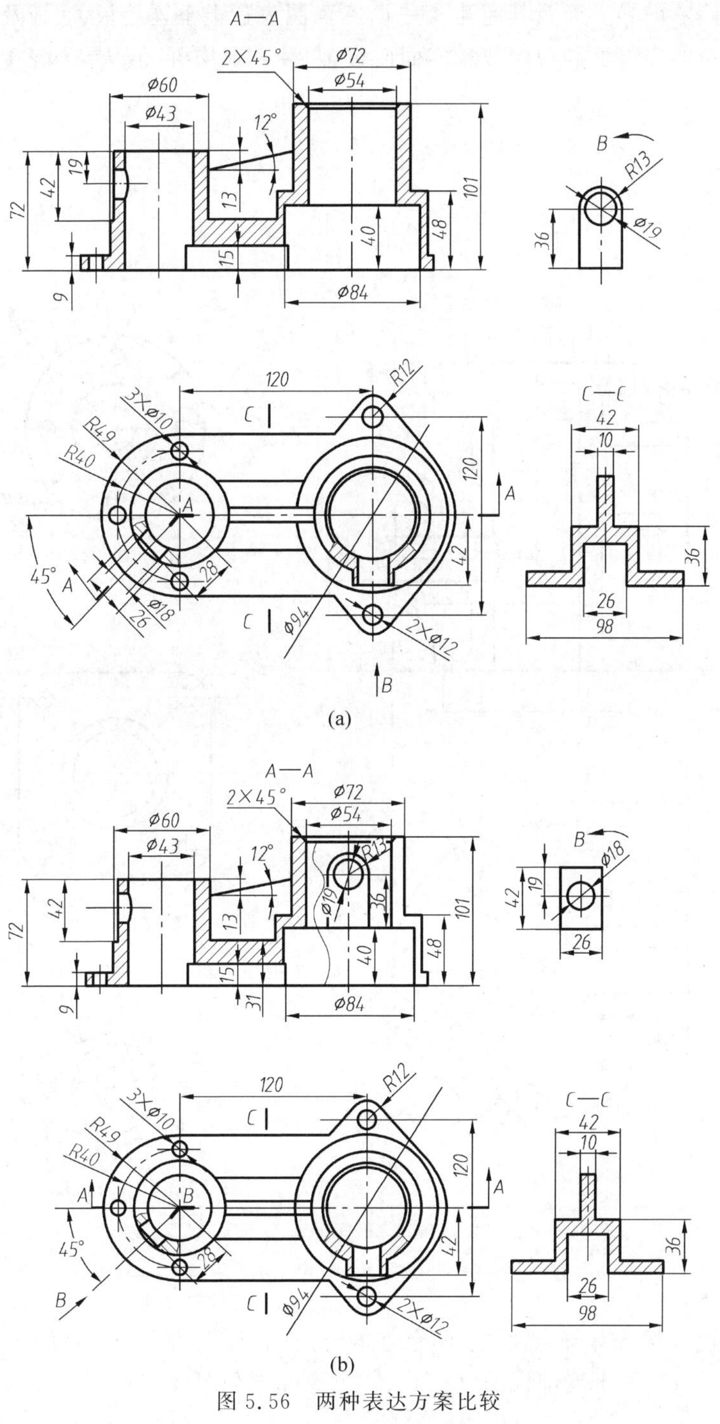

图5.56　两种表达方案比较

(a) 方案一；(b) 方案二

俯视图表达结构外形、右边圆筒前方的凸台及其通孔，B 向局部视图表达右边圆筒前方凸台的形状，$C—C$ 断面图表达上下连接板、底板及凹槽的结构。

方案二：采用四个视图，如图 5.56(b)所示，局部剖主视图表达结构内形和右边圆筒前方凸台的形状，局部剖俯视图表达结构外形和右边圆筒前方的凸台及其通孔，B 向局部视图表达左边圆筒左前的平面及其通孔，$C—C$ 断面图表达上下连接板、底板及凹槽的结构。

从结构表达的完整性和视图数量方面而言，两种方案均可，但从结构表达的清晰程度方面，方案二优于方案一。

3. 案例三

读图训练，看图 5.57，想象出阀体的立体形状。

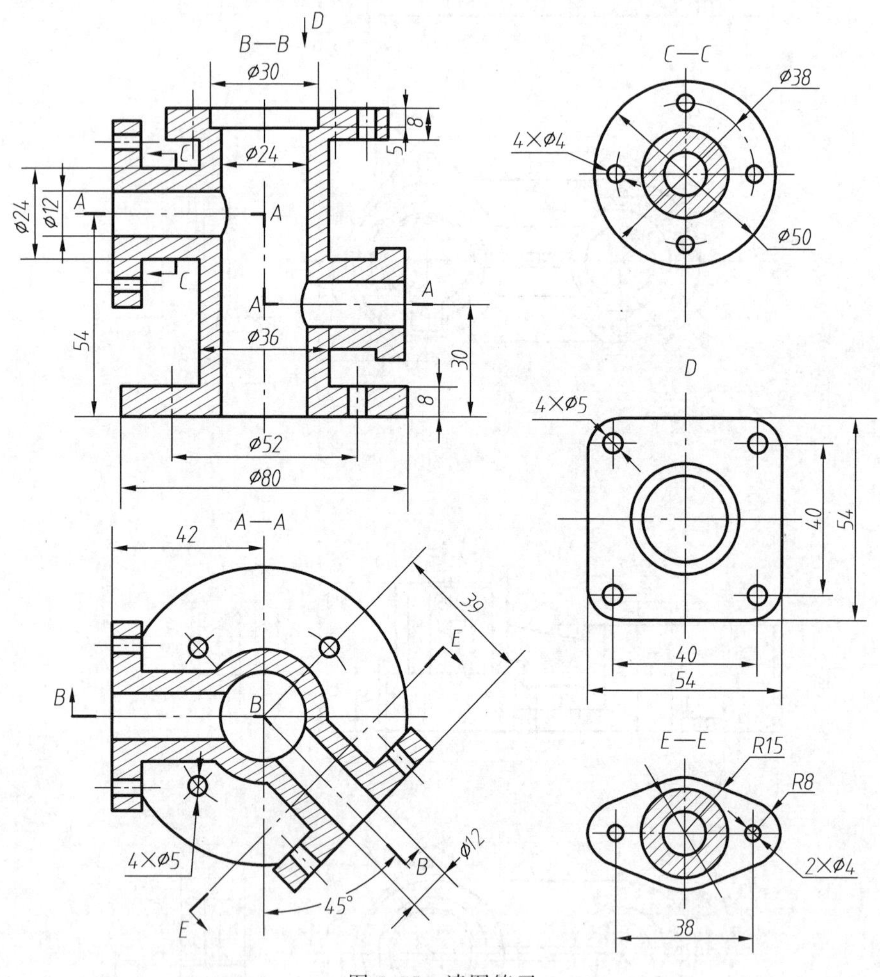

图 5.57　读图练习

1）图形分析

阀体的表达方案共有五个视图：两个基本视图（旋转剖的全剖主视图 $B—B$、阶梯剖的全剖俯视图 $A—A$）、一个局部视图（D 向）、一个局部剖视图（$C—C$）和一个斜剖的全剖视图（$E—E$ 旋转）。

主视图 $B—B$ 是采用旋转剖画出的全剖视图，表达阀体的内部结构形状；俯视图 $A—A$ 是采用阶梯剖画出的全剖视图，着重表达左、右管道的相对位置，还表达了下连接板的外形及 $4\times\phi5$ 小孔的位置。

$C—C$ 局部剖视图，表达左端管连接板的外形及其上 $4\times\phi4$ 孔的大小和相对位置；D 向局部视图，相当于俯视图的补充，表达了上连接板的外形及其上 $4\times\phi5$ 孔的大小和位置。

因右端管与正投影面倾斜 45°，所以采用斜剖画出 $E—E$ 全剖视图，以表达右连接板的形状。

2）形体分析

由图形分析可见，阀体的构成大体可分为管体、上连接板、下连接板、左连接板、右连接板五个部分。

管体的内外形状通过主、俯视图已表达清楚，它是由中间一个外径为 36、内径为 24 的竖管，左边一个距底面 54、外径为 24、内径为 12 的横管，右边一个距底面 30、外径为 24、内径为 12、向前方倾斜 45°的横管三部分组合而成的。三段管子的内径互相连通，形成有四个通口的管件。

阀体的上、下、左、右四块连接板形状大小各异，可以分别由主视图以外的 4 个图形看清它们的轮廓，它们的厚度为 8。

通过分析形体，想象出各部分的空间形状，再按它们之间的相对位置组合起来，便可想象出阀体的整体形状，如图 5.58 所示。

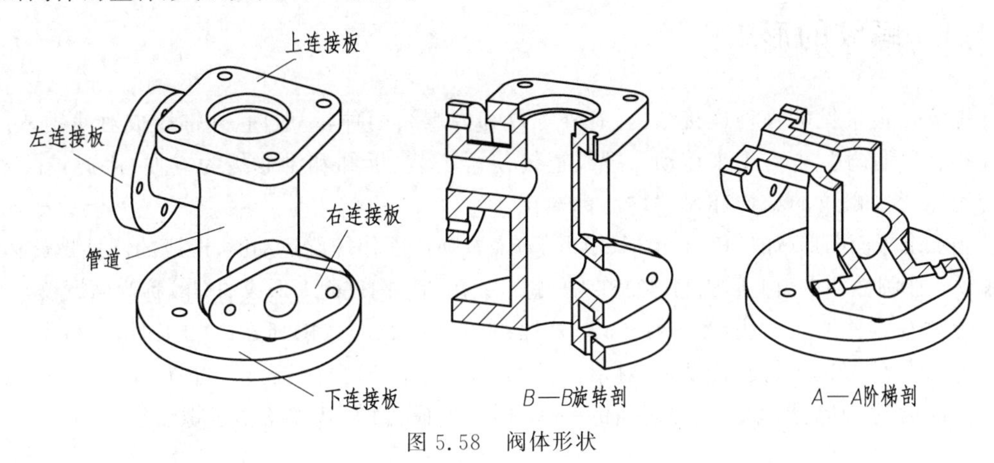

图 5.58　阀体形状

第6章

零件的连接

连接机器零件的元件称为连接件。常用的连接件有紧固件(如螺栓、螺柱、螺钉、螺母等)、键、销等。

由于这些零件应用广泛,需要量大,为了提高生产效率、保证质量、降低成本,它们的结构形状、尺寸等都有相应的标准规定,从而可以由一些专门工厂进行大批量生产。这些完全标准化的零件称为标准件。

为了使绘图简便,国家标准制定了它们的规定画法、符号和代号以及标注方法。

本章讲授螺纹及一些常用连接件的标准、画法及其标记方法。

6.1 螺纹的种类、画法与标注

6.1.1 螺纹的形成

螺纹是最常见的一种连接结构,有外螺纹和内螺纹两种,一般内、外螺纹成对使用,可以起连接、紧固作用,也可用来传动。螺纹连接使得安装、拆卸和维修极为方便,因此,在工程上应用广泛。螺纹的结构和尺寸均已标准化。

当一个平面图形(如三角形、梯形、矩形等)绕着圆柱面作螺旋运动时,形成的圆柱螺旋体称为螺纹。在圆柱外表面上形成的螺纹称为外螺纹;在圆柱内表面上形成的螺纹称为内螺纹。

螺纹有多种加工方法,车床加工内、外螺纹如图6.1(a)、(b)所示。加工时,工件装夹在卡盘上随卡盘一起作匀速转动,刀具沿工件回转轴线作匀速直线运动,当刀具沿径向切入工件一定深度时,刀具剔除了工件表面的一些材料,形成沟槽,就加工出了螺纹。

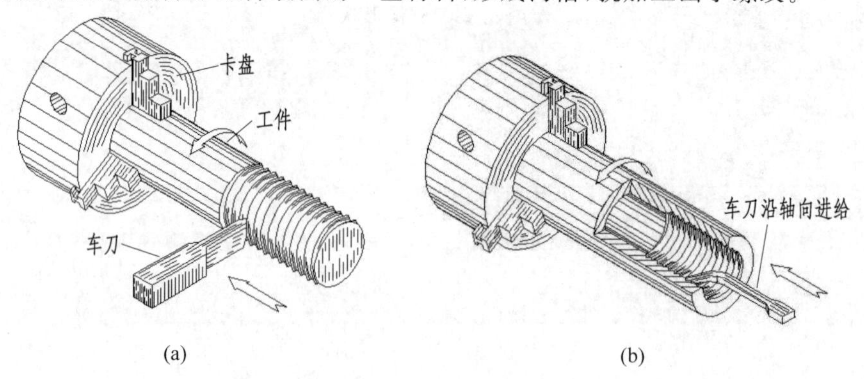

图6.1 车削螺纹

(a) 外螺纹车削法;(b) 内螺纹车削法

对于直径较小的外螺纹，还可以用板牙套制；而直径较小的内螺纹通常采用钻孔后，用丝锥攻制的方法来加工，如图6.2所示。

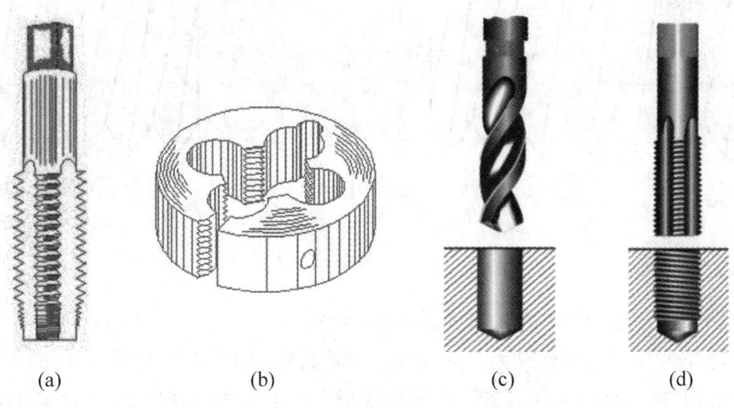

图6.2 小直径螺纹的加工方法

(a) 丝锥；(b) 板牙；(c) 钻孔；(d) 攻螺纹

6.1.2 螺纹的基本要素

螺纹的基本要素有牙型、直径、线数、螺距或导程、螺纹的旋向。

1. 牙型

在通过螺纹轴线的剖面上，螺纹的轮廓形状称为螺纹的牙型，牙型的特征参数是牙型角。不同的螺纹牙型有不同用途，常用的有三角形、梯形、矩形和锯齿形，如图6.3所示。

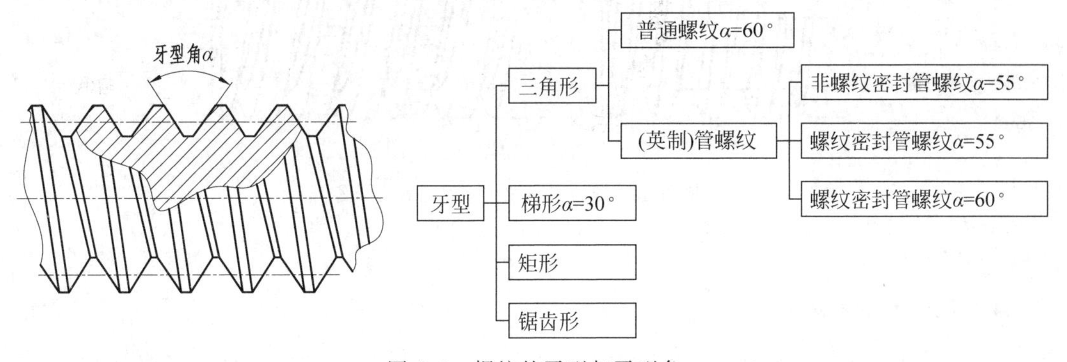

图6.3 螺纹的牙型与牙型角

2. 直径

螺纹的直径有三个：大径(d 或 D)、小径(d_1 或 D_1)、中径(d_2 或 D_2)，如图6.4所示。

大径：与外螺纹牙顶或内螺纹牙底相重合的假想圆柱的直径。外螺纹的大径用 d 表示，内螺纹的大径用 D 表示。

小径：与外螺纹牙底或内螺纹牙顶相重合的假想圆柱的直径。外螺纹的小径用 d_1 表示，内螺纹的小径用 D_1 表示。

中径：一个假想的圆柱直径，该圆柱的母线通过牙型上沟槽和凸起宽度相等处的直径。

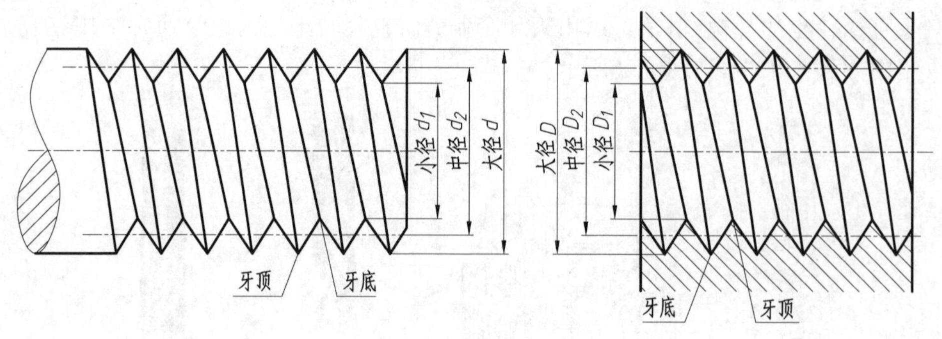

图 6.4 螺纹的直径

外螺纹的中径用 d_2 表示，内螺纹的中径用 D_2 表示。

代表螺纹规格尺寸的直径称为公称直径。国家标准规定普通螺纹和梯形螺纹的公称直径是其大径；而管螺纹的公称直径既不是其大径，也不是其小径，而是管子的公称直径。

螺纹的顶径是牙顶圆的直径，即外螺纹的大径，内螺纹的小径；螺纹的底径是牙底圆的直径，即外螺纹的小径，内螺纹的大径。

3. 线数 *n*

如图 6.5 所示，螺纹有单线和多线之分。沿一条螺旋线形成的螺纹称为单线螺纹；沿轴向等距分布的两条或两条以上的螺旋线所形成的螺纹称为多线螺纹。

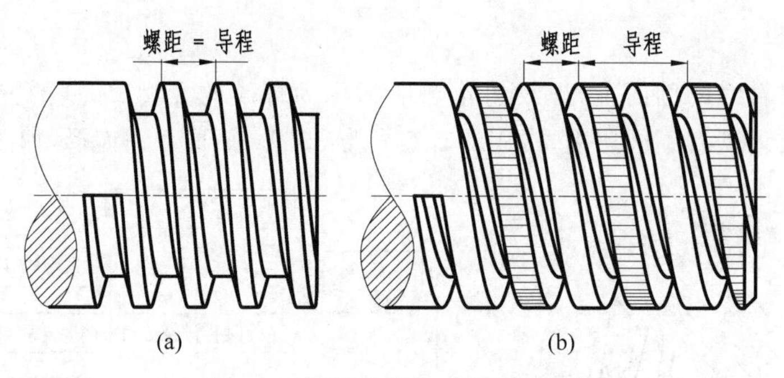

图 6.5 螺纹的线数、导程与螺距

(a) 单线螺纹；(b) 双线螺纹

4. 螺距 *P* 或导程 *S*

相邻两牙在中径线上对应两点间的轴向距离称为螺距。沿同一条螺旋线转 1 周，轴向移动的距离称为导程，如图 6.5 所示。显然，导程、螺距与线数的关系是

$$S = n \times P$$

5. 螺纹的旋向

螺纹按旋进时的方向不同，分为右旋螺纹与左旋螺纹两种。如图 6.6 所示，顺时针旋转时旋进的螺纹称为右旋螺纹；逆时针旋转时旋进的螺纹称为左旋螺纹。工程上无特殊要求时，一般都使用右旋螺纹。

必须指出，内、外螺纹能旋合在一起的条件是螺纹的上述五个基本要素必须完全相同。

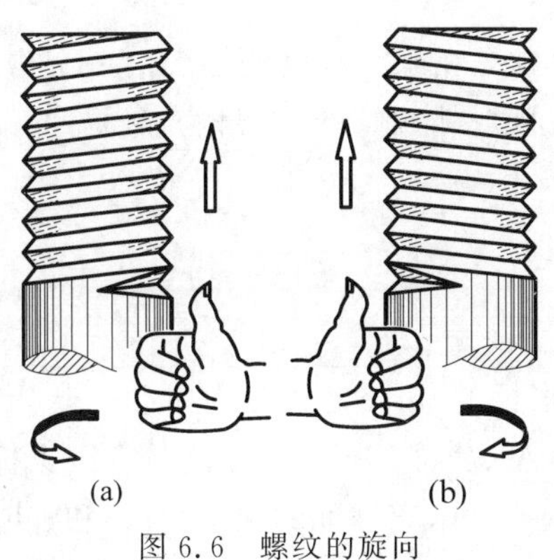

图 6.6　螺纹的旋向

(a) 右旋螺纹；(b) 左旋螺纹

6.1.3　螺纹的工艺结构

1. 螺纹的末端

为了便于装配和防止螺纹起始圈损坏，常在螺纹的起始处加工成一定的形状，如倒角、倒圆等，如图 6.7 所示。

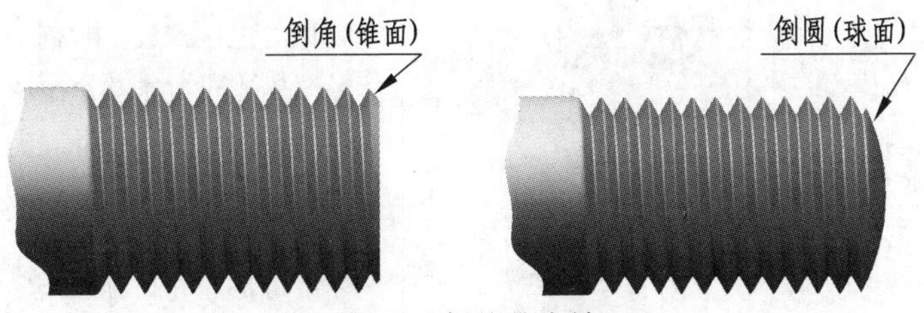

图 6.7　螺纹的末端

2. 螺纹的收尾和退刀槽

在车床上车削螺纹时，刀具接近螺纹末尾处要逐渐离开工件，因此，螺纹收尾部分的牙型是不完整的，螺纹的这一段不完整的收尾部分称为螺尾，如图 6.8 所示。螺尾部分不能起连接作用。

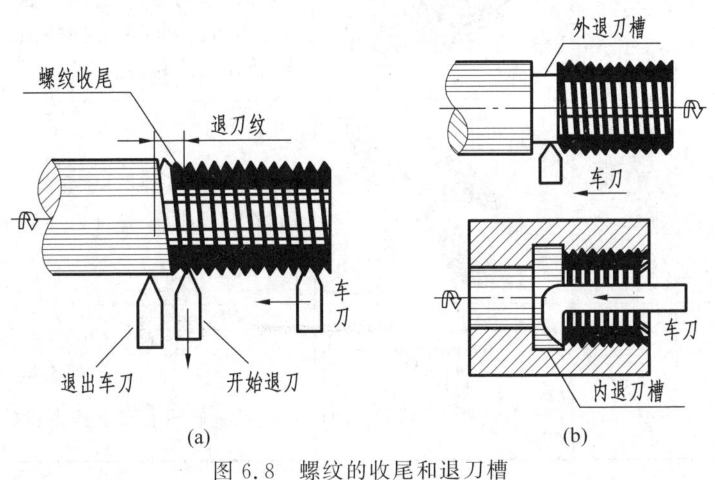

图 6.8　螺纹的收尾和退刀槽

(a) 螺纹的收尾；(b) 螺纹的退刀槽

为了避免产生螺尾，可以预先在螺纹末尾处加工出一个槽，以便于刀具退出，然后再车削螺纹，这个槽称为螺纹退刀槽。外螺纹的退刀槽直径应小于螺纹小径；内螺纹的退刀槽直径应大于螺纹大径。

6.1.4 螺纹的分类

按螺纹要素是否符合国家标准，可将螺纹分为如下三类。

（1）标准螺纹：螺纹的牙型、公称直径和螺距均符合国家标准的螺纹；

（2）特殊螺纹：只有牙型符合国家标准的规定，直径和螺距不符合国家标准的螺纹；

（3）非标准螺纹：若螺纹的牙型不符合国家标准，无论其余要素是否符合国家标准，这类螺纹都称为非标准螺纹，简称非标螺纹。

按螺纹的用途可将螺纹分为连接螺纹和传动螺纹两大类。连接螺纹起连接固定零件的作用，传动螺纹用于传递动力和运动。表6.1表示常用螺纹的种类、牙型及应用。

表6.1 常用螺纹的种类、牙型及应用

螺纹种类			牙型代号	图例	应用及说明
连接螺纹	普通螺纹	粗牙螺纹	M		普通螺纹的牙型是三角形，牙型角是60°，是最常用的连接螺纹。相同公称直径的普通螺纹又有粗牙和细牙之分，细牙螺纹的螺距比粗牙螺纹的小，牙深较浅。细牙螺纹用于细小、精密或薄壁零件连接
		细牙螺纹			
	管螺纹	非螺纹密封管螺纹	G		牙型角是55°的三角形螺纹。它的内外螺纹都是圆柱螺纹，内外螺纹旋合后螺纹副本身并不具有密封性，多用于压力在1.56MPa以下的水、煤气管路以及润滑和电线管路系统
		螺纹密封管螺纹	Rc Rp R		牙型角是55°，牙型代号Rc是圆锥内螺纹，Rp为圆柱内螺纹，R为圆锥外螺纹。这种螺纹连接方式具有一定的密封性能，可用于高温、高压系统和润滑系统
传动螺纹	梯形螺纹		Tr		牙型为等腰梯形，牙型角30°，可双向传递运动和动力，典型的应用实例是机床上的丝杠
	锯齿形螺纹		B		牙型为锯齿形，其工作面牙型角是3°、非工作面为30°。它只能单向传递运动和动力，常用于各种轧机和螺旋压力机的传动

6.1.5　螺纹的规定画法

螺纹形状复杂，不可能按其真实形状投影绘图。由于螺纹结构已经标准化，因此国家标准《机械制图》GB/T 4459.1—1995 对螺纹的画法作了统一的规定。

1. 外螺纹的外形画法

如图 6.9 所示，在投影为非圆的视图上，螺纹的大径线（牙顶线）用粗实线绘制，小径线（牙底线）用细实线绘制，且小径线应穿过倒角线画到倒角内，螺纹终止线（完整螺纹与螺尾的分界线）用粗实线绘制，倒角线在该视图中必须绘制出来。在投影为圆的视图中，大径圆用粗实线绘制，小径圆用大约 3/4 圈的细实线圆弧表示，倒角圆规定不画。在绘图时，通常小径的尺寸按大径的 0.85 倍绘制。

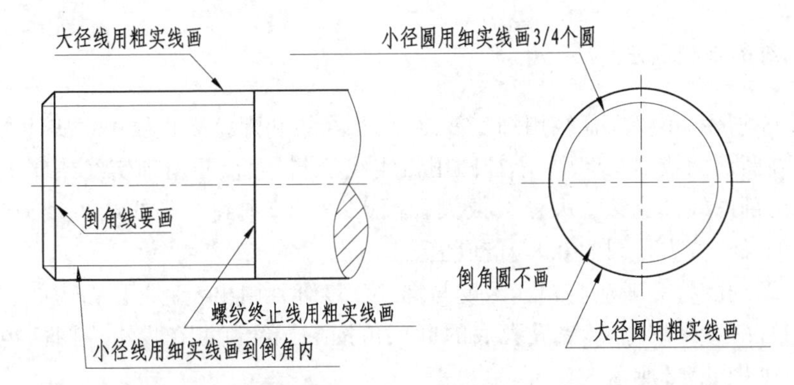

图 6.9　外螺纹的外形画法

2. 外螺纹的剖视画法

如图 6.10 所示，采用剖视画法时，在投影为非圆的视图中倒角线不画，螺纹终止线在剖开的区域内只画出大径线与小径线间所夹的一小段粗实线，没有剖开的区域按外形画法绘制。剖切区域内的剖面线应穿过小径线画到大径线为止。断面图中大径圆与小径圆的画法与外形画法一致，但需注意剖面线应穿过小径圆画到大径圆为止。

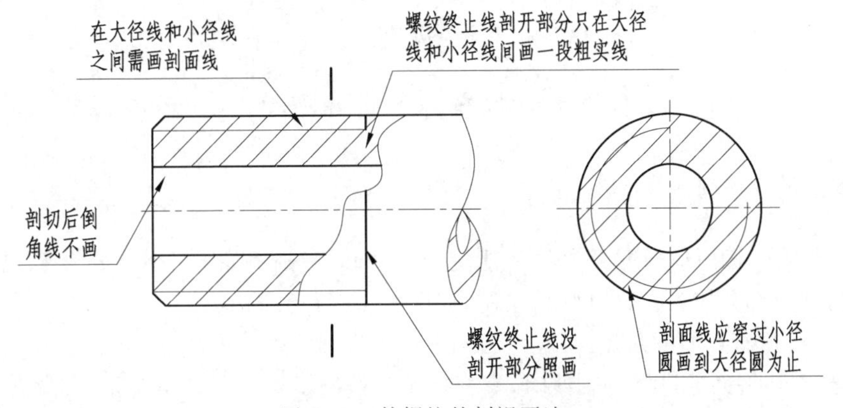

图 6.10　外螺纹的剖视画法

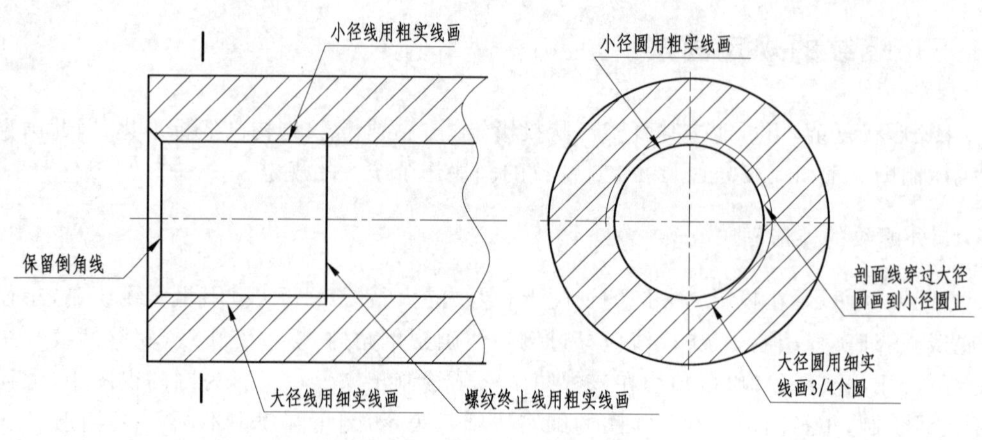

图 6.11　内螺纹的剖视画法

3. 内螺纹的剖视画法

如图 6.11 所示，螺纹大径线用细实线绘制，小径线和螺纹终止线用粗实线绘制，并且保留倒角线。在断面图或剖视图中，小径圆用粗实线绘制，大径圆用细实线绘制 3/4 圈圆弧。两个视图中的剖面线都应穿过大径线或大径圆（细实线）画到小径线或小径圆（粗实线）为止。小径圆的尺寸按大径圆的 0.85 倍取值。

绘制螺纹盲孔时，一般应将钻孔深度与螺纹深度分别画出，且钻孔深度应比螺纹深度大 (0.2～0.5)D，D 为螺纹大径，钻孔孔底的锥顶角按 120°绘制。在投影为圆的视图中，倒角圆规定不画，如图 6.12 所示。

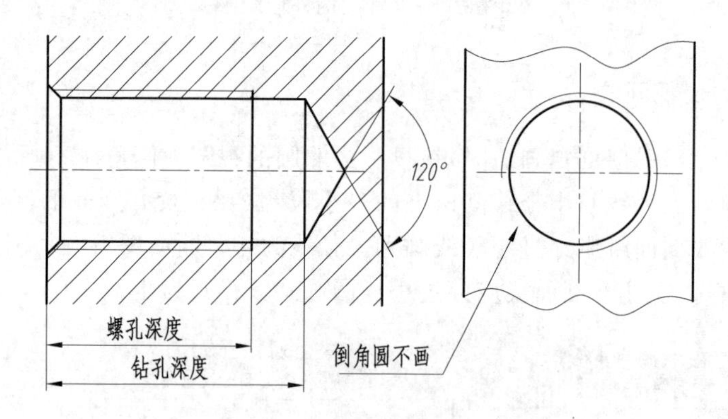

图 6.12　不穿通螺纹孔的剖视画法

4. 螺纹的连接画法

螺纹要素全部相同的内、外螺纹才能旋合在一起，其画法如下：螺纹旋合部分按外螺纹画法绘制，其余部分按各自原有画法绘制，如图 6.13 所示。

画图时必须注意如下几点：

(1) 当剖切平面通过螺杆轴线时，螺杆按不剖绘制。

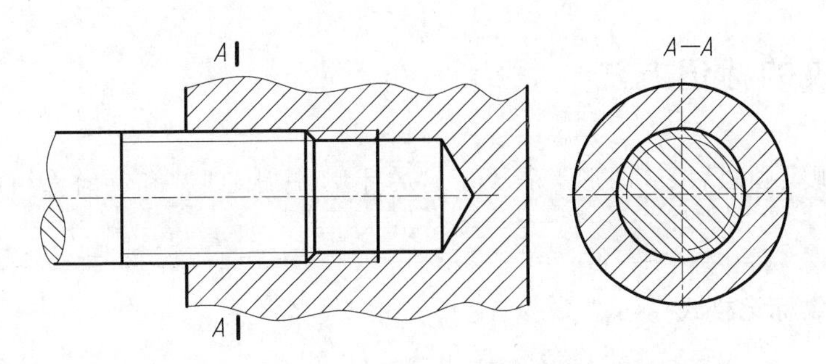

图 6.13 内、外螺纹连接画法

（2）内、外螺纹的大径线和小径线必须在同一直线上。

（3）同一个零件在各个剖视图中剖面线的方向和间隔应一致；在同一个视图中相邻零件的剖面线的方向应相反，或方向相同但间隔不等。

5. 圆锥螺纹的表示法

画圆锥内、外螺纹时，在投影为圆的视图上，不可见端面牙底圆的投影省略不画，当牙顶圆的投影为虚线时，可省略不画，如图 6.14 所示。

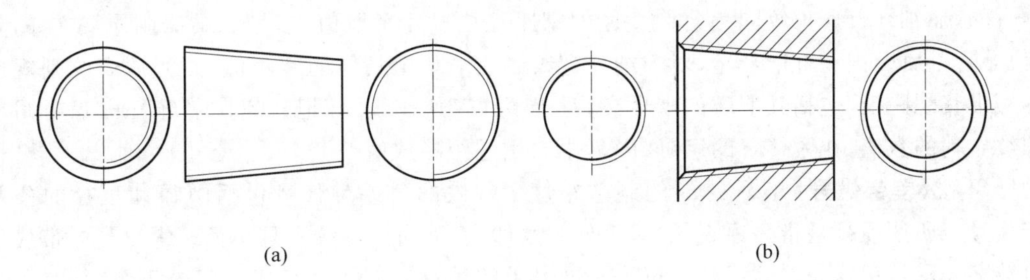

图 6.14 圆锥内、外螺纹的画法

（a）圆锥外螺纹；（b）圆锥内螺纹

6. 螺纹牙型的表示法

当需要表示螺纹牙型时，对于外螺纹可按图 6.15(a)所示的局部剖视图或按图 6.15(b)所示的局部放大图的形式绘制；对于内螺纹则按图 6.15(c)所示的形式绘制。

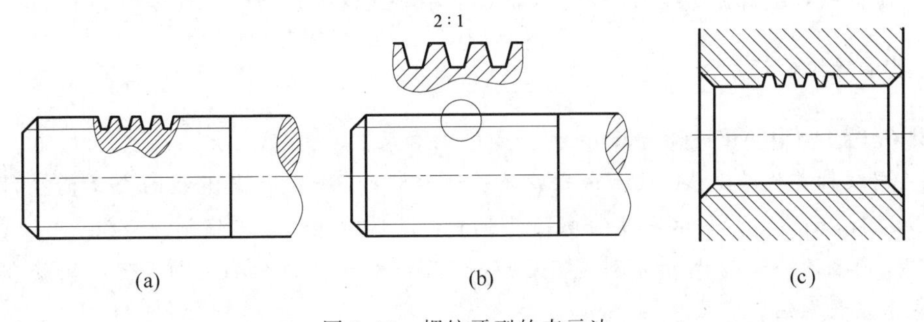

图 6.15 螺纹牙型的表示法

6.1.6 螺纹的标记方法

螺纹采用规定画法后，从图形上看不出它的牙型、螺距、线数和旋向等结构要素，需要用标记加以说明。

1. 普通螺纹标记格式

单线普通螺纹标记格式为

螺纹种类代号 公称直径 × 螺距 — 公差带代号 — 旋合长度代号 — 旋向

多线普通螺纹标记格式为

螺纹种类代号 公称直径 × Ph 导程 P 螺距 — 公差带代号 — 旋合长度代号 — 旋向

标记格式中各项内容说明如下。

(1) **螺纹种类代号**：代表螺纹的牙型特征。普通螺纹的种类代号是 M，见表 6.1。

(2) **公称直径**：代表螺纹的规格直径。普通螺纹的公称直径是螺纹的大径。

(3) **螺距**：普通螺纹有粗牙和细牙之分。公称直径相同的粗牙普通螺纹，其螺距值是唯一的，而细牙普通螺纹同一公称直径的螺距往往有几个取值，参见二维码附录 A 中的附表 A.1。因此，国家标准规定，对于细牙螺纹必须书写出具体的螺距值，而粗牙螺纹则规定不写出其螺距值(包括其前端的乘号)。对于多线普通螺纹，标记时需在字母“Ph”后书写出螺纹导程的数值，在紧接着的字母“P”后书写出螺距参数值。

(4) **公差带代号**：表示螺纹的制造精度。螺纹的公差带代号包括中径和顶径的公差带代号。所谓顶径是指牙顶直径，对于外螺纹即大径，而内螺纹则是小径。螺纹公差带代号由数字表示的螺纹公差等级和由拉丁字母表示的其本偏差代号组成。公差等级写在前，基本偏差代号写在后。内螺纹的基本偏差代号用大写字母表示，外螺纹用小写字母表示。如果中径和顶径的公差带代号相同，则只注写一个公差带代号。有关公差带的内容可参阅“8.5.2 极限与配合”。

(5) **旋合长度代号**：旋合长度是指相互旋合的内、外螺纹，沿螺纹轴线方向旋合部分的长度，有长旋合(L)、中等旋合(N)和短旋合(S)三种。一般采用中等旋合长度，此时省略旋合长度代号“N”，否则须写出旋合代号“L”或“S”分别表示长旋合或短旋合。

(6) **旋向**：对于右旋螺纹省略不注，而对于左旋螺纹则必须标注代号“LH”。

2. 普通螺纹标记示例

【例 6.1】 解释 M24×2－5g6g－L－LH 的含义。

解：螺纹种类代号是 M，表示该螺纹是普通螺纹；字样“24”是螺纹的公称直径，即螺纹的大径是 24mm；“×2”表示螺纹的螺距是 2mm，说明该螺纹是单线细牙螺纹；“5g6g”表示螺纹中径、顶径的公差带代号分别是 5g 和 6g，且该螺纹是外螺纹；“L”表示短旋合长度；“LH”表示左旋螺纹。

【例 6.2】 解释 M24－7H 的含义。

解："M"表示普通螺纹；"24"表示公称直径，即螺纹大径24mm；"7H"表示内螺纹，中径、顶径的公差带代号相同，都是7H。除此之外，标记之中还有如下隐含信息：无螺距信息，表示该螺纹是粗牙螺纹；无旋合长度代号，表示该螺纹是中等旋合长度；无旋向代号，表示该螺纹是右旋螺纹。综合以上信息可知该螺纹是：单线粗牙普通螺纹，公称直径24mm，内螺纹中径、顶径的公差带代号都是7H，中等旋合长度、右旋。

【例6.3】 解释M20×PH3P1.5－5g－S的含义。

解：双线细牙普通外螺纹，公称直径24mm，螺距1.5mm，导程3mm，螺纹中径、顶径的公差带代号都是5g，短旋合长度、右旋。

3. 梯形螺纹标记格式

单线梯形螺纹标记格式：

[螺纹种类代号][公称直径]×[螺距][旋向]－[公差带代号]－[旋合长度代号]

多线梯形螺纹标记格式：

[螺纹种类代号][公称直径]×[导程(P螺距)][旋向]－[公差带代号]－[旋合长度代号]

标记格式中各项内容说明如下。

(1) **螺纹种类代号**：梯形螺纹的代号是Tr。

(2) **公称直径**：梯形螺纹的公称直径是螺纹的大径。

(3) **螺距**：对于单线梯形螺纹，直接标记出螺距；而对于多线梯形螺纹，则标记出导程和螺距。

(4) **公差带代号**：梯形螺纹只标注中径的公差带代号。

其余各项的含义与普通螺纹的完全相同，但顺序有差异，不再赘述。

4. 梯形螺纹标记示例

【例6.4】 解释Tr40×14(P7)LH－8e－L的含义。

解：Tr表示梯形螺纹；40是公称直径，即螺纹的大径是40mm；14(P7)表示导程14mm、螺距7mm的双线螺纹；LH表示螺纹是左旋螺纹；螺纹中径的公差代号是8e，且是外螺纹；L表示旋合长度。

【例6.5】 解释Tr40×7－7H的含义。

解：公称直径是40mm的单线梯形内螺纹，螺距7mm，右旋，中径的公差带代号都是7H，中等旋合长度。

5. 管螺纹标记格式

[螺纹种类代号] [尺寸代号] [公差等级代号]

标记格式中各项内容说明如下。

(1) **螺纹种类代号**：非螺纹密封管螺纹为G，螺纹密封管螺纹是R、Rc、Rp。

(2) **尺寸代号**：由于管子的孔径与壁厚均有标准，因此管螺纹的尺寸代号不是螺纹的大径，而是管子的公称尺寸，它近似等于管子的孔径，单位是英寸(in)。

(3) **公差等级代号**：非螺纹密封管螺纹的外螺纹有A、B两种公差等级，需要明确标记出来；而内螺纹只有一种公差等级，故不必标注其代号。

6. 管螺纹标记示例

【例 6.6】 解释 G1A 的含义。

解：非螺纹密封外管螺纹，尺寸代号 1 英寸，公差等级代号为 A。

【例 6.7】 解释 G3/4 的含义。

解：非螺纹密封内管螺纹，尺寸代号 3/4 英寸。

6.1.7 在图样中标注螺纹的方法

为了在图样中完整地表达出螺纹的全部信息，需要在图样上按规定画出螺纹，同时还需将螺纹标记代号注写在图样中，如图 6.16 所示。

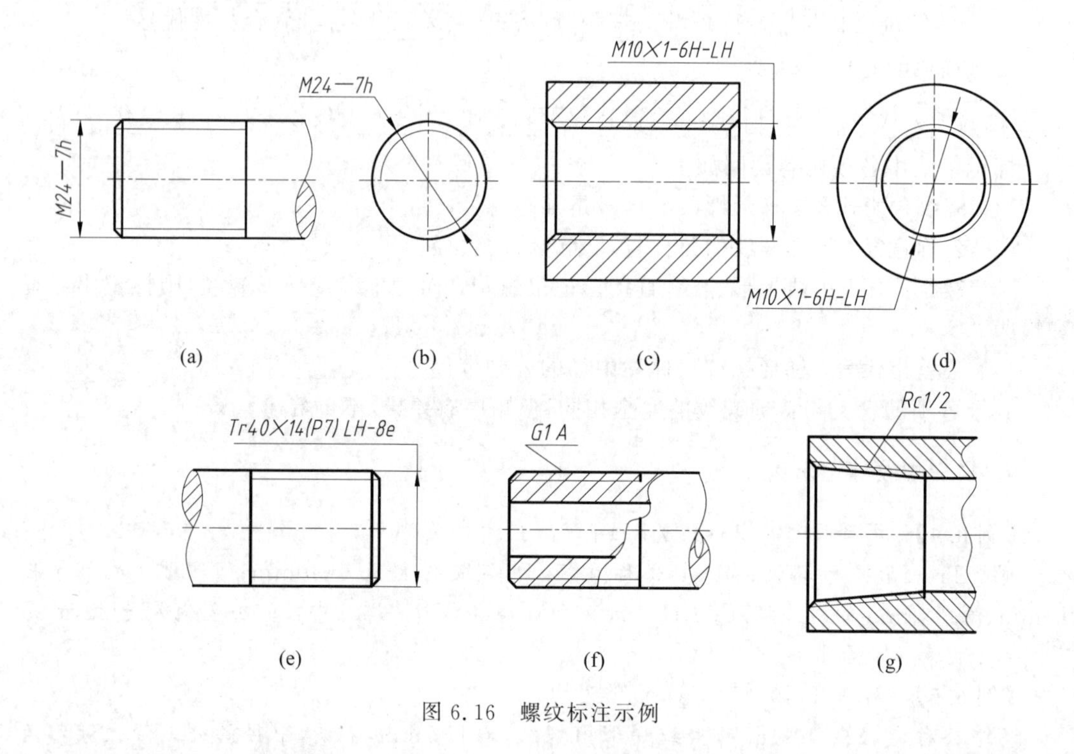

图 6.16 螺纹标注示例

1. 普通螺纹和梯形螺纹从大径线引出尺寸界线进行标注

对普通螺纹和梯形螺纹的标注，其实质与标注圆柱、圆孔的直径尺寸是相同的。在投影为非圆的视图中，从螺纹的大径线处引出尺寸界线，再绘出尺寸线及箭头，将螺纹的标记代号按尺寸数字书写的要求注写出来即可，如图 6.16(a)所示。当书写空间不够时，可按图 6.16(c)和(e)的方式标注。也可将螺纹标注在投影为圆的视图上，如图 6.16(b)和(d)所示，注意，此时箭头的端点应落上大径圆上。

2. 管螺纹在大径线处用引出线(细实线)标注

由于管螺纹的尺寸代号是管子的公称直径，它既不等于螺纹的大径，也不等于螺纹的小径(参见二维码附录A中的附表A.4),因此,管螺纹的标注不能采用普通螺纹和梯形螺纹的标注方式,而是在螺纹的大径线处用引出线进行标注,如图6.16(f)、(g)所示。

对于特殊螺纹应在牙型代号前加注“特”字,并注出大径和螺距,如图6.17(a)所示。非标准螺纹则必须画出牙型并标注全部尺寸,如图6.17(b)所示。

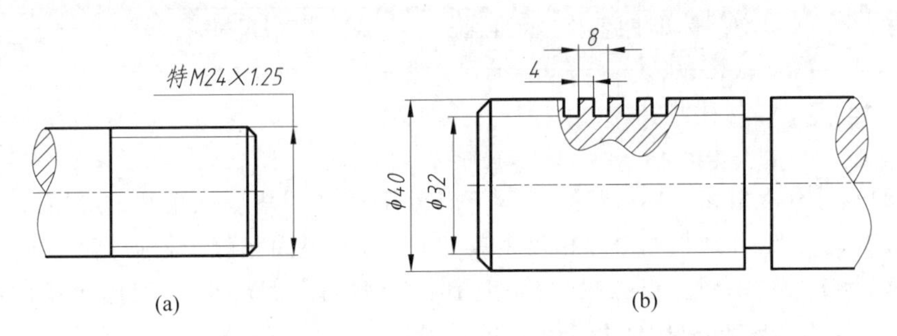

图6.17 特殊螺纹和非标准螺纹的标注

6.2 螺纹紧固件的标记及其画法

6.2.1 引言

螺纹紧固件是运用一对内、外螺纹的连接作用来连接和紧固零部件。螺纹紧固件的种类很多,常用的有螺栓、双头螺柱、螺钉、螺母、垫圈等,如图6.18所示。

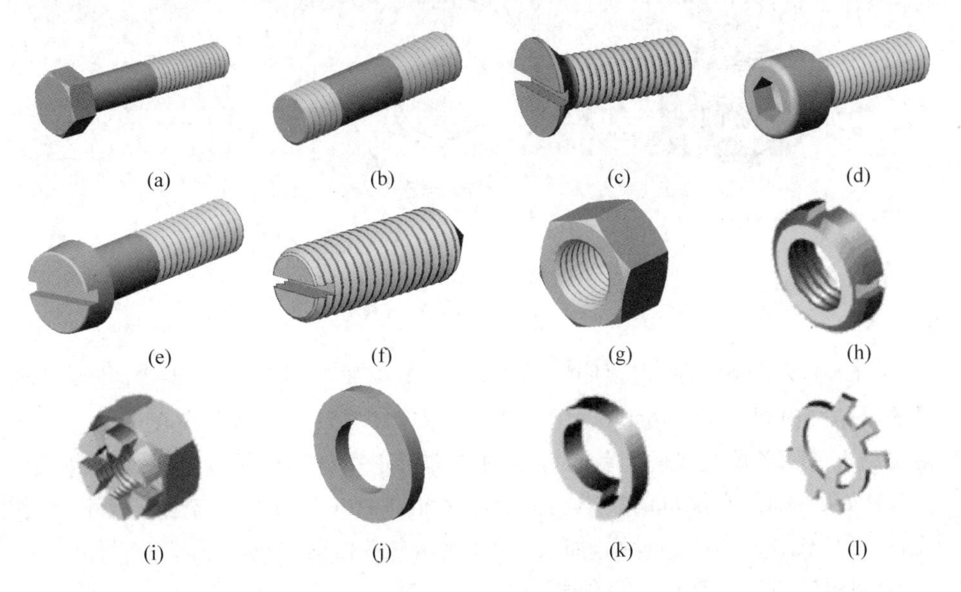

图6.18 螺纹紧固件

(a) 六角头螺栓;(b) 双头螺柱;(c) 开槽沉头螺钉;(d) 圆柱头内六角螺钉;(e) 开槽圆柱头螺钉;(f) 锥端紧定螺钉;(g) 六角螺母;(h) 圆螺母;(i) 开槽六角螺母;(j) 平垫圈;(k) 弹簧垫圈;(l) 圆螺母用止动垫圈

由于这些零件的结构、尺寸等要素都已标准化，为标准件，一般由标准件厂批量生产，使用单位可按要求根据相关标准选用。因此，这些标准件均不需要绘制其零件图，而只要写出它们的规定标记，以表达其种类、型式及规格尺寸即可。

标准件规定标记的书写格式一般是：

标准件名称	标准编号	型式	规格尺寸

6.2.2 螺母

常用的螺母有六角螺母、方螺母、六角开槽螺母、圆螺母等。六角螺母应用最广，产品等级分为A、B、C三级，分别与相对应精度的螺栓、螺钉及垫圈相配。根据高度 m 的不同，又分为薄型、1型、2型、厚型。当螺纹规格相同时，薄型的高度最小，2型比1型的高度约大10%，因此2型六角螺母的力学性能较1型稍高。

螺母的规定标记格式是：

螺母　标准编号　MD

其中，D 是螺母公称直径，即螺纹大径。例如螺母GB/T 6170—2015 M20中，GB/T 6170—2015是国标代号，M20为螺纹规格。二维码附录A中的附表A.12摘录了常见螺母的各部分尺寸参数，根据标准编号和螺母的规格尺寸可从表中查取其尺寸。

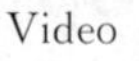

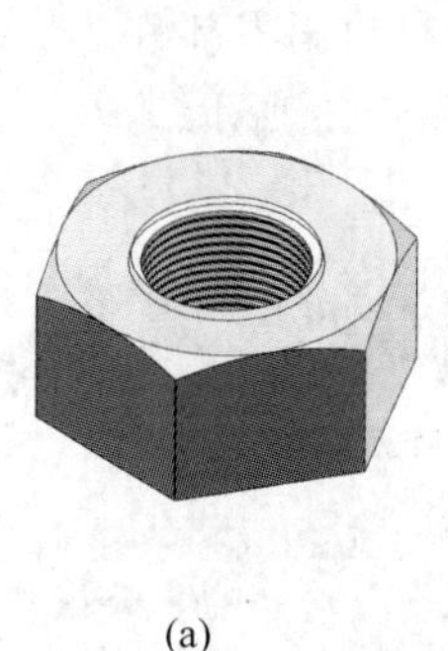
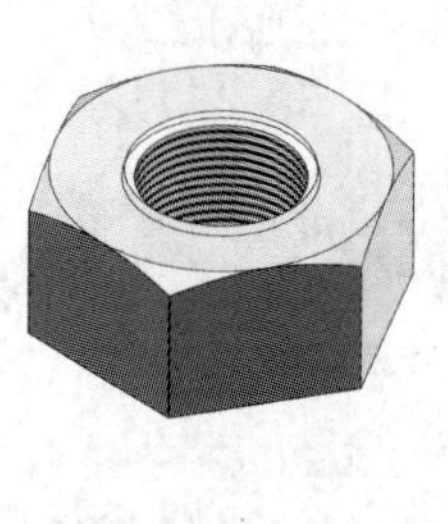

(a)

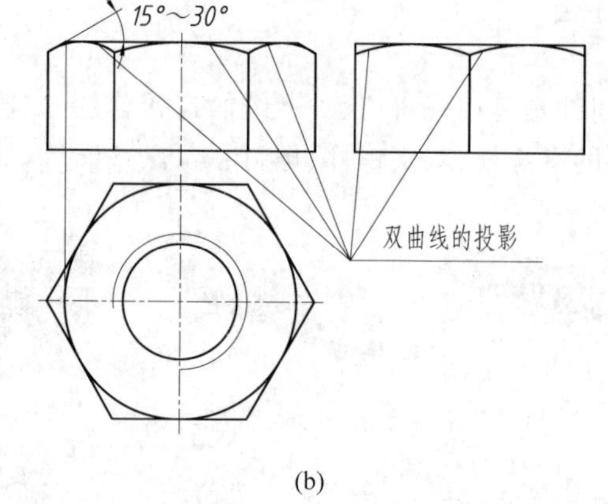

(b)

图 6.19　六角螺母

(a) 直观图；(b) 投影图

图6.19(a)是六角螺母的直观图。不难看出，其基本特征是正六棱柱，并在其顶端倒角，所得的倒角圆内切于正六边形，如图6.19(b)中俯视图所示，倒角角度是15°～30°。因此，六角螺母上的六条曲线实际上就是圆锥面与平行于圆锥回转轴线的平面的截交线——双曲线。这六条双曲线在螺母的投影视图中都是非圆曲线。为了提高绘图效率，在作图时可以用圆弧近似代替双曲线的投影，如图6.20所示。其作图方法如下：

(1) 绘制螺母的三视图的外轮廓线。

(2) 绘制主视图中的大圆弧，该圆弧半径是1.5D(在此 D 是螺纹的大径)，圆弧与顶端的水平线相切，从而确定圆弧的圆心(圆心在铅垂的点画线上)，圆弧与左右两棱线的交点 A、B 是圆弧的起止点。

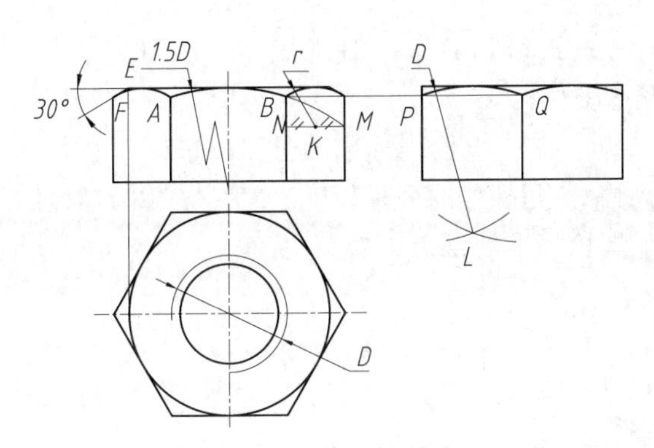

图 6.20　螺母上近似圆弧的作图方法

(3) 绘制主视图中左右对称的两个小圆弧。延长大圆弧与最外侧棱线相交于点 M,过点 M 作水平线 MN,点 K 是直线 MN 的中点,以点 K 为圆心、KB 为半径(图中标记为 r)画出小圆弧,同理画出与其对称的另一小圆弧。

(4) 绘制左视图中的两圆弧,该圆弧半径是 D。过点 B 作水平线,与左视图中的两条轮廓线分别交于点 P 和点 Q,分别以点 P、点 Q 为圆心、D 为半径画两个圆弧,并相交于点 L,以 L 为圆心、D 为半径画圆弧 PQ。同理,画出对称的另一段圆弧。

(5) 画主视图中的倒角线。从俯视图中内切圆按"长对正"的投影关系,确定主视图中倒角的角点 E,然后绘制倒角线 EF,同理绘制另一段对称的倒角线。注意:倒角线一律按30°倾角绘制。

六角螺母的画图方式有两种:一种是查表法,也就是根据螺母的标记,查阅相关标准获取尺寸参数,绘制出图形。另一种是比例画法,由于标准件各部分存在一定的比例关系,可以按尺寸之间的比例关系绘制出图形。由于查表法比较繁琐,比例法作图方便,故在实际工作中都采用比例法作图。螺母各部分的比例关系如图 6.21 所示,图中参数 D 是螺母的螺纹大径。

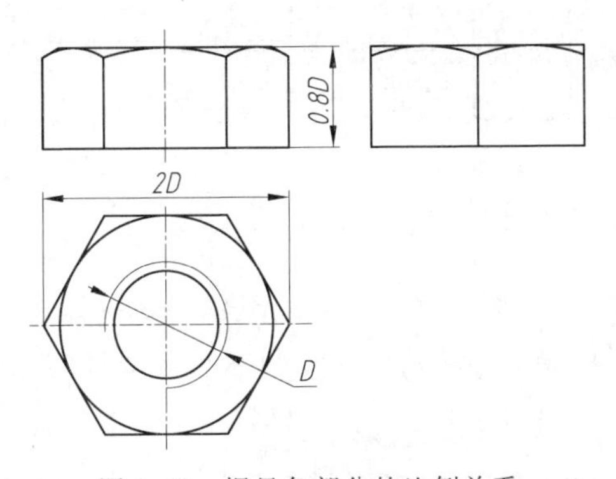

图 6.21　螺母各部分的比例关系

6.2.3　螺栓

螺栓的种类很多,按其头部形状可分为六角头螺栓、方头螺栓等,六角头螺栓应用最广。根据加工质量,螺栓的产品等级分为 A、B、C 三级,A 级最精确,C 级最不精确。图 6.22 所示为常用的六角头螺栓——A级和B级(GB/T 5782—2016)。

螺栓的规定标记格式是：

螺栓　标准编号 $Md \times l$

其中,d 是螺栓的螺纹规格；l 是螺栓的公称长度。$Md \times l$ 称为螺栓的规格尺寸。二维码附录A中的附表A.5摘录了螺栓标准的部分内容。

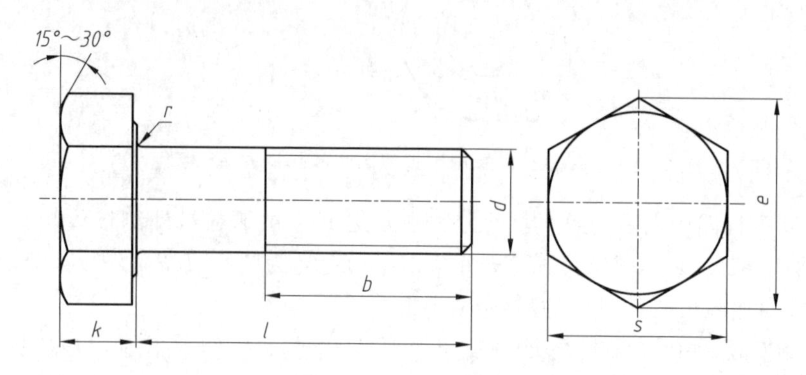

图 6.22　六角头螺栓

有些标准件还有其他要求,如精度、性能等级(或材料)、热处理或表面处理等,它们的标记较为复杂,可查阅有关标准与手册。但对一般常用产品均省略不注。

按比例关系绘制螺栓,其各部分尺寸之间的关系如图6.23所示。

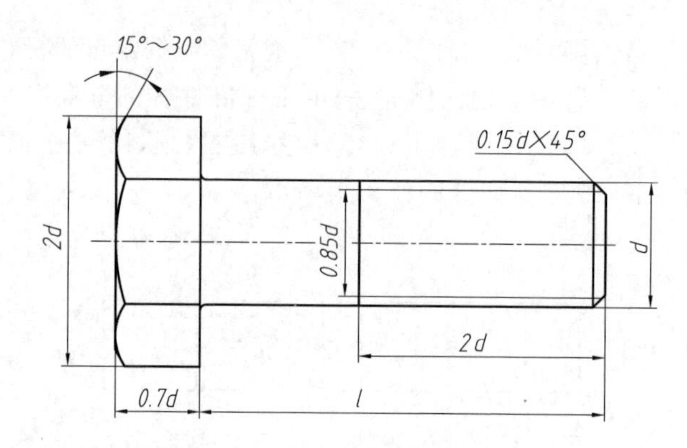

图 6.23　螺栓各部分比例关系

螺栓中螺纹长度按 $2d$ 的关系绘制,当公称长度 $l \leqslant 2d$ 时,按全螺纹绘制。

螺栓六角头部分的厚度是 $0.7d$,其余尺寸与六角头螺母的完全一致,其画法也与六角头螺母相同。

6.2.4 双头螺柱

在圆柱体两端都加工有螺纹的零件称为双头螺柱。双头螺柱有A型和B型之分,图6.24所示是一种常用的B型双头螺柱。旋入被连接零件螺孔的一端称为旋入端,用来旋紧螺母的一端称为紧固端,双头螺柱两端的螺纹都是大径相等的普通螺纹,通常旋入端是粗牙普通螺纹,紧固端可以是粗牙,也可以是细牙普通螺纹。

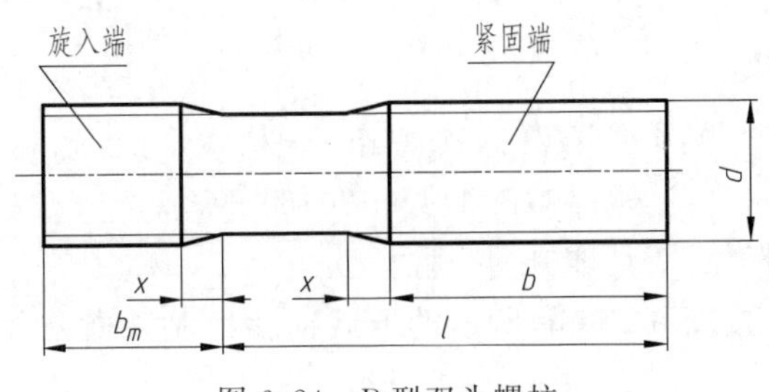

图 6.24 B型双头螺柱

根据旋入端长度的不同，双头螺柱有四种不同的规格：$b_m=d$——GB/T 897—1988，$b_m=1.25d$——GB/T 898—1988、$b_m=1.5d$——GB/T 899—1988 和 $b_m=2d$——GB/T 900—1988。

根据带螺孔的被连接零件的材料，决定双头螺柱旋入端的长度。对于钢和青铜取 $b_m=d$，铸铁取 $b_m=1.25d$ 或 $b_m=1.5d$，铝取 $b_m=2d$。

双头螺柱的规格尺寸为螺纹规格 d 和公称长度 l。其余尺寸参数可查阅其标准获取，附表 A.6 是摘录的双头螺柱标准。

双头螺柱的规定标记格式是：

螺柱 标准号 型号 M$d\times l$ ——两端都是粗牙普通螺纹

或 螺柱 标准号 型号 Md—M$d\times P\times l$ ——紧固端是细牙普通螺纹

其中，参数 P 是紧固端细牙螺纹的螺距。如果是B型双头螺柱，则省略型号不写。

例如，螺柱 GB/T 897—1988 M10×50，表示B型双头螺柱，旋入端长度 $b_m=10$mm，公称长度 $l=50$mm，两端都是大径为10mm 的粗牙普通螺纹。螺柱 GB/T 898—1988 A M10—M10×1×50，表示A型双头螺柱，旋入端长度 $b_m=12.5$mm，公称长度 $l=50$mm，紧固端是螺距为1mm 的细牙普通螺纹。

双头螺柱比例画法的尺寸关系如图 6.25 所示。图中 d、l 是螺柱的规格尺寸，b_m 则根据标准号取 d 的不同倍数。无论A型还是B型双头螺柱，在画图时都可按图 6.25 绘制。

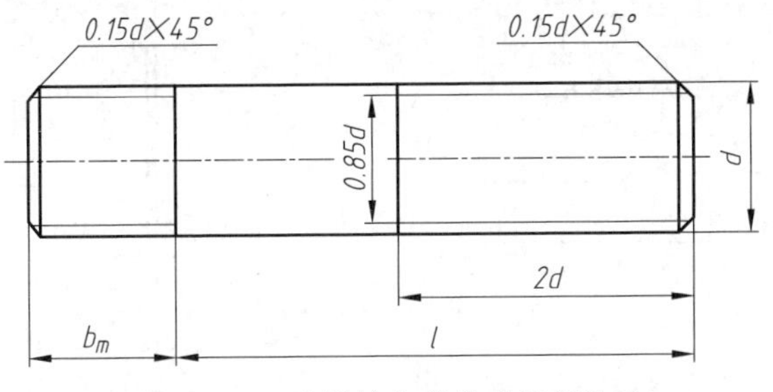

图 6.25 双头螺柱各部分的比例关系

6.2.5 螺钉

螺钉按用途可分为连接零件的连接螺钉和固定零件的紧定螺钉两类。

螺钉的一端为螺纹，旋入到被连接件的螺纹孔中。另一端为头部，根据头部形状的不同，螺钉有开槽圆柱头螺钉、开槽盘头螺钉、开槽沉头螺钉、圆柱头内六角螺钉和紧定螺钉等。螺钉标准的摘录见二维码附录 A 中的附表 A.7～附表 A.11。

1. 开槽圆柱头螺钉

图 6.26(a)所示是开槽圆柱头螺钉，其规定标记格式是：

螺钉 GB/T 65—2016　M$d\times l$

其中，d 是螺纹的公称直径；l 是螺钉的公称长度。

开槽圆柱头螺钉可按图 6.26(b)所示的方式简化绘制。当公称尺寸 $l\leqslant 40$ 时，画成全螺纹。

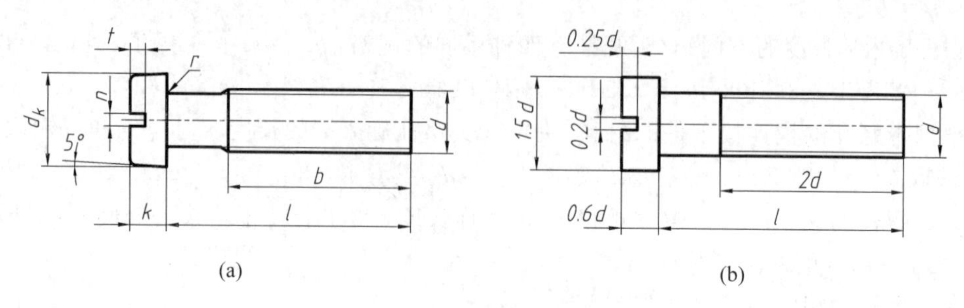

图 6.26　开槽圆柱头螺钉

(a) 结构形式；(b) 比例关系

2. 开槽沉头螺钉

图 6.27(a)所示是开槽沉头螺钉，其规定标记格式是：

螺钉 GB/T 68—2016　M$d\times l$

其中，d 是螺纹的公称直径；l 是螺钉的公称长度。

开槽沉头螺钉可按图 6.27(b)所示方式简化绘制。螺纹长度 b 可取 $2d$，或取全螺纹。

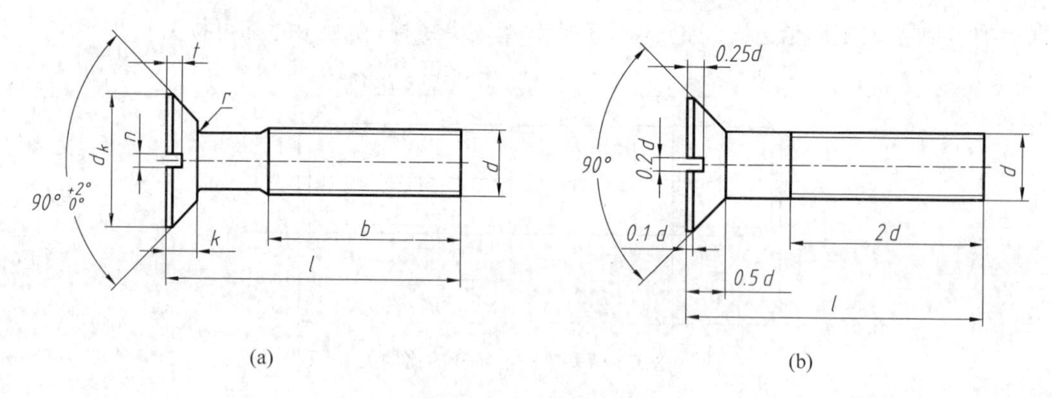

图 6.27　开槽沉头螺钉

(a) 结构形式；(b) 比例关系

6.2.6　垫圈

垫圈一般放在螺母与被连接件之间，防止拧紧螺母时刮伤被连接零件的表面，同时又可增加螺母与被连接零件的支承面。常用的垫圈有平垫圈、弹簧垫圈、止动垫圈等。

平垫圈的产品等级有A、C两级,A级垫圈主要用于A与B级标准六角头螺栓、螺钉和螺母,C级垫圈常用于C级螺栓、螺钉和螺母。弹簧垫圈靠弹性及斜口摩擦防止紧固件的松动。垫圈标准的摘录见二维码附录A中的附表A.13及附表A.14。以连接的螺纹规格(螺纹大径)作为垫圈的公称尺寸。

垫圈的规定标记格式是:

垫圈　标准编号　规格尺寸

其中,规格尺寸是与之配套使用的螺母的公称直径,即螺纹大径。

平垫圈、倒角型平垫圈都可按图6.28所示的比例关系简化绘制。

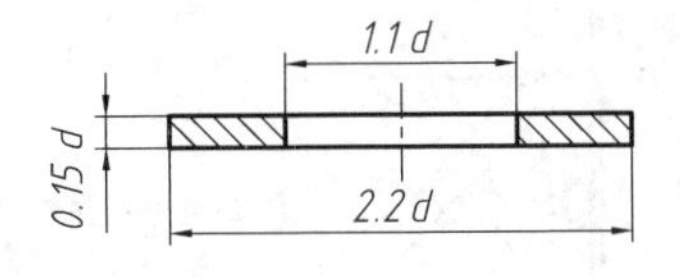

图6.28　垫圈比例画法

6.3　螺纹紧固件的连接画法

采用螺纹紧固件连接的主要形式有螺栓连接、双头螺柱连接和螺钉连接等,如图6.29所示。本节重点介绍这三种连接方式的画法。

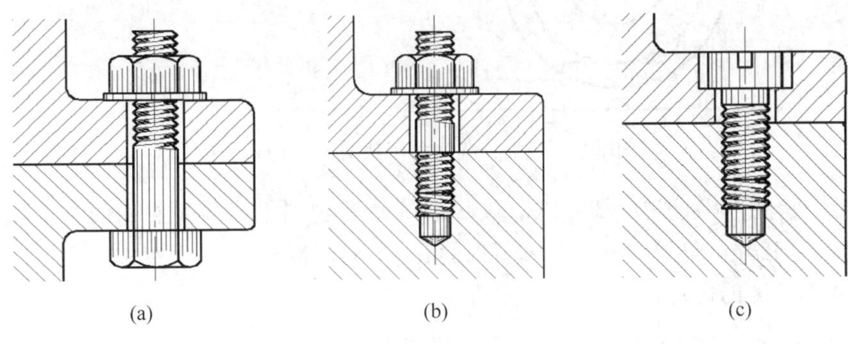

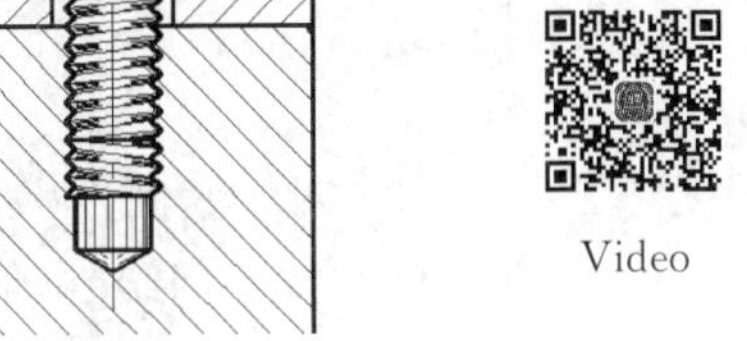

图6.29　螺纹紧固件的连接形式

(a) 螺栓连接；(b) 双头螺柱连接；(c) 螺钉连接

1. 螺栓连接画法

螺栓连接常用来连接不太厚且又允许钻成通孔的零件。在被连接的两个零件上加工出比螺栓直径稍大的通孔(一般通孔的直径取螺栓公称直径的1.1倍),螺栓穿过通孔后套上垫圈,并拧紧螺母即为螺栓连接。

图6.30是螺栓连接的三视图。在绘制螺纹紧固件连接图时,应遵守如下基本规定:

(1) 两零件接触表面画一条线,不接触表面画两条线。

(2) 两零件邻接时,不同零件的剖面线方向应相反,或者方向一致、间隔不等。

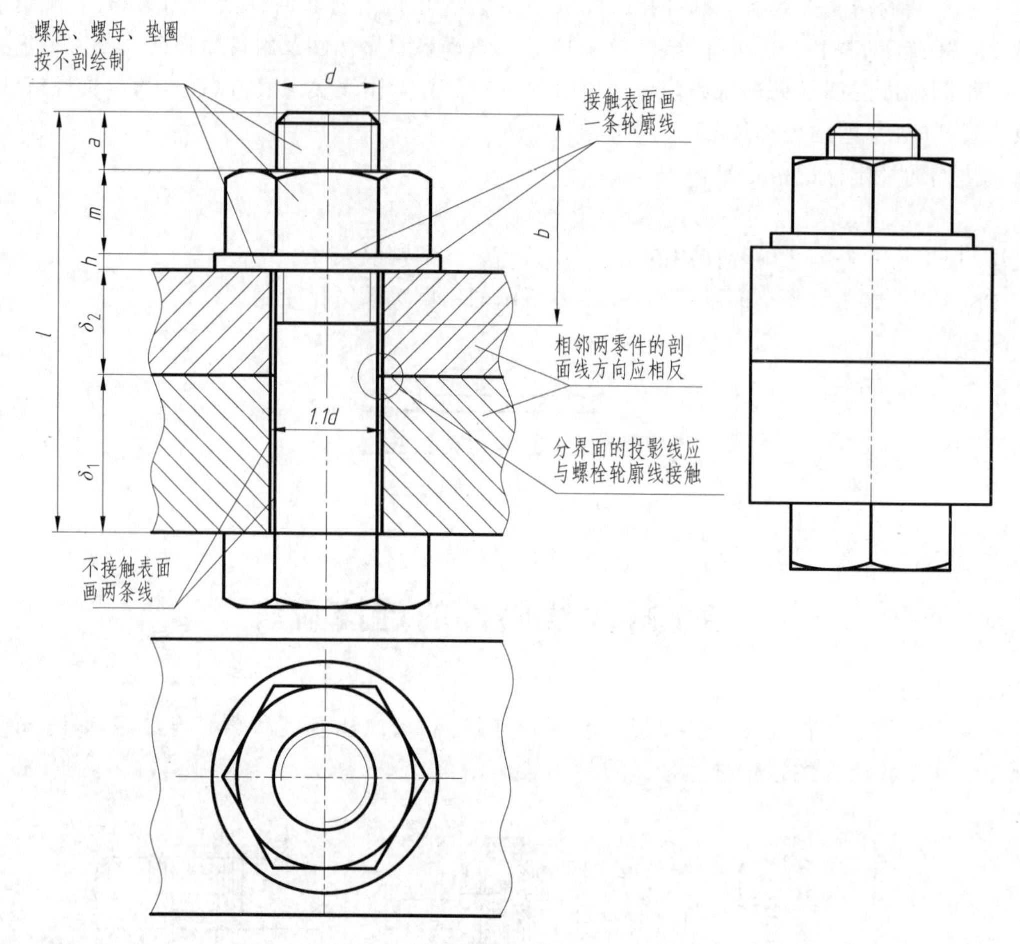

图 6.30　螺栓连接的画法与尺寸关系

(3) 对于紧固件(如螺钉、螺栓、螺母、垫圈等),若剖切平面通过它们的基本轴线,则这些零件均按不剖绘制,仍然画外形。需要时,可采用局部剖视。

螺栓公称长度的确定:

$$l=\delta_1+\delta_2+h+m+a$$

如图 6.30 所示,δ_1、δ_2 为被连接件厚度;h 为垫圈厚度,$h\approx 0.15d$;m 为螺母厚度,$m\approx 0.8d$;a 为螺栓顶端露出螺母的高度(一般可按 $0.3d\sim 0.4d$ 取值)。

根据上式算出的螺栓长度 l 值,查二维码附录 A 中的附表 A.5 中螺栓长度 l 的系列值,选择接近的公称长度作为螺栓最终设计长度。

与此同时,还须满足螺栓的压紧条件:

$$\delta_1+\delta_2>l-b$$

该压紧条件的几何含义是螺栓上的螺纹终止线必须位于上侧被连接件顶面轮廓线的下方,否则连接是无效的。

绘制螺栓连接图时,螺栓、螺母、垫圈都采用比例画法绘制。关于比例画法请读者参见 6.2 节。

2. 双头螺柱连接画法

双头螺柱连接一般用于被连接件之一较厚，不适合加工成通孔，且要求连接力较大的情况。在较薄的被连接件上加工出通孔，在较厚的被连接件上加工出螺孔。然后，将双头螺柱的旋入端旋入到这个螺孔里，另一端（紧固端）则穿过另一被连接零件的通孔，再套上垫圈，最后拧紧螺母。

b_m 取决于被旋入零件的材料，钢和青铜 $b_m=d$、铸铁 $b_m=1.25d$ 或 $b_m=1.5d$、铝和非金属 $b_m=2d$、介于铝和非金属之间 $b_m=2d$。被连接件上螺孔深度一般取 $b_m+0.5d$，钻孔深度一般取 b_m+d，光孔直径通常取 $1.1d$，如图 6.31 所示。

图 6.32 是用比例画法绘制的双头螺柱连接的主视图。画图时特别要注意，双头螺柱旋入端的螺纹终止线一定要与被连接件上螺纹孔的端面平齐。

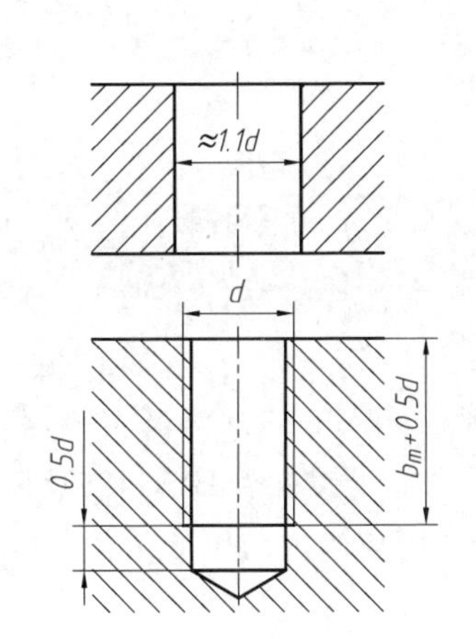

图 6.31　被连接件的螺孔与光孔

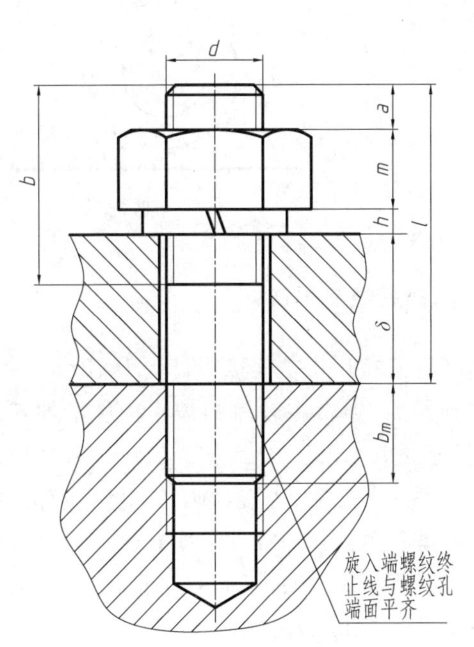

图 6.32　双头螺柱连接主视图

双头螺柱的公称长度 l 按下式确定：

$$l=\delta+h+m+a$$

式中，δ 为光孔的被连接件厚度；h 为垫圈厚度，对于弹簧垫圈 $h\approx0.25d$；m 为螺母厚度，$m\approx0.8d$；a 为螺栓顶端露出螺母的高度（一般取 $0.3d\sim0.4d$）。

根据上式算出的 l 值，查二维码附录 A 中的附表 A.6 中螺柱有效长度 l 的系列值，选择接近的标准数值。与此同时，还须满足压紧条件：

$$l-b<\delta$$

该压紧条件的几何含义是双头螺柱上紧固端的螺纹终止线必须位于上侧被连接件顶面轮廓线的下方，否则连接是无效的。

图 6.33 是按比例关系绘制的双头螺柱连接的三视图(其中主视图和左视图都是局部视图)。图中标识出了弹簧垫圈尺寸的比例关系,弹簧垫圈中的双斜线与水平线的夹角约70°,注意倾斜方向,切忌画反了。弹簧垫圈不按投影规律绘制,在主视图和左视图中必须同时画出弹簧垫圈的双斜线。

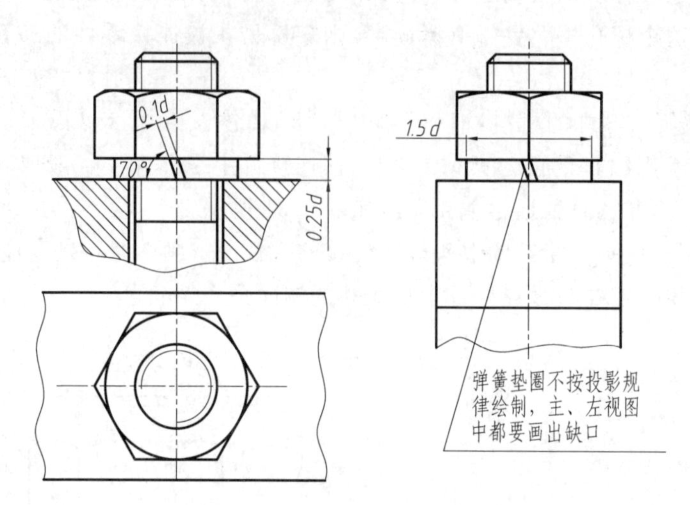

图 6.33　双头螺柱连接的三视图

3. 螺钉连接画法

螺钉连接用于被连接零件受力不大,又不需要经常拆卸的场合。与双头螺柱连接相同,螺钉连接时,通常在较厚的被连接件上加工出螺孔,而在另一个被连接零件上加工出通孔(孔径通常取 $1.1d$),然后把螺钉穿过通孔旋进螺孔而连接两个零件。

图 6.34 是螺钉连接的画法,其连接部分的画法与双头螺柱旋入端的画法基本相同,差别仅是螺钉的螺纹终止线应画在被旋入零件螺孔顶面投影线之上。螺钉头部槽口在反映螺钉轴线的视图上,应画成垂直于投影面;在投影为圆的视图上,则应画成与中心线倾斜 45°,如图 6.34(a)和(b)俯视图所示。

螺钉连接旋入深度 b_m 的确定方法与双头螺柱相似,可根据被旋入零件的材料,查阅有关手册确定。被旋入零件的螺孔深度一般为 $b_m+0.5d$,钻孔深度一般取 b_m+d。螺钉公称长度 l 的选择方法为

$$l=\delta+b_m$$

式中,δ 为光孔零件的厚度。

根据上式算出的 l 值,查二维码附录 A 中的附表 A.7 中相应螺钉长度 l 的系列值,选择接近的标准长度。

图 6.35 是锥端紧定螺钉的连接图,图中的轴和齿轮(图中只画出了轮毂部分),用一个开槽锥端紧定螺钉旋入轮毂的螺孔,使螺钉端部的 120°锥顶角与轴上的 120°锥坑压紧,从而固定了轴和齿轮的相对位置。

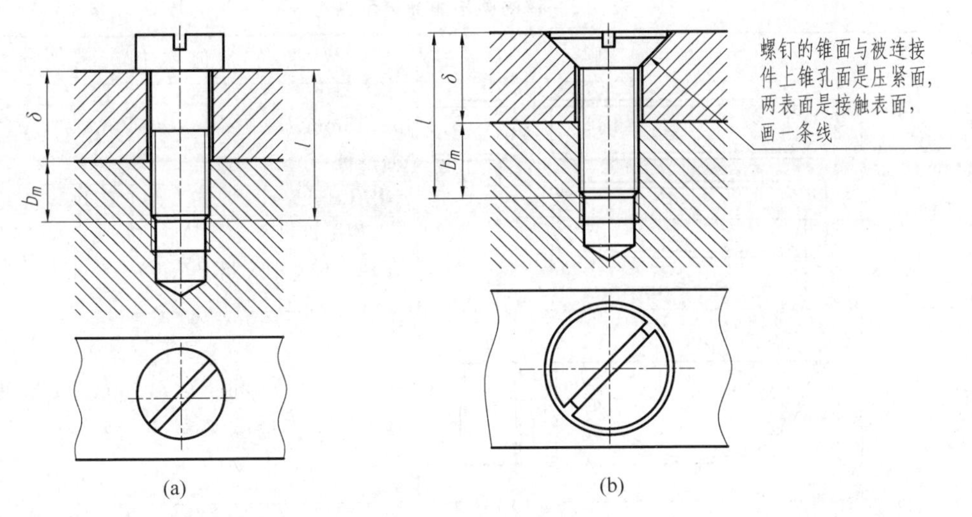

图 6.34　螺钉连接画法

(a) 开槽圆柱头螺钉连接；(b) 开槽沉头螺钉连接

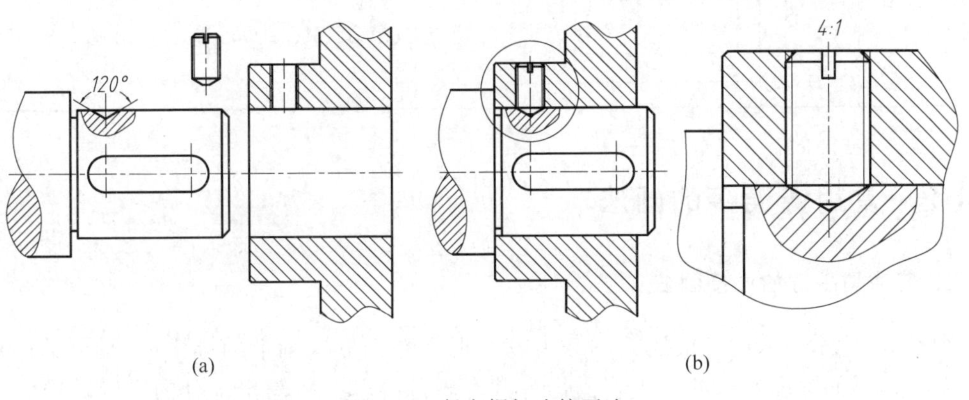

图 6.35　紧定螺钉连接画法

(a) 连接前；(b) 连接后

6.4　键及其连接画法

键是用来连接轴和轴上的传动件(如齿轮、带轮等),并通过它来传递扭矩的一种零件。

6.4.1　常用键的型式

键是标准件,它的种类很多,常用的有普通型平键、普通型半圆键、钩头型楔键等,普通型平键又有 A 型、B 型和 C 型三种。其中普通型平键应用最广。表 6.2 列出了几种常用键的标准编号、型式和标记示例,画图时根据相关标准可查得相应的尺寸及结构。二维码附录 B 中的附表 B.1～附表 B.4 是摘录的普通平键和半圆键的国家标准。

表 6.2 键的画法和标记示例

名　　称	图　　例	标 记 示 例
普通型平键（A型）		$b=18$mm、$h=11$mm、$l=100$mm 的 A 型普通平键： GB/T 1096—2003 键 18×11×100 （A 型平键可不标注 A，而 B 或 C 型则必须在规格尺寸前标出 B 或 C）
普通型半圆键		$b=6$mm、$h=10$mm、$D=25$mm 的半圆键： GB/T 1099.1—2003 键 6×10×25
钩头型楔键		$b=18$mm、$h=11$mm、$l=100$mm 的钩头楔键： GB/T 1565—2003 键 18×100

6.4.2 常用键连接的画法

1. 普通型平键的连接画法

图 6.36 所示是采用平键连接轴与齿轮。把平键先嵌入轴上的键槽内，平键的高度 h 大于轴上键槽的深度 t，因此平键将露出一截在轴的外部。将露出部分的平键对准齿轮上的键槽，把轴和键同时装入齿轮的孔和键槽内，这样就可以保证轴和齿轮一起转动。

Video

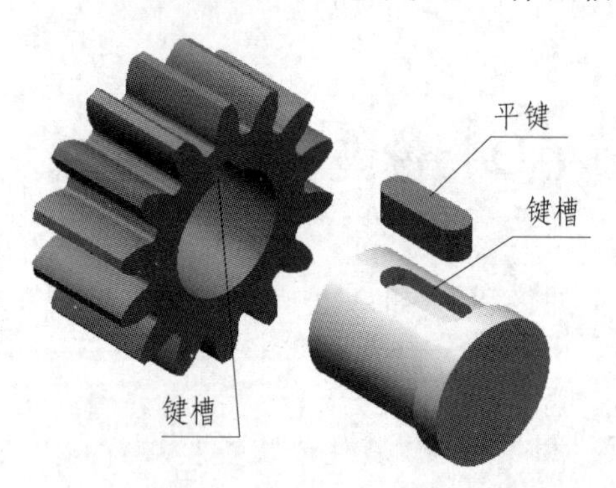

图 6.36 普通型平键连接

画普通型平键连接图时，应已知轴的直径、键的型式，然后根据轴的直径 d 查阅二维码附录 B 中的附表 B.1 和附表 B.2，确定键的宽度 b 和高度 h，轴侧键槽深度 t_1 和毂侧键槽深度 t_2。键的长度 L 根据需要在标准系列中选用，其长度不得大于轮毂的长度。

普通型平键连接的画法如图 6.37 所示。由于键的两个侧面是工作面，因此，键的两个侧面应与轴和毂上键槽的两侧面是接触表面，画图时应画一条线，键的下表面与轴上键槽的顶面规定画一条线。键的上表面与毂上键槽的底面之间存在间隙，是不接触表面，因此应画两条线。在主视图中，因为剖切平面通过轴和平键的对称中心线，所以按装配图画法的规定，轴和键均按不剖绘制。但是为了表达轴上的键槽，在轴的键槽处画成局部剖视图。在普通型平键的装配图中，平键的倒角或圆角可省略不画。

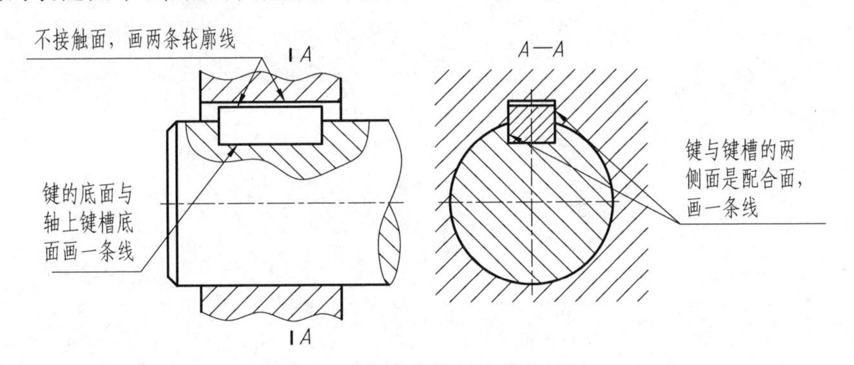

图 6.37　普通型平键连接的画法

图 6.38 是轴和毂上键槽的画法及尺寸标注方法。

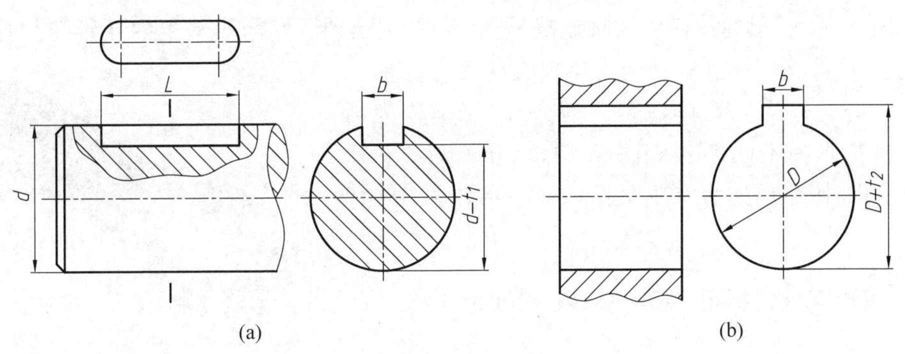

图 6.38　键槽的尺寸注法

(a) 轴上的键槽；(b) 毂上的键槽

2. 普通型半圆键的连接画法

普通型半圆键的连接情况、画图要求与普通平键类似，键的两侧和键的底面应与轴和毂的键槽的表面接触，顶面应留有间隙，如图 6.39 所示。

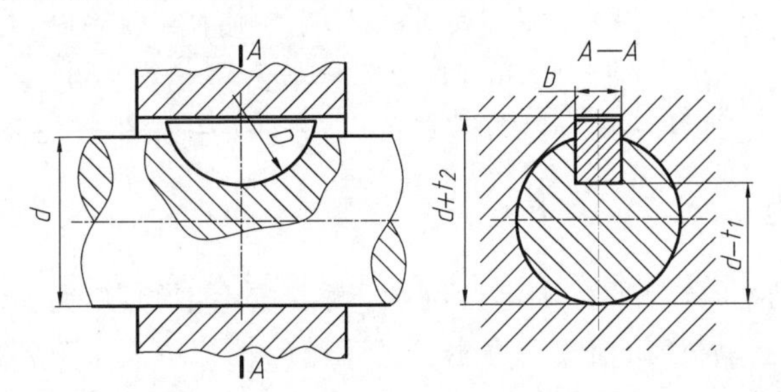

图 6.39　普通型半圆键的连接画法

3. 钩头型楔键的连接画法

钩头型楔键顶面有 1∶100 的斜度，它是靠顶面与底面接触受力来传递扭矩的，因此，键的上、下表面与键槽底面没有间隙，只画一条线。键的两侧面与轴和毂上的键槽侧面采用较为松动的间隙配合，由于公称尺寸相同，两侧面也只画一条线，如图 6.40 所示。

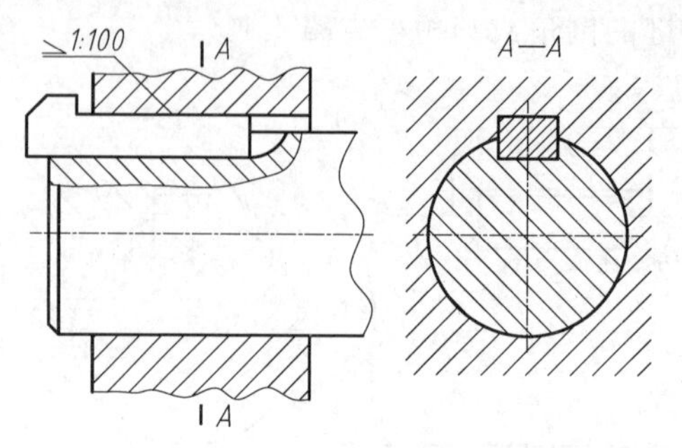

图 6.40　钩头型楔键连接画法

6.4.3　花键连接

如图 6.41 所示的花键常与轴制成一体，称为花键轴。它与轮毂上的花键孔相连接，其连接比较可靠，对中性好，且能传递较大的动力。加工在轴上的花键称为外花键，加工在孔上的花键称为内花键。按齿形的不同，分为矩形花键、渐开线花键和梯形花键。其中矩形花键应用最广，结构和尺寸都已标准化。

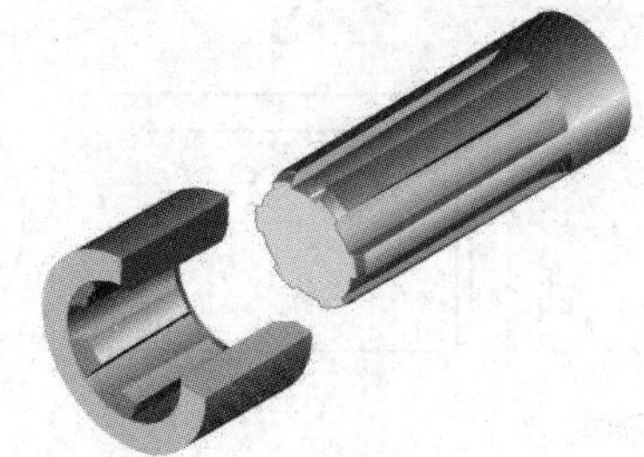

图 6.41　花键轴与轮毂中的花键孔

1. 矩形花键的标记(GB/T 1144—2001)

示例：⎍ $N\times d\times D\times B$　GB/T 1144—2001

标记示例中，图形符号⎍表示花键类型为矩形花键，其余数字及代号依次表示：键数 N、小径 d、大径 D 和键宽 B。

2. 外花键的画法

在反映花键轴线的视图上，大径用粗实线、小径用细实线绘制。在断面图中画出部分或全部齿形。外花键工作长度的终止端和尾部的末端均用细实线绘制，并与轴线垂直，尾部则画成斜线，其倾斜角度一般与轴线成 30°，必要时可按实际情况画出。外花键的标注可采用一般尺寸标注法和标记标注法两种。外花键的画法与标注如图 6.42 所示。

3. 内花键的画法

当内花键采用剖视时，若平行于键齿剖切，键齿按不剖绘制，且大、小径均用粗实线绘制，在反映圆的视图上，大径用细实线表示。内花键的标记中表示公差带的偏差代号用大写字母表示。内花键的画法与标注如图 6.43 所示。

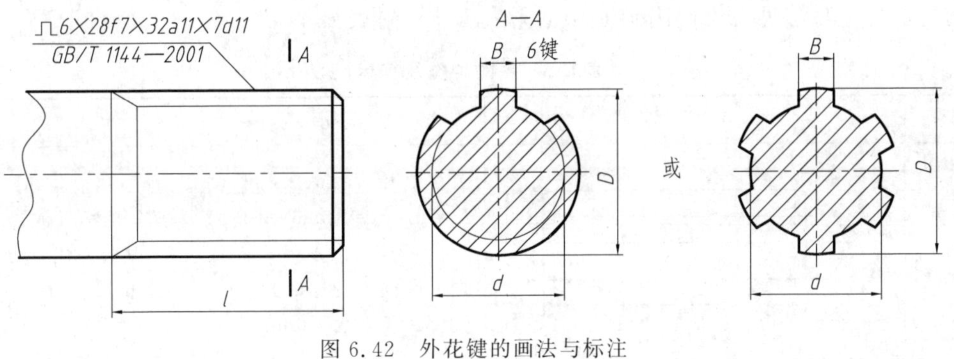

图 6.42　外花键的画法与标注

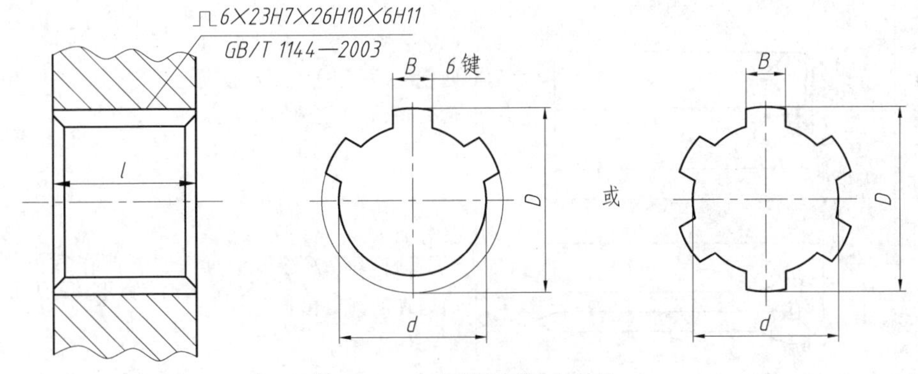

图 6.43　内花键的画法与标注

4. 矩形花键的连接画法

如图 6.44 所示，矩形花键的连接画法与螺纹连接的画法相似，花键连接的画法为连接部分按外花键绘制，不重合部分按各自的规定画法绘制。

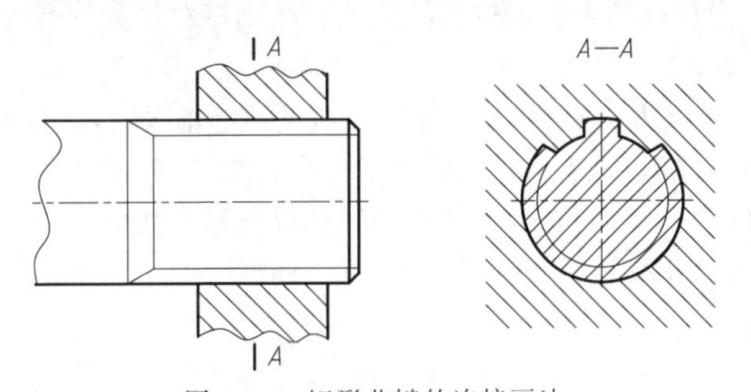

图 6.44　矩形花键的连接画法

6.5　销及其连接画法

销在机器中的作用主要是实现零件之间的连接、定位或防松。常见的有圆柱销、圆锥销和开口销。销是标准件，使用时应按有关标准选用。表 6.3 列出了几种常见销的标准编号、形式和标记示例，画图时根据相关标准可查得相应的尺寸及结构。上述三种销的标准摘录及其规定标记写法见二维码附录B中的附表B.5～附表B.7。

表6.3　销的种类及其标记

名称	型　式	标记示例	说　明
圆柱销	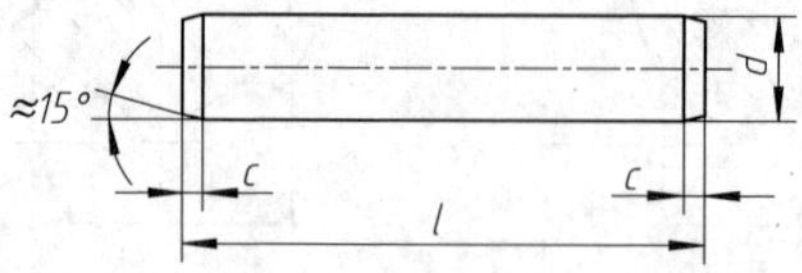	公称直径 $d=6$、公称长度 $l=30$、公差为m6、材料为钢、不经淬火、不经表面处理的圆柱销的标记为： 销 GB/T 119.1 6m6×30	圆柱销有四种直径公差，其公差代号分别为m6、h8、h11、u8
圆锥销	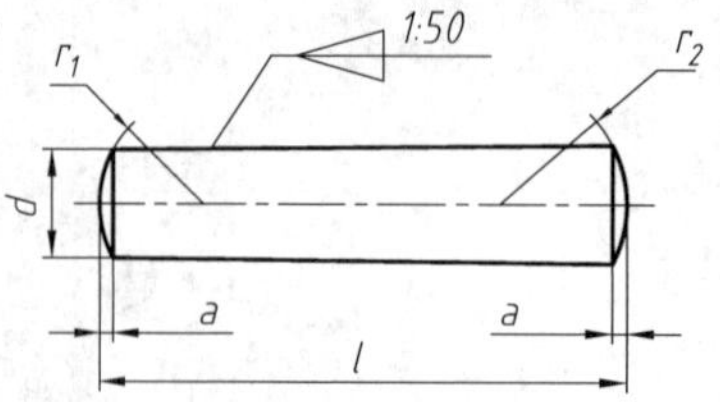	公称直径 $d=10$、长度 $l=60$、材料为35钢、热处理硬度28～38HRC、表面氧化处理的A型圆锥销： 销 GB/T 117 10×60	圆锥销的锥度为1∶50时有自锁作用，打入后不会自动松脱，它的型式有A、B两种。其公称直径是它的小端直径
开口销	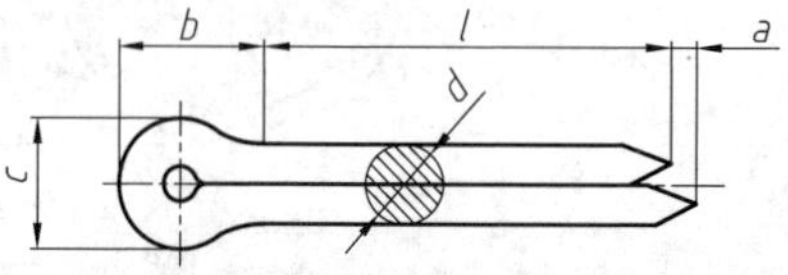	公称直径 $d=5$、长度 $l=50$、材料为低碳钢、不经表面处理的开口销： 销 GB/T 91 5×50	开口销与槽形螺母配合使用，以防止螺母松动

1. 圆柱销和圆锥销

圆柱销和圆锥销均可用来连接零件，这种连接称为销连接。图6.45所示是利用圆柱销连接轴和齿轮。为了可靠地确定零件之间的相对位置，也常用圆柱销或圆锥销来定位，图6.46所示就是利用圆锥销来保证机器的箱盖和底座相对位置的准确，因此也就称这种销为定位销。

销连接的画法：销作为实心件，当剖切平面通过销的轴线时，销按不剖处理。画轴上的销连接时，轴常采用局部剖，以表示销和轴之间的配合关系，如图6.45和图6.46所示。

被定位或连接的两个零件，它们的销孔必须是将两零件装配在一起后才加工，因此在各零件的零件图上标注销孔直径时，应加注“配作”字样(图6.45和图6.46)。

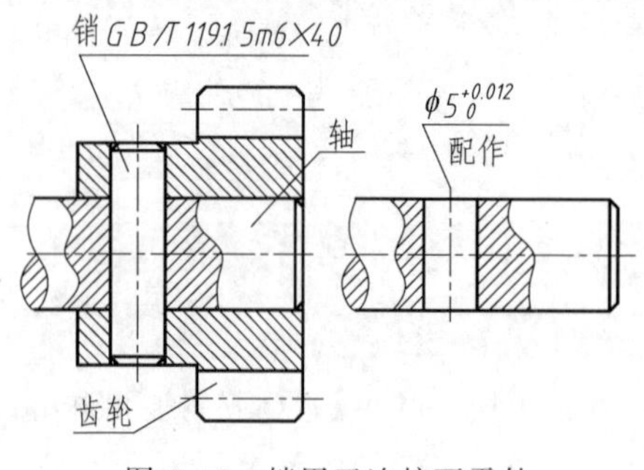

图6.45　销用于连接两零件

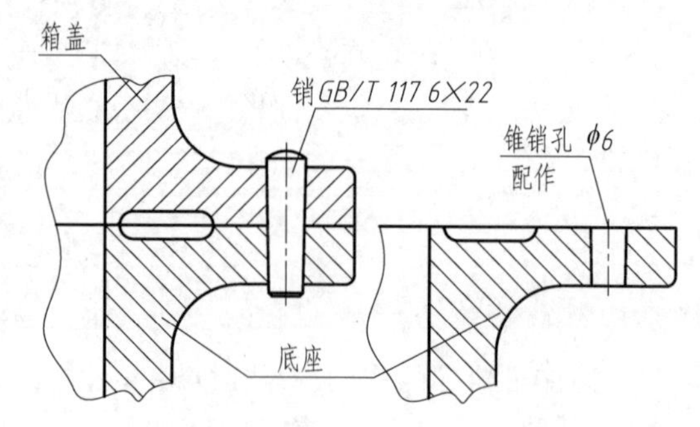

图6.46　销用于两零件的定位

2. 开口销

开口销由一段半圆形断面的低碳钢丝弯转折合而成的，在螺栓连接中为防止螺母松开，可采用一种六角头螺杆带孔螺栓(GB/T 31.1—2013)，并配用开槽六角螺母(GB/T 6178—2000)，然后把开口销穿过螺母的凹槽和螺栓的销孔，最后将开口销的长、短两尾端扳开，从而固定螺栓和螺母的相对位置，使螺母不能转动而起到放松作用。图 6.47 所示为开口销的连接图。

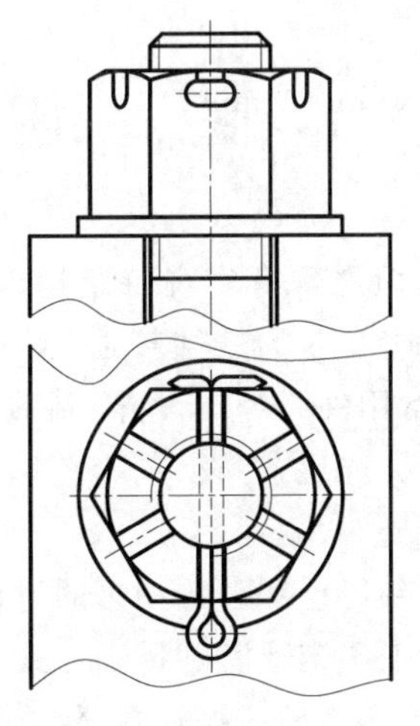

图 6.47　开口销连接

第7章

常用件

7.1 概　　述

各种机器虽然功能不尽相同，但通常有实现特定运动的传动装置、支承部件及其他构件，其中的一些零件被广泛、大量地使用，通用性较强，例如，齿轮、蜗轮蜗杆、轴承、弹簧、紧固件、连接件等，这些零件可称为常用件。为了设计、制造和使用方便，它们的形体结构、尺寸、画法和标记已做了一些规定和标准化，在设计、绘图和制造时可参照一些通用方法和步骤，并遵照国家标准和已有规定。

常见的机械传动有齿轮传动、带传动和链传动。通过传动可实现变速、改变运动方向和运动方式，设计时可根据功能要求来确定适宜的传动方式。

齿轮传动可将一根轴的转动传递给另一根轴，不仅能传递动力，而且可以改变转速和旋转方向。根据两轴的相对位置，齿轮传动可分为：

(1) 圆柱齿轮传动——用于两平行轴之间的传动，如图 7.1(a)所示。

(2) 圆锥齿轮传动——用于两相交轴之间的传动，如图 7.1(b)所示。

(3) 蜗杆蜗轮传动——用于两垂直交叉轴之间的传动，如图 7.1(c)所示。

Video

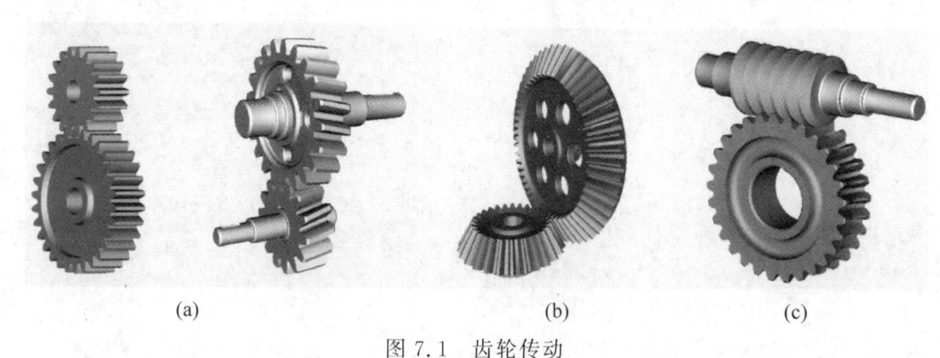

(a)　　(b)　　(c)

图 7.1　齿轮传动

(a) 直齿(斜齿)圆柱齿轮；(b) 圆锥齿轮；(c) 蜗杆蜗轮

在传动装置中，轴及轴上回转零件的支承主要用轴承。按照摩擦性质，轴承可分为滑动(摩擦)轴承和滚动(摩擦)轴承，如图 7.2 所示。滑动轴承主要应用于特重型载荷、有巨大冲击和振动的场合，如航空发动机、高速切削机床、铁路机车等。滚动轴承摩擦阻力小，功率消耗少，并且已标准化，其设计、使用都很方便，在一般机器中使用广泛。

弹簧是机器中广泛应用的一种弹性元件，可在外力的作用下产生较大的弹性变形，主要用于控制机构运动、缓冲吸振、储存能量和测量。

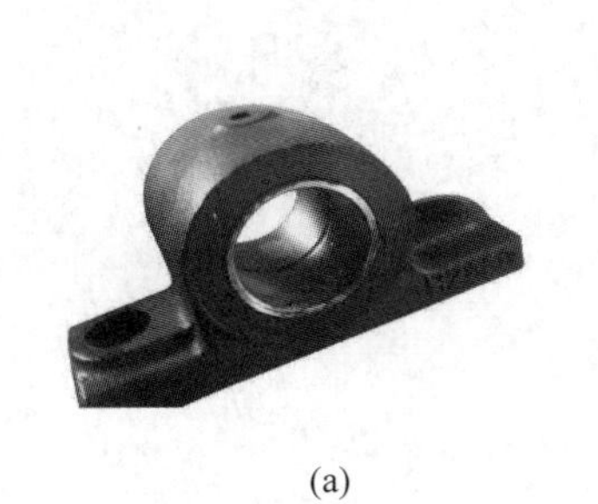
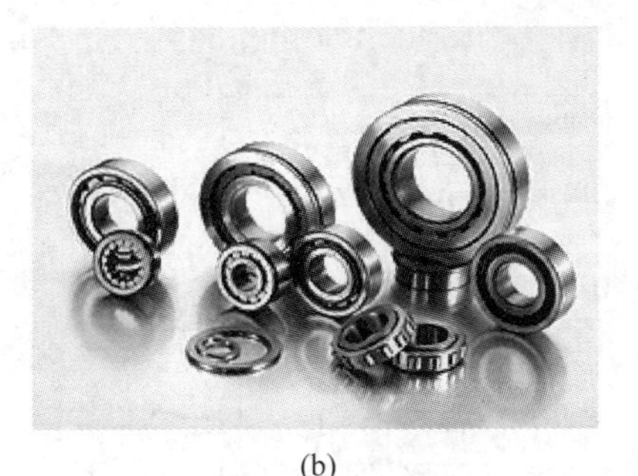

(a) (b)

图7.2 轴承

(a) 滑动轴承；(b) 滚动轴承

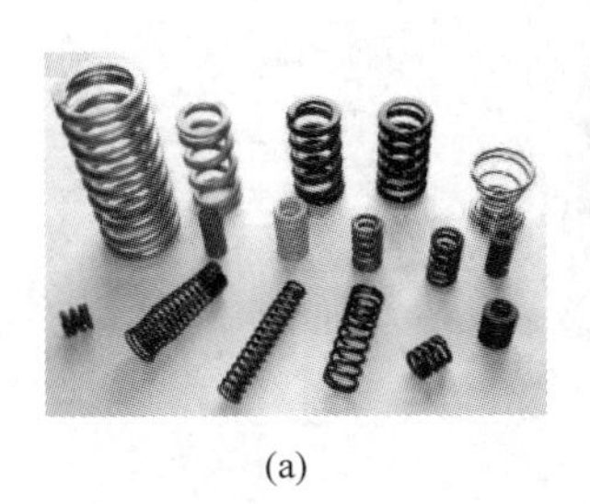
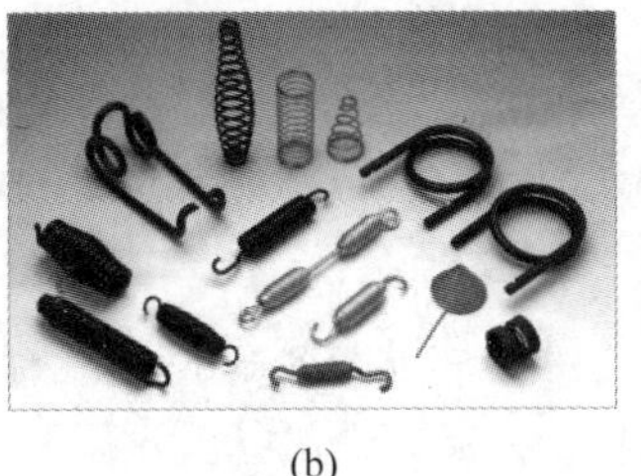
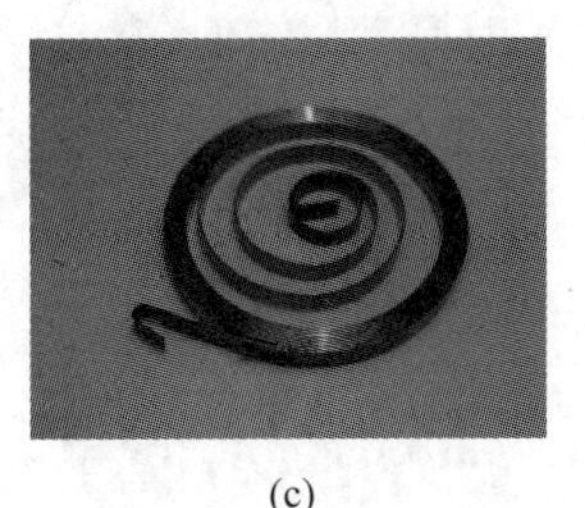

(a) (b) (c)

图7.3 弹簧

(a) 压缩弹簧；(b) 拉簧和扭簧；(c) 盘簧

7.2 圆柱齿轮的画法

圆柱齿轮按其齿形方向可分为直齿、斜齿和人字齿等，斜齿轮适用于高速重载场合，传动较平稳。这里主要介绍标准直齿圆柱齿轮。

7.2.1 圆柱齿轮各部分的名称和几何尺寸计算

1. 圆柱齿轮各部分的名称

下面以标准直齿圆柱齿轮为例来说明各部分的名称和代号，如图7.4所示。

(1) **齿顶圆**。通过轮齿顶部的圆称为齿顶圆，其直径用 d_a 表示。

(2) **齿根圆**。通过轮齿根部的圆称为齿根圆，其直径用 d_f 表示。

(3) **分度圆**。标准齿轮的齿厚 s(单个轮齿两侧齿廓在圆周上的弧长)与齿间 e(相邻两轮齿间空槽在圆周上的弧长)相等的圆称为分度圆，其直径用 d 表示。

(4) **齿高**。齿顶圆与齿根圆之间的径向距离称为齿高(全齿高)，用 h 表示。分度圆将齿高分为两个不等部分——齿顶高和齿根高。齿顶圆与分度圆之间的距离称为齿顶高，用 h_a 表示；分度圆与齿根圆之间的距离称为齿根高，用 h_f 表示。全齿高是齿顶高与齿根高之和，即 $h=h_a+h_f$。

(5) **齿距**。分度圆上相邻两齿对应点之间的弧长称为齿距，用 p 表示。

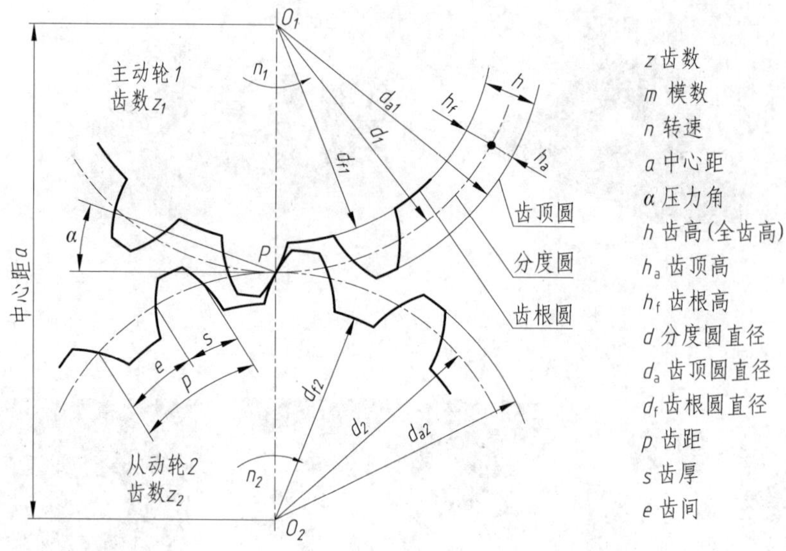

图7.4　齿轮各部分参数名称

2. 直齿圆柱齿轮的基本参数

(1) **齿数**。齿轮上轮齿的个数叫齿数，用z表示。

(2) **模数**。若齿轮的齿数为z，则分度圆的周长为$zp=\pi d$，得$d=zp/\pi$。由于π是无理数，若p为有理数，那么d就变成了无理数，这不便于计算和测量。因此，取$m=p/\pi$为参数，$d=mz$，规定m为有理数，称为模数。模数表示轮齿大小，模数越大，轮齿越大，承载能力就越好。为了设计和制造方便，将模数取值标准化。模数的标准值见表7.1。

表7.1　渐开线圆柱齿轮标准模数(GB/T 1357—2008)

系列	模数
第一系列	1　1.25　1.5　2　2.5　3　4　5　6　8　10　12　16　20　25　32　40　50
第二系列	1.75　2.25　2.75　(3.25)　3.5　(3.75)　4.5　5.5　(6.5)　7　9　(11)　14　18　22　28　36　45

注：在选用模数时，应优先选用第一系列；其次选用第二系列；括号内的模数尽可能不选用。

(3) **压力角**。两啮合齿轮的齿廓在接触点P的受力方向与运动方向之间的夹角称为压力角。若接触点P在分度圆上，则压力角是两齿廓公法线与两分度圆公切线的夹角，用α表示。国标规定标准齿轮的压力角为20°，通常所说的压力角即分度圆压力角。

只有模数和压力角都相等的齿轮才能相互啮合。

3. 直齿圆柱齿轮各部分尺寸的计算公式

在设计齿轮时，先要确定模数m和齿数z，其他各部分尺寸按相应公式计算。标准直齿圆柱齿轮的计算公式见表7.2。

表 7.2 标准直齿圆柱齿轮的尺寸计算

名 称	代 号	计算公式
分度圆直径	d	$d=mz$
齿顶高	h_a	$h_a=m$
齿根高	h_f	$h_f=1.25m$
全齿高	h	$h=h_a+h_f=2.25m$
齿顶圆直径	d_a	$d_a=d+2h_a=m(z+2)$
齿根圆直径	d_f	$d_f=d-2h_f=m(z-2.5)$
齿厚	s	$s=p/2$
齿间	e	$e=p/2$
齿距	p	$p=\pi m$
中心距	a	$a=(d_1+d_2)/2=m(z_1+z_2)/2$

7.2.2 圆柱齿轮的画法

由于齿轮的轮齿部分通常是渐开线，不便绘图，国家标准对轮齿部分的画法作了特别的规定。因此，在绘制齿轮图样时，轮齿部分按规定画法绘制，轮齿以外的其余部分按实际形状投影绘制。

1. 单个圆柱齿轮的画法

在视图中，齿顶圆和齿顶线用粗实线表示；分度圆和分度线用点画线表示；齿根圆和齿根线用细实线表示，或省略不画，如图 7.5(a)所示。

若采用沿齿轮的轴线剖切的剖视表达，轮齿部分按照不剖处理，齿根线用粗实线绘制，如图 7.5(b)所示。

对于斜齿轮，可用三条与轮齿倾斜方向相同的等距细实线表示，如图 7.5(c)所示。

单个齿轮，通常采用沿轴向剖切的一个全剖视图或半剖视图(斜齿和人字齿)加端面视图来表示。

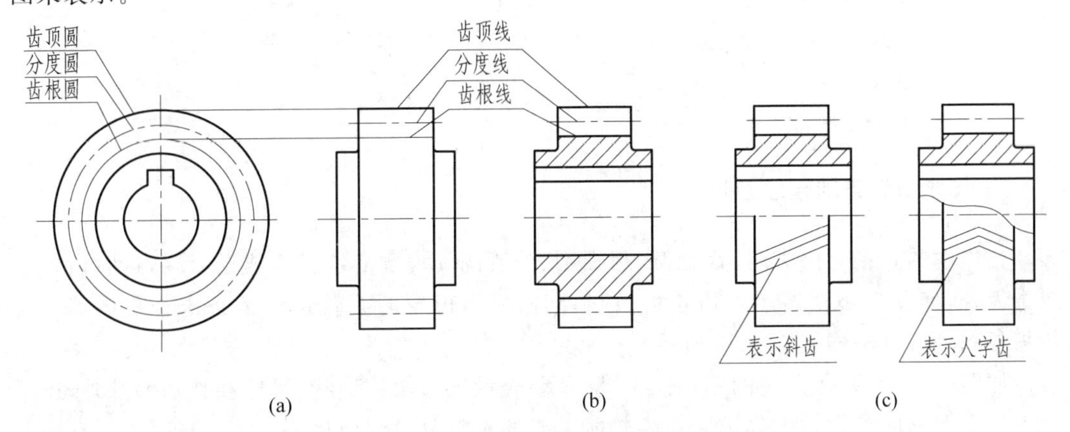

图 7.5 单个圆柱齿轮的画法

(a) 外形；(b) 全剖；(c) 半剖、局部剖(斜齿和人字齿)

2. 圆柱齿轮啮合的画法

两标准齿轮相互啮合时，两分度圆处于相切位置，此时的分度圆又称节圆。啮合部分的规定画法如下：

(1) 在垂直于圆柱齿轮轴线的投影面的视图(端视图)中，两节圆应相切，啮合区的齿顶圆均用粗实线表示(图 7.6(a))，或省略不画(图 7.6(b))。

(2) 在平行于圆柱齿轮轴线的投影面的视图中，啮合区的齿顶线不画，分度线用粗实线绘制(图 7.6(c))。对于一对啮合的斜齿轮，两齿轮上表示齿向的三条细实线的倾斜方向必须相反(图 7.6(d))。若采用沿两啮合齿轮轴线剖切的剖视，则在啮合区将一个齿轮的轮齿用粗实线表示(一般为主动齿轮)，另一个齿轮的轮齿被遮挡部分用虚线绘制，如图 7.7 所示，或省略不画。

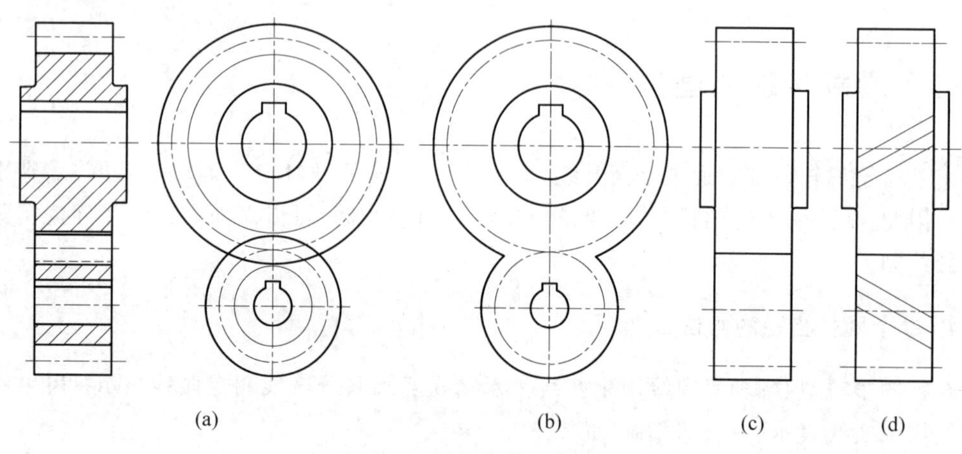

图 7.6 圆柱齿轮啮合画法

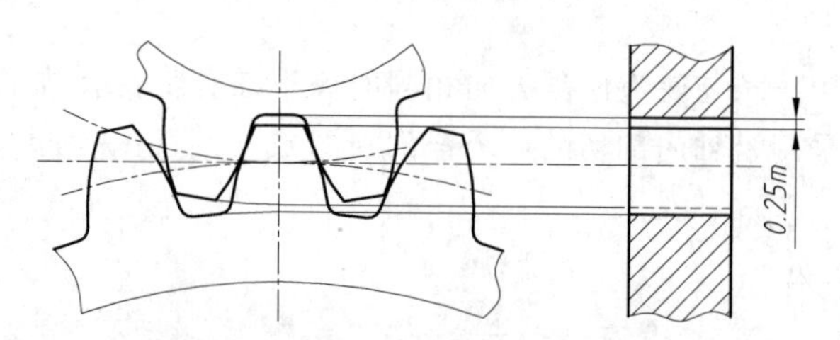

图 7.7 齿轮剖视图中啮合区的画法

3. 齿轮和齿条啮合的画法

当齿轮的直径无限大时，齿顶圆、齿根圆、分度圆和齿廓曲线都变成了直线，这时齿轮变成了齿条，如图 7.8(a)所示。齿轮齿条啮合时，可由齿轮的旋转带动齿条作直线运动。齿轮齿条的啮合画法如图 7.8(b)所示。

如图 7.9 所示，在齿轮的零件图上，除了要表示出齿轮的形状、尺寸和技术要求外，还要在图样右上角的参数表中列出制造齿轮所需要的参数及检测项目等。

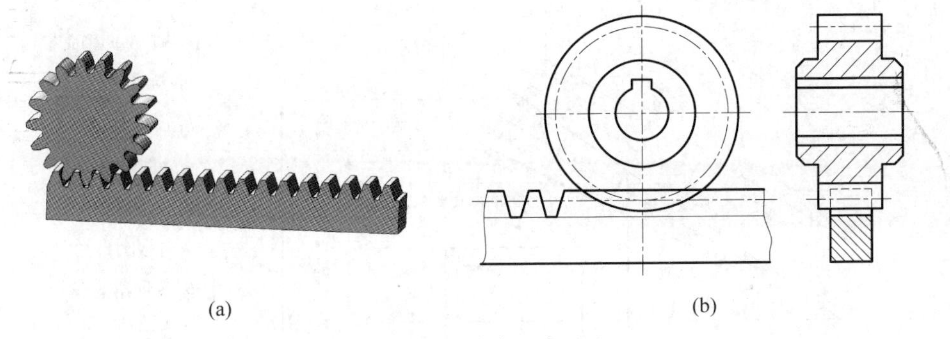

(a)　　(b)

图 7.8　齿轮齿条啮合画法

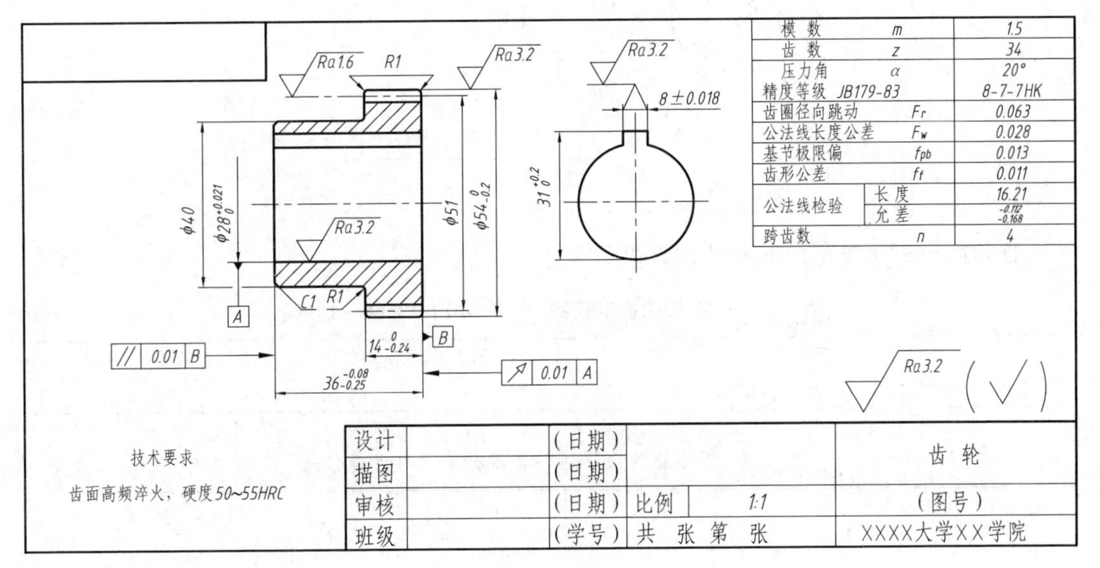

图 7.9　齿轮零件图

7.3　圆锥齿轮的画法

圆锥齿轮传动用于传递两相交轴之间的运动和动力，两轴间的夹角可以是任意的。机械传动中应用最多的是两轴交角 $\Sigma=90°$ 的直齿圆锥齿轮传动。由于锥齿轮的轮齿分布在锥面上，所以齿形一端大，另一端小，齿厚、模数、分度圆均沿齿宽方向逐渐变化。

7.3.1　直齿圆锥齿轮的尺寸计算

为计算和测量方便，规定大端参数为标准值，即以大端的模数和分度圆来决定其他部分的尺寸。通常所说的直齿圆锥齿轮的齿顶圆直径 d_a、分度圆直径 d、齿高 h 等都是相对大端而言的，如图 7.10 所示。圆锥齿轮大端模数系列值见表 7.3，与圆柱齿轮模数系列相似，仅增加了 1.125，1.375，30 三个值。

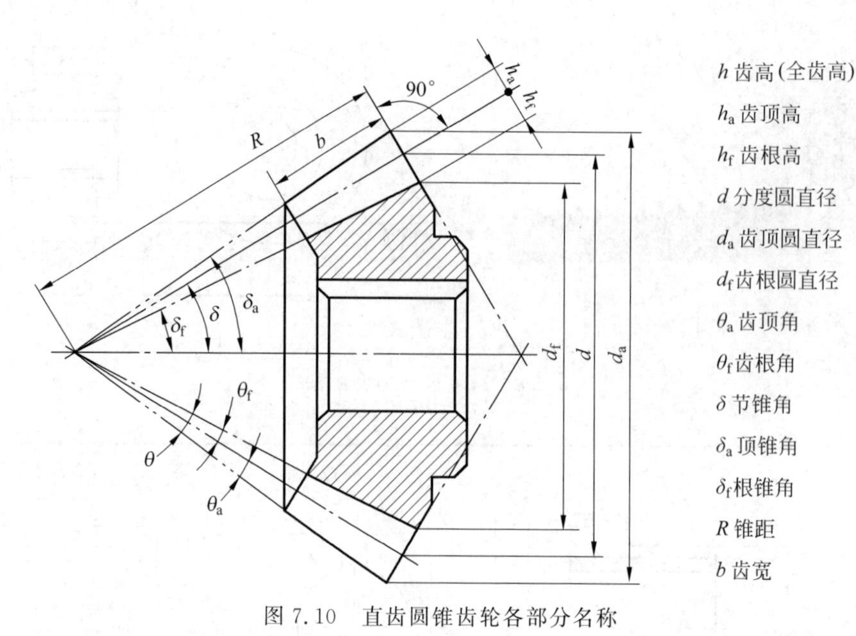

图 7.10　直齿圆锥齿轮各部分名称

直齿圆锥齿轮各部分的尺寸计算见表 7.4。

表 7.3　圆锥齿轮标准模数(摘自 GB/T 12368—1990)

1,1.125,1.25,1.375,1.5,1.75,2,2.25,2.5,2.75,3,3.25,3.5,3.75,4,4.5,5,5.5,6,6.5,7,8,9,10,11,12,14,16,18,20,22,25,28,30,32,36,40,45,50

表 7.4　标准直齿圆锥齿轮各部分的尺寸计算公式

名　称	代号	计 算 公 式	名　称	代号	计 算 公 式
齿顶高	h_a	$h_a=m$	齿根角	θ_f	$\tan\theta_f=2.4(\sin\delta)/z$
齿根高	h_f	$h_f=1.2m$	锥距	R	$R=mz/2\sin\delta$
齿高	h	$h=h_a+h_f=2.2m$	齿宽	b	$\leqslant R/3$
分度圆直径	d	$d=mz$	分锥角	δ_1	$\tan\delta_1=z_1/z_2$
齿顶圆直径	d_a	$d_a=m(z+2\cos\delta)$		δ_2	$\tan\delta_2=z_2/z_1$
齿根圆直径	d_f	$d_f=m(z-2.4\cos\delta)$	顶锥角	δ_a	$\delta_a=\delta+\theta_a$
齿顶角	θ_a	$\tan\theta_a=2.4(\sin\delta)/z$	根锥角	δ_f	$\delta_f=\delta-\theta_f$

注：公式中脚标："1"、"2"分别表示小齿轮和大齿轮，m,d_a,d_f,h_a,h_f 等均指齿轮大端。

7.3.2　直齿圆锥齿轮的画法

1. 单个直齿圆锥齿轮的画法

直齿圆锥齿轮的画法如图 7.11 所示，表达上通常采用全剖的主视图与一个投影为圆的视图，按轴线水平放置绘制。在左视图中(图 7.11(c))，用粗实线画出大端与小端的齿顶圆，用点画线画出大端的分度圆，齿根圆及小端的分度圆不必画出。在外形图中(图 7.11(a))，顶锥线用粗实线绘制，根锥线省略不画，分度锥线用点画线画出。

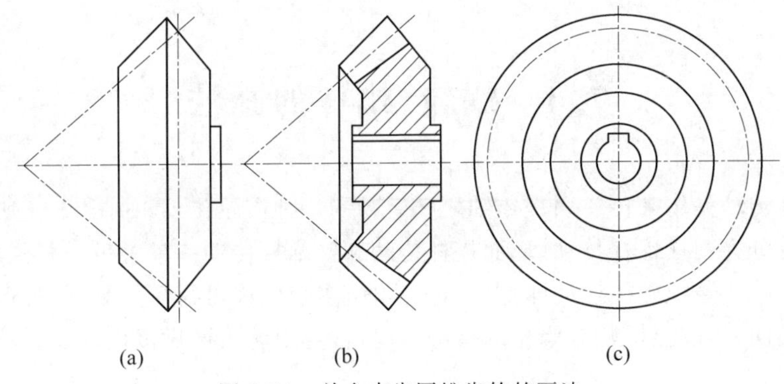

图 7.11　单个直齿圆锥齿轮的画法

(a) 外形；(b) 全剖；(c) 左视图

单个直齿圆锥齿轮的作图步骤：

(1) 由分锥角和大端分度圆直径画出分度圆锥和背锥以及大端分度圆，如图 7.12(a)所示；

(2) 根据齿顶高、齿根高画出顶锥、根锥，根据齿宽画轮齿，如图 7.12(b)所示；

(3) 画出齿轮其他部分投影的轮廓，如图 7.12(c)所示；

(4) 画剖面线，加深图线，如图 7.11(b)、(c)所示，完成图形。

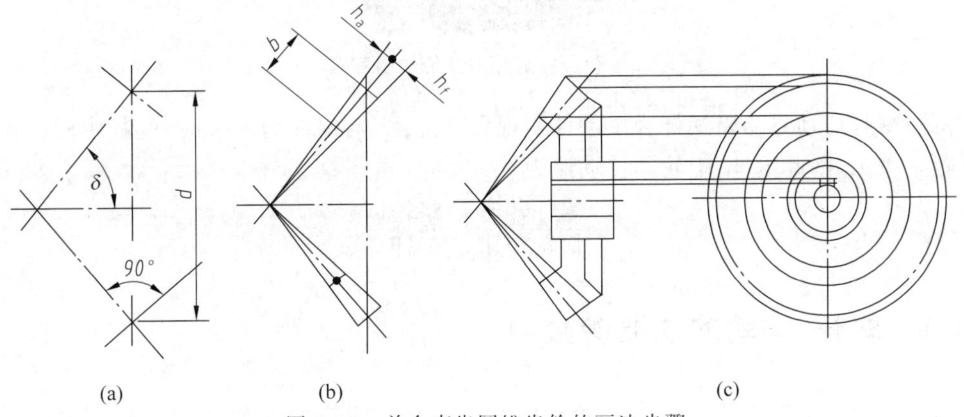

图 7.12　单个直齿圆锥齿轮的画法步骤

2. 直齿圆锥齿轮啮合的画法

两标准的圆锥齿轮啮合时，两分度圆锥应相切。啮合的圆锥齿轮主视图一般取全剖视图，啮合区的画法与圆柱齿轮的画法类似，如图 7.13 所示。应注意在反映大齿轮为圆的视图上，小齿轮大端分度线与大齿轮大端分度圆必须相切。

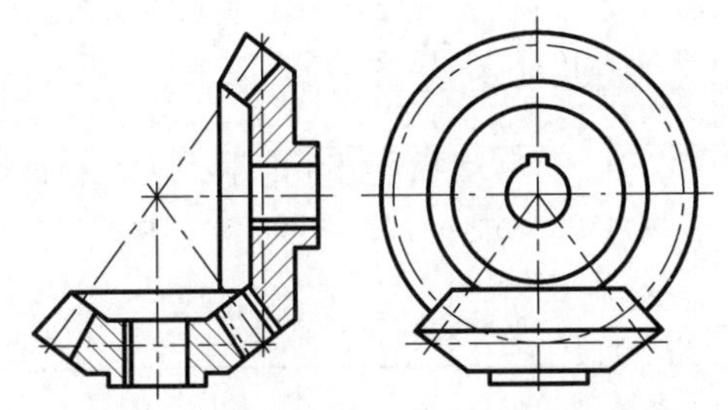

图 7.13　直齿圆锥齿轮啮合的画法步骤

7.4 蜗轮、蜗杆的画法

蜗轮蜗杆传动是用来传递两交错轴之间运动的一种齿轮传动，如图7.14所示。根据蜗杆形状不同可分为圆柱蜗杆传动、环面蜗杆传动和锥蜗杆传动。最常见的是圆柱蜗杆，一个轮齿沿柱面上的一条螺旋线运动即形成单头蜗杆，多个轮齿可得多头蜗杆，外形像螺杆。蜗轮与斜齿轮类同，为改善蜗轮与蜗杆的接触情况，常将蜗轮表面做成内环面。

图7.14 蜗轮蜗杆传动示意图

蜗轮蜗杆传动只能以蜗杆为主动件实现大减速比，当蜗杆为单头时，蜗杆每转一圈，蜗轮转过一个齿，因此蜗杆、蜗轮的传动比为

$$i=\frac{\text{蜗杆转速}}{\text{蜗轮转速}}=\frac{\text{蜗轮齿数}}{\text{蜗杆头数}}$$

7.4.1 蜗杆、蜗轮的主要参数

常见的蜗轮蜗杆传动其两轴线交错角为90°。通过蜗杆轴线而垂直于蜗轮轴线的平面称为中心平面。蜗轮蜗杆在中心平面上的啮合与直齿圆柱齿轮和齿条的啮合相同，蜗轮蜗杆的尺寸计算都以中心平面上的参数为基准。所以蜗轮的模数是指在中心平面上的模数m_t，它应该符合标准系列；蜗杆则是以轴向模数m_x为标准模数，$m_x=m$。表7.5给出了圆柱蜗杆标准模数与分度圆直径的标准系列。

表7.5 圆柱蜗杆标准模数与分度圆直径（GB/T 10088—1988）

模数 m	第一系列	0.1，0.12，0.16，0.2，0.25，0.3，0.4，0.5，0.6，0.8，1，1.25，1.6，2，2.5，3.15，4，5，6.3，8，10，12.5，16，20，25
	第二系列	0.7，0.9，1.5，3，3.5，4.5，5.5，6，7，12，14，31.5，40
直径 d_1	第一系列	4，4.5，5，5.6，6.3，7.1，8，9，10，11.2，12.5，14，16，18，20，22.4，25，28，31.5，35.5，40，45，50，56，63，71，80，90，100，112，125，140，160，180，200，224，250，280，315，355，400
	第二系列	6，7.5，8.5，15，30，38，48，53，60，67，75，85，95，106，118，132，144，170，190，300

注：在选用时，应优先选用第一系列。

蜗轮蜗杆传动设计时，根据传动比确定蜗杆头数 z_1 和蜗轮齿数 z_2，再根据强度条件确定模数 m。根据模数确定蜗杆分度圆直径 d_1。其他各参数的确定和计算公式见表 7.6。

表 7.6　蜗轮蜗杆各部分尺寸计算公式

蜗杆			蜗轮		
名称	代号	计算公式	名称	代号	计算公式
分度圆直径	d_1	$d_1=mq$	分度圆直径	d_2	$d_2=mz_2$
齿顶圆直径	d_{a1}	$d_{a1}=m(q+2)$	齿顶圆直径	d_{a2}	$d_{a2}=m(z_2+2)$
齿根圆直径	d_{f1}	$d_{f1}=m(q-2.4)$	齿顶外圆直径	D	当 $z_1=1$ 时，$D\leqslant d_{a2}+2m$ 当 $z_1=2\sim3$ 时，$D\leqslant d_{a2}+1.5m$ 当 $z_1=4$ 时，$D\leqslant d_{a2}+m$
齿顶高	h_a	$h_a=m$	齿根圆直径	d_{f2}	$d_{f2}=m(z_2-2.4)$
齿根高	h_f	$h_f=1.2m$	蜗轮宽度	b_2	当 $z_1<3$ 时，$b_2\leqslant0.75d_{a1}$ 当 $z_1=4$ 时，$b_2\leqslant0.67d_{a1}$
齿高	h	$h=h_a+h_f=2.2m$	蜗轮螺旋角	β	$\beta=\lambda$（螺杆导程角）
轴向齿距	p_x	$p_x=\pi m$	齿顶圆弧半径	r_1	$r_1=d_1/2-m$
螺杆导程角	λ	$\tan\lambda=z_1/q$	齿根圆弧半径	r_2	$r_2=d_1/2+1.2m$
螺杆导程	p_r	$p_r=z_1p_x$	包角	2γ	$2\gamma=70°\sim90°$（一般）
蜗杆齿宽	b_1	当 $z_1=1\sim2$ 时， $b_1\approx(13\sim16)m$ 当 $z_1=3\sim4$ 时， $b_1\approx(15\sim20)m$	中心距	a	$a=m(q+z_2)/2$

一对相互啮合的蜗轮蜗杆的模数、齿形角、蜗杆的导程角与蜗轮的螺旋角、螺旋方向必须一致。

7.4.2　蜗杆、蜗轮的画法

1. 单个蜗杆、蜗轮的画法

蜗杆的画法如图 7.15 所示，齿顶圆和齿顶线用粗实线绘制，分度圆和分度线用点画线绘制，齿根圆和齿根线用细实线绘制。蜗杆一般用一个视图表示，为了表示蜗杆的齿形通常采用局部剖视图画出几个轴向齿形，或用局部放大图的方式画出齿形断面图。

蜗轮的画法与圆柱齿轮类似，如图 7.16 所示。在左视图中，轮齿部分只画外圆（最大直径的轮廓，用粗实线）、分度圆（用细点画线）；齿顶圆、齿根圆、倒角圆省略不画。其他部分按不剖处理。在与轴线平行的视图中，一般采用剖视，轮齿按不剖处理，齿顶和齿根圆弧用粗实线绘制。

2. 蜗轮蜗杆啮合的画法

蜗轮蜗杆啮合的剖视画法如图 7.17(a)所示，当剖切平面通过蜗轮轴线并与蜗杆轴线垂直时，啮合区蜗杆齿顶圆、齿根圆用粗实线绘制，蜗轮的齿根圆弧用粗实线绘制，齿顶圆弧省略不画。当剖切平面通过蜗杆的轴线并垂直于蜗轮轴线时，啮合区蜗杆的齿顶线、齿根线

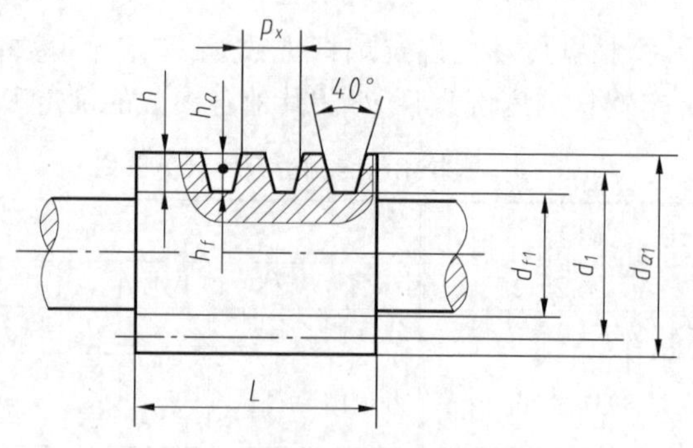

图 7.15　蜗杆的画法

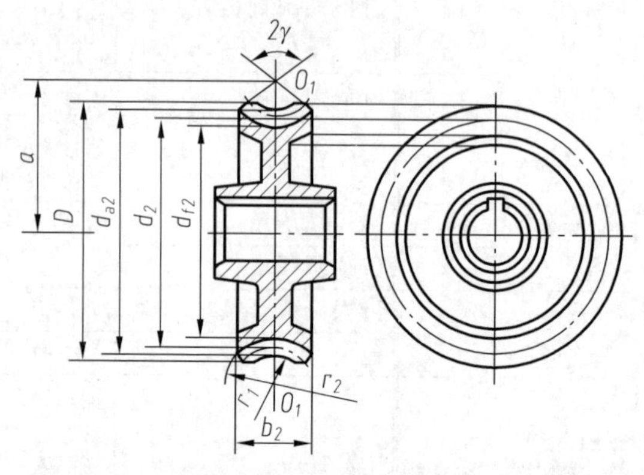

图 7.16　蜗轮的画法

用粗实线完整绘制出来，蜗轮的外径圆弧、齿顶圆弧不画，而其齿根圆弧需绘制出来。

蜗轮蜗杆啮合的外形画法见图 7.17(b)。

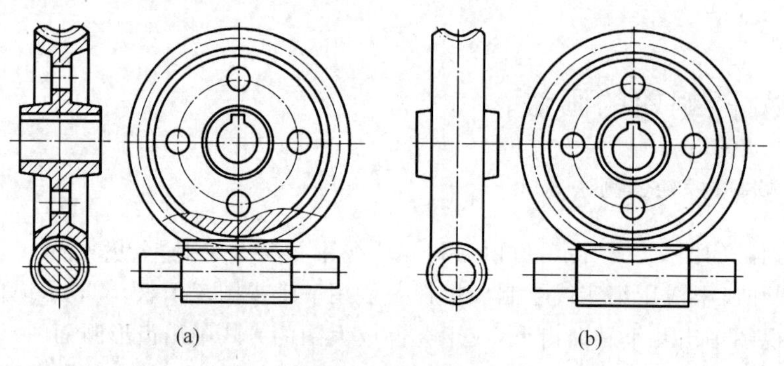

图 7.17　蜗轮蜗杆啮合的画法

(a) 剖视图；(b) 外形图

7.5　滚动轴承的表示法

滚动轴承是标准组件，由专门的厂家生产，同螺纹紧固件一样，可根据型号直接选购。在设计时，不需要画滚动轴承的组件图，只要在装配图中按规定画出即可。滚动轴承的种类很多，但它们的结构大致相同，基本上由以下几种元件组成，如图 7.18 所示。

(1) 支承圈：有内、外或上、下两个支承圈；

(2) 滚动体：有球、圆柱滚子、圆锥滚子和滚针等，排列在两个支承圈之间；

(3) 保持架：将滚动体隔开，并保持其相互间的位置。

滚动轴承按其受力方向可分为三类。

(1) 向心轴承：主要承受径向力，如图7.18(a)所示的深沟球轴承。

(2) 推力轴承：只能承受轴向力，如图7.18(b)所示的推力球轴承。

(3) 向心推力轴承：能同时承受径，向力和轴向力，如图7.18(c)所示的圆锥滚子轴承。

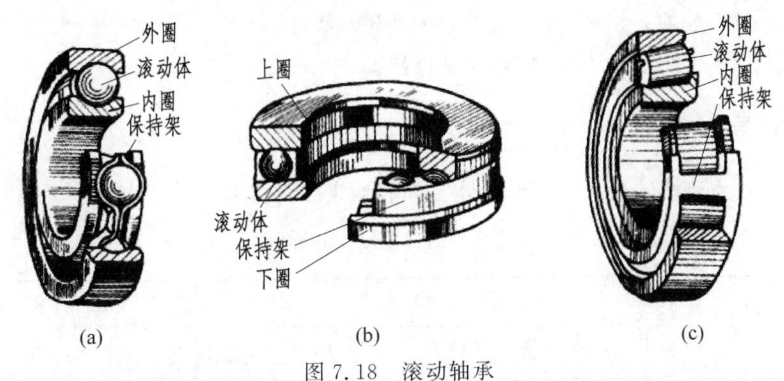

图7.18 滚动轴承

(a) 深沟球轴承；(b) 推力球轴承；(c) 圆锥滚子轴承

7.5.1 滚动轴承的基本代号

滚动轴承的标记由名称、代号和标准编号三部分组成，格式及示例如图7.19所示。

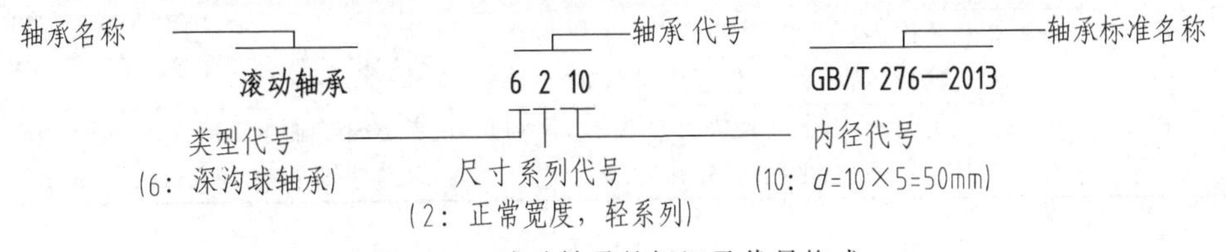

图7.19 滚动轴承的标记及代号格式

滚动轴承的基本代号表示滚动轴承的基本类型、结构及尺寸，是滚动轴承代号的基础。基本代号由轴承类型代号、尺寸系列代号和内径代号构成。

1. 类型代号

轴承类型代号用阿拉伯数字或大写拉丁字母表示，其含义见表7.7。

表7.7 滚动轴承类型代号

代号	轴承类型	代号	轴承类型	代号	轴承类型
0	双列角接触球轴承	4	双列深沟球轴承	N	圆柱滚子轴承
1	调心球轴承	5	推力球轴承	NN	双列或多列
2	调心滚子轴承	6	深沟球轴承		圆柱滚子轴承
	推力调心滚子轴承	7	角接触球轴承	U	外球面轴承
3	圆锥滚子轴承	8	推力圆柱滚子轴承	QJ	四点接触球轴承

2. 尺寸系列代号

尺寸系列代号由滚动轴承的宽（高）度系列代号和直径系列代号组合而成，用两位数字表示。它主要用来区别内径相同而宽（高）度与外径不同的轴承。

宽度系列代号：一般正常宽度为“0”，通常不标注。但对圆锥滚子轴承（7类）和调心滚子轴承（3类）等类型不能省略“0”。外径系列代号：特轻（0，1），轻（2），中（3），重（4）。

例如，6010为轻薄系列，应用于轻载荷、高转速；6210是轻型系列，是应用面最广的类型；6310是中重型系列；6410是重系列，用于重载低速。

尺寸系列代号的详细情况请查阅有关标准。

3. 内径代号

内径代号表示轴承的公称内径，具体含义及计算见表7.8。

表7.8　滚动轴承内径代号

<table>
<tr><th colspan="2">轴承公称内径</th><th>内径代号</th><th>示例</th></tr>
<tr><td colspan="2">0.6～10（非整数）
1～9（整数）</td><td>用公称内径毫米数直接表示；对内径非整数系列、深沟及角接触球轴承7、8、9直径系列，内径与尺寸系列代号之间用“/”分开</td><td>深沟球轴承625
深沟球轴承618/5　d=5mm
深沟球轴承618/2.5　d=2.5mm</td></tr>
<tr><td rowspan="4">10～17</td><td>10</td><td>00</td><td rowspan="4">深沟球轴承6200　d=10mm</td></tr>
<tr><td>12</td><td>01</td></tr>
<tr><td>15</td><td>02</td></tr>
<tr><td>17</td><td>03</td></tr>
<tr><td colspan="2">20～480（22、28、32除外）</td><td>公称内径除以5的商数，商数为个位数时，需在商数左边加“0”，如08</td><td>调心滚子轴承23208　d=40mm</td></tr>
<tr><td colspan="2">≥500以及22、28、32</td><td>用公称内径毫米数直接表示，但与尺寸系列之间用“/”分开</td><td>调心滚子轴承230/500　d=500mm
深沟球轴承62/22　d=22mm</td></tr>
</table>

7.5.2 常用滚动轴承的画法

滚动轴承是标准件，不需画出零件图。滚动轴承通常采用通用画法、特征画法和规定画法，前两种属于简化画法，在同一图样中一般只采用其中一种画法。在装配图中，可根据轴承代号从标准中查出外径、内径、宽度等尺寸，然后按GB/T 4459.7—2017中规定的标准简化画法或规定画法绘制。

1. 基本规定

（1）通用画法、特征画法和规定画法中的各种符号、矩形线框和轮廓线均用粗实线绘制。

（2）绘制滚动轴承时，矩形线框和外形轮廓的大小应该与滚动轴承的外形一致，并与所属图样采用同一比例。

（3）在剖视图中，用通用画法和特征画法绘制时，一律不画剖面符号（剖面线）。

(4) 采用规定画法绘制剖视图时，轴承的滚动体不画剖面线，其各套圈可画成方向和间隔相同的剖面线。在不致引起误解时，剖面线也允许省略不画。

2. 通用画法

在剖视图中，当不需要确切表示滚动轴承的外形轮廓、载荷特性、结构特征时，可用矩形线框及位于线框中央正立的十字形符号表示。通用画法在轴的两侧以同样方式画出(图 7.20)，其中参数 d、D、B 按轴承代号由标准中查得。

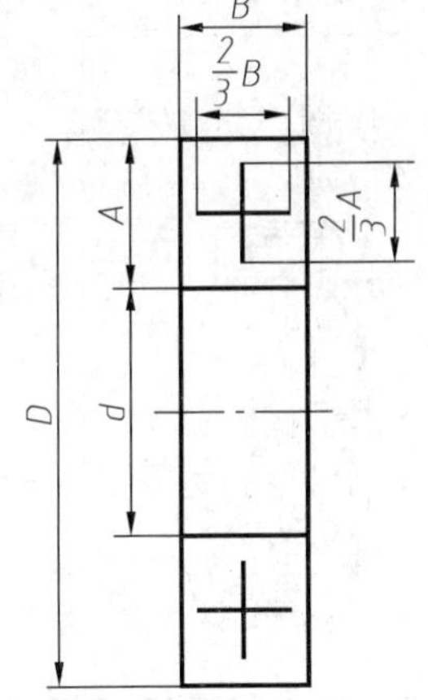

图 7.20　轴承通用画法

3. 特征画法和规定画法

在装配图中，当需要较形象地表示滚动轴承的结构特征时，可采用规定画法，在矩形线框内画出其结构要素符号；而如果只需要简单表达滚动轴承的主要结构，则可采用特征画法。常用轴承的特征画法和规定画法在表 7.9 中给出。

表 7.9　常用轴承的特征画法和规定画法

轴承名称	查表数据	规定画法	特征画法
深沟球轴承 GB/T 276—2013	d D B		
圆锥滚子轴承 GB/T 297—2015	d D T B C		

续表

轴承名称	查表数据	规定画法	特征画法
向心推力球轴承 GB/T 301—2015 	d d_1 D D_1 T	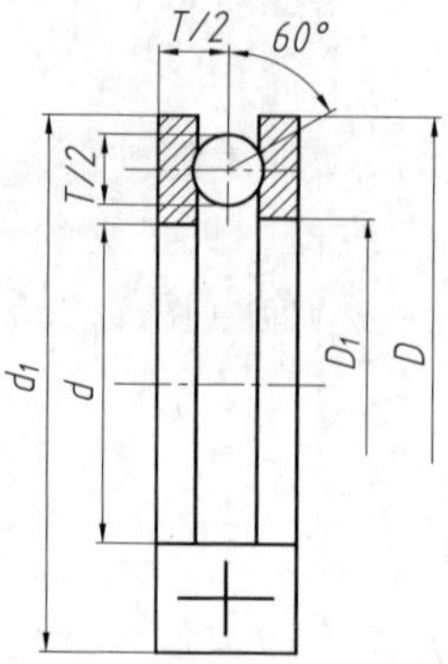	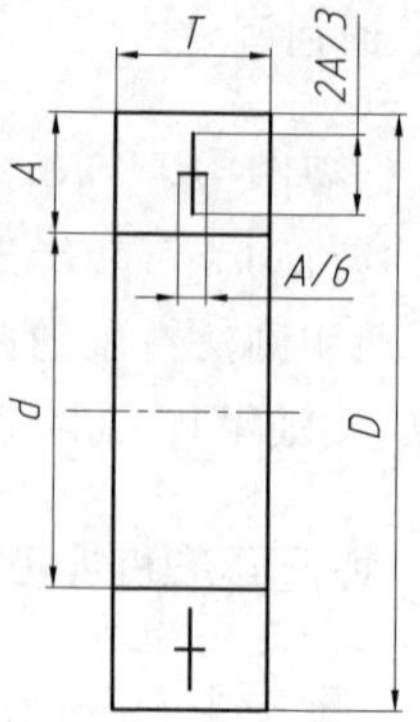

4. 常用滚动轴承的装配示意图

滚动轴承的外圈装配在机座的轴孔内，一般不动；内圈装配在轴上，与轴一起转动。在实际绘图中，一般情形下可用规定画法绘制在轴的一侧，另一半用通用画法绘制。表7.10为常用轴承的装配示意图。

表7.10　常用轴承的装配示意图

深沟球轴承	圆锥滚子轴承	向心推力球轴承
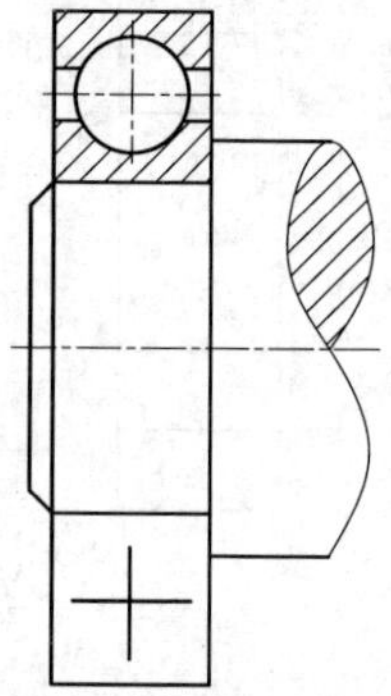	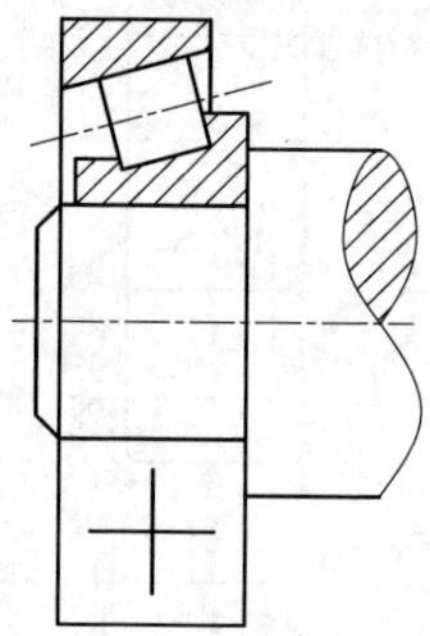	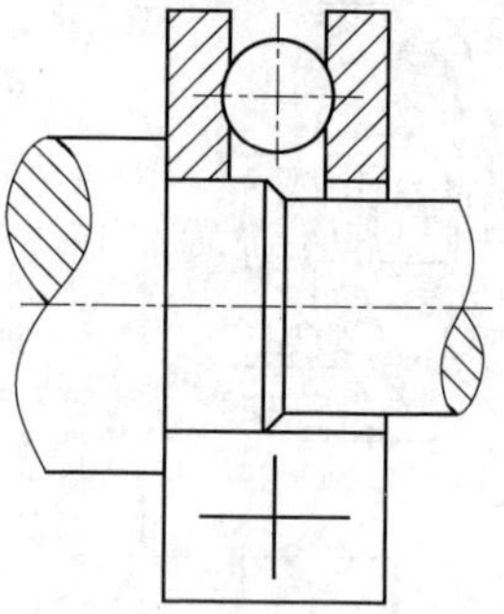

7.6　弹簧的画法

弹簧是机械、电器设备中常用的零件，其种类很多，常见的有圆柱螺旋弹簧、板弹簧、平面涡卷弹簧等，圆柱螺旋弹簧又分为压缩弹簧、拉伸弹簧和扭转弹簧，如图7.21所示。

7.6.1　圆柱螺旋压缩弹簧各部分的名称及尺寸计算

GB/T 2089—2009对弹簧各部分的名称及尺寸关系作了规定，如图7.22所示。

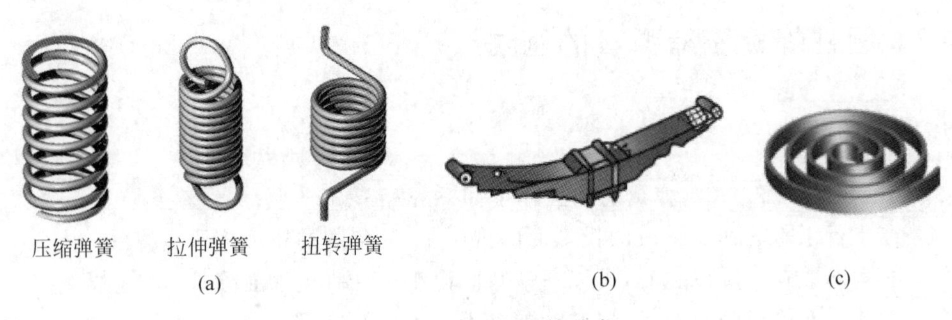

图 7.21　常见的弹簧种类

(a) 圆柱螺旋弹簧；(b) 板弹簧；(c) 平面涡卷弹簧

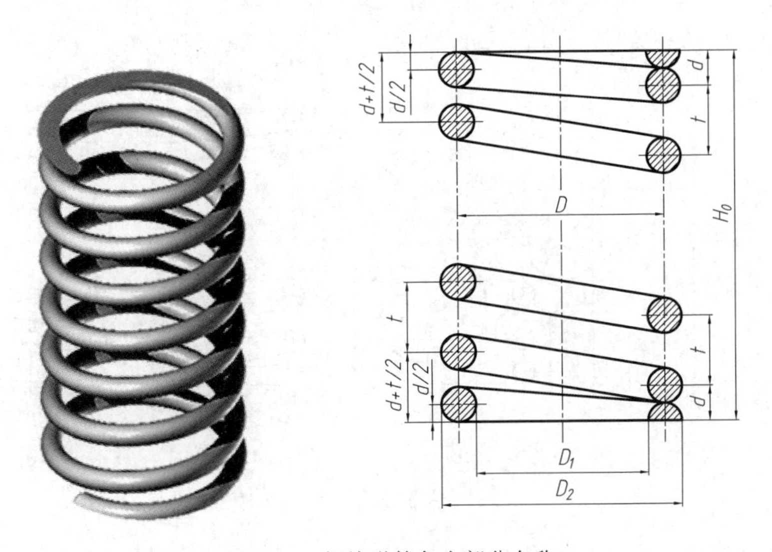

图 7.22　螺旋弹簧各个部分名称

簧丝直径 d：制造弹簧所用金属丝的直径。

弹簧外径 D_2：弹簧的最大直径。

弹簧内径 D_1：弹簧的内孔最小直径。

弹簧中径 D：弹簧轴剖面内簧丝中心所在柱面的直径。

有效圈数 n：保持相等节距且参与工作的圈数。

支承圈数 n_2：为了使压缩弹簧工作时受力均匀，保证中心线垂直于支承端面，制造时将弹簧两端压紧靠实，并磨出支承平面。这些圈主要起支承作用，所以称为支承圈。支承圈数 n_2 表示两端支承圈数的总和，一般为1.5、2、2.5圈。

总圈数 n_1：有效圈数和支承圈数的总和。

节距 t：相邻两有效圈上对应点间的轴向距离。

自由高度 H_0：未受载荷作用时的弹簧高度(或长度)，$H_0=nt+(n_2-0.5)d$。

展开长度 L：制造弹簧时所需的金属丝长度，$L=n_1\sqrt{(\pi D_2)^2+t^2}$。

旋向：与螺旋线的旋向意义相同，分为左旋和右旋两种。

7.6.2 圆柱螺旋压缩弹簧的画法

1. 弹簧的画法

GB/T 4459.4—2003 对弹簧的画法作了如下规定：

（1）在平行于螺旋弹簧轴线的投影面的视图中，其各圈的轮廓应画成直线；

（2）有效圈数在4圈以上时，可以每端只画出1～2圈（支承圈除外），其余省略不画；

（3）螺旋弹簧均可画成右旋，但左旋弹簧不论画成左旋或右旋，一律注写“左旋”；

（4）螺旋压缩弹簧如要求两端并紧且磨平时，不论支承圈多少，均按支承圈为2.5圈绘制，必要时也可按支承圈的实际结构绘制。

螺旋压缩弹簧的绘制过程如图7.23所示。

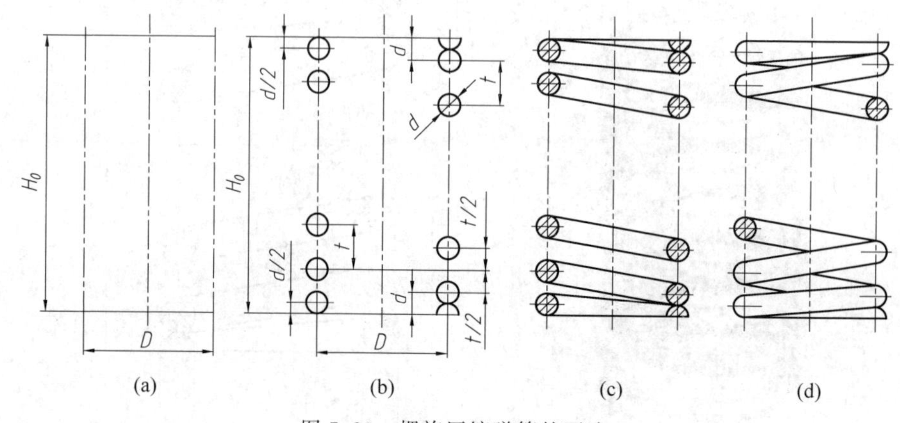

图7.23　螺旋压缩弹簧的画法

（1）化 n 为整数，取 $n_2=2.5$ 并计算出 H_0，再以所求的 H_0 和 D 画出矩形框。

（2）根据 d 画出两端的支承圈，并根据 t 画出中间各圈。

（3）按右旋画直线与各对应圆相切，画出剖视图并加深。

（4）如果绘制的是外形图，应注意正确绘制弹簧簧丝之间的遮盖关系。

2. 装配图中弹簧的简化画法

在装配图中，弹簧被看作实心物体，被弹簧挡住的结构一般不画，可见部分应画至弹簧的外轮廓或弹簧中径（图7.24(a)）。当簧丝直径小于2mm的弹簧被剖切时，其剖面可以涂黑（图7.24(b)），也可以采用示意画法（图7.24(c)）。

3. 圆柱螺旋压缩弹簧的零件图

圆柱螺旋压缩弹簧的零件图如图7.25所示，弹簧的参数应直接标注在图形上，若标注困难，可在技术要求中说明。若需要可在零件图上方用图解的方式来表达弹簧的负荷与长度之间的变化关系。

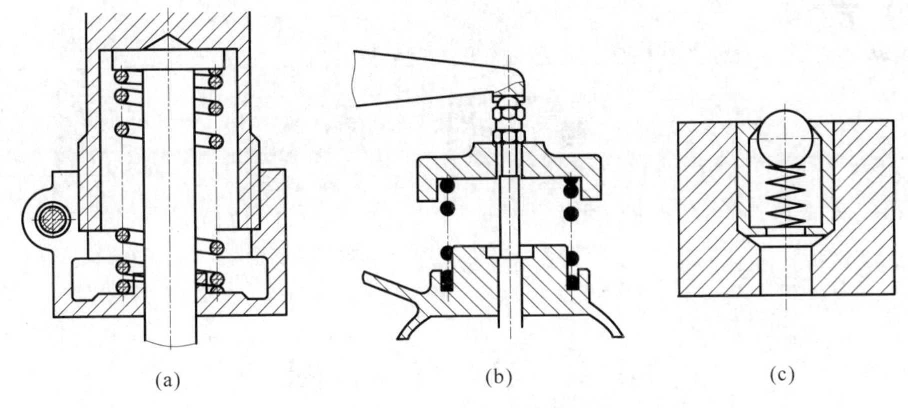

图 7.24 装配图中弹簧的画法

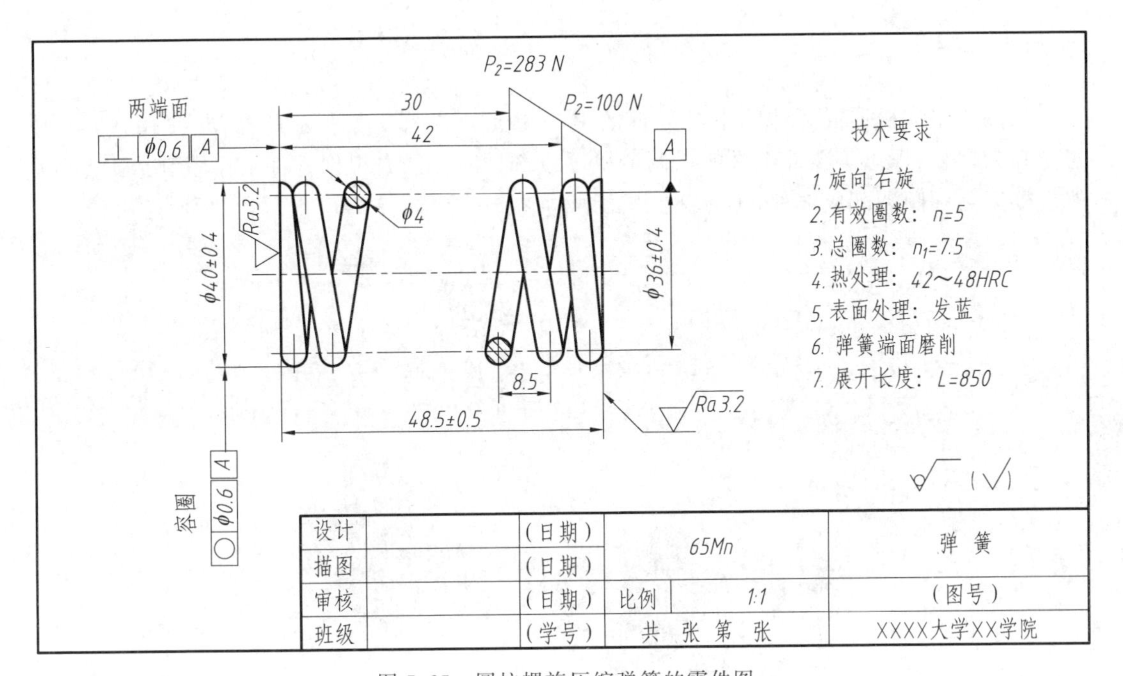

图 7.25 圆柱螺旋压缩弹簧的零件图

第 8 章

零　件　图

8.1　零件与零件图

8.1.1　零件

零件是组成机器或部件的不可分拆的最小单元。如图 8.1 所示的球阀，是由阀体、阀盖、阀芯、螺柱、螺母等零件组成的。制造机器或部件时必须先根据零件工作图制造出零件，然后根据装配图装配成部件，再由部件装配成机器。

Video

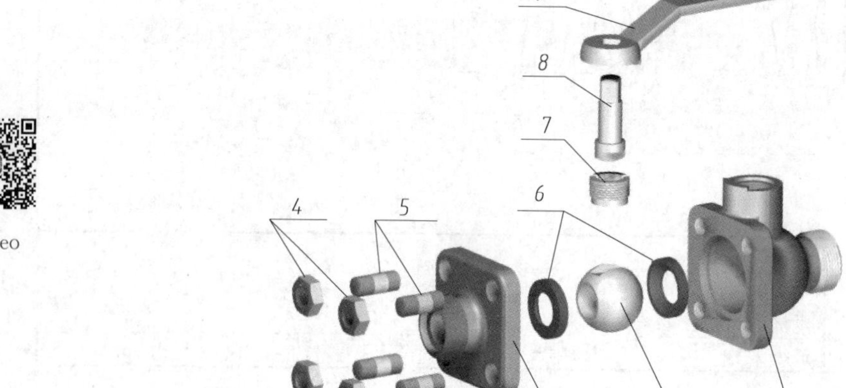

图 8.1　球阀分解图

1—阀体；2—阀芯；3—阀盖；4—螺母；5—螺柱；6—密封圈；7—填料压紧套；8—阀杆；9—扳手

构成机器或部件的每一个零件其功能和形态是各不相同的，根据零件在机器或部件中的作用，通常将其分为三类零件：标准件、传动零件、一般零件。

1. 标准件

上述球阀中的螺柱螺母等紧固件，以及键、销、滚动轴承等均为标准件，主要起零件的连接、支承、密封等作用。由于标准件的结构形式与大小都有相关的国家标准作了统一规定，因此标准件通常都不必画出其零件图，只要标注出它们的规定标记，就能从相关标准中查到它们的结构、材料、尺寸和技术要求等。

2. 传动零件

机器或部件中的齿轮、带轮等为传动零件。起传递动力和运动的作用。通常起传动作用的要素如轮齿、带轮上的V形槽等大多已标准化，并有规定画法。但其他结构要素仍应根据它在机器中的作用进行设计，因此，传动零件通常需要绘制其零件工作图。

3. 一般零件

上述球阀中的阀体、阀盖、阀杆等为一般零件。这类零件的结构、形状等由它在机器中的作用和制造工艺要求决定。一般零件都必须绘制其零件工作图以供制造时使用。一般零件按照其结构特点可分为轴套类零件、盘盖类零件、叉架类零件和箱体类零件。

8.1.2 零件图的作用与内容

任何机器或部件都是由零件按一定的装配关系和要求装配而成的。用以指导制造和检验零件的图样称为零件工作图，简称零件图，是由设计部门提供给生产部门的重要技术文件。它不仅应将零件的材料、结构形状和大小表达清楚，而且还要对零件的加工、检验、测量提供必要的技术要求。

由于零件图是用来指导制造和检验零件的技术文件，因此，零件图就必须达到完全、正确、清晰的目标。即零件图必须将零件的各部分形状、结构、位置表达完全，不能有二义性。零件图中各视图的投影关系、视图的表达方法必须正确，且应符合设计要求及零件的加工工艺要求。

图8.2是一个托架的零件图，图8.3是这个托架零件的直观图。显然，一张完整的零件图通常应包括下列内容。

1. 表达零件形状结构的一组视图

表达零件形状和结构要综合运用视图、剖视图、断面图等方法，用一组视图，正确、完整、清晰地把零件的形状结构表达出来。

托架的零件图中包括主视图和左视图，其中主视图和左视图都采用了局部剖，同时还有一个局部视图和一个移出断面图。

2. 确定零件各部分形状大小的尺寸

视图只表达零件的形状和结构，要确定零件的大小，还必须在图样上正确、完整、清楚、合理地标注出零件的尺寸。

3. 保证零件质量的技术要求

用规定的代[符]号、数字或文字说明制造、检验应达到的技术指标，如零件的表面结构(表面粗糙度)、尺寸公差、几何公差(形状与位置公差)、材料热处理及其他要求，如图8.2中

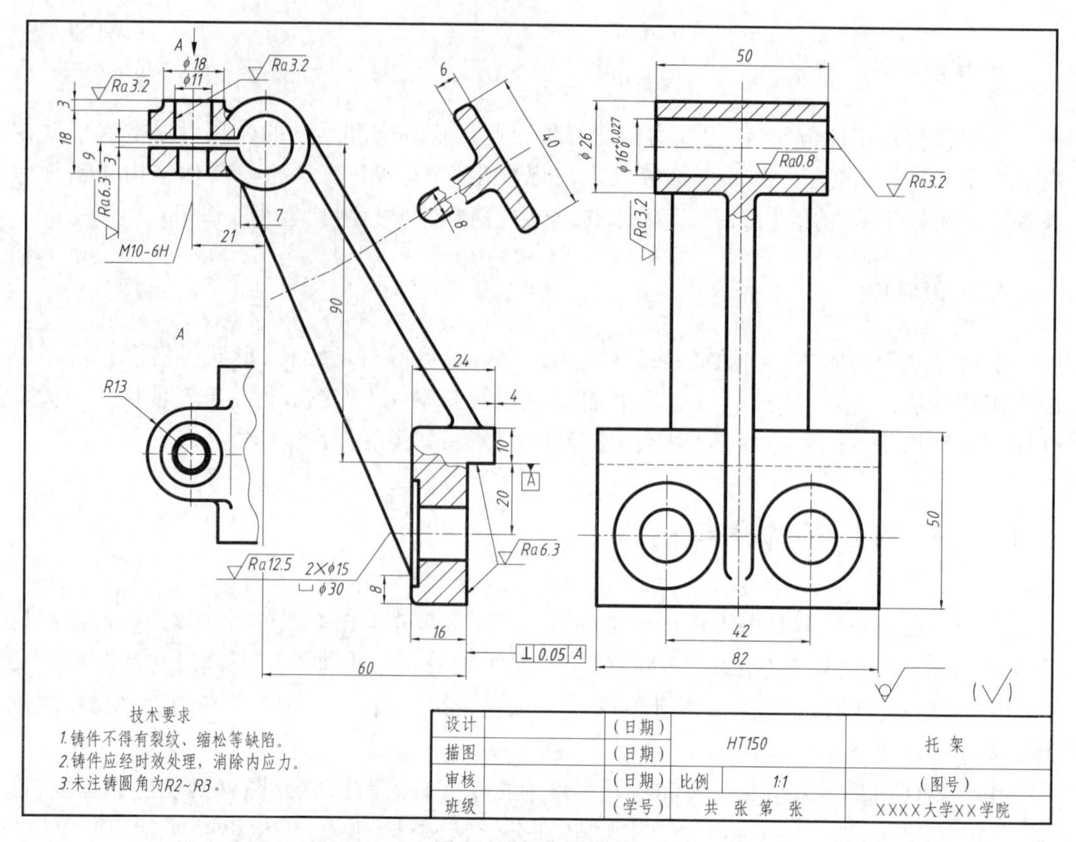

图 8.2 托架零件图

Video

图 8.3 托架零件直观图

注出的尺寸公差$\phi16^{+0.027}_{0}$、几何公差 ⊥ 0.05 A 、表面粗糙度 $\sqrt{Ra0.8}$、用文字方式在技术要求中提出的时效处理(热处理)等。常用的热处理和表面处理可查阅二维码附录 E 中的附表 E.5。

4. 标题栏

说明零件名称、材料、数量、绘图比例、设计和审核人员、设计和批准日期及设计单位等。

8.2 零件的工艺结构

零件的结构形状主要是根据它在机器或部件中的功能决定的。但是制造零件时,不同的加工方法,对零件的结构也有某些要求。这种为了方便加工而在零件上专门设计出来的特别结构,称为零件的工艺结构。

零件的常规加工方法分为热加工和冷加工两种。热加工是指将被加工材料整体或局部加热(液态或固态)后成形的方法,主要有铸造、锻造和焊接等。在不加热状态下对被加工材料所进行加工的方法称为冷加工,如车、铣、镗、磨、刨、钻等切削加工方法。热加工一般用于制造零件的毛坯,而冷加工通常将毛坯切削加工成具有一定形状和精度要求的零件(成品)。

下面介绍一些常见的工艺结构。

8.2.1 铸造零件的工艺结构

铸造是将金属熔化后注入预先制备的型腔中,冷却凝固后获得特定形状和性能铸件的成形方法。砂型铸造是较常见的一种铸造方法,其铸造过程如图 8.4 所示。

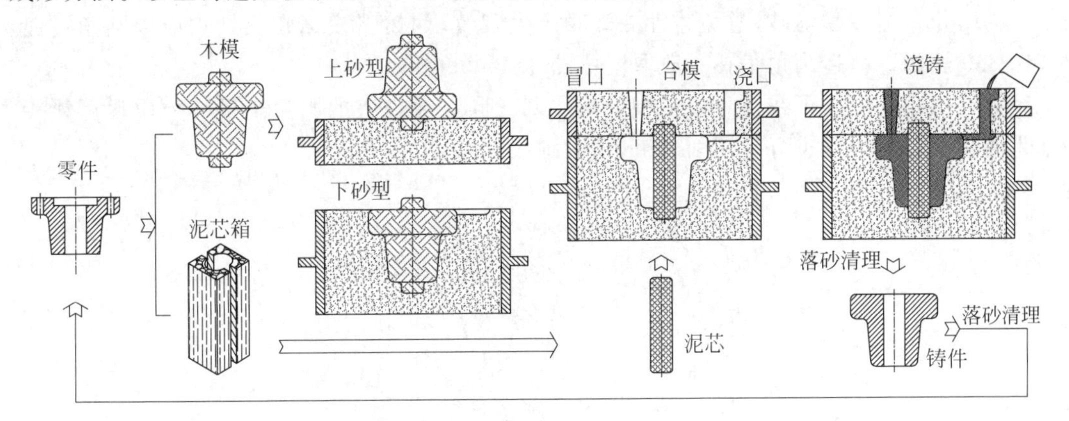

图 8.4 砂型铸造工艺过程

砂型铸造的步骤为

(1) 根据零件结构,做木模、泥芯箱。

(2) 制作砂型和泥芯。将木模置于砂箱中,用型砂填实砂箱,通过开箱、取木模,先后造出下砂型、上砂型;用泥芯箱制成泥芯。

(3) 放入泥芯,合砂型。

(4) 将熔化的金属液体从浇口注入型腔内。

(5) 落砂、清理。铸件完全凝固后,打散砂型,取出铸件。切除铸件冒口和浇口处的金属块,便得到零件毛坯。

铸造工艺的特点决定了在设计零件形状时必须考虑如下工艺结构。

1. 拔模斜度

铸造时，为了便于将木模从砂型中取出，一般沿木模拔模方向设计出约1°～3°的斜度，称为拔模斜度，如图8.5所示。

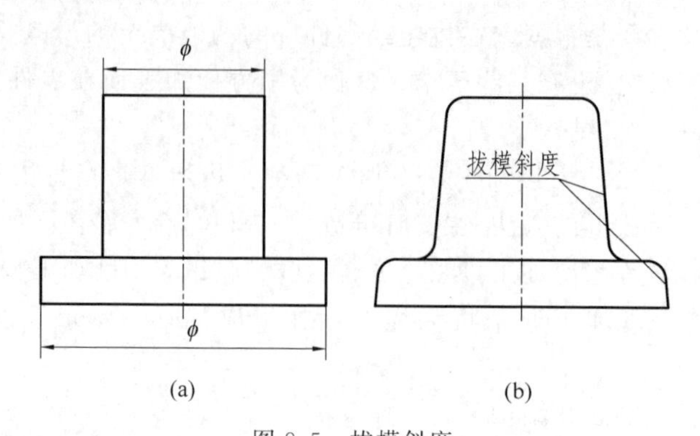

图8.5 拔模斜度
(a) 功能需求的结构；(b) 铸造工艺需求的结构

拔模斜度在零件图上可以不标注，也可不画，必要时也可在技术要求中用文字说明。

2. 铸造圆角

为防止铸造砂型落砂，避免铸件冷却时产生裂纹，两铸造表面相交处均应以圆角过渡，如图8.6所示。铸造圆角半径一般取壁厚的0.2～0.4倍。

铸造圆角的尺寸可在技术要求中统一注明。同一铸件上的圆角半径种类应尽可能少。如果两相交铸造表面进行了切削加工，则应画成尖角。

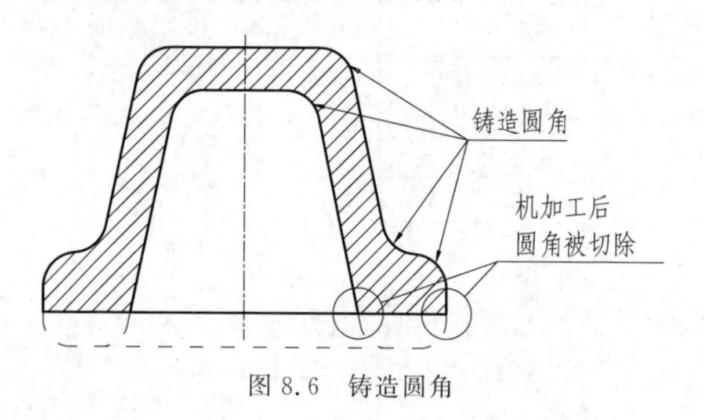

图8.6 铸造圆角

3. 铸造壁厚

如果在浇注过程中，铸件各部分冷却速度不同，在铸件中将产生缩孔和裂纹等铸造缺陷，如图8.7(a)和(b)所示。

造成这种结果的原因是铸件壁厚不均匀。因此，应使铸件的壁厚尽量均匀，避免冷却速度不同而产生铸造缺陷，如图8.7(c)所示。

如果零件结构上需要不同壁厚的零件(图8.7(d))，则应在变壁厚区域，使壁厚逐渐过渡，如图8.7(e)所示。

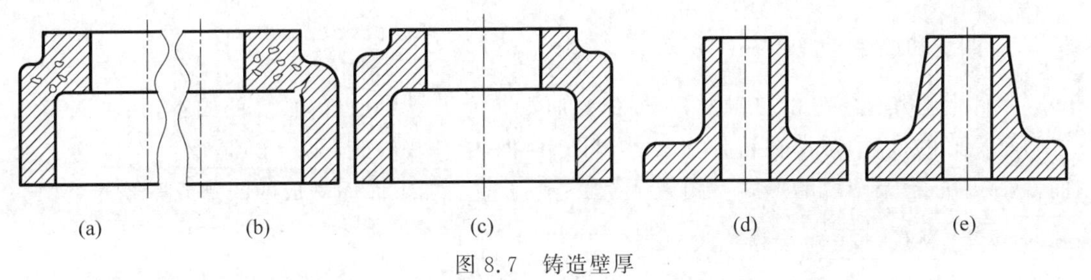

图 8.7 铸造壁厚

(a) 缩孔；(b) 裂纹；(c) 壁厚均匀；(d) 功能需求的结构；(e) 工艺需求的结构

8.2.2 机械加工工艺结构

1. 倒角与倒圆

为了去除机加工后的毛刺、锐边，保护零件表面不受损伤，同时便于装配，通常在轴端、孔口、台阶和拐角处加工出倒角，如图 8.8 所示。

为了避免因应力集中而产生裂纹，在轴肩处常用圆角过渡，如图 8.8 所示。圆角过渡也称为倒圆。

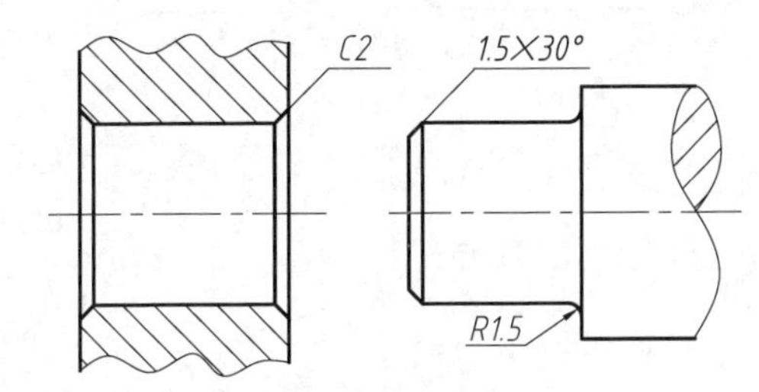

图 8.8 倒角与圆角

2. 螺纹退刀槽和砂轮越程槽

在车削螺纹时，为了便于退出刀具，常在待加工面的轴肩处预先车出退刀槽。当结构上不允许出现不完整螺尾时，通常也在轴上预先切出退刀槽，如图 8.9 所示。磨削时，为了使砂轮可以稍稍超过加工面而不碰坏端面，可预先加工出砂轮越程槽，如图 8.10 所示。图 8.9 和图 8.10 中的 ϕ 是槽的直径、b 是槽宽。退刀槽和越程槽的结构和尺寸可查相关手册获得。

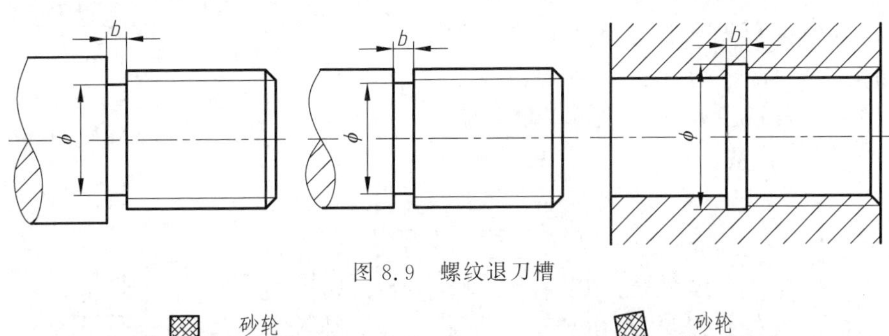

图 8.9 螺纹退刀槽

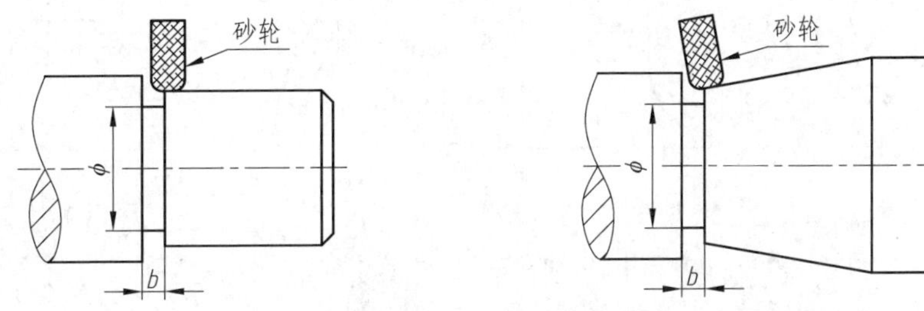

图 8.10 砂轮越程槽

3. 凹坑和凸台

零件上与其他零件的接触面，一般都要加工。为了减少加工面、降低成本，并保证零件之间有良好的接触，常常在铸件上设计出凸台、凹坑。图8.11(a)、(b)是螺栓连接的支承面，做成了凸台或凹坑的形式。图8.11(c)是为了减少加工面而做成的凹槽或凹腔的结构。

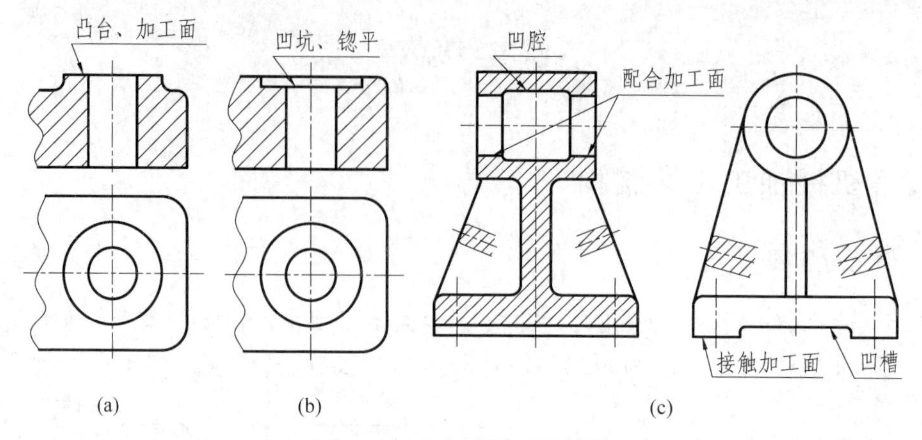

图8.11 凸台、凹坑等的结构
(a) 凸台；(b) 凹坑；(c) 凹槽与凹腔

4. 钻孔结构

用钻头钻出的盲孔，在底部有一个120°的锥角，钻孔深度指的是圆柱部分的深度，不包括锥坑，如图8.12(a)所示。在阶梯形钻孔的过渡处，也存在锥角为120°的圆台，其画法及尺寸标注如图8.12(b)所示。

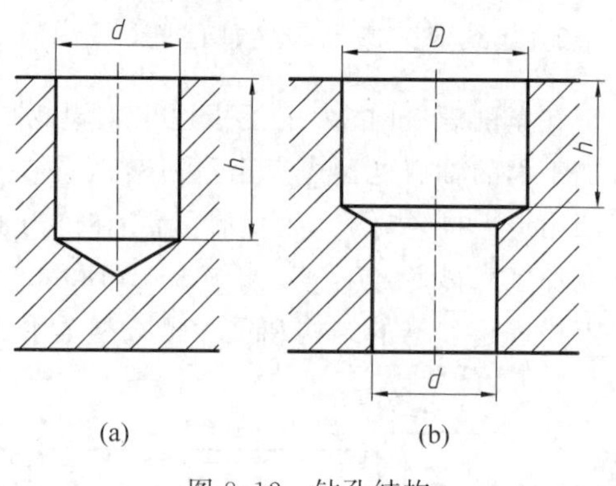

图8.12 钻孔结构
(a) 盲孔；(b) 阶梯孔

用钻头钻孔时，钻头应尽量垂直于被加工的表面，以便保证钻孔位置的准确性和避免钻头折断。因此，铸件上常设计出凸台和凹坑。图8.13表示了几种钻孔端面的正确结构。

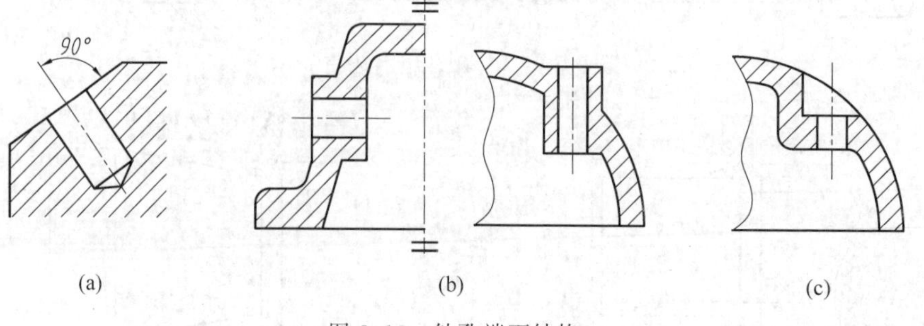

图8.13 钻孔端面结构
(a) 斜面；(b) 凸台；(c) 凹坑

8.3 零件的表达分析

零件上每一部分的结构形状，都是由设计者根据该零件在机器或部件中的作用，以及考虑制造加工中的工艺要求来确定的。因此，在绘制和阅读零件图时，必须对零件进行结构分析。零件的结构分析就是从设计要求和制造工艺要求出发，对零件的每一个不同结构逐一分析，搞清楚它们的功能和作用。

从设计的功能方法来看，零件在机器或部件中可以起到支承、包容、连接、传动、定位、安装、密封和防松等一项或多项功能，这是决定零件主要结构的依据。从制造工艺方面来看，为了能方便、顺利地加工、测量零件，在零件上应设计出铸造圆角、拔模斜度、退刀槽和倒角等工艺结构，这是决定零件局部形状的依据。

只有运用形体分析法对零件的结构进行仔细分析，才能正确、完整、清晰地表达出零件的全部形状并合理地标注零件的尺寸。

8.3.1 零件图的视图选择原则

1. 零件图视图的特点

零件图中各个视图不再是简单的主、俯、左三视图，而应该明确每个视图的主要目的是表达零件上哪个或哪些结构的形状特征。既可以使用基本视图、剖视图和断面图，又可以使用辅助视图(如局部视图、斜视图等)，视图数目根据零件的复杂程度而定。

视图方案是经过认真分析、多方案比较和选择的，选择时既要考虑零件的结构形状，又要考虑零件在机器或部件中的姿态，还要考虑零件在加工时的姿态。

在完整、清晰地表达零件的前提下，要充分照顾读图的方便性、尺寸标注的方便性，而不能一味地追求视图数量最少。

2. 主视图的选择

主视图是表达零件最主要的一个视图，是表达零件信息量最多的一个视图。即主视图最能明显地反映零件的形状和结构特征，以及各组成形体之间的相互关系。从便于看图这一要求出发，在选择主视图时应重点关注以下两点。

1）确定零件的安放位置

所谓安放位置，是指零件以什么样的姿态摆放到投影体系中。通常有两种摆放原则，即加工位置摆放和工作位置摆放。加工位置就是零件在机床上加工时的装夹位置，不言而喻，工作位置是指零件在机器中工作时所处的姿态。

回转结构的轴、套、轮、盘类零件，由于其绝大部分加工都是在车床上完成的，加工时零件的回转轴线是水平位置。因此，对于这类零件通常是按加工位置将其摆放在投影体系中，即回转轴线水平放置。

Video

图 8.14　工作位置原则

如图 8.14 所示的轴承座，由于其形状相对复杂，经铸造获得毛坯后，需要加工的面较多，通常要经过几道工序加工，而各工序的加工位置又各不相同。这种叉架、箱体类零件一般按工作位置摆放，这样可便于加工和安装。

2）确定主视图的投影方向

应选择最能反映零件结构形状和各结构之间相互位置关系明显的方向作为主视图的投影方向。

对于图 8.14 中的零件，显然其主视图的投影方向应选取图中箭头所指的方向，这样得到的主视图能清楚地表达出孔座、底板和支承板之间的位置关系与连接关系，且较好地反映了孔座的形状特征。

3. 其他视图与表达方法的选择

要完整、正确、清晰、简明地表达零件的内外结构形状，一般仅有主视图是不够的，还需要适当选择一定数量的其他视图。根据零件内外形状的复杂程度和特点，选择相应的其他视图来补充主视图表达的不足。在选择其他视图时，应从以下几方面来考虑：

（1）每一个视图都要有各自的表达重点，即零件上某一结构特征在主视图和其他视图中还没表达清楚，于是就需要增设一个视图来专门表达该结构的形状，而新增视图按最能反映该结构特征的投影方向投影。

（2）优先采用基本视图，并根据该视图重点表达的对象是外形还是内腔，决定是否采用相应的剖视图或断面图。对尚未表达清楚的局部结构或细微结构，可选择必要的局部视图、局部剖视图、斜视图、斜剖视图或局部放大图等，并尽量按投影关系配置在相关视图附近，以方便看图。

（3）尽量避免用虚线表达零件的轮廓线。视图一般只画零件的可见部分，但用少量虚线可节省视图数量而又不在虚线上标注尺寸时，可适当采用虚线。

（4）在满足上述原则的前提下，同一零件的表达方案可以多种多样，应对不同的方案仔细比较，力求选出最佳的方案。

如图 8.14 所示的轴承座，可采用两种不同的表达方案，如图 8.15 所示。

方案一：轴承座按其工作位置安放，以最能反映轴承座的结构和形状特征的方向投影作主视图。其外形较简单，主视图作局部剖视表达安装孔的内部结构；左视图作全剖视后，可同时表达上部凸台、轴承孔的结构以及底板宽度等；俯视图作全剖视图表达底板的形状、安装孔的位置、支承板和肋板的断面形状；采用 B 向局部视图表达凸台形状。

方案二：主视图和左视图的表达与方案一相同，但采用 C 向视图表达底板的形状、安装孔的位置；采用 A—A 移出断面图表达支承板与肋板的断面形状。

两方案比较，方案一视图的效率更高一些，并且也不影响后续的尺寸标注，因此是较好的表达方案。

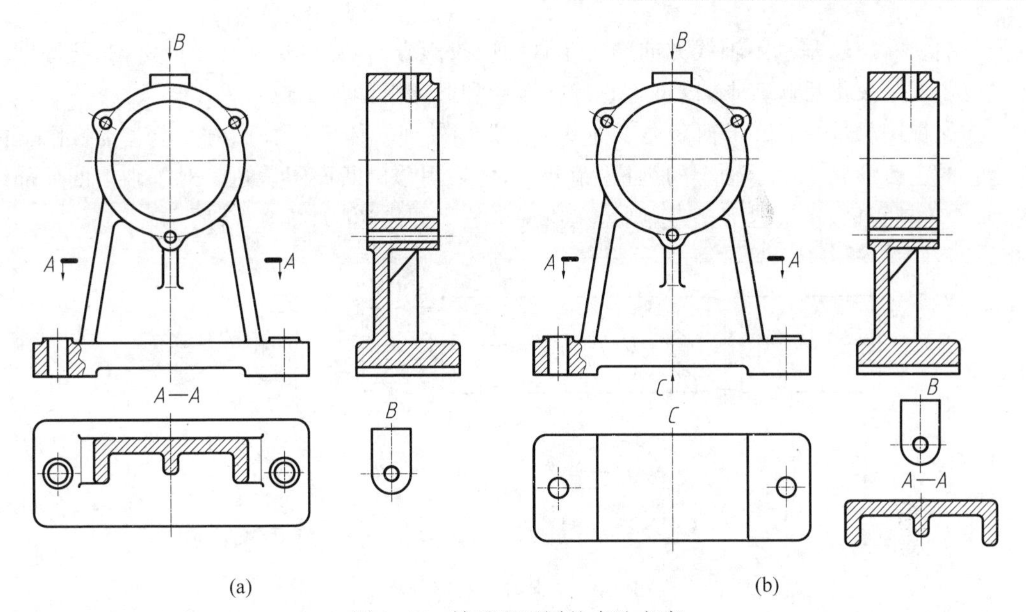

图 8.15　轴承座不同的表达方案

(a) 方案一；(b) 方案二

8.3.2　轴套类零件的表达分析

1. 轴套类零件的结构特征与加工方法

轴类零件和套类零件合称为轴套类零件。轴通常用来支承齿轮、皮带轮等传动件传递运动或动力，一般由若干段直径不同的同轴圆柱体组成。套类零件是指套筒，一般由若干段直径不同的同轴圆筒组成，套筒一般装在轴上起轴向定位的作用。

如图 8.16(a)所示的泵轴，就属于轴类零件。该类零件一般由多段不同直径的回转体(圆柱、圆锥等)组成，其轴向尺寸都远远大于径向尺寸，在机器或部件中通常起着支承和传递扭矩的作用，并且主要是在车床上加工。根据设计和工艺要求，该类零件上常带有键槽、轴肩、油槽、挡圈槽、螺纹退刀槽、砂轮越程槽、倒角、倒圆、中心孔、销孔或螺纹等结构。

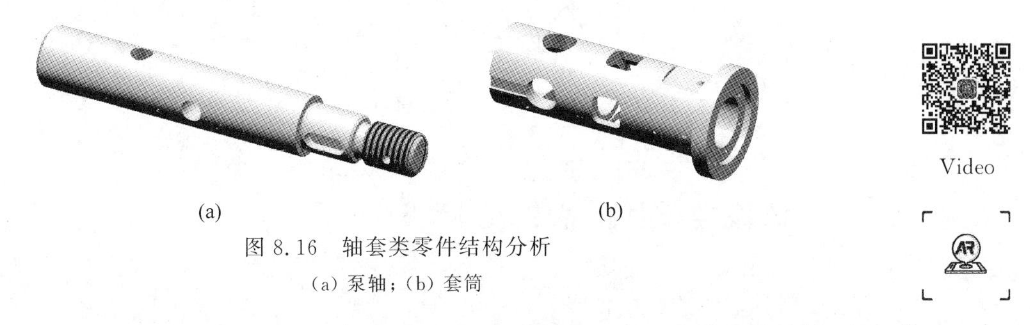

Video

图 8.16　轴套类零件结构分析

(a) 泵轴；(b) 套筒

图 8.16(a)所示的泵轴，左端有一段错开 90°的两个圆柱孔；中间有带键槽的轴颈，与传动齿轮孔配合；右端螺纹，通过拧紧螺母，将齿轮与轴沿轴向压紧。

2. 轴套类零件的视图选择

主视图的选择：为了便于对照图样进行加工，轴线宜水平放置，并将加工工序较多的小直径一端朝右。以垂直于轴线方向作为主视图的投影方向，且尽量使轴上的键槽、孔等结构在主视图上的投影反映实形，以符合它们在车床和磨床上的加工位置。

其他视图的选择：由于轴套类零件基本上是同轴回转体，因此，采用一个基本视图就能表达它的主要形状。对于轴上的键槽、销孔等，可采用移出断面图表达。对于轴上的局部结构，如砂轮越程槽、螺纹退刀槽等，则可采用局部放大图表达，如图8.17所示。

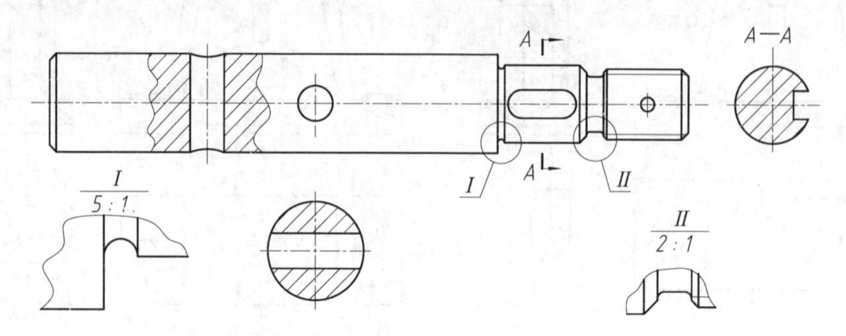

图8.17　泵轴的视图选择

对于如图8.16(b)所示的套筒，由于其内形较外形复杂一些，因此主视图采用剖视的方法表达其内形，再设置三个断面图和一个局部放大图表达其上的孔及砂轮越程槽，其表达方案如图8.18所示。

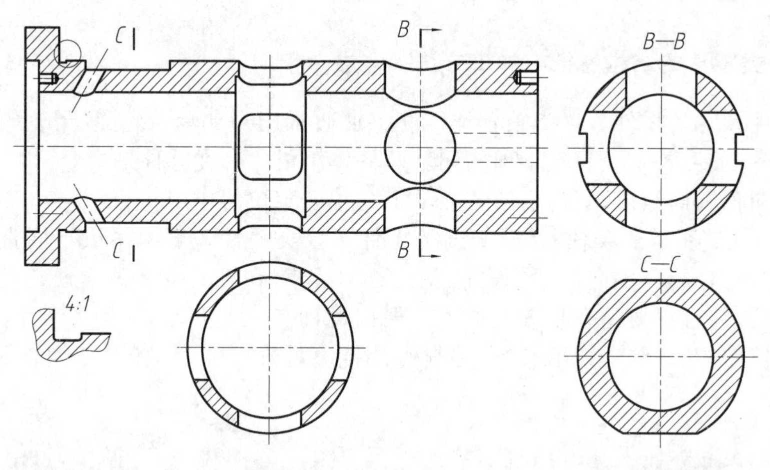

图8.18　套筒的表达方案

8.3.3　盘盖类零件的表达分析

1. 盘盖类零件的结构特点

盘类零件与盖类零件合称为盘盖类零件。

盘类零件包括各种轮子、法兰盘和圆盖等，其主体部分是回转体。盘类零件多用于传动、支承、连接等方面。常用零件中的齿轮、带轮等均属于盘类零件。这类零件的主要结构也是在车床上加工的。

盖类零件通常都有一个端面作为同其他零件靠紧的重要结合面，多用于密封、压紧和支承。

盖类零件的基本形状是偏平的盘状，并常带有光孔、螺孔、凸台和凹坑等结构。这类零件要用几种机床才能加工完成。

图 8.19(a)和图 8.19(b)分别是典型的盘类零件和盖类零件。

图 8.19(a)所示的盘类零件是减速箱中的一个透盖，其主体结构是回转体，周向均匀分布了四个光孔和两个螺孔，该零件主要在车床上加工完成。

图 8.19(b)所示的减速箱箱盖基本上是一个平板型零件，箱盖四角有装入螺钉的沉孔，箱盖底面与另一个零件——箱体密切接触，该接触面必须加工平整。为减少加工面，箱盖四周做成凸缘。箱盖顶面上有矩形凸台，其内有矩形加油孔。为便于加油孔盖的装拆，在凸台上设计了四个螺孔。由此可知，箱盖需要在铣床上加工平面，又要在钻床上加工光孔和螺孔，即便在铣床上加工平面也要经过两次装夹才能完成。

图 8.19　盘盖类零件结构分析

(a) 透盖；(b) 减速箱盖

2. 盘盖类零件的视图选择

1) 盘类零件的视图选择

主视图的选择：与轴类零件相似，零件按加工位置摆放进行投影，选择如图 8.20 所示的旋转剖视图作为主视图。也可选用图中作为左视图的外形视图作为主视图。但经过比较，选用前者作为主视图较好，因为它层次分明，内、外形状的表达都很充分，并且也符合它主要的加工位置。

其他视图的选择：其他视图的选择需要根据盘类零件的复杂程度而定。一般常需要画出其左视图或右视图，表示盘类零件左、右端面的形状和其他结构的形状。图 8.20 选用了左视图。

2) 盖类零件的视图选择

主视图的选择：减速箱盖应当按其工作位置摆放进行投影，也即将其上与箱体接触的面放置为水平面，并按垂直于其对称面的方向作为主视图的投影方向。同时为了表达箱盖厚度的变化和加油孔、螺孔的形状和位置，主视图画成全剖视图，如图 8.21 所示。

其他视图的选择：为了表达箱盖以及其上的加油孔、凸台、沉孔等结构的外形和相对位置，采用俯视图。由于零件的对称性，俯视图可采用简化画法。增设 A—A 局部剖视图表达沉孔的深度，同时也便于尺寸标注。

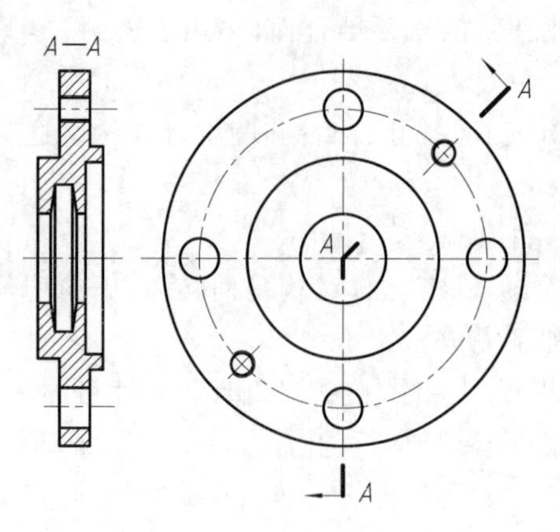

图 8.20　端盖的表达方案

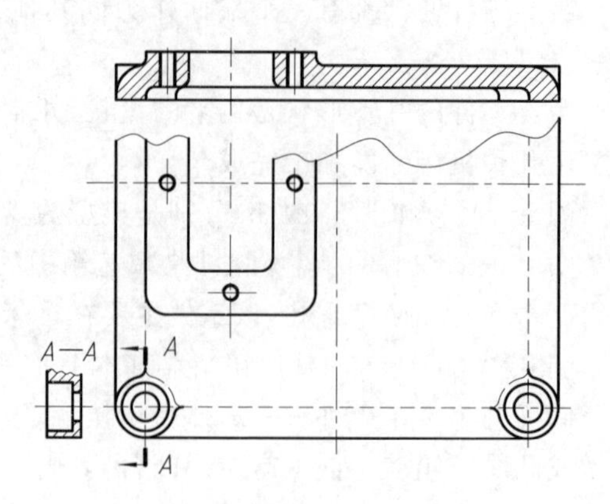

图 8.21　箱盖的表达方案

8.3.4　叉架类零件的表达分析

1. 叉架类零件的结构特点

这类零件的形状一般不规则，且外形结构比内腔复杂。其大多数由圆筒、肋板、叉口或底板、安装板等部分组成(图 8.22)。一般起支承、拨动其他零件的作用。制造这类零件一般都是先铸造出零件毛坯，然后对铸件毛坯进行切削加工。

2. 叉架类零件的视图选择

由于这类零件的结构比较复杂，且往往都带有倾斜结构，所以加工位置多变。一般在选择主视图时，主要考虑工作位置和形状特征，使画出的主视图能反映其结构特征，并无倾斜结构的变形投影。图 8.23 中，拨叉的主视图就是这样选择的。需要说明的是，在机器中拨叉与另一零件关系非常密切，为了反映它们之间的位置关系，在主视图中用双点画线将该零件画出了一部分。

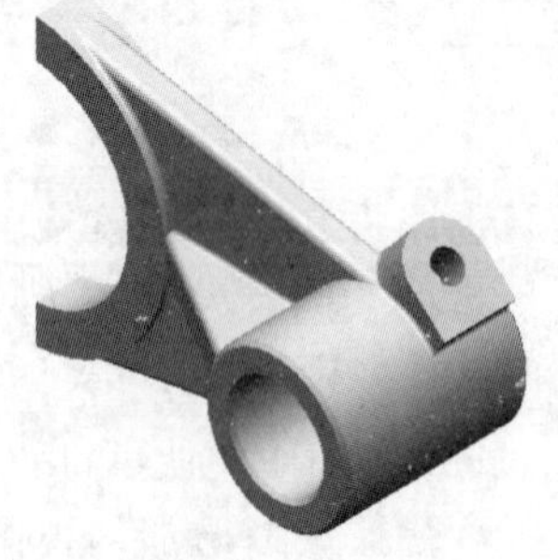

图 8.22　拨叉零件直观图

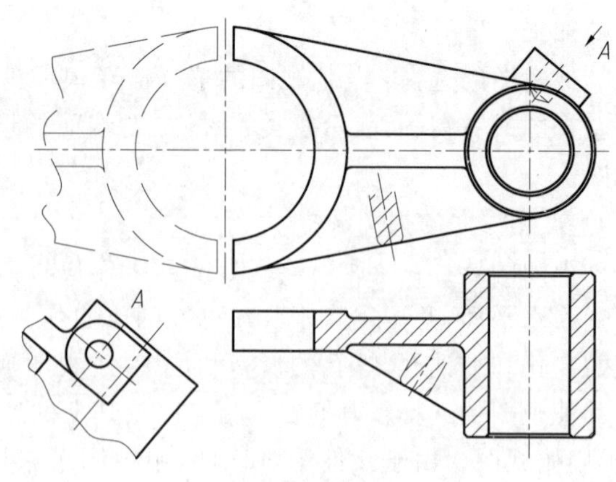

图 8.23　拨叉的表达方案

叉架类零件一般需要两个或两个以上的基本视图，并且要用局部视图、斜视图及剖面图等表达零件的细部结构。如图8.23所示，除主视图外，采用全剖的俯视图表达轴承的内形、宽度，肋的形状等；此外用 *A* 向局部视图表达凸台的结构和形状，用重合断面图表达肋的断面形状。

8.3.5 箱体类零件的表达分析

1. 箱体类零件的结构特征

箱体类零件用来支承、包容、保护运动零件或其他零件。一般这类零件的形状、结构比前面三类零件复杂，其中包括装配孔、槽、油孔、安装台孔等结构，其加工位置变化较多。

2. 箱体类零件的视图选择

Video

由于这类零件的结构较为复杂，且加工位置多变。所以选择主视图时，常以工作位置和形状特征为依据。其表达方法常采用视图、全剖视、半剖视、局部剖等，以表达复杂的内腔和外形结构。图8.24所示阀体的零件图就需要选用全剖视的主视图反映复杂的内腔结构，剖切后的效果如图8.25(a)所示，这种全剖的表达方法将阀腔的内形(实际上就是一个阶梯孔)表达非常完美。

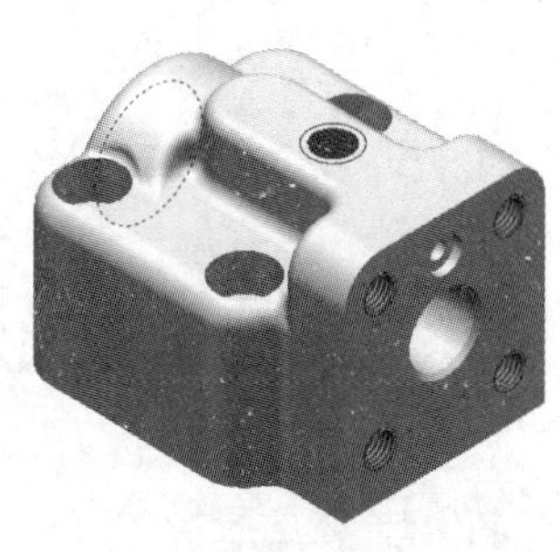

图8.24 溢流阀阀体直观图

完整表达箱体类零件，一般需要三个或三个以上的基本视图，并根据结构特点采用适当的视图、剖视图、剖面和规定、简化画法等，才能将零件的结构表达清楚。下面就其他视图的选取进行分析。

首先，选用半剖视的左视图，将进油孔剖开，表达进油孔与阀腔的位置关系，而视图部分表达阀体左侧的半圆形凸缘，图8.25(b)是其效果图。其次，采用半剖视的右视图，剖视部分表达沉孔的结构，视图部分表达阀体右侧矩形凸缘的外形，其剖视效果如图8.25(c)所示。

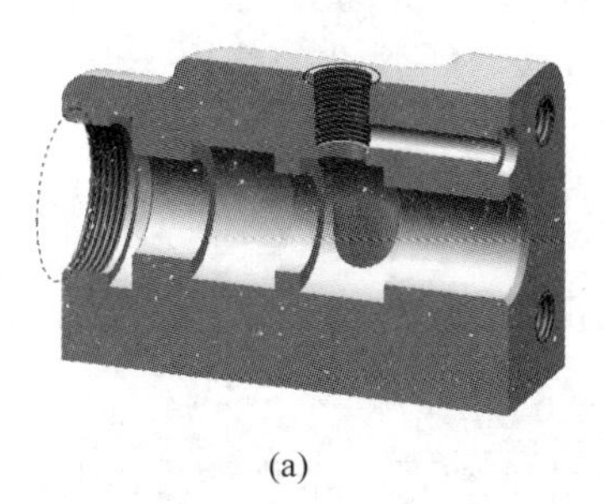

(a)

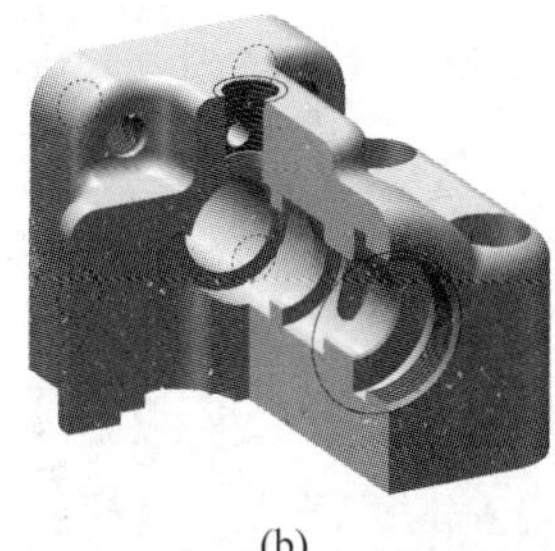

(b)

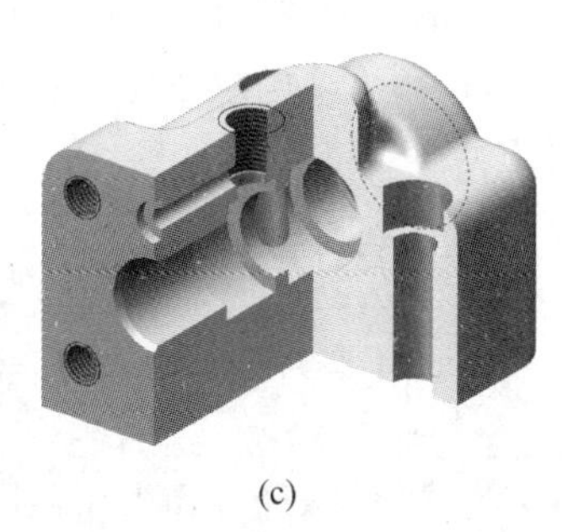

(c)

图8.25 阀体其他视图选择分析

(a) 全剖主视图的效果图；(b) 半剖左视图效果图；(c) 半剖右视图效果图

俯视图画成外形视图，主要表达阀体的外形，同时兼顾矩形凸缘上侧的螺孔，对其采用局部剖。同样采用仰视图，主要表达进、出油孔的位置，并套一个局部剖表达矩形凸缘下侧的螺孔。图8.26是阀体表达方案。

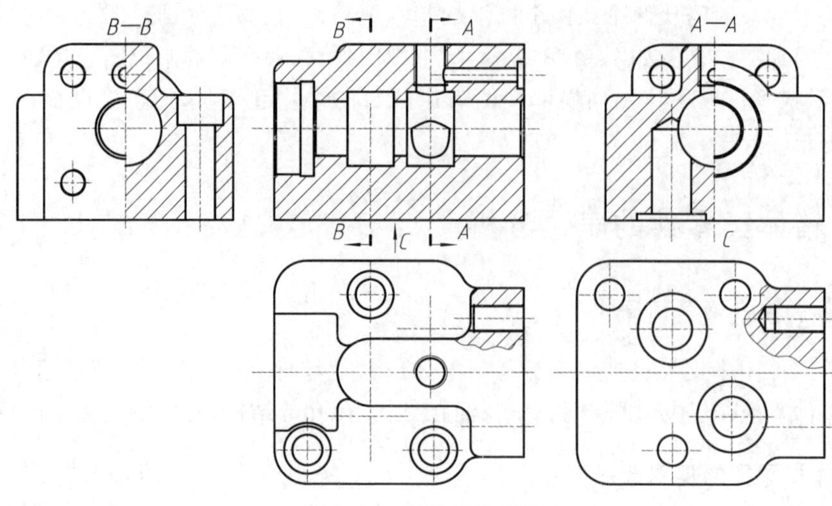

图 8.26　阀体表达方案

8.4　零件图的尺寸标注

在组合体的投影中，根据组合体形状的几何特点，把尺寸分为定形尺寸、定位尺寸和总体尺寸，并讨论了用形体分析方法来标注尺寸，虽然能做到清晰、完整，但还不能做到在零件图中合理地标注尺寸。

在零件图中标注尺寸，仍然是在形体分析的基础上对零件进行结构分析，了解零件的作用、零件之间的相互关系及其结构特点，使所注尺寸尽量能反映零件的设计要求和工艺要求，保证产品质量。

8.4.1　零件图中的尺寸种类

零件的尺寸与零件的功用、性能有密切的关系。标注尺寸时不仅要从几何角度考虑定形和定位，更主要的应考虑这些尺寸在零件中所起的作用。零件上尺寸的作用一般可分为下面几类。

1. 配合尺寸

配合尺寸是指该零件与其他零件有配合要求的有关尺寸，这类尺寸必须在图样上直接标注出来。

图 8.27 所示的泵轴由三段圆柱体组成，左侧一段轴要装配到另一个零件的孔中，为了使两零件装配后能正常工作，该轴的直径与另一零件的孔径尺寸必须相等，因此，在图中必须标注出该轴段的直径$\phi 14_{-0.011}^{\ 0}$，尺寸中的上、下角标 0 和 −0.011 称为该尺寸的上、下偏差（详见 8.5.2 节中极限与配合的内容）。该轴段上还有两个销孔，其作用是通过销来实现轴与另一零件在周向和轴向的定位与固定，所以也要标注其孔径 $2\times\phi 5$，同时还需在尺寸数字后特别注明“配钻”（装配好后再一起钻孔）以保证孔轴之间的正确定位。

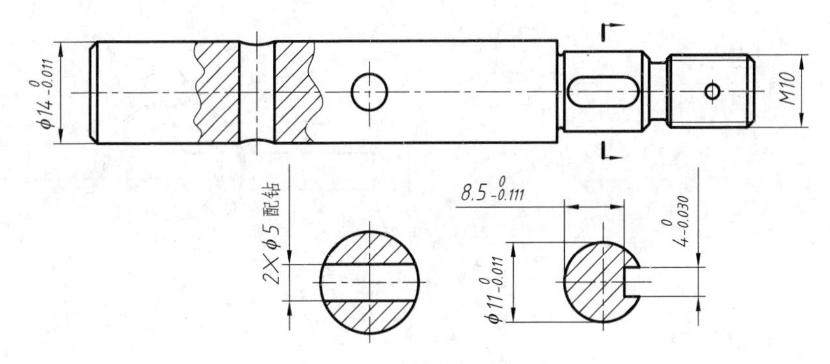

图 8.27　泵轴的配合尺寸

中间轴段通过平键与齿轮上的孔装配，同样需要标注出该轴段的直径$\phi11_{-0.011}^{\ 0}$，且须标注出与键连接相关的尺寸，即键槽宽度 $4_{-0.030}^{\ 0}$ 和键槽深度 $8.5_{-0.111}^{\ 0}$。

右侧轴段是螺纹结构，也要标注出螺纹的规格尺寸。

2. 重要的结构尺寸

这类尺寸是保证零件和它相关的其他零件结构关系的尺寸，在图样上也必须直接标注出来。

在泵轴零件中，中间轴段与齿轮装配，并通过开槽六角螺母实现齿轮的轴向固定，该轴段的长度不得大于齿轮的厚度才能达到要求，于是需要在图样中标注出该轴段的长度，如图 8.28 所示。同理，需要标注出键槽的长度尺寸。

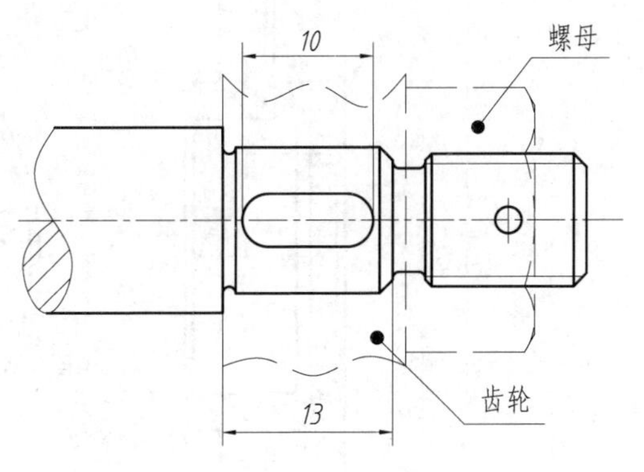

图 8.28　泵轴上的重要结构尺寸

3. 重要的定位尺寸

这类尺寸是指确定零件上结构特征之间相互位置的尺寸。如果是非常重要的定位尺寸，通常还需要注写出其尺寸偏差。

图 8.29 所示拨叉零件图中的尺寸 $93.75_{-0.2}^{-0.1}$ 就属于此类尺寸。定位尺寸 12±0.2 是确定拨叉两个重要端面位置的尺寸，它直接影响拨叉是否能正常工作，是零件上有关结构之间确定其精度的重要定位尺寸，因此在标注时一般都要注写出偏差数值。此外还有确定凸台上孔的位置的尺寸 9±0.1 和 12(标注在 *A* 向斜视图上)，主视图上确定凸台位置的尺寸 25 和 40°等。

4. 自由尺寸

不影响零件的工作性能、配合关系和零件之间相互位置的尺寸称为自由尺寸。零件上毛坯表面(锻件、铸件)的尺寸，经机加工但精度要求不高的尺寸都是自由尺寸。如图 8.30 中端盖厚度方向的尺寸 12 和 36，径向尺寸ϕ76 和ϕ120，以及倒角、圆角及螺钉孔的尺寸等均为自由尺寸。

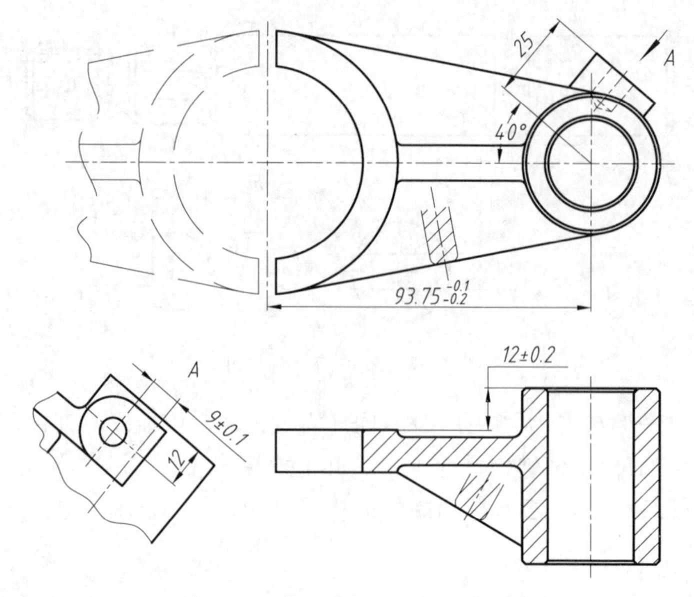

图 8.29　拨叉零件重要的定位尺寸

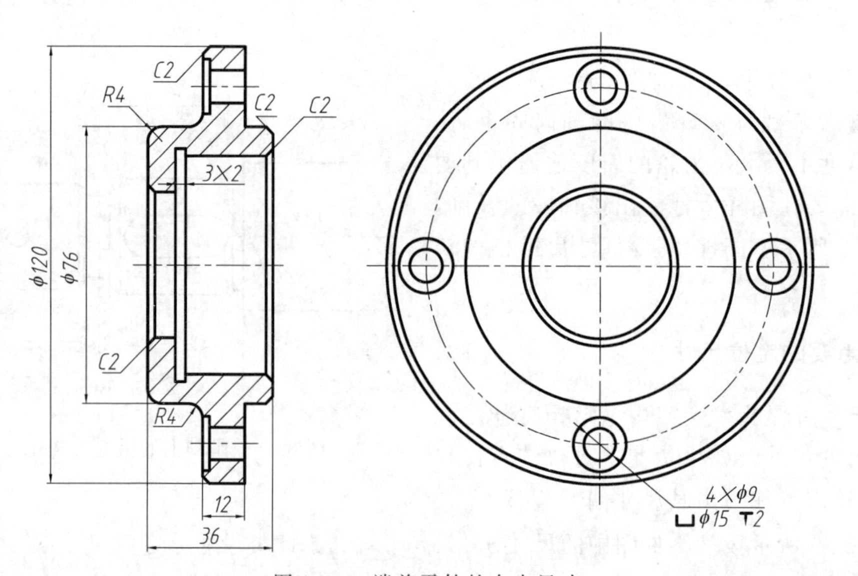

图 8.30　端盖零件的自由尺寸

8.4.2　正确选择尺寸基准

零件图上的尺寸是该零件的最后完工尺寸，是零件加工和检验的重要依据。在零件图上标注尺寸，除了要求完整、正确、清晰之外，还应尽量做到合理。

所谓合理，就是标注尺寸时，既要满足设计要求，又要符合加工测量等工艺要求。合理地标注尺寸需具备一定的生产实践经验以及相关的专业知识，本节仅仅介绍一些合理标注尺寸的一般知识。

1. 尺寸基准的概念

尺寸基准是指设计计算或加工及测量中确定零件或部件上某些结构位置时所依据的那些点、线、面，也就是尺寸标注和测量的起始位置。

在标注尺寸时，首先要在零件的长、宽、高三个方向至少各选一个基准，然后再合理地标注尺寸。

通常选取零件的对称面、底面或重要的端面作为零件尺寸基准；而对于回转结构或对称结构的零件，则选择其回转轴线、对称中心线作为尺寸基准。

如图8.31(a)所示的轴类零件，由于其回转特性，高度和宽度方向完全相等，因此只需要一个尺寸基准，即回转轴线，这种基准称为径向基准。而长度方向的基准选取零件的右端面，便于车削加工时测量。

图8.31(b)中的轴承架零件，通常选择其底面作为尺寸基准，如此能直观地表示出被支承的轴与底面间的距离。

图8.31(c)中的凸轮，其轮廓曲线上各点的尺寸是以旋转中心为基准的。

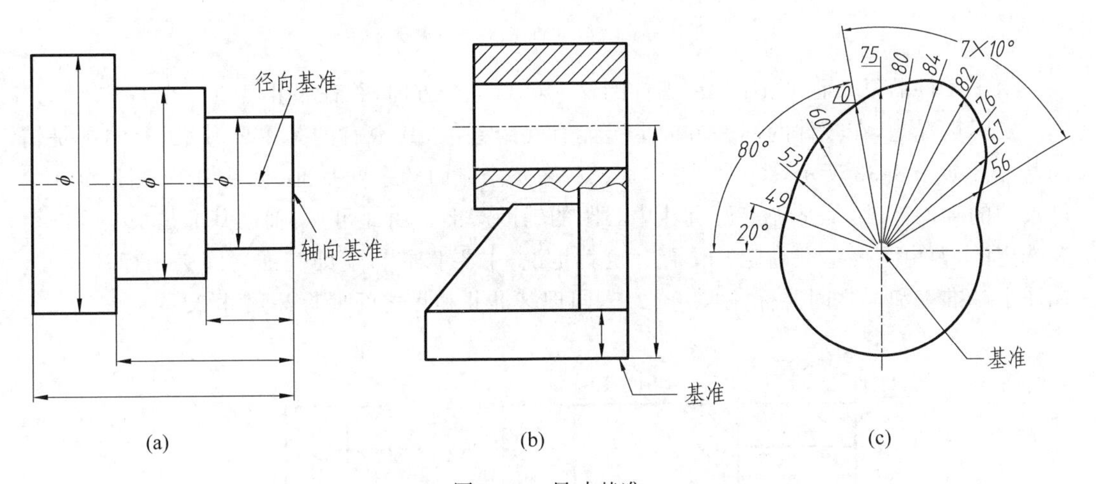

图8.31　尺寸基准

(a) 轴类零件的尺寸基准；(b) 轴承架的尺寸基准；(c) 凸轮零件的尺寸基准

2. 尺寸基准的分类

零件图上的尺寸基准根据其在零件生产过程中的作用可分为设计基准和工艺基准两种。

(1) 设计基准：根据设计要求直接注出的尺寸称为设计尺寸。标注设计尺寸的起点称为设计基准。

(2) 工艺基准：根据零件在加工、测量和检验等方面的要求所选定的基准称为工艺基准。根据用途的不同，工艺基准又分为定位基准和测量基准。

在设计和制造过程中，当机器的结构及装配要求决定后，设计基准是比较容易确定的；而工艺基准则应根据工厂的设备条件和生产批量的大小因素来决定，而且在制造零件时，其工艺规程不同，工艺基准也可能不同。

如图 8.32(a)所示，零件上Ⅰ、Ⅱ、Ⅲ三个表面的设计基准是回转轴线。而零件在车床上加工时，使用三爪卡盘夹持住零件，显然，此时的夹持面即小圆柱面是加工时的定位基准，而不再是设计基准了，如图 8.32(b)所示。当用游标卡尺测量平面Ⅲ的位置时，只能选用大圆柱面的轮廓线作为测量基准，如图 8.32(c)所示。

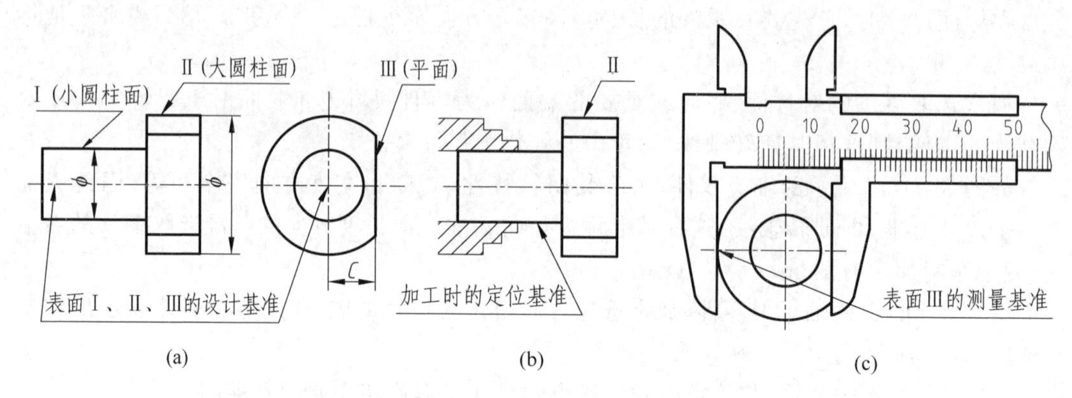

图 8.32 基准的分类
(a) 设计基准；(b) 定准基准；(c) 测量基准

由于零件的复杂程度不同，在零件的长、宽、高三个方向，往往不止各选一个基准。

实际情况是，在零件的同一方向上可能有几个基准，其中有的是主要基准，有的则是辅助基准。如图 8.33 所示，Ⅰ、Ⅱ、Ⅲ是长、宽、高三个方向的主要基准，Ⅳ是加工、测量沉孔深度尺寸的辅助基准，Ⅴ是确定两沉孔中心距的辅助基准。由此可见，辅助基准是根据具体情况选定的，并由主要基准确定其位置。也就是说，主要基准与辅助基准之间必须标注尺寸，如图中基准Ⅰ和Ⅴ之间要标注尺寸 12.5，同理基准Ⅱ和Ⅳ之间要标注尺寸 22。

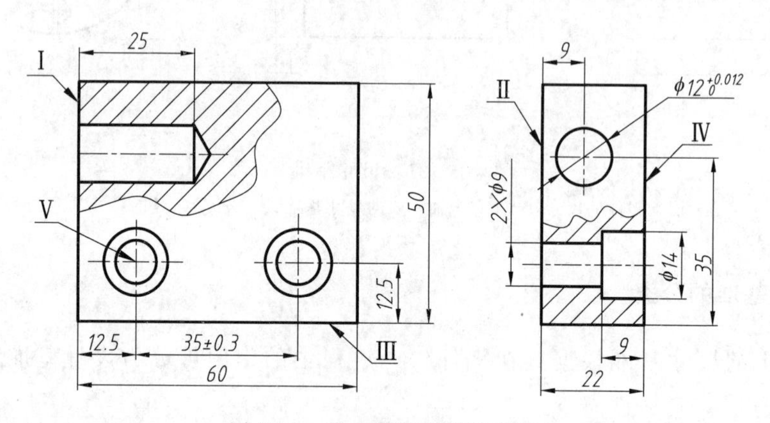

图 8.33 主要基准与辅助基准

3. 基准的选择原则

基准重合：尽可能使设计基准和工艺基准一致，以便减少加工误差，保证设计要求。

两种基准不能一致时，一般将主要尺寸从设计基准出发标注，以满足设计要求；而将一般尺寸从工艺基准出发标注，以方便加工与测量。

8.4.3 标注尺寸的注意事项

1. 考虑设计要求

1）分析零件的功能要求，直接标注出全部功能尺寸

功能尺寸是指那些直接影响产品性能、工作精度和互换性的重要尺寸。直接标注出功能尺寸，可以避免加工误差的积累，以保证产品的设计要求。

功能尺寸在零件上的作用一般有下列三种情况：配合尺寸、重要的定位尺寸和重要的结构尺寸。

2）与相关零件的尺寸要协调

一台机器或部件是由许多零件装配而成的，各零件之间总有一个或几个表面相联系。因此，相关零件之间的尺寸必须协调。

如图8.34所示，泵盖与泵体是用两个圆柱销定位，并由六个螺钉将其连接装配的，因此，泵盖和泵体上销孔的位置必须完全一致，否则泵盖与泵体不能正确装配。为此，泵盖零件图中销孔的定位尺寸必须与泵体零件图上销孔的定位尺寸完全相同，且尺寸的基准也应一致，就是两图中都标注有 $R31$、42和45°。即便如此，在加工销孔时还采用了特别的手段"配作"来保证孔位置的一致。

同理，泵盖上的沉孔和泵体上的螺孔的定位尺寸也必须一致。

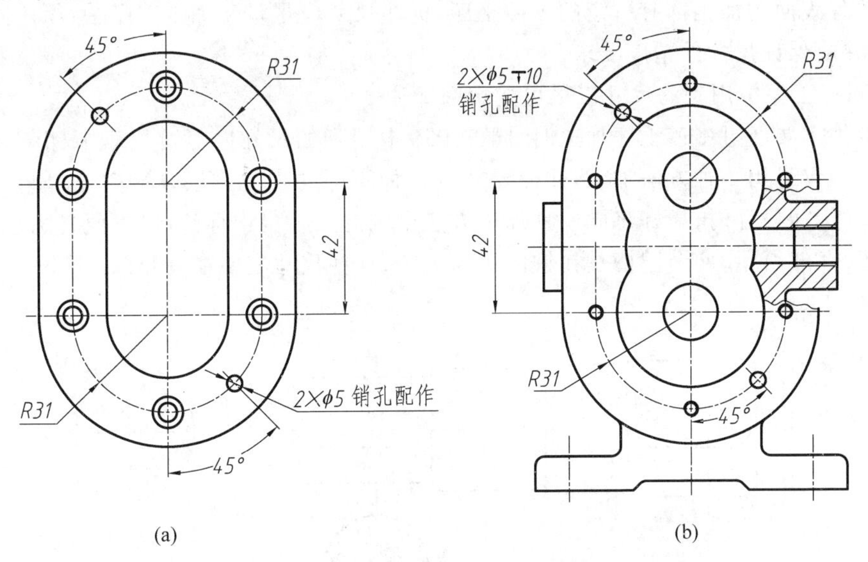

图8.34 相关零件的尺寸要协调

(a) 泵盖零件；(b) 泵体零件

3）不要注成封闭的尺寸链

按一定顺序依次连接起来的尺寸标注形式称为尺寸链。组成尺寸链的各个尺寸称为尺寸链的环。按加工顺序而言，在一个尺寸链中，总有一个尺寸是在加工完成后自然形成的，这个尺寸称为封闭环，尺寸链中的其他尺寸称为组成环。封闭尺寸链是首尾相接，绕成一圈的一组尺寸，这是尺寸标注中不允许的，如图8.35(a)所示。

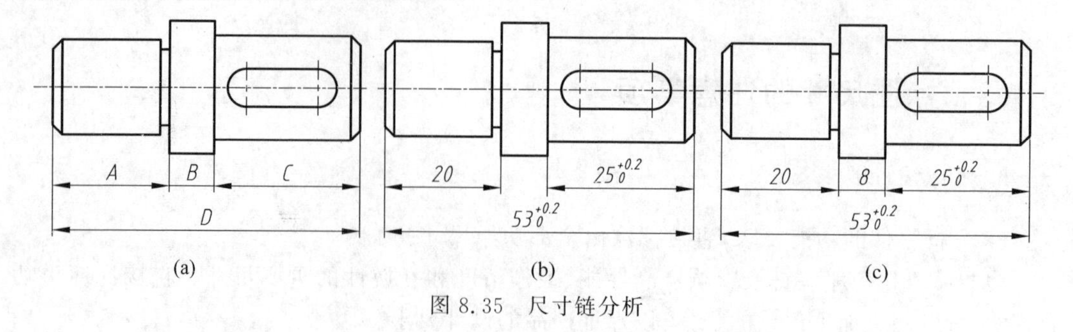

(a) (b) (c)

图 8.35 尺寸链分析

由于加工时不可避免地存在加工误差，通常将尺寸链中精度要求最低的环不标注尺寸，称为开口环，如图 8.35(b)中就没有标注轴肩尺寸，这样将加工误差累积到这个尺寸上，以保证精度要求较高的尺寸 $25^{+0.2}_{0}$ 和 $53^{+0.2}_{0}$。

若注成封闭形式，如图 8.35(c)所示，就必须提高对尺寸 20 和 8 的加工精度，使生产成本增加，甚而造成废品。

2. 考虑工艺要求

标注尺寸时，不但要仔细分析零件的结构特点，使所标注尺寸符合设计要求，而且要了解零件从毛坯、机械加工到成品检验各生产环节对尺寸的要求，将尺寸标注与加工、测量和零件的装配联系起来，以符合工艺要求。

1) 按加工顺序标注尺寸

零件各表面的加工都有一定的先后工序，标注尺寸应尽量和加工工序一致，才便于读图和测量，并能保证尺寸的精度要求。

2) 同一工序中用到的尺寸应尽可能集中标注

当零件需要经过多道工序加工时，同一工序中用到的尺寸应尽可能集中标注。一个零件一般不仅仅只用一种方法加工，往往要经过几种不同的加工方法才能完成，如车、铣、镗、钻、磨等。标注尺寸时，最好将同一种加工方法用到的尺寸集中标注，以方便看图。

如图 8.36 所示，两个键槽是在铣床上加工的，这些尺寸集中在一起标注。

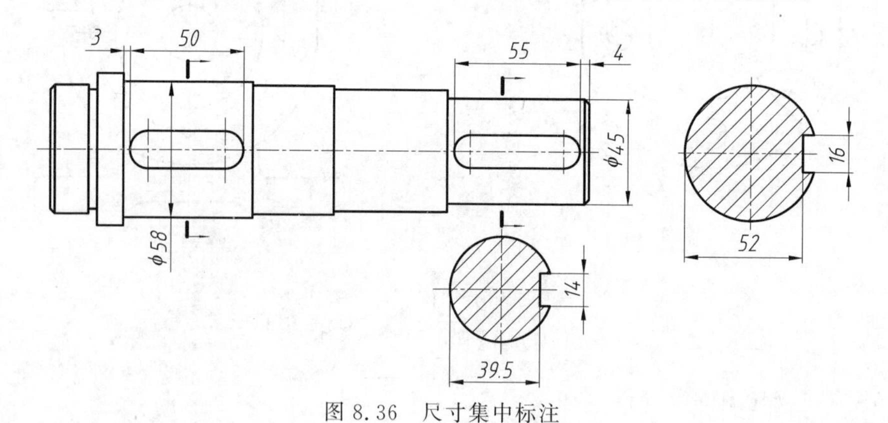

图 8.36 尺寸集中标注

3) 便于测量，尽量采用实基准

零件的对称面或回转体的轴线都是理论上存在的基准，而测量总是依据实际的表面或线来测量的，这些表面或线称为实基准。为了便于测量，尺寸应尽可能由实基准注出。如

图 8.36 所示键槽的深度应标注 52，而不能标注 6。

4）毛面与加工面间的尺寸注法

所谓毛面，就是不需要机械加工的毛坯表面，也称为非加工面。

标注零件上毛面的尺寸时，在同一方向上应分组标注，即毛面与毛面之间标注尺寸，加工面与加工面之间标注尺寸，毛面与加工面之间只能标注一个尺寸。

如图 8.37 所示，零件的左右两端面是加工面，其余都是毛面。图 8.37(a)中标注了几个毛面与加工面之间的尺寸，因而是错误的，因为毛坯制造误差大，加工面不可能同时保证与两个及以上加工面的尺寸要求。图 8.37(b)中标注的 $M_1 \sim M_4$ 四个尺寸都是毛面之间的尺寸，而尺寸 G 是加工面之间的尺寸，尺寸 A 是毛面与加工面的关联尺寸，因此这种标注法就是正确的。

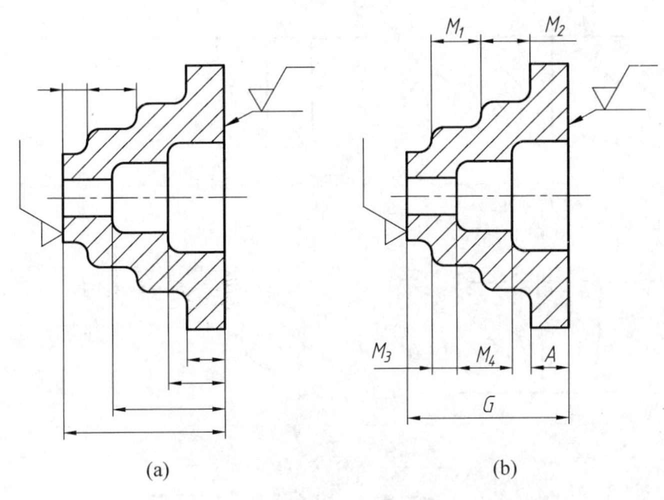

图 8.37　毛面与加工面间的尺寸标注

(a) 错误注法；(b) 正确注法

8.4.4　零件上常见结构的尺寸标注

零件上常见结构要素的尺寸注法如表 8.1 所示。

表 8.1　常见结构要素的尺寸注法

零件结构类型		标注方法	说明
螺孔	通孔	3×M6-6H　3×M6-6H　3×M6-6H	三个 M6-6H 的螺纹通孔
	盲孔	6×M6-6H↧10 孔↧12　6×M6-6H↧10 孔↧12　6×M6-6H　10　12	六个 M6-6H 的螺纹盲孔，螺纹孔深 10，加工螺纹前钻孔深度是 12

续表

零件结构类型		标 注 方 法	说 明
光孔	一般孔	4×φ5⊤10；4×φ5⊤10；4×φ5，10	四个φ5、深10的孔
	精加工孔	$4\times\phi5^{+0.012}_{0}$ ⊤10 钻⊤12；$4\times\phi5^{+0.012}_{0}$ ⊤10 钻⊤12；$4\times\phi5^{+0.012}_{0}$，10，12	四个φ5、钻孔深12、精加工深10的孔
	锥销孔	2× 锥销孔 φ5 配作；2× 锥销孔 φ5 配作	两个φ5的圆锥销的小头直径
沉孔	锥形沉孔	4×φ7 ⌵φ13×90°；4×φ7 ⌵φ13×90°；90°，φ13，4×φ7	四个φ7、带锥形沉头的孔，锥孔口直径是13，锥面顶角为90°。符号“∨”表示锥形沉孔
	柱形沉孔	4×φ6 ⌴φ12⊤3.5；4×φ6 ⌴φ12⊤3.5；φ12，3.5，4×φ6	四个φ6、带圆柱形沉头的孔，沉孔直径12，深3.5。符号“⌴”表示柱形沉孔或锪平
	锪平孔	4×φ7 ⌴φ16；4×φ7 ⌴φ16；φ16 ⌴，4×φ7	四个φ7、带锪平的孔，锪平孔直径是16。锪平孔不需标注深度，一般锪平到不见毛面为止

8.4.5　典型零件尺寸标注分析

1. 轴套类零件

这类零件的设计基准分径向和轴向两个方向。径向尺寸基准是轴心线，轴向尺寸基准常选择重要的端面、接触面（轴肩）及加工面等。

如图 8.38 所示的泵轴零件工作图，其径向设计基准就是轴线，而泵轴在车床上加工时，其径向工艺基准也是轴线，于是就将设计基准和工艺基准统一起来了。由此在图面上标注出$\phi 14_{-0.011}^{\ 0}$、$\phi 11_{-0.011}^{\ 0}$ 等配合尺寸。对于泵轴零件选取图 8.38 所示的右轴肩作为长度方向的尺寸基准，由于其右侧安装的齿轮要通过该轴肩定位，此面是轴向上最重要的一个接触面，故选取为长度方向的主要基准，于是标注出 13、28、1.5 和 26.5 等尺寸。考虑加工工艺需求，选取轴的右端面为长度方向尺寸的辅助基准，由此标注出轴的总长 94。

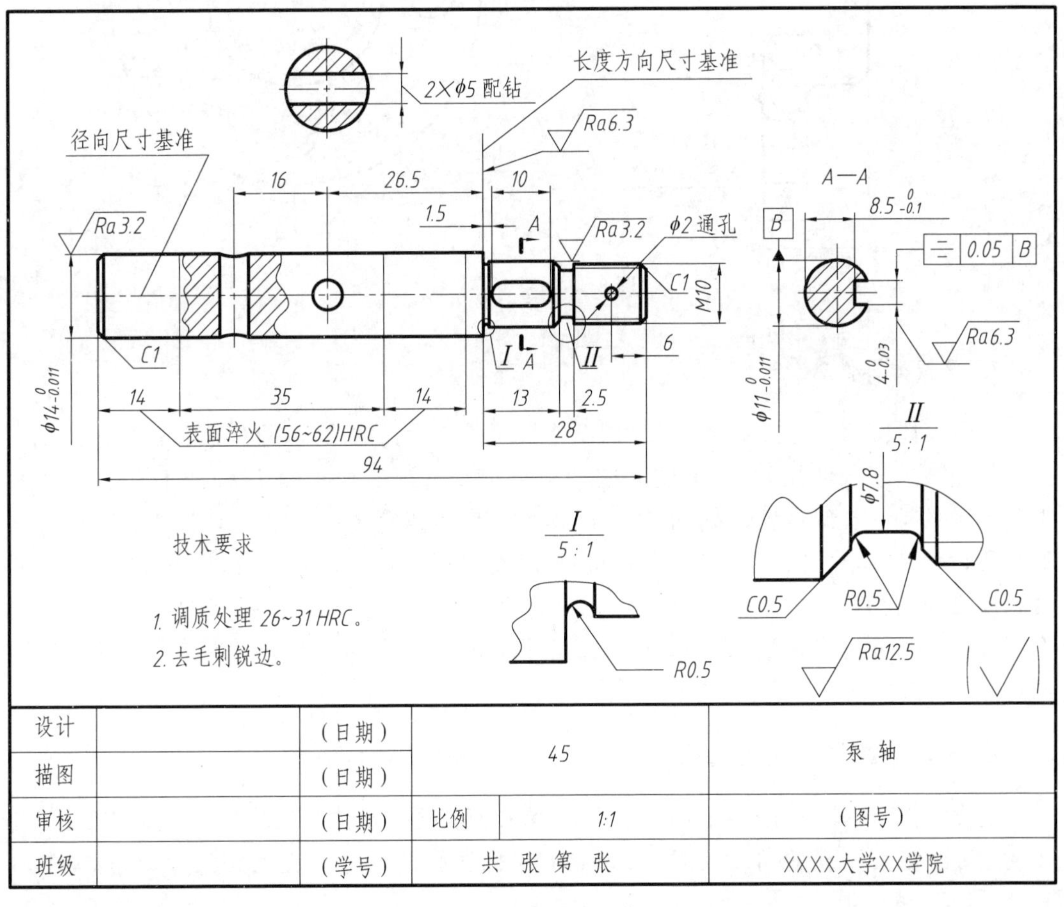

图 8.38　泵轴零件工作图

2. 盘盖类零件

在标注盘盖类零件的尺寸时，通常选用主要轴孔的轴线作为径向尺寸设计基准，选择重要端面(接触面)作为轴向尺寸基准。图 8.39 所示泵盖的右端面是轴向尺寸的设计基准,两个直径为ϕ18 的孔的轴线为径向基准,这两条轴心线可互为基准。

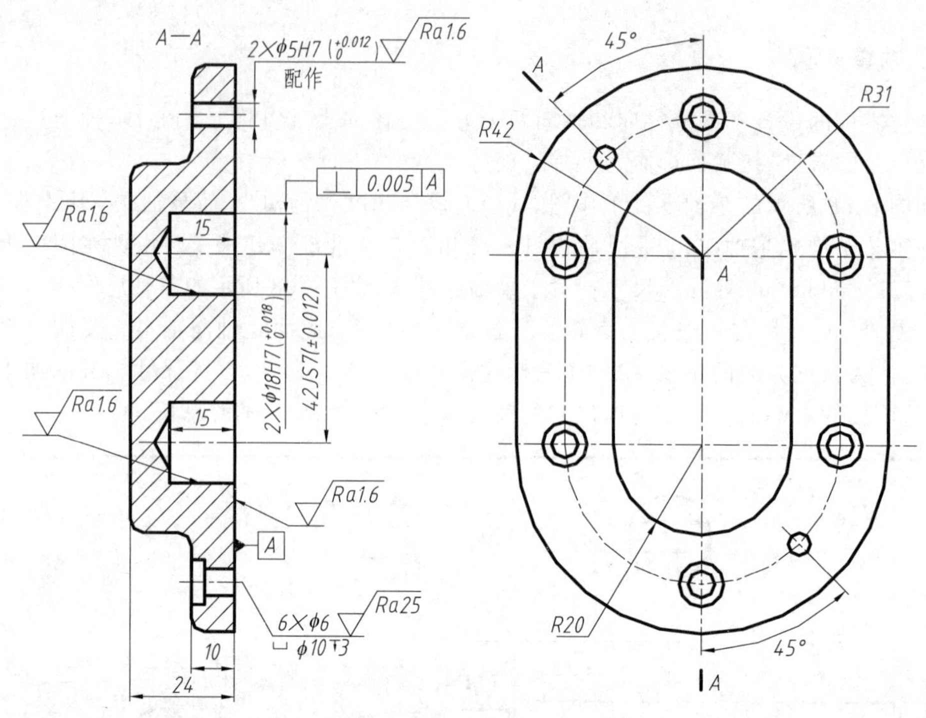

图 8.39　泵盖零件图

3. 叉架类零件

这类零件长、宽、高三个方向尺寸的设计基准一般为孔的轴线、对称面和较大的加工平面。如图 8.2 所示的托架,其安装底座上两个相互垂直的加工面为安装面,为保证该托架所支承的轴的轴线位置准确,必须以此相互垂直的两安装面分别作为长度和高度方向的主要设计基准,由此标注出尺寸 60 和 90 以确定轴承孔的位置。再以此轴承孔的轴线为长度方向的辅助基准,标注尺寸 21 以确定夹紧螺孔的位置。以托架的前后对称面为宽度方向的尺寸基准标注尺寸,如图 8.2 左视图中上的尺寸 50、42、82 和移出断面图上的尺寸 40、8。

4. 箱体类零件

这类零件形体较复杂,孔和凸台较多,通常在对其进行形体分析的基础上标注尺寸。箱体的主要装配面及孔的精度要求高,因此应先标注孔的尺寸和孔间距尺寸,再标注其他尺寸。

选择尺寸基准时,长、宽、高三个方向都必须选取。如图 8.40 所示的阀体,其右端面与阀盖配合,是最重要的一个侧平面,故选取该平面为长度方向的主要基准,由此在俯视图中标注了外形尺寸 75、16 及孔的定位尺寸 28、46、27 和 38,在主视图中标注了 21 和 35。考虑加工轴线为侧垂线的阶梯孔时,测量的方便性,选取阀体的左端面为辅助基准,在主视图中标注阶梯孔的相关尺寸 8、22 和 36 等，主要基准与辅助基准之间通过尺寸 75 关联（阀体的总长）。宽度方向的尺寸基准为阀体的前后对称面，全部宽度方向的尺寸都以该基准作对称标注，由此分别在俯视图、右视图和 *B* 向视图中标注出外形尺寸和孔的定位尺寸 46、66、32、50 和 26。选取阀体的底面作为高度方向的主要基准，由此在主视图、右视图和 *A*—*A* 剖视图中标注出尺寸 27、43、11、32、52 和 37。阶梯孔的径向尺寸以其轴线为基准（辅助基准）在主视图中标注出来，该辅助基准与主要基准通过尺寸 27 关联。

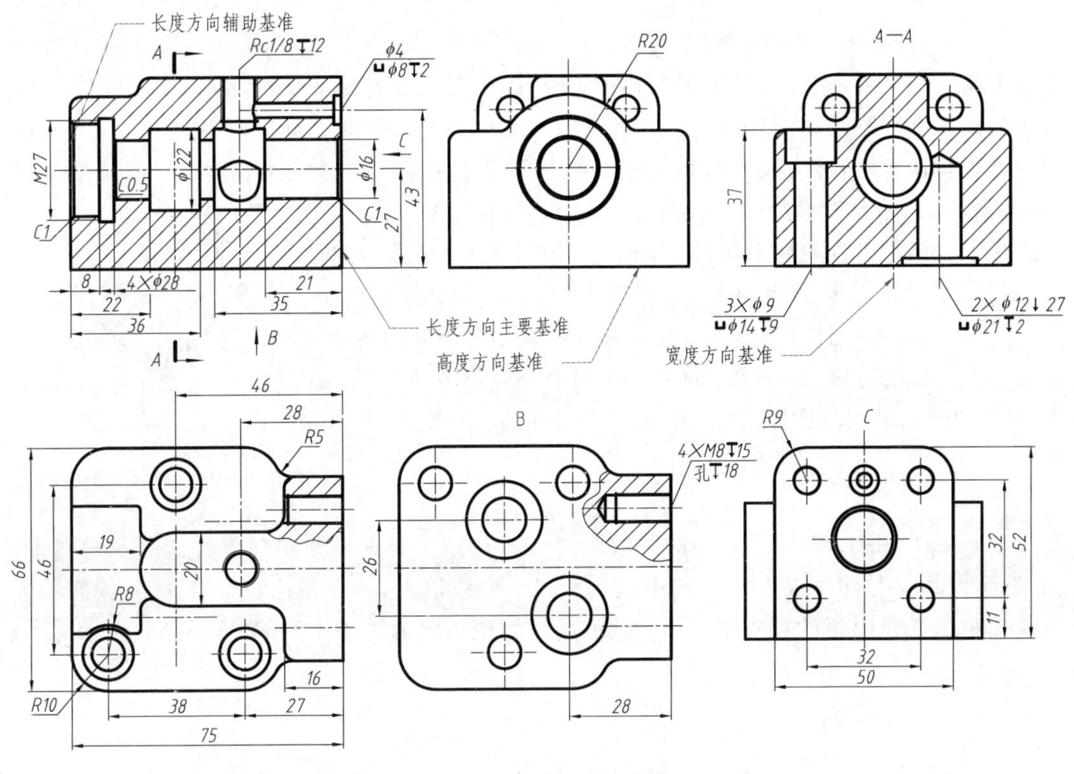

图 8.40　阀体的尺寸分析

综上所述，不同类型的零件所选择的尺寸基准各有不同，但都应从生产实际出发来标注尺寸。

8.5　零件图上的技术要求

零件图上除了用一组视图表达零件形状、用尺寸表示其大小之外，还必须标注和说明制造零件时应达到的一些技术要求。零件图上的技术要求主要包括表面结构参数、极限与配合、几何公差、热处理和表面处理等内容。

图上的技术要求如极限偏差、形位公差、表面结构特征等应按国家标准规定的各种代[符]号标注在图样上。无法标注在图样上的内容，可用文字分条注写在图纸下方标题栏附近的空白处。

8.5.1　零件的表面结构参数及其在图样上的标注方法

本节主要根据GB/T 131—2006简要介绍零件表面结构参数的含义、粗糙度轮廓参数及其代号，掌握在图样中标注粗糙度的方法。

1. 表面结构参数的概念

加工零件时，由于刀具在零件表面上留下的刀痕以及切削分裂时表面金属的塑性变形等因素的影响，导致零件经过加工后，看似光滑的表面在放大镜下观察，都是凹凸不平的，零件的表面存在间距较小的峰谷，如图8.41所示。这种加工表面上具有较小间距的峰谷所构成的微观几何特性，称为表面特征。表面结构参数包括粗糙度参数（*R*轮廓）、波纹度参数（*W*轮廓）和原始轮廓参数（*P*轮廓）。

由于表面粗糙度轮廓对零件的功能、耐磨性、耐腐蚀性、密封性和外观等都有重要影响，在很大程度上决定了零件表面的质量。因此，在评定零件表面结构时，通常采用评定零件的粗糙度轮廓。而粗糙度轮廓（*R*轮廓）的主要参数是：轮廓算术平均偏差（*Ra*）和轮廓最大高度（*Rz*），一般情况下只使用*Ra*参数。

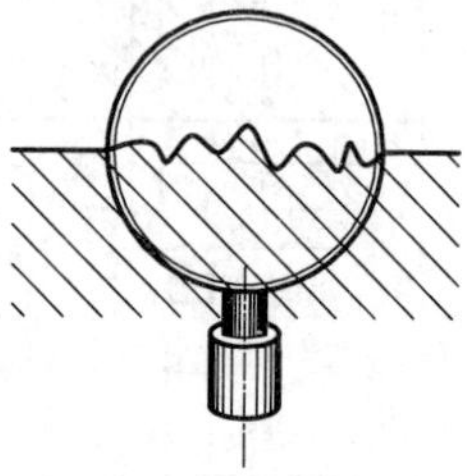

图8.41　表面微观状态

2. 粗糙度轮廓参数

如图8.42所示，在零件表面的一段取样长度*l*（用于判断表面粗糙度特征的一段中线）内，轮廓偏距*y*是轮廓线上的点到中线的距离。中线以上，*y*为正值；反之，*y*为负值。将轮廓偏距*y*的绝对值的算术平均值记为*Ra*，称该值为轮廓算术平均偏差，用公式表示为

$$Ra = \frac{1}{l}\int_0^l |y(x)|\,\mathrm{d}x$$

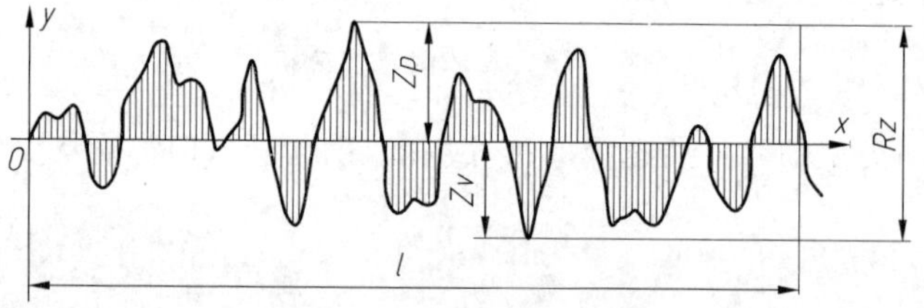

图8.42　粗糙度轮廓参数

或近似表示为

$$Ra = \frac{1}{n}\sum_{i=1}^{n} |y_i|$$

国家标准规定了*Ra*的取值，由基本系列值和补充系列值两组构成，一般优先选用基本系列值。基本系列值有14个数值，分别是：0.012、0.025、0.05、0.1、0.2、0.4、0.8、1.6、3.2、6.4、12.5、25、、50、100，其单位是微米（μm，1μm=1/1000mm）。

轮廓最大高度*Rz*是在一个取样长度*l*内，最大轮廓峰高*Zp*和最大轮廓谷深*Zv*之和，如图8.42所示。

3. 粗糙度轮廓参数值 *Ra* 的选用

粗糙度轮廓参数值要根据零件表面不同功能的要求分别选用。轮廓算术平均偏差 *Ra* 几乎是所有表面必须选择的评定参数，其值越小，表面越光滑，加工成本就越高。常用的 *Ra* 数值与加工方法及应用举例列于表 8.2 中，供选用时参考。

表 8.2　轮廓算术平均偏差 *Ra* 数值与加工方法及应用举例

Ra/μm	表面特征	主要加工方法	应用举例
50	明显可见刀痕	粗车、粗铣、粗刨、钻、粗纹锉刀和粗砂轮加工	粗加工面，一般很少用
25	可见刀痕		
12.5	微见刀痕	粗车、刨、立铣、平铣、钻	不接触表面、不重要的接触面，如螺钉孔、倒角、机座底面等
6.3	可见加工痕迹	精车、精铣、精刨、铰、镗、粗磨	没有相对运动的零件接触面，如箱、盖、套等要求紧贴的表面，键和键槽工作表面；相对运动速度不高的接触面，如支架孔、衬套、带轮轴孔的工作表面
3.2	微见加工痕迹		
1.6	看不见加工痕迹		
0.8	可见加工痕迹方向	精车、精铰、精拉、精镗、精磨	要求密合很好的接触面，如与滚动轴承配合的表面、锥销孔等；相对运动速度较高的接触面，如滑动轴承的配合表面、齿轮轮齿的工作表面等
0.4	微辨加工痕迹方向		
0.2	不可辨加工痕迹方向		
0.1	暗光泽面	研磨、抛光、超级精细研磨等	精密量具的表面、极重要零件的摩擦面，如气缸的内表面、精密机床的主轴颈、坐标镗床的主轴颈等
0.05	亮光泽面		
0.025	镜状光泽面		
0.012	雾状镜面		
0.006	镜面		

4. 表面结构参数的图形符号和代号

1）表面结构参数符号

表面结构参数的基本图形符号由两条长度不等且与被注表面投影轮廓线成 60°角的实线组成。表面结构参数基本图形符号的比例画法如图 8.43 所示。基本图形符号的尺寸关系也可表述为 $H_1 \approx 1.4h$、$H_2 = 2H_1$、$d = 0.1h$，其中 h 是书写参数值的字高。

在基本图形符号的基础上衍生出扩展图形符号和完整图形符号，表 8.3 列出了基本图形符号、扩展图形符号和完整图形符号的形式及意义。

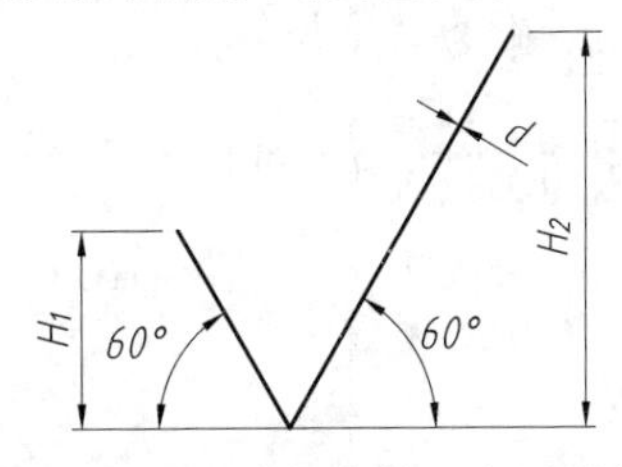

图 8.43　表面结构参数基本图形符号

表 8.3 表面结构参数图形符号

图形符号	意义及说明
	基本图形符号，表示表面可用任何方法获得。当不加注表面结构参数值或有关说明（例如表面处理、局部热处理状况等）时，仅适用于简化代号标注
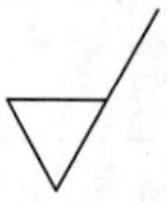	基本符号加一短线，表示表面是用去除材料的方法获得的。如车、刨、铣、镗、钻、磨、剪切、抛光、腐蚀、电火花加工、气割等
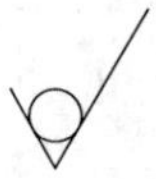	基本符号加一小圆，表示表面是用不去除材料的方法获得的，如铸、锻、冲压变形、热轧、冷轧、粉末冶金等，或者是用于保持原供应状态的表面（包括保持上道工序的状态）
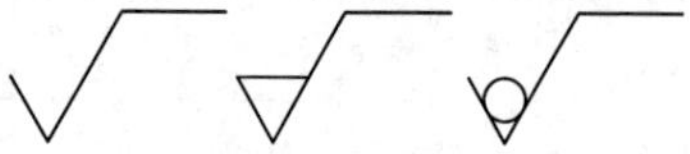	完整图形符号，在上述三个符号的长边上加一横线，用于标注有关参数和说明
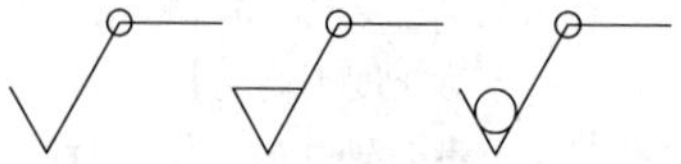	在上述三个完整图形符号上均可加一小圆，表示所有表面具有相同的表面结构要求

2）表面结构参数代号

在图形符号的规定位置上标注表面结构参数值及其他有关要求，就构成表面结构参数的代号。表面结构参数值及其他有关规定在图形符号中注写的位置如表 8.4 所示。

表 8.4 表面结构参数代号及其含义

代号	含义
c a e d b	*a*：表面结构的单一要求——参数及数值（单位是 μm）
	b：与 *a* 共用，表示两个或多个表面结构要求
	c：加工方法、表面处理、涂层或其他加工工艺要求
	d：加工纹理与方向
	e：加工余量（单位是 mm）

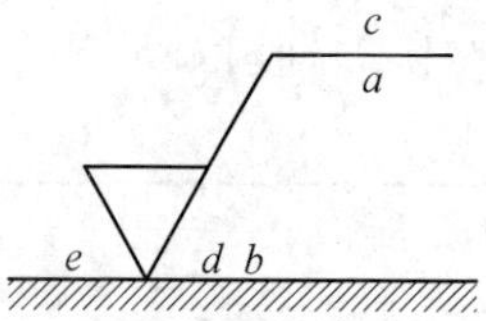

3）表面结构参数代号的注写方法

粗糙度轮廓参数的 *Ra*、*Rz* 注写如表 8.5 所示。

表 8.5 表面结构参数代号注写方法示例

代号	意义	代号	意义
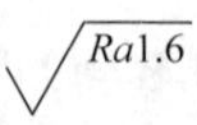 *Ra*1.6	用任何方法获得的表面结构，*Ra* 的上限值为 1.6μm，默认传输带、默认 16%规则、默认评定长度	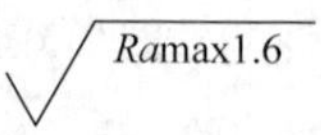 *Ra*max1.6	用任何方法获得的表面结构，*Ra* 的最大允许值为 1.6μm，默认传输带、最大规则、默认评定长度
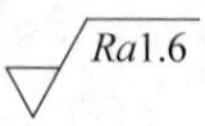 *Ra*1.6	用去除材料方法获得的表面结构，*Ra* 的上限值为 1.6μm，默认传输带、默认 16%规则、默认评定长度	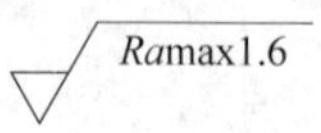 *Ra*max1.6	用去除材料方法获得的表面结构，*Ra* 的最大允许值为 1.6μm，默认传输带、最大规则、默认评定长度

续表

代　号	意　义	代　号	意　义
*Ra*1.6	用不去除材料方法获得的表面结构，*Ra* 的上限值为 1.6μm，默认传输带、默认 16%规则、默认评定长度	*Ra*max1.6	用不去除材料方法获得的表面结构，*Ra* 的最大允许值为 1.6μm，默认传输带、最大规则、默认评定长度
U *Ra*1.6 L *Ra*0.8	用去除材料方法获得的表面结构，*Ra* 的上限值为 1.6μm，*Ra* 的下限值为 0.8μm，默认传输带、默认 16%规则、默认评定长度	*Ra*1.6 *Rz*3.2	用去除材料方法获得的表面结构，*Ra* 的上限值为 1.6μm，*Rz* 的上限值为 3.2μm，默认传输带、默认 16%规则、默认评定长度

5. 表面结构参数代号在图样上的标注方法

表面结构参数符号、代号标注在可见轮廓线、尺寸线、尺寸界线、引出线或它们的延长线上。符号的尖端必须从零件表面外指向零件表面。代号的注写和读取方向与尺寸标注的注写和读取方向一致，如图 8.44 所示。当位置狭小或不便标注时，符号、代号可以用带箭头或黑点的指引线引出标注，如图 8.45 所示。

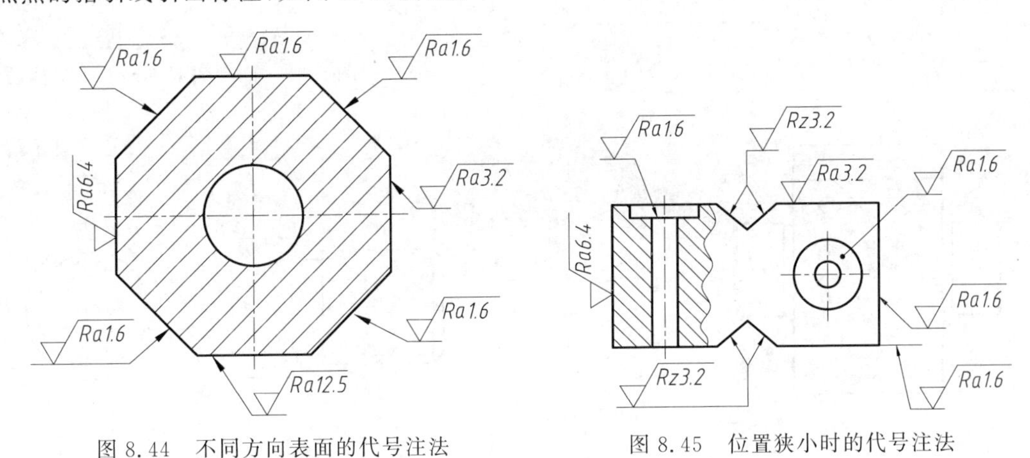

图 8.44　不同方向表面的代号注法　　　图 8.45　位置狭小时的代号注法

如果零件上的多数表面或者全部表面有相同的表面结构要求，则其表面结构要求可以统一标注在图样的标题栏附近。在表面结构要求的代号后面应加注圆括号，并在括号内给出无任何其他标注的基本图形符号，如图 8.46 所示。

零件上同一表面的表面结构要求相同，只需标注一次表面结构符号。对不连续的同一表面，可用细实线相连，其表面结构要求代号也只标注一次，如图 8.47 所示。

当零件表面标有几何公差时，表面结构要求可以标注在几何公差框格的上方，如图 8.48 所示。同一表面上有不同的表面结构要求时，必须用细实线画出其分界线，并注出相应的表面结构要求代号，如图 8.49 所示。

齿轮、蜗轮的工作表面没画出齿形时，其表面结构要求的代号标注在分度线上，如图 8.50 所示。螺纹工作表面没画出牙形时，其表面结构要求的代号标注如图 8.51 所示。

对连续表面，其表面结构要求的符号、代号只需标注一次，如图 8.52 所示。

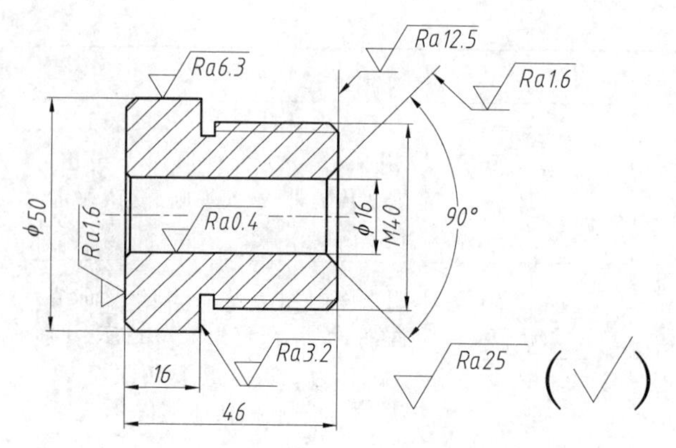

图 8.46 其余表面代号的统一注法

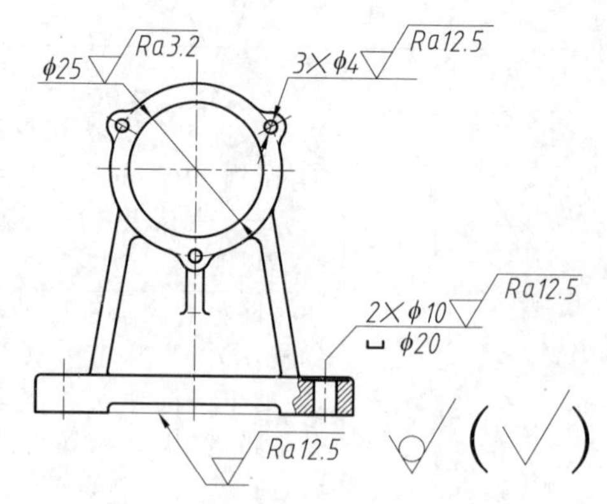

图 8.47 不连续相同要求表面的注法

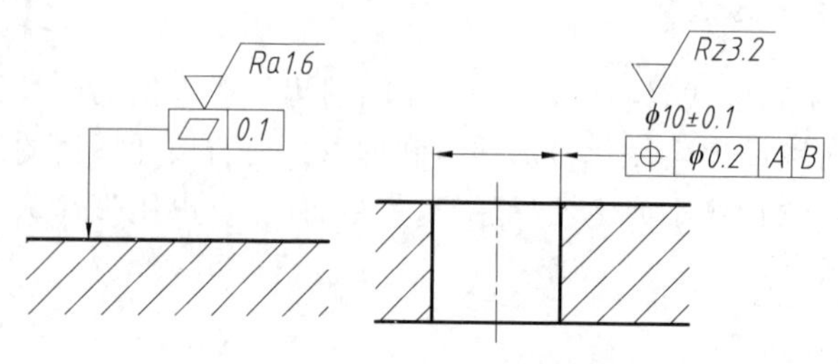

图 8.48 结合几何公差的注法

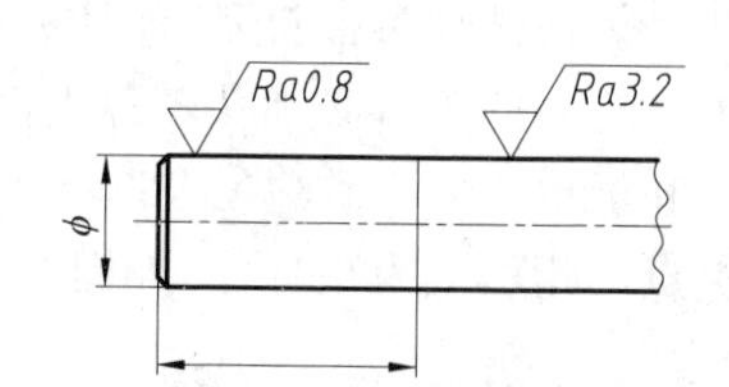

图 8.49 同一表面不同要求的注法

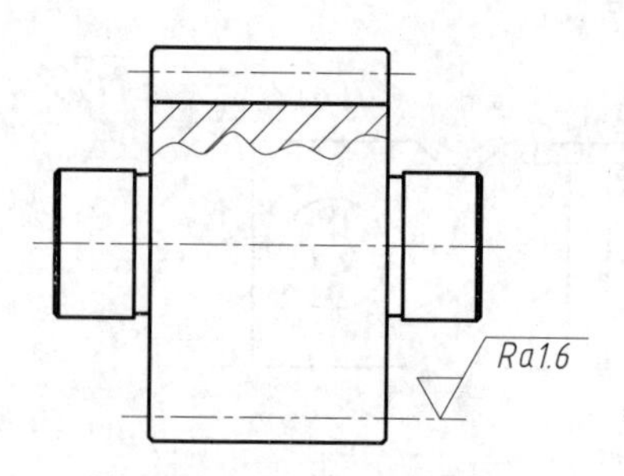

图 8.50 齿轮齿形表面注法

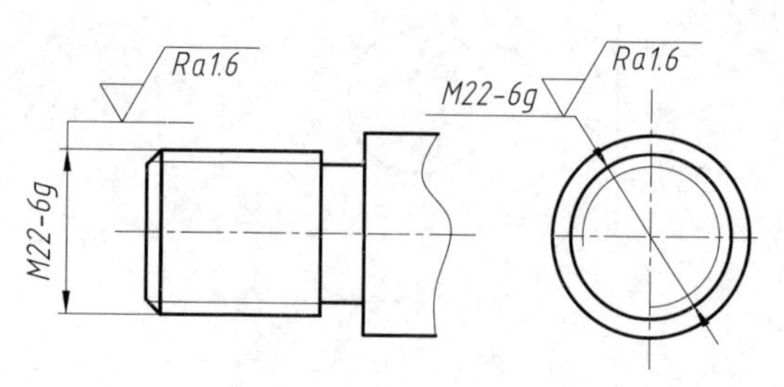

图 8.51 螺纹表面的注法

需要对零件局部热处理或局部镀(涂)覆时,用粗点画线画出其范围,并标注相应尺寸,将其要求注写在表面结构图形符号长边的横线上,如图 8.53 所示。

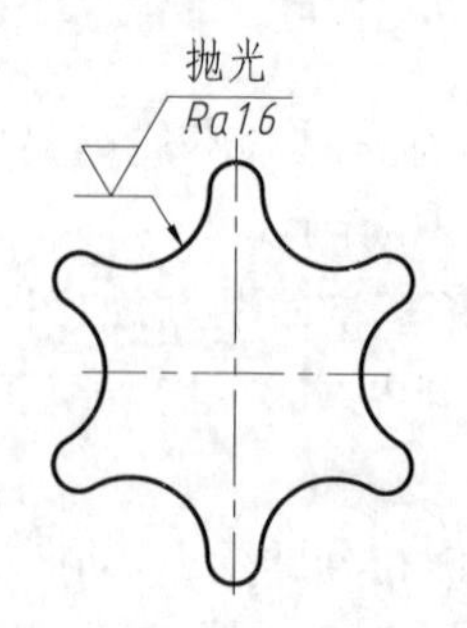

图 8.52 连续表面的注法

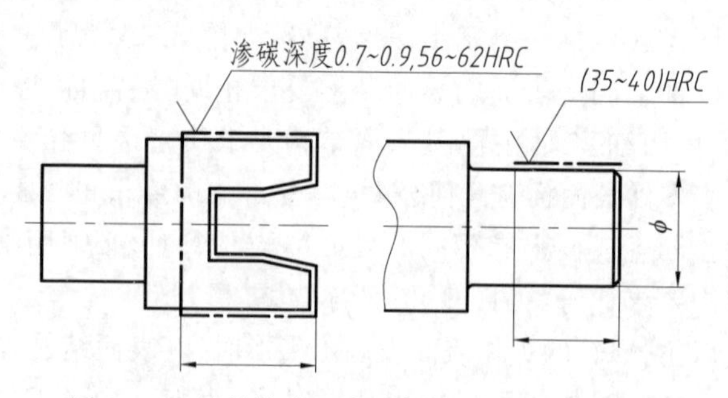

图 8.53 局部热处理或局部镀(涂)覆时的注法

8.5.2　极限与配合

1. 零件的互换性

在装配机器或部件时，从一批需要装配的两种零件中任取一件，不经过修配或辅助加工，便可装配上去，并能满足机器或部件的使用要求，就称这批零件具有互换性。零件具有互换性，有利于加工时广泛地组织协作和采用专用设备，进行高效率的专业化生产，如此可提高生产效率，降低生产成本，同时可使产品质量得以保证。

在零件加工过程中，不论用哪种加工方法，由于受设备、工夹具及测量误差等因素的影响，不可能把一批零件的尺寸都制成指定的尺寸，或多或少总有一些误差。为了保证零件的互换性，就必须对零件的尺寸规定一个允许的变动范围，这个允许的尺寸变动范围称为尺寸公差，简称公差。

从使用要求来看，把孔、轴装配在一起，有时需要松一些，有时又需要紧一些，这种两个零件相互结合所要求的松紧程度叫配合。为了保证互换性，还要规定两个零件的结合表面的配合性质，极限与配合是相互有联系的。

2. 极限的有关术语及定义

GB/T 1800《极限与配合基础》对极限与配合的术语、定义和标注等均作了详细规定。下面以图 8.54 为例说明公差的有关术语。

(1) **公称尺寸**：对零件进行结构设计时确定的尺寸，如图 8.54 所示的轴的直径 $\phi 50$ 和长度 70。

(2) **实际尺寸**：零件制成后实际测量所得的尺寸。

(3) **极限尺寸**：允许尺寸变化的两个极限值。它以公称尺寸为基数来确定，较大的一个尺寸为上极限尺寸，较小的一个为下极限尺寸。如图 8.54 所示，轴径的上极限尺寸是 $\phi(50-0.025)=\phi 49.975$、下极限尺寸是 $\phi(50-0.064)=\phi 49.936$。

(4) **上极限偏差**：上极限尺寸与其公称尺寸的代数差，如图 8.54 所示，轴径的上极限偏差是 -0.025，轴长的上极限偏差是 0。

(5) **下极限偏差**：下极限尺寸与其公称尺寸的代数差。

(6) **尺寸公差**：上、下极限尺寸的代数差，或上、下极限偏差的代数差。如图 8.54 所示，轴径的尺寸公差 $\delta=0.025-(-0.064)=0.039$。

(7) **公差带**：由代表上极限偏差和下极限偏差(也即上、下极限尺寸)的两条直线所确定的一个区域。为了简单直观，采用如图 8.55 所示的图形来表达，图中所示公称尺寸的一条直线称为零线。

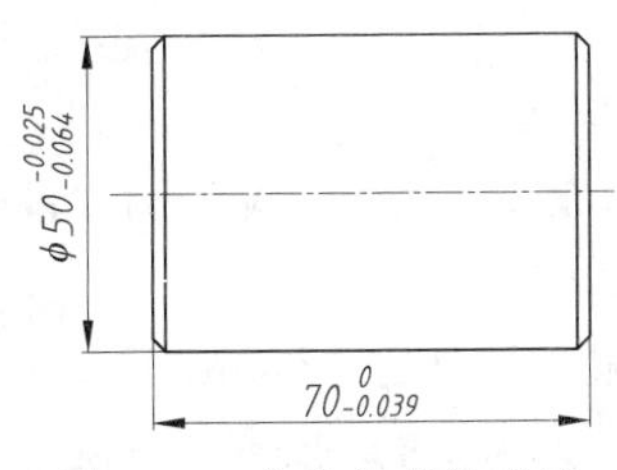

图 8.54　公差的有关术语

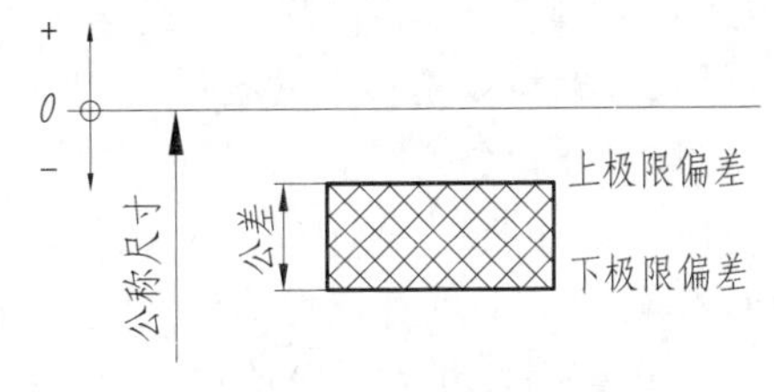

图 8.55　公差带图

（8）**标准公差**：在国家标准《极限与配合》中所规定的任一公差称为标准公差。标准公差用“IT”表示，共分为20个等级，分别是IT01、IT0、IT1、IT2～IT18，精度从IT01～IT18依次降低，即在同一公称尺寸下，IT01的公差值最小，IT18的公差值最大。

（9）**基本偏差**：用来确定公差带相对于零线位置的上极限偏差或下极限偏差，一般指靠近零线的那个偏差。基本偏差共有28个，它的代号用拉丁字母表示，孔的基本偏差用大写字母表示，轴的基本偏差用小写字母表示。

图8.56表示了孔和轴的基本偏差系列，孔和轴的基本偏差对称地分布在零线的两侧。图中公差带一端画成开口，表示不同公差等级的公差带宽度有变化。

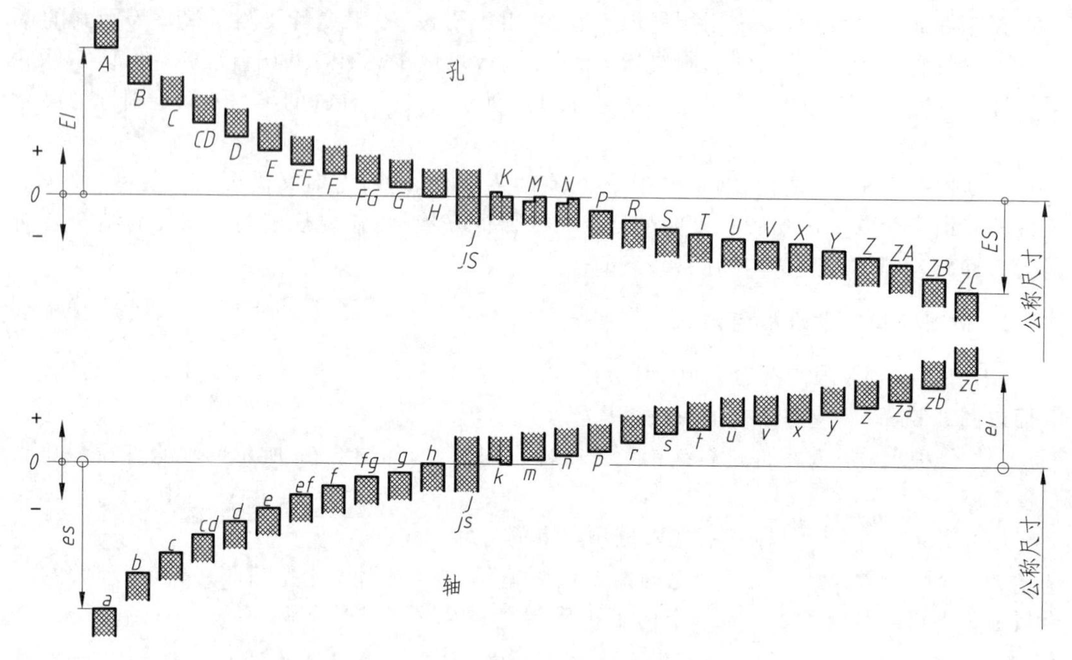

图8.56　基本偏差系列示意图

孔的基本偏差从A到H是下偏差，且为正值，其绝对值依次减小，其中H的下偏差等于零。从J到ZC为上极限偏差。JS的上、下极限偏差分别为＋IT/2和－IT/2，因此，JS在图中未标出基本偏差。

轴的基本偏差及分布与孔的完全相反，在此不再赘述。

（10）**公差带代号**：由代表基本偏差的字母和代表标准公差的数字组成的代表公差带状态的代号。例如，

H8表示孔的基本偏差代号是H，公差等级为8；

p6表示轴的基本偏差代号为p，公差等级为6。

公差带代号书写在基本尺寸之后，如ϕ30H8，ϕ35c11。

有了公称尺寸和公差带代号就可以从极限和配合（附录D）中查出极限偏差的具体数值，也就可以确定其上、下极限尺寸了。

例如，根据ϕ35c11可查出公称尺寸ϕ35的轴的上极限偏差为－120μm，下极限偏差为－280μm。根据ϕ40H8可查出公称尺寸ϕ40的孔的上极限偏差为＋39μm，下极限偏差为0。

2. 配合及其种类

配合是指公称尺寸相同、相互结合的孔和轴公差带之间的关系。配合用来控制相互结合的孔和轴的运动关系，达到不同的机械性能，满足功能需要。

根据配合的松紧程度，配合分为如下三种：

（1）间隙配合：孔的公差带完全在轴的公差带的上方，任取一对孔、轴相配，都存在间隙，这种配合状态称为间隙配合，如图 8.57 所示。间隙配合包括最小间隙等于零的配合。

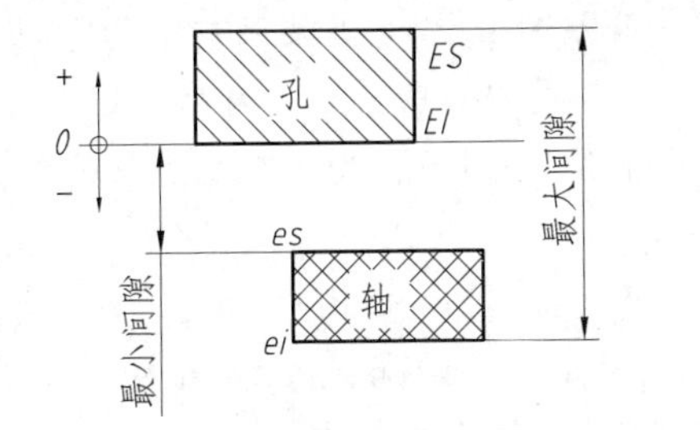

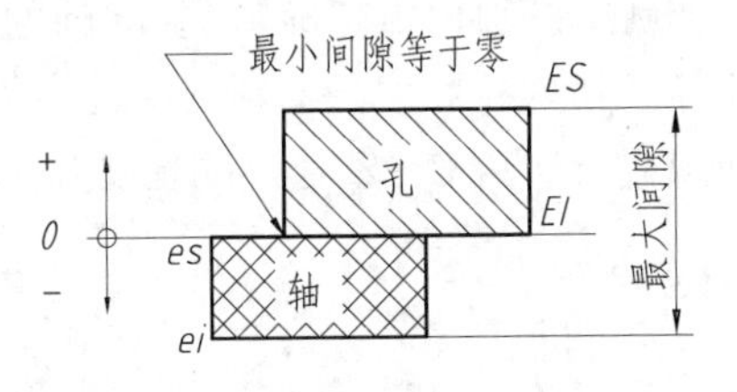

图 8.57　间隙配合

（2）过盈配合：孔的公差带完全在轴的公差的下方，任取一对孔、轴相配，都存在过盈，这种配合状态称为过盈配合，如图 8.58 所示。过盈配合包括最小过盈量等于零的配合。

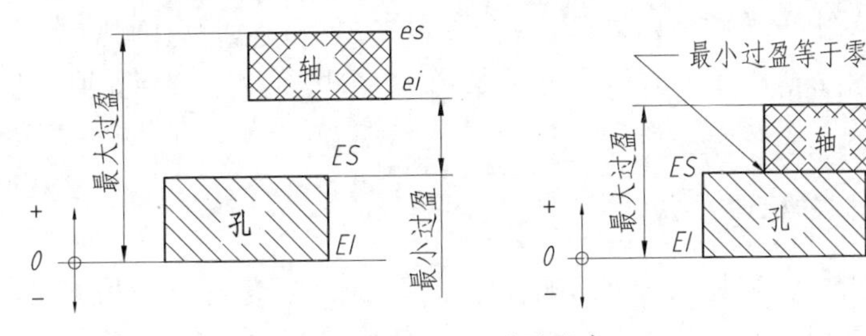

图 8.58　过盈配合

（3）过渡配合：孔的公差带与轴的公差带相互重叠，任取一对孔、轴相配，可能存在间隙，也可能存在过盈，这种配合状态称为过渡配合，如图 8.59 所示。

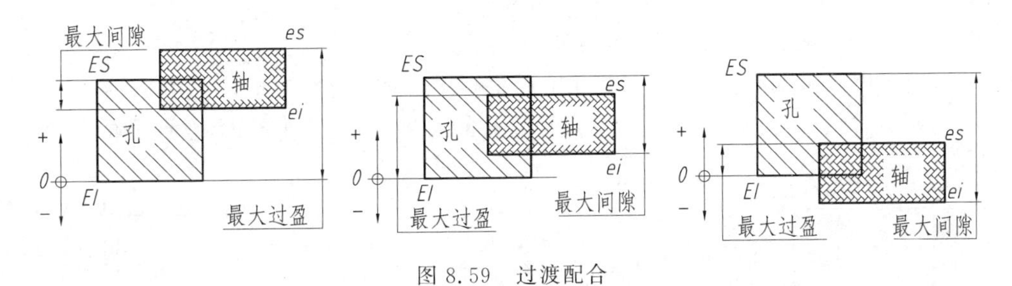

图 8.59　过渡配合

3. 配合制度

根据设计要求，孔与轴之间可有各种不同的配合。如果孔和轴两者的基本偏差都可以任意变动，则变化情况极多，不便于零件的设计和制造。为此，可以把孔或轴中的一个零件作为基准件，使其基本偏差保持不变，而通过改变另一个零件的基本偏差来达到不同的配合，这样就产生了两种基准制——基孔制、基轴制。

(1) 基孔制：孔的基本偏差保持一定，通过改变轴的基本偏差来实现各种不同配合的一种制度。基孔制配合中的孔称为基准孔，基准孔的基本偏差为H，其下极限偏差的值为零，即孔的下极限尺寸等于其公称尺寸。基孔制配合中，当轴的基本偏差从a～h时为间隙配合；从j～m时为过渡配合；从r～zc时为过盈配合。n、p可能是过渡配合，也可能是过盈配合。

(2) 基轴制：轴的基本偏差保持不变，改变孔的基本偏差来实现各种不同配合的一种制度。基轴制中的轴称为基准轴，基准轴的基本偏差为h，其上极限偏差值为零，即孔的上极限尺寸等于其公称尺寸。基轴制配合中，当孔的基本偏差从A～H时为间隙配合；从J～M时为过渡配合；从P～Z时为过盈配合。N可能是过渡配合，也可能是过盈配合。

4. 配合代号

孔和轴装配在一起时，根据它们的功用，必须满足一定的配合关系，并且还应通过特定的方法表达出这种特定的配合关系，配合代号就是这一特定的方法。

配合代号由孔和轴的公差带代号组合而成，并写成分数形式，分子为孔的公差带代号，分母为轴的公差带代号，一般将配合代号书写在基本尺寸之后，例如，$\phi 50\ \frac{H7}{g6}$或ϕ50H7/g6。

从上述配合代号中可解读出如下信息：公称尺寸ϕ50mm的基孔制间隙配合，说明孔轴有相对转动；孔的公差带代号是H7，基本偏差是H，精度等级是7级；轴的公差带代号是g6，基本偏差是g，精度等级是6级。

5. 零件图上极限的标注方法

零件图上的极限标注和装配图上的配合标注都应符合国家标准的相关规定。

零件图上可以采用三种形式进行标注。第一种形式是在公称尺寸后注写出公差带代号，如ϕ35H7、100g6；第二种形式是在公称尺寸后注写出极限偏差，如$\phi 100^{-0.036}_{-0.071}$；第三种形式是在公称尺寸后同时注写出公差带代号和极限偏差，如$45H8(^{+0.039}_{0})$，这时极限偏差应加上圆括号。图8.60所示是三种标注方式的示例。

标注极限偏差时，要注意以下几点：

(1) 当采用极限偏差标注时，偏差数字的字高比公称尺寸数字的字高小一号，下极限偏差与公称尺寸注写在同一底线上，且上、下偏差的小数点必须对齐，小数点后的位数必须相同。

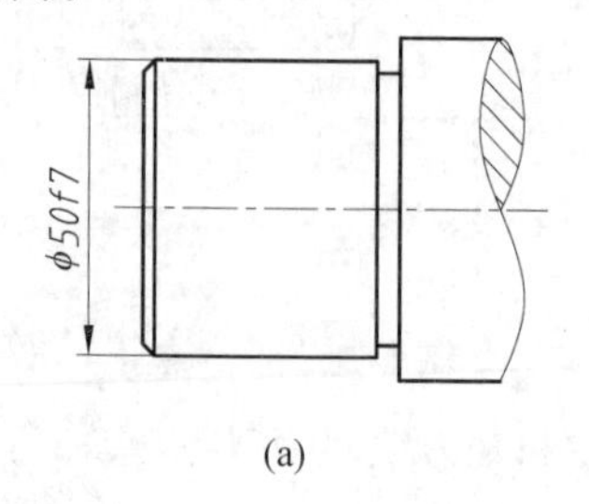

(a)

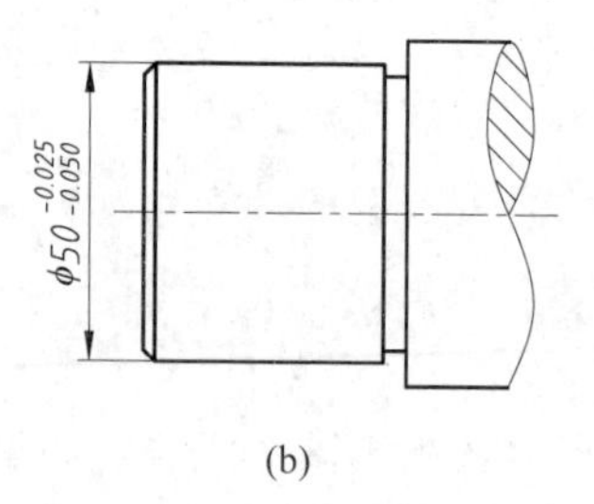

(b)

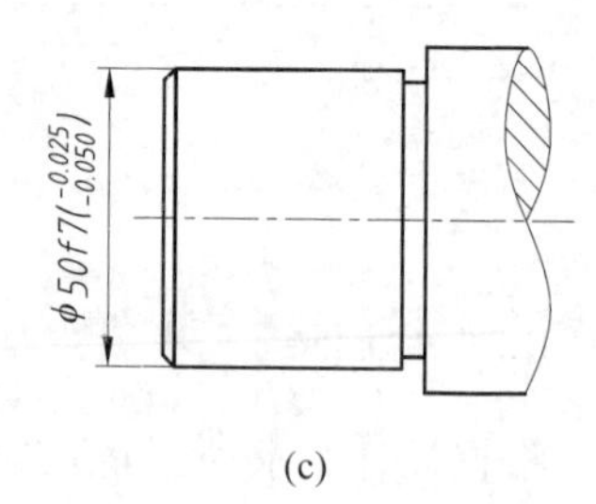

(c)

图8.60　零件图中的极限注法

(a) 只标注公差带代号；(b) 只标注上、下极限偏差；(c) 公差带代号和上、下极限偏差同时标注

(2) 只要极限偏差数值不为零，则极限偏差数字前必须注出正负号。

(3) 当上、下极限偏差绝对值相等、符号相反时，极限偏差只注写一次，并在极限偏差数字与公称尺寸数字之间注出符号"±"，极限偏差数字与公称尺寸数字的字高相等，如ϕ43±0.012。

(4) 若一个极限偏差数值为零，仍应注出零，零前无"+"或"−"号，并与另一个极限偏差的个位数对齐。

(5) 同一公称尺寸的表面，有不同的极限偏差时，须用细实线分开，分别标注其极限偏差。

6. 装配图上配合的标注方法

装配图中一般只标注配合代号，即在公称尺寸后跟配合代号，如图8.61(a)所示，如果书写空间狭小时，也允许标注成图8.61(b)所示的形式。

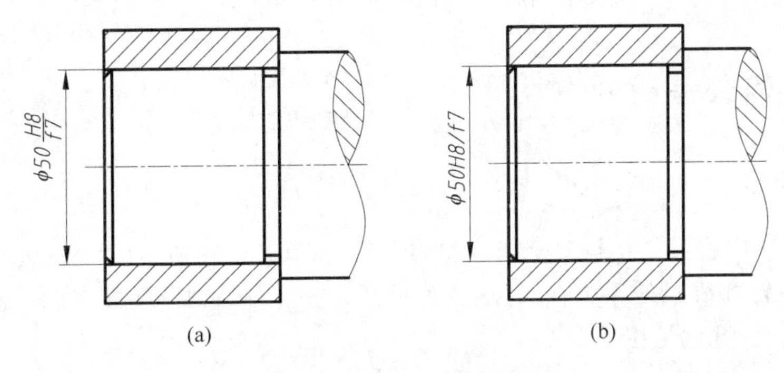

图8.61　配合代号的标注方法

在装配图上也可以用极限偏差的形式来标注，如图8.62(a)所示，此时孔的公称尺寸和极限偏差注写在尺寸线的上方，而轴的公称尺寸注写在尺寸线的下方。也允许按图8.62(b)的形式标注。当需要明确装配件的代号时，可按图8.62(c)的形式标注。

标注标准件、外购件与零件(孔或轴)的配合代号时，可以只标注相配零件的公差带代号，如图8.63所示。轴承是标准件，其内圈的孔径和外圈的外径已由相关的国家标准作了

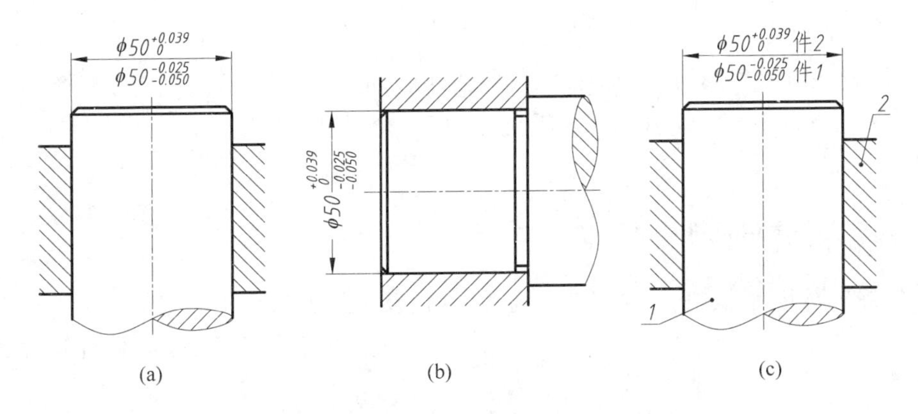

图8.62　标注零件极限偏差的方法

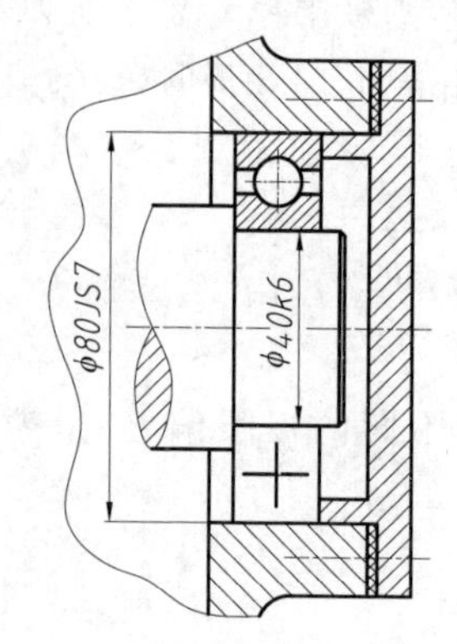

图 8.63 与标准件配合的标注

规定，不能更改，因此在图中，轴与轴承内圈孔的配合只需标注出轴的公差带代号，即 φ40k6，对于轴承孔径也只需标注其公差带，即 φ80JS7。

8.5.3 几何公差简介

1. 基本概念

零件在加工时会产生结构要素间位置的误差。如图 8.64 所示（夸张表示），本应为直线的圆柱轴线和轮廓线不是理想直线，这就是形状误差；右侧轴段端面本应与左侧轴段的轴线垂直却不垂直，这就是位置误差。

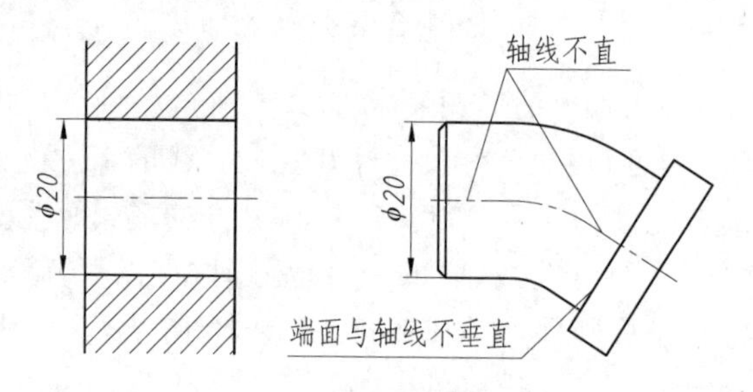

图 8.64 形状和位置误差

单一实际要素（点、线或面，如球心、轴线或端面）的形状所允许的变动全量称为形状公差。实际要素的位置相对于基准要素所允许变动的全量称为位置公差。形状和位置公差合称为几何公差。

2. 几何公差项目及符号

国家标准对几何公差的术语、定义、符号、数值及标注方法作了详细的规定。几何公差的每一具体项称为一个特征项目，每一个特征项目用一个符号代表。项目内容及代表符号见表 8.6。

表 8.6　几何公差特征项目及符号

分类		名称	符号	有无基准要求	分类		名称	符号	有无基准要求
形状	形状	直线度	—	无	位置	定向	平行度	//	有
		平面度	▱	无			垂直度	⊥	有
		圆度	○	无			倾斜度	∠	有
		圆柱度	⌭	无		定位	同轴(同心)度	◎	有
形状或位置	轮廓	线轮廓度	⌒	有或无			对称度	⌯	有
							位置度	⌖	有或无
		面轮廓度	⌓	有或无		跳动	圆跳动	↗	有
							全跳动	⌰	有

3. 几何公差代号

国家标准规定，在技术图样中，几何公差采用代号标注，当无法采用代号标注时，允许在技术要求中用文字说明。

几何公差代号由公差框格和指引线组成。

1）公差框格

公差框格有两格或多格的形式，用细实线按水平方向或竖直方向绘制。框格内从左至右或自下而上依次填写：几何公差项目的符号、几何公差数值和有关符号（如公差带形状等）、基准代号的字母和有关符号，如图 8.65 所示。

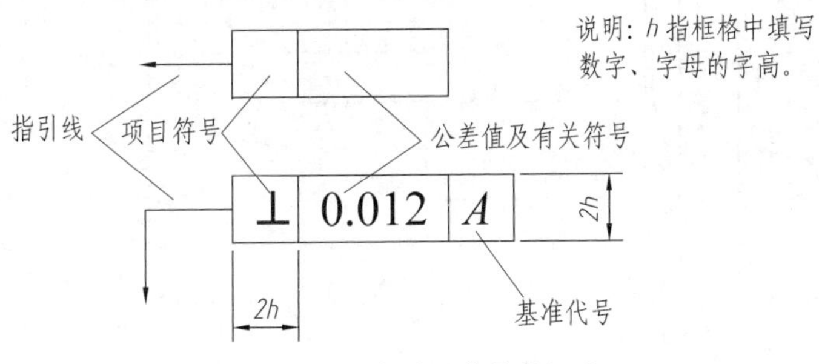

图 8.65　几何公差代号的组成

公差框格中的数字和字母高度应与图样中尺寸数字的高度相同，框格高度是字高的 2 倍，公差框格的一端引出带箭头的指引线。

公差值以毫米为单位。若公差带是圆形或圆柱形，则加注 ϕ；若为球形，则加注 $S\phi$。

2）指引线

带箭头的指引线用来连接公差框格与被测要素，箭头指向被测要素并应与被测要素垂直。指引线可自框格的左端或右端引出，也可以与框格的侧边直接相连。指引线可以曲折，但不得多于两次，如图 8.66 所示。

3）基准符号和基准字母

有位置公差要求的零件，在图样上必须注明基准。基准的标注由基准符号和基准字母组成。代表基准的字母标注在基准符号的方框内，方框与一个涂黑或空心的正三角形相连。基准符号的方框是一个细实线绘制的正方形，正方形的边长等于图样中尺寸数字字高的2倍。框内填写大写的拉丁字母，该字母称为基准字母，字母的高度与图样中尺寸数字字高相等。而正三角形的边长约等于正方形边长的一半。为了不致引起误解，基准字母不用E、I、J、M、O、P、L、R、F。当用基准符号标注时，无论基准符号在图样中的方向如何，基准字母一律水平书写，如图8.67所示。

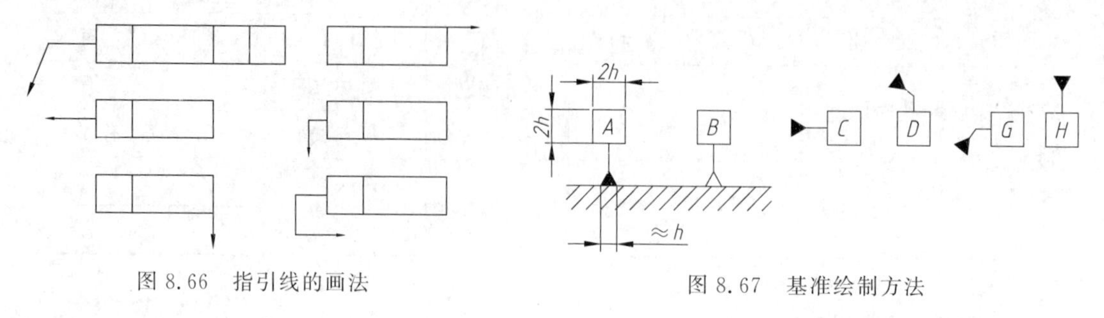

图8.66　指引线的画法　　　　图8.67　基准绘制方法

4. 几何公差标注实例

图8.68是气门阀杆零件图的几何公差标注实例。

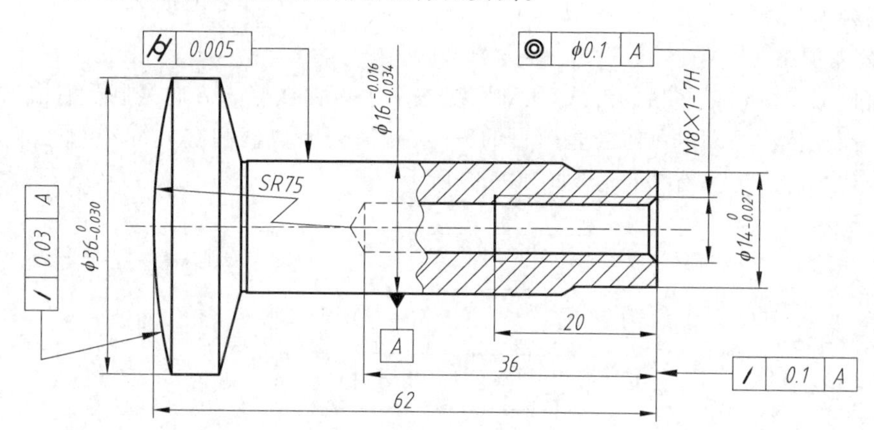

图8.68　零件图上标注几何公差的实例

图8.68中几何公差的标注含义如下：

（1）*SR*75的球面相对于$\phi16$轴线的圆跳动公差是0.03；

（2）$\phi16$杆身的圆柱度公差为0.005；

（3）M8×1的螺孔轴线对于$\phi16$轴线的同轴度公差是$\phi0.1$；

（4）右端面对于$\phi16$轴线的圆跳动公差是0.1。

5. 标注几何公差时若干注意事项

（1）当被测要素是轮廓线或表面时，箭头应指向要素的轮廓线或其延长线上，且箭头与尺寸线要明显错开，如图8.68中圆柱度公差的指引线与$\phi16_{-0.034}^{-0.016}$尺寸线必须错开。

（2）当被测要素是轴线、中心平面或由带尺寸要素确定的点时，箭头和指引线应与尺寸线对齐，如图 8.68 中同轴度公差的指引线就必须与标注该螺纹的尺寸线对齐。

(3) 当被测要素是实际表面时(表面的投影不积聚成线)，箭头可置于带点的参考线上，该点指在实际表面上，如图 8.69 所示。

(4) 基准符号中的细连线应与基准要素垂直。

(5) 当基准要素是轮廓线或表面时，基准符号应置于要素的轮廓线或其延长线上，并应与尺寸线明显错开。

(6) 当基准要素是中心线、轴线或对称平面等中心要素时，基准符号中的细连线应与该要素的尺寸线对齐。如图 8.68 所示的基准 A。

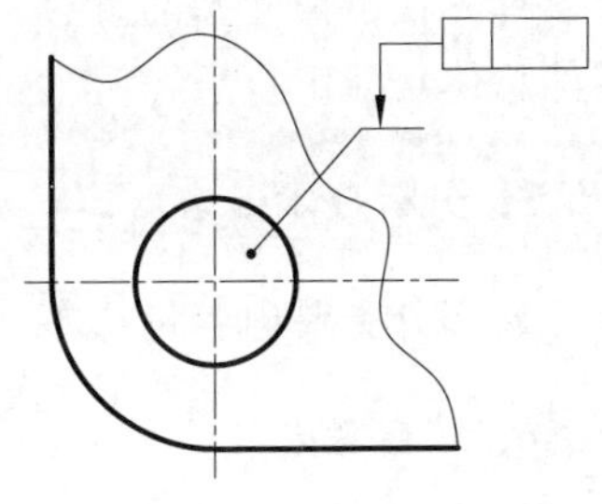

图 8.69 几何公差注法

8.6 读零件图

在零件的设计与制造，机器的安装、使用、维修以及技术革新、技术交流等活动中，都需要读零件图。读零件图是从事各种专业工作的技术人员必备的基本能力。读零件图的目的是根据零件图想象出零件的结构形状，分析构成零件各个形状特征的结构特点、功用，分析零件的尺寸标注和技术要求，以便指导生产和解决有关的技术问题。

本节着重讨论读零件图的方法和步骤，在组合体中所讨论的形体分析法、线面分析法是读零件图的重要基础。

8.6.1 读零件图的方法与步骤

1. 看标题栏

从标题栏中了解零件的名称、材料、绘图比例和质量等，根据这些内容并同时联系典型零件的分类，就可以大致了解零件的所属类型和作用以及零件的加工方法等，对该零件有个初步的认识。

2. 分析零件的视图表达方案

找出主视图，确定各视图之间的关系。如哪个是俯视图，哪个是左视图；如果有剖视图，则找出剖切位置，投影方向；如果有斜视图，则确定其投影方向，等等。

3. 形体分析

根据零件的功用和视图特征，从图上对零件进行形体分析，把它分解成几个部分。然后按照所分的几个部分，一个一个地看。先利用投影规律，在各视图上找出有关该部分的图形，特别是要找出反映它形状特征和位置特征的图形，再把这些图联系起来，得出它的空间形状。一般的顺序是：先看主要部分，后看次要部分；先看容易确定的，后看难以确定的；先看整体形状，后看细节形状。

把各部分的分析结果综合起来，弄清它们之间的相对位置，逐步想象出零件整体形状。

4. 尺寸分析

首先找出尺寸基准，然后分析各形状特征的定形、定位尺寸，了解尺寸的标注形式，确定零件总体尺寸。

5. 分析技术要求

这部分主要内容包括零件表面结构参数、尺寸公差、几何公差和其他技术要求。

6. 综合考虑

把读懂的结构形状、尺寸标注和技术要求等内容综合起来，就能比较全面地读懂这张零件图。有时为了读懂比较复杂的零件图，还要参考有关的技术资料，包括零件所在部件的装配图以及与它相关的零件的零件图。

8.6.2 读图举例

现以图8.70所示的零件图为例，说明读零件图的具体方法和步骤。

1. 看标题栏作概括了解

如图8.70所示，从标题栏中可知零件的名称为蜗轮箱，可知它是蜗轮减速器的箱体，材料是灰铸铁。图形比例是1∶1，即该零件实物的线性尺寸与图形尺寸相等。

2. 分析表达方案和形体结构

该零件的表达方案选用了四个基本视图和一个局部视图。主视图采用了全剖，表达了蜗轮箱的内部结构；俯视图及B—B视图采用了半剖，既表达了内部结构，又表达了外部形状；C—C视图采用全剖，主要表达了蜗轮箱左侧结构的形状；D向局部视图表达了蜗轮箱右上部前、后凸台的结构形状。

蜗轮箱大体可分解为右端的箱体、左端的法兰盘和中部前后两块圆弧板状连接结构等。把右端箱体部分的各个视图分离出来，其大致结构是一个壁厚均匀的箱体，上部为长方形结构，下部为半圆形结构，右端不封口，左端中部有一个圆筒。另外，上部前后各有一个凸台，其形状如D向局部视图所示。凸台中部有$\phi52$的蜗杆轴承孔，周围有四个M6-7H深10的螺孔。

同样可把左端法兰的各个视图分离出来。由此也能想象出它的结构形状。至于中部的连接板，其结构形状比较简单，不必分离就可看懂，读者可自行分析。

通过以上分析，再把各部分综合在一起想象，就能得出整个蜗轮箱的结构形状和总体印象，如图8.71所示。

3. 尺寸分析

从蜗轮箱零件图中可以看出，蜗轮箱长度方向的主要基准（设计基准）是包含蜗杆轴线的B—B侧平面，宽度方向的主要基准（设计基准）是通过蜗轮轴承孔轴线的前后对称平面，

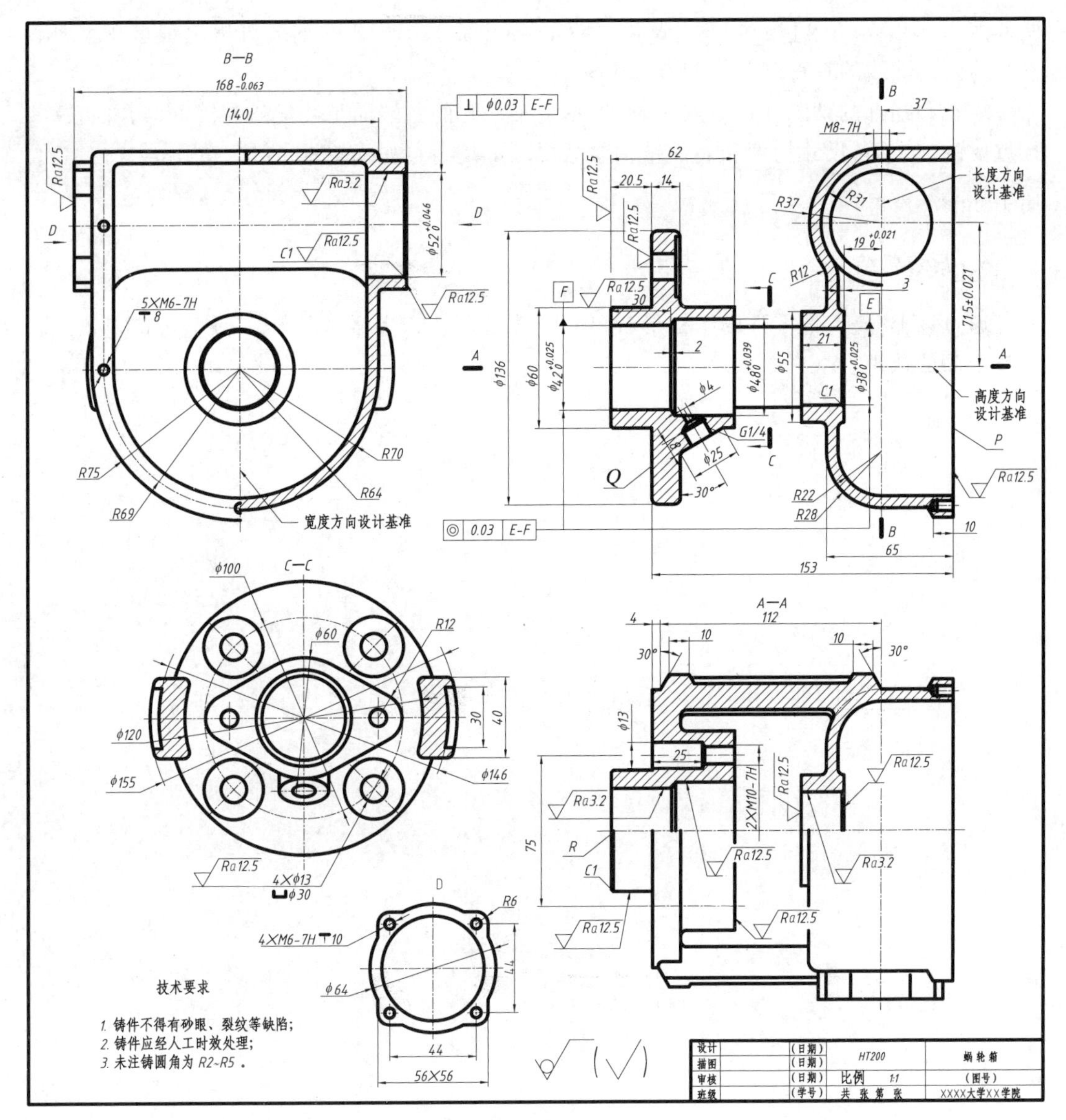

图 8.70　蜗轮箱零件图

高度方向的主要基准(设计基准)是蜗轮轴承孔轴线。除此之外,各个方向还有辅助基准,如长度方向的平面 P、Q 和 R,高度方向的蜗杆轴线等。为了保证蜗轮蜗杆的正确啮合,蜗轮与蜗杆的中心距 71.5±0.21、蜗轮轴承孔右端面至基准面 $B—B$ 的距离 19、安装蜗轮轴承的轴承孔 $\phi 38$ 和 $\phi 42$ 以及安装螺杆轴承的轴承孔 $\phi 52$ 都是重要尺寸。有关各组成部分的定形和定位尺寸,请读者自行分析。

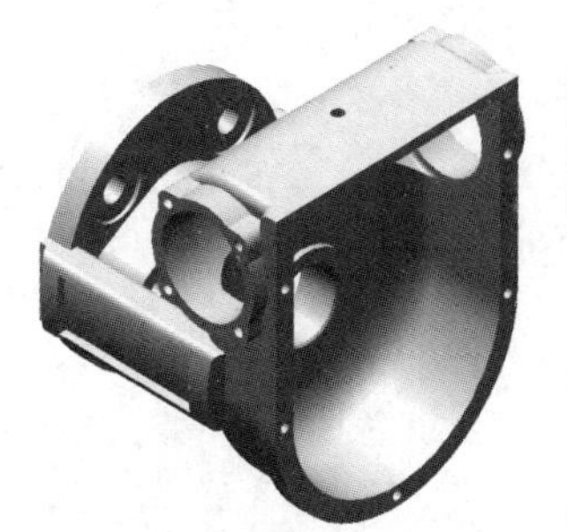

图 8.71　蜗轮箱效果图

Video

4. 分析技术要求

由图上标注的位置框格 [◎ 0.03 E-F] 中的内容可知,蜗轮两轴承孔 $\phi 38$ 和 $\phi 42$ 的轴线分别对此两孔的公共轴线的同轴

度公差为0.03mm。[⊥ | ϕ0.03 | E-F] 表明，上方的蜗杆轴承孔ϕ52的轴线对蜗轮轴承孔ϕ38和ϕ42的公共轴线的垂直度公差为0.03mm。

蜗轮和蜗杆的轴承孔用以安装轴承，蜗轮轴承孔的右端面是装配蜗轮时的结合面，这些是重要的加工面，尺寸精度和表面结构参数要求都较高。如蜗轮轴承孔尺寸ϕ38、ϕ42，其表面结构参数为$\sqrt{Ra3.2}$。

5. 归纳总结

通过以上分析，把零件的结构形状、尺寸、技术要求等综合起来考虑，就能形成对该蜗轮箱较全面的认识。

第 9 章

装 配 图

9.1 装配图的作用与内容

表示机器或部件的工作原理、连接方式、装配关系的图样称为装配图。其中表示部件的图样，称为部件装配图（部装图）；表示一台完整机器的图样，称为总装配图（总装图）。

机器通常是可以运转、具有某一完整功能的，由零件和部件装配成的装置。而部件是机器的一部分，也是由若干装配在一起的零件组成的，只具有某一些特定的功能。

装配是将零部件按规定的技术要求组装，并经过调试、检验使之成为合格产品的过程。装配包含部件装配（简称为部装）和总装配（简称为总装）。

如图 9.1 所示是球阀各零件装配关系的轴测图。在管路中，球阀是用于启闭和调节液体流量的部件，因其阀芯形状是球形而得名。阀体和阀盖均有方形的凸缘，用四个双头螺柱和螺母连接，并用厚度合适的调节垫来调节阀芯与密封圈之间的松紧程度。阀体上侧部分装有阀杆，阀杆下端有凸块，榫接阀芯上的凹槽。在阀体与阀杆之间加进填料垫和填料，旋入填料压紧套将填料压实，从而实现阀体与阀杆之间的密封。

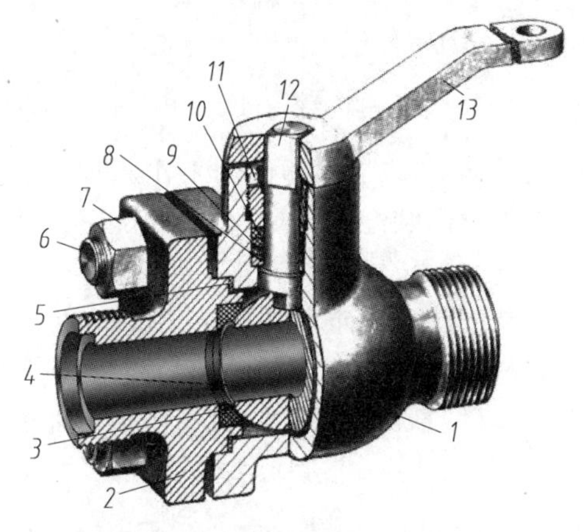

图 9.1 球阀零件装配关系轴测图

1—阀体；2—阀盖；3—密封圈；4—阀芯；5—调整垫；6—螺柱；7—螺母；8—填料垫；9—中填料；10—上填料；11—填料压紧套；12—阀杆；13—扳手

球阀的工作原理是：扳动扳手，使之处于图 9.1 中的位置时，阀门全部开启；当扳手按顺时针方向旋转 90°，到达俯视图中双点画线所示位置时，阀门全部关闭。从俯视图中可以看出，阀体顶端有一90°的扇形凸块，用以限制扳手的旋转。图 9.2 是球阀的装配图。

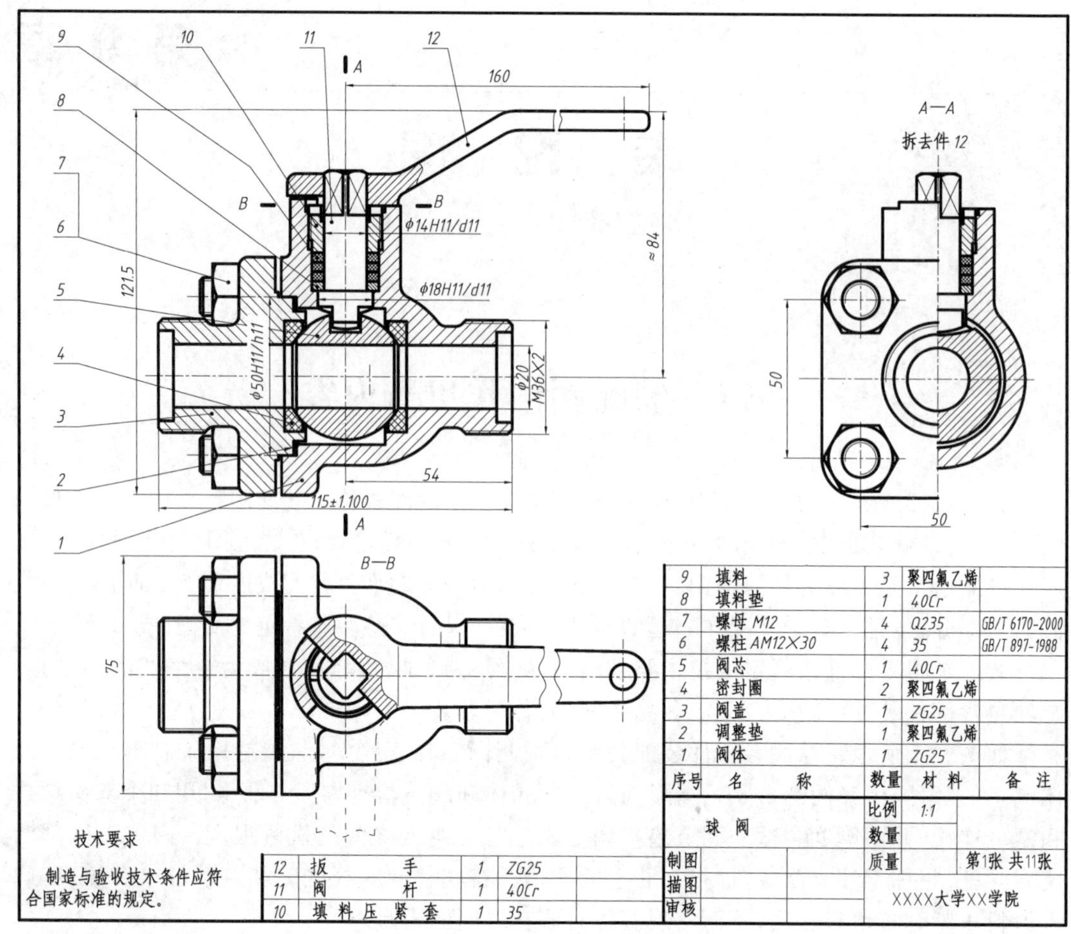

图9.2 球阀装配图

1. 装配图的作用

在设计过程中，装配图能够表达机器或部件的工作原理、性能及其组成各零部件的连接、装配关系等内容。一般先绘制出装配图，然后根据装配图设计零件并绘制出相应的零件图(拆画零件图)。

在生产过程中，必须按照装配图所制定的装配工艺规程，进行装配、调试和检验。

在使用或维修过程中，需通过装配图来了解它们的构造和性能，以便正确使用和维护、维修。因此，装配图和零件图一样，是设备设计、制造、使用和维护以及技术交流的重要技术文件。

2. 装配图的内容

根据装配图的作用，装配图必须包括以下内容：

(1) **一组视图**：用各种表达方法，正确、清晰地表达机器或部件的工作原理、零件间的装配关系和零件的主要结构形状等。视图可以采用基本视图、辅助视图、剖视图、断面图和局部放大图，除此之外还有针对装配图的规定画法和一些特殊的表达方法，这些内容将在9.2节中讲述。在图9.2中的装配图，使用了三个视图来表达，其中主视图采用了全剖的表达方法，左视图采用半剖，俯视图采用局部剖。

(2) **必要的尺寸**：装配图中要标注出表示机器或部件的性能、规格以及装配、检验、安装时必要的一些尺寸。关于装配图中尺寸标注的具体要求将在 9.3.1 节中详细分析。

(3) **技术要求**：提出机器或部件性能、装配、检验、调试、使用等方面的要求，通常以文字的形式在图样中给出。

(4) **零部件序号与明细表**：在装配图上按一定格式编写零部件的序号，并在明细表中依次填写零部件的序号及相应的名称、数量、材料、图号等内容。零部件序号的作用是将明细表与图样联系起来，而明细表的作用是使装配图与相应的零件图联系起来。同时，在明细表的基础上可以生成物料清单，以便于生产和管理。

(5) **标题栏**：标题栏说明机器或部件的名称、数量、图号、绘图比例及有关责任人的签名等内容。

9.2 装配图的表达方法

由于机器或部件是由若干零件组成的，装配图主要表达的是机器或部件的工作原理和零件之间的装配、连接关系。所以装配图的画法除了可以采用前面介绍过的所有表达方法之外，还有一些特有的表达方法。

9.2.1 规定画法

1. 接触面和配合面

如果相邻两个零件的表面是接触面或是配合面，则两表面之间只画一条轮廓线；如果两表面之间是非配合表面或不接触的表面，即使间隙很小，也必须画出两条轮廓线。

如图 9.3(a)所示，在螺栓连接中，通过螺栓将两被连接件相连，显然两被连接件表面，螺栓头、垫圈与被连接件表面，螺母端面与垫圈表面之间都必须压紧，因此，这些接触的表面都只画一条轮廓线。而被连接件的光孔孔径都大于螺栓上螺纹的大径，孔面与螺栓表面是不接触的，因此，在绘制图样时，应画出各自的轮廓线。当按尺寸比例绘制的两条轮廓线几乎要重叠在一起时，宁愿牺牲绘图精度也要清晰地绘制出两条相离的轮廓线，这样才能正确地表达出零件两表面之间的装配关系。

在图 9.3(b)中，轴与轴套孔、轴套与底座孔之间都是配合面(其公称尺寸相等)，因此在绘制图样时，这些配合面都只能画一条线。

2. 紧固件、实心件

对于螺纹紧固件这类标准件，由于其结构形状都已标准化，而装配图重点表达的是零件之间的装配关系及机器的工作原理，因此在绘制装配图时，当剖切平面通过螺纹紧固件的基本轴线时，紧固件都按不剖来绘制。如图 9.3(a)所示，螺栓、螺母和垫圈都不剖。

对于实心轴、手柄、连杆、拉杆、球、钩子、键、销等零件，若剖切平面通过其基本轴线，则

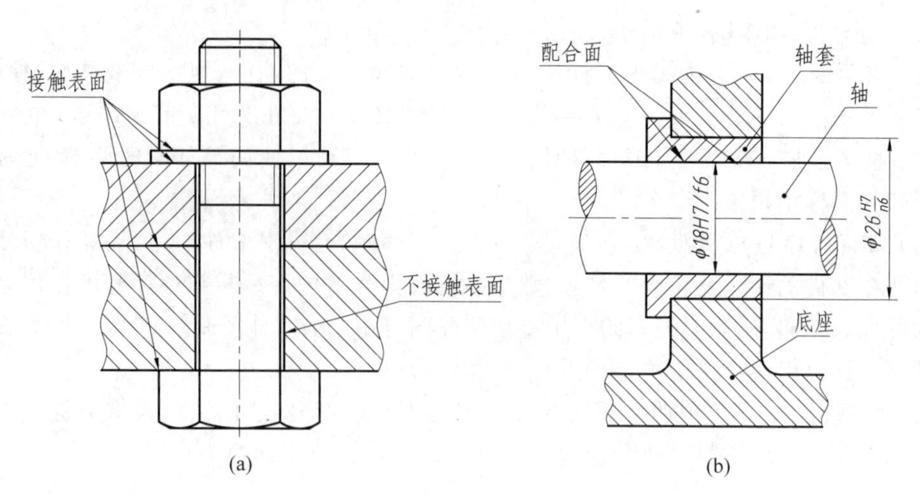

图 9.3　接触面、配合面与不接触表面的规定画法

这些零件均按不剖绘制。如需特别表示这些零件的某些结构时，可用局部剖视表达。如图 9.4 所示，为了表达销、键与轴的装配关系，都采用了对轴的局部剖视。

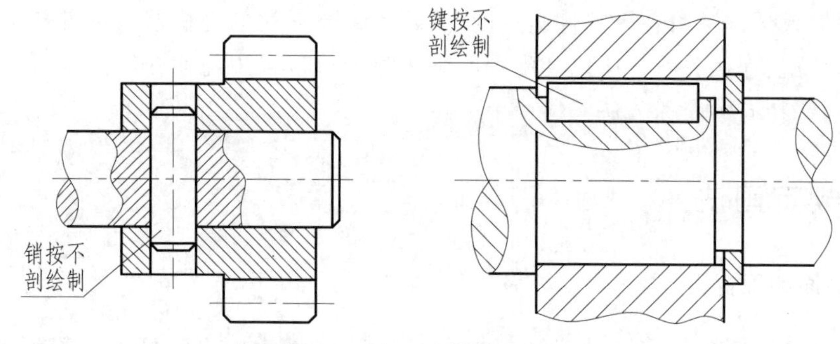

图 9.4　实心零件剖视表达

3. 剖面线

在同一张装配图中，同一零件在所有相关视图中的剖面线倾斜方向和间隔必须一致。

为了便于区别不同的零件，两个相邻的金属零件，其剖面线的倾斜方向应相反，如图 9.5(a) 所示；或方向一致但间隔不等，如图 9.5(b) 中上图所示；或方向与间隔相同但其剖面线错开来绘制，如图 9.5(b) 中下图所示。

对于宽度不大于 2mm 的狭小区域的剖面，可用涂黑代替剖面线，如图 9.5(a) 所示。

9.2.2 特殊表达方法

1. 假想画法

在装配图中，当需要表达运动零件的运动范围和极限位置时，可采用双点画线画出该零件极限位置的投影。如图 9.2 所示，俯视图中用粗实线绘制的扳手（件 12）轮廓表示了球阀开启状态时扳手的一个极限位置，图中用双点画线绘制出了球阀关闭时，扳手的另一个极限

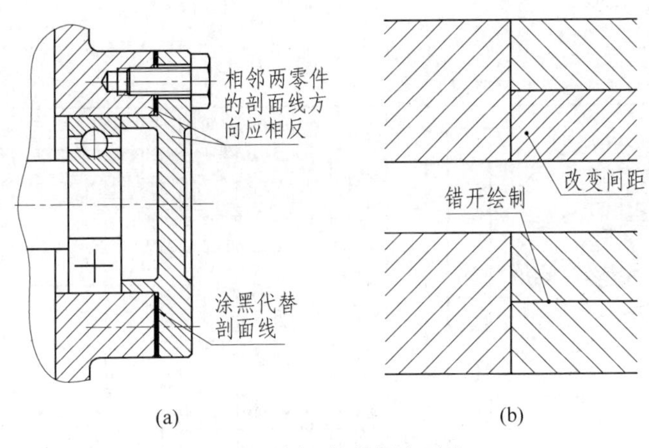

图 9.5　剖面线的规定画法

位置。

在装配图中，为了表达部件与其他不属于本部件的零部件的装配关系和装配方法，也可以用双点画线绘制出相邻零件或部件的轮廓。如图 9.6 所示，为了表达齿轮泵是如何安装在基座上的，在主视图中就用双点画线绘制出了基座(板)的轮廓线。

2. 拆卸画法

在绘制装配图中的某一视图时，对于某些零件，它们之间的装配关系已经在其他视图中表达清楚了，因此在绘制该视图时，为了减少不必要的画图工作，可以将这些零件从机器或部件中拆卸下来，再投影绘图，这种画法称为拆卸画法。但要注意：必须在该视图上方注明拆卸了哪些零件，否则会给读图人带来困惑。图 9.2 中的左视图就是将扳手拆卸后绘制的一个视图，并在其上注明了“拆去件 12”字样。

为了表达被遮挡的装配关系或其他零件，也可以假想拆去一个或几个零件，再投影绘制出视图，以表达被遮挡的装配关系或其他零件。图 9.6 中的左视图就是将带轮等零件拆卸后绘制的视图，如此在左视图中就可清楚地表示出压盖及泵体的外形。但需注意：在左视图的上方必须注明“拆去件 2、3 和 5”的字样。

3. 沿零件结合面剖切的画法

在装配图中，可假想沿某些零件的结合面剖切后画出投影，以表达机器或部件的内部结构。此时，在零件结合面上不画剖面线，但被剖切到的零件必须画出剖面线。

图 9.6 中的 *B*—*B* 剖视图就是采用沿泵体(件 1)和垫片(件 16)结合面剖切后画出的视图，由于剖切平面将螺柱(件 12)、销(件 20)、从动轴(件 17)和齿轮轴(件 19)切断了，因此需绘制出这些切断面的剖面线。在 *B*—*B* 视图中，对泵体部分还作了两个局部剖视，分别表达进、出油孔的结构形状。

4. 个别零件的单独表示法

当某个零件在装配图中没有表达清楚，而又影响到对装配关系、工作原理的理解时，可以单独地只画出该零件的某个视图或剖视图，但应标明视图名称和投影方向。图 9.6 所示

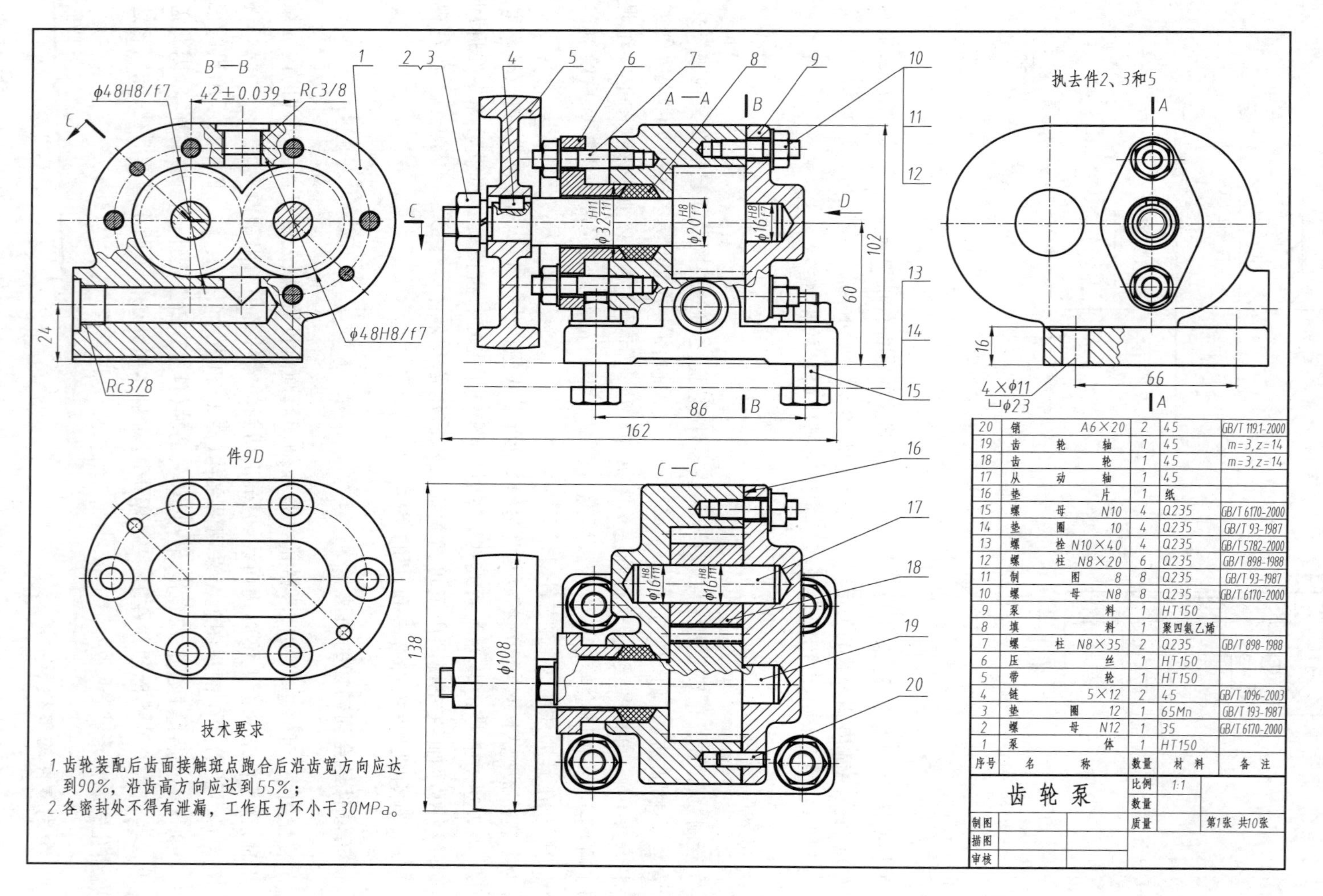

序号	名称	数量	材料	备注
20	销 A6×20	2	45	GB/T 119.1-2000
19	齿轮轴	1	45	m=3,z=14
18	齿轮	1	45	m=3,z=14
17	从动轴	1	45	
16	垫片	1	纸	
15	螺母 N10	4	Q235	GB/T 6170-2000
14	垫圈 10	4	Q235	GB/T 93-1987
13	螺栓 N10×40	4	Q235	GB/T 5782-2000
12	螺柱 N8×20	6	Q235	GB/T 898-1988
11	垫圈 8	8	Q235	GB/T 93-1987
10	螺母 N8	8	Q235	GB/T 6170-2000
9	泵盖	1	HT150	
8	填料	1	聚四氟乙烯	
7	螺柱 N8×35	2	Q235	GB/T 898-1988
6	压盖	1	HT150	
5	带轮	1	HT150	
4	键 5×12	2	45	GB/T 1096-2003
3	垫圈 12	1	65Mn	GB/T 93-1987
2	螺母 N12	1	35	GB/T 6170-2000
1	泵体	1	HT150	

齿轮泵	比例	1:1	
	数量		
制图	质量		第1张 共10张
描图			
审核			

图 9.6 齿轮泵装配图

的齿轮泵装配图中“件 9D”视图就是如此。该视图表达了泵盖的外形，同时也表达了泵体、泵盖的连接螺柱的分布形式。

5. 夸大画法

对薄片零件、细小零件、零件间很小的间隙和锥度很小的锥销、锥孔等，如果按它们的实际尺寸在装配图中很难画出或难以明显表示时，均可不按比例而采用夸大画法。

如图 9.6 中垫片(件 16)的厚度，就是用夸大画法画出的。又如图 9.4 所示，右侧图形中键的上表面与毂侧键槽底面之间的间隙往往不足 1mm，为了正确地表达出这两个表面是非接触面，必然夸大其间隙，在图面上清晰地画出两条轮廓线。

6. 展开画法

为了表达一些传动机构各零件的装配关系和传动路线，可假想按传动顺序沿轴线剖开，然后依次将轴线展开在同一平面上画出。如图 9.7 所示，挂轮架装配图中的 *A*—*A* 剖视图就是采用展开画法画出的。

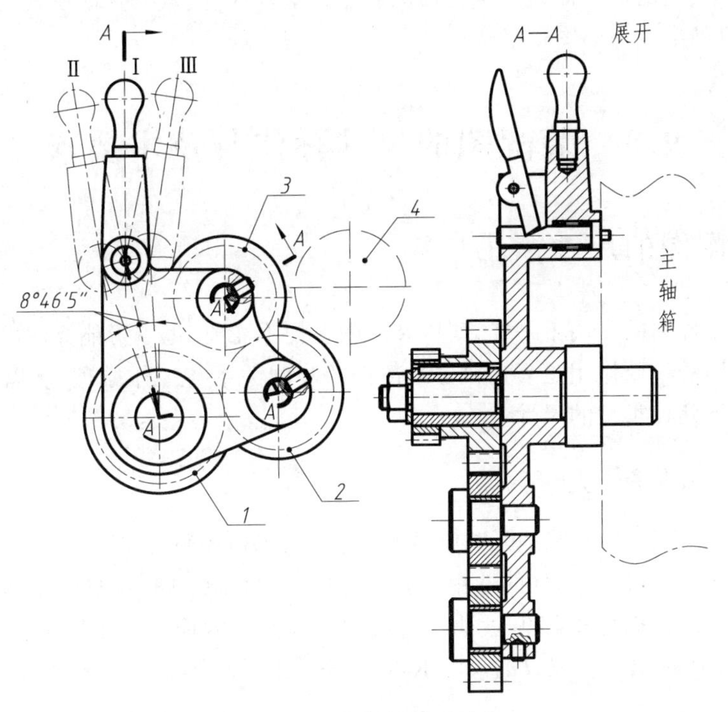

图 9.7 挂轮架的展开画法

7. 简化画法

在装配图中，零件的工艺结构，如倒角、小圆角、退刀槽及其他细节常省略不画。如图 9.8(a)所示，齿轮端部的倒角、螺母头部的倒角、螺纹倒角等均省略不画。

对于装配图中若干相同的零件组，如轴承座、螺纹连接件等，可详细画出一组或几组，其余只需用点画线表示出中心位置即可，如图 9.8(b)所示。

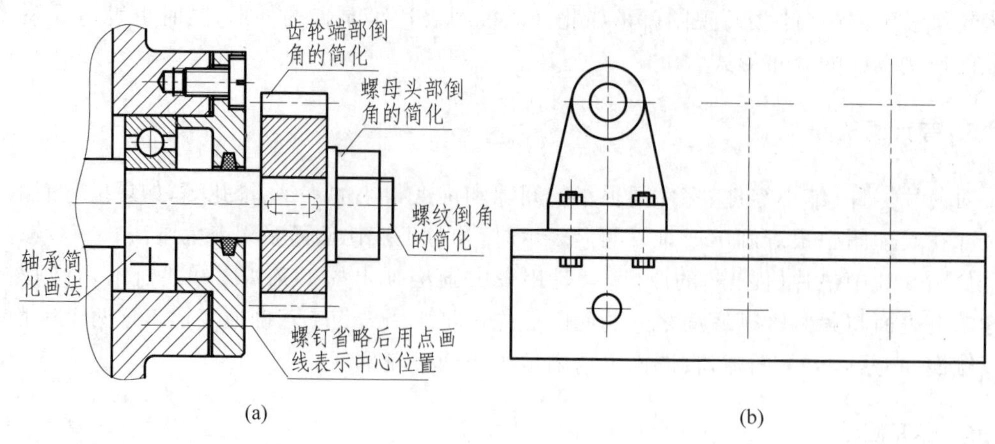

图 9.8　简化画法

对于滚动轴承和密封圈，在剖视图中可以一侧用规定画法画出，另一侧用简化画法表示，如图 9.8(a)所示。

在装配图中，当剖切平面通过某些标准产品的组合件，或该组合件在其他视图中已表达清楚时，可以只画出其外形图。

9.3　装配图的尺寸标注与技术要求

9.3.1　装配图的尺寸标注

装配图和零件图的作用不一样，所以装配图上并不需要、也不可能标注出每个零件的尺寸。由于装配图的主要作用是表达机器或部件的装配关系与工作原理，所以在装配图中只需要标注出以下几种类型的尺寸。

1. 性能尺寸(规格尺寸)

性能尺寸(规格尺寸)是指表示机器或部件性能、规格和特征的尺寸。这些尺寸直接影响使用者和维修者对机器、部件的选用，也是该机器、部件区别系列型号、功能的主要指标。如图 9.2 中球阀的公称直径$\phi 20$，表征了球阀的最大流通截面。又如图 9.6 所示齿轮油泵 B—B 视图中流体进出口管螺纹的尺寸 Rc3/8，表示出了齿轮油泵的泵油能力。

2. 装配尺寸

装配尺寸是保证机器或部件的正确装配关系，满足其工作精度和性能要求的尺寸。一般有以下三种。

(1) 配合尺寸：表示零件之间有配合要求的一些重要尺寸，它表示了零件之间的配合性质和相对运动情况。如图 9.2 所示，阀杆与填料压紧套的配合尺寸ϕ14H11/d11，阀杆与阀体的配合尺寸ϕ18H11/d11，阀盖与阀体的配合尺寸ϕ50H11/h11 等均为配合尺寸。图 9.6 中，凡是有配合代号的尺寸都是配合尺寸。

(2) 相对位置尺寸：表示装配机器或部件时，需要保证的零件之间较重要的距离、间隙等尺寸。如图 9.6 所示，齿轮轴到泵体底面的距离 60，齿轮轴、从动轴间的中心距 42±0.039 等都是相对位置尺寸。

(3) 装配时加工尺寸：有些零件要装配在一起后才能进行加工，因此在装配图上就必须标注出这一类尺寸以便加工。

3. 安装尺寸

机器或部件安装到机座或其他部件上时涉及的尺寸称为安装尺寸，包括安装面的大小，安装孔的定形、定位尺寸。如图 9.6 所示，泵体底板上四个安装孔的定形尺寸 4×ϕ11 ⌴ ϕ23，以及孔间距(定位尺寸)86、66 等都是安装尺寸。

4. 外形尺寸

外形尺寸通常是包装、运输、安装、厂房设计和地基设计施工时所必需的，包括机器或部件的总长、总宽和总高。当机器或部件装配中含有活动零部件时，外形尺寸应考虑其极限位置时的总体尺寸。如图 9.6 所示的齿轮油泵，其总长是 162、总宽是 138，但总高在图中没有直接标注出来，这是因为机器的最高点位于带轮的顶点处，对于总体尺寸中含有回转零件的回转尺寸，一般不直接标注出来。

5. 其他重要尺寸

有些尺寸对机器或部件的装配、工作原理或者关键零部件等表达比较重要，但又不包括在上述几类尺寸中，称之为其他重要尺寸，通常在装配图中也要标注出这类尺寸，如图 9.6 所示，带轮的计算直径ϕ108，进出油孔的高度 24 和 102。

以上几类尺寸并非在每张装配图上全部具备，各类尺寸之间也并非毫无关系，实际上某些尺寸往往同时兼有不同的作用。因此装配图上究竟要标注哪些尺寸，要根据具体情况进行具体分析。

9.3.2 装配图上的技术要求

装配图上的技术要求一般是为了保证产品质量而提出的在装配过程中应特别注意的方面和装配后应达到的要求，一般应从以下几个方面来考虑。

(1) 装配要求：装配后必须保证的准确度；需要在装配时的加工说明；装配时的要求(图 9.6 中的技术要求 1)；装配后的密封、润滑等要求(图 9.6 中的技术要求 2)。

(2) 检验要求：基本性能的检验方法和要求，如泵、阀等进行油压试验的要求；装配后必须保证达到的准确度要求的检测方法；机器或部件装配过程中的调试方法。

(3) 使用要求：对产品的基本性能、维护的要求以及使用操作时的注意事项。

上述各项内容，并不要求在每张装配中都全部注写，而是要根据具体情况而定。装配图上的技术要求一般用文字的形式注写在图纸下方空白处，也可以另编技术文件，附于图纸。

9.4 装配图中的零部件序号与明细表(栏)

装配图中所有零件、部件都必须编号(序号或代号),以便读图时根据编号对照明细表找出各零件、部件的名称、材料、数量以及在图上的位置,同时也为图样管理、组织生产提供方便。

9.4.1 零部件序号的编排方法

1. 编写序号的一般规定

装配图中所有零部件都应该进行编号。对于形状、大小完全相同的零部件,只能给一个序号并只标注一次;对于形状相同、尺寸不完全相同的零部件,必须分别编号,在明细表中填写相同零部件的总个数。图中零部件的序号应与明细表中该零部件的序号一致。

对于标准部件、组件,如油杯、滚动轴承、电动机等只需一个序号。

2. 序号的标注方法

序号应写在视图、尺寸的范围之外,可注写在指引线的水平线上或圆内,也可写在指引线的端部附近,如图9.9所示。

当采用图9.9中(a)和(b)两种形式书写序号时,序号的字号应比该装配图中所注尺寸数字的字号大一号或两号;而采用图9.9(c)所示的形式书写序号时,序号的字号必须比尺寸数字的字号大两号。

同一装配图中序号的书写形式必须一致,不能同时采用几种形式混合书写序号。

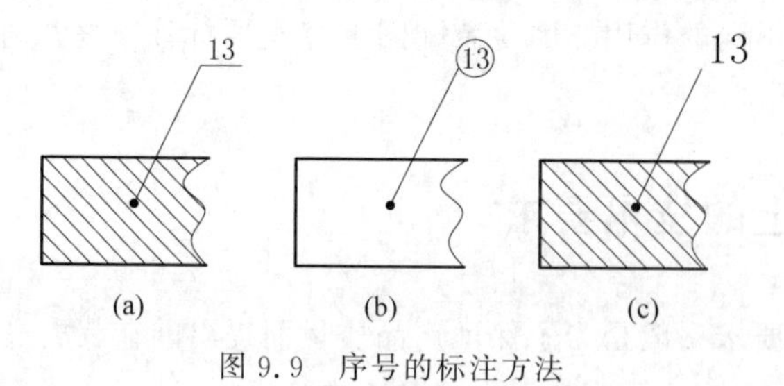

图9.9 序号的标注方法

3. 指引线的画法

指引线用细实线绘制,其起点应从所指零件的可见轮廓内引出,并在其端点画一实心小圆点,如图9.9(a)、(b)和(c)所示。当零件厚度很小或其剖面被涂黑而不便画圆点时,可用箭头指向其轮廓线,如图9.10(a)所示。

指引线彼此不能相交,当指引线通过绘制有剖面线的区域时,指引线不能与剖面线平行,指引线也不能画成水平线或竖直线,并应尽量少地穿过别的零件轮廓线。指引线可画成折线,但只允许曲折一次,如图9.10(b)所示。

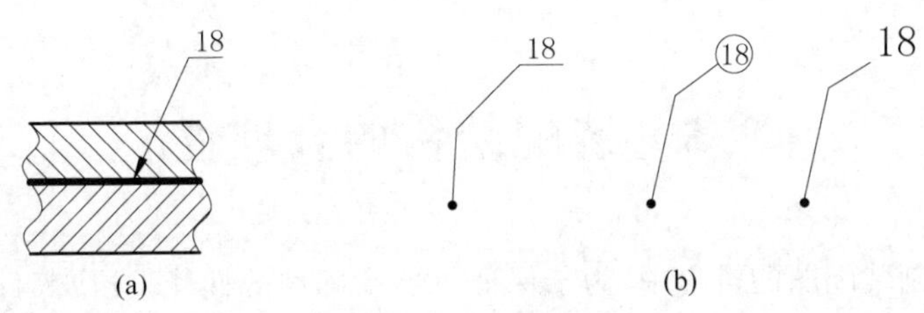

图 9.10　指引线的画法

(a) 指引线的末端画箭头；(b) 指引线可曲折一次

当标注螺纹紧固件或其他装配关系清楚的组件时，可采用公共指引线，如图 9.11 所示。

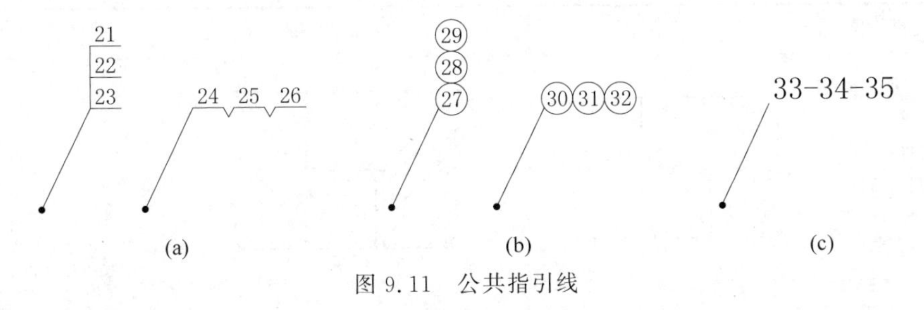

图 9.11　公共指引线

4. 序号的排列

序号应整齐排列在水平或竖直方向上，并按顺时针或逆时针顺序编号。当在整个图样上无法连续编号时，可只在水平或竖直方向上顺序排列，如图 9.2、图 9.6 所示。

9.4.2　明细表

在装配图中，明细表一般配置在标题栏的上方，按自下而上的顺序填写。当由下而上延伸位置不够时，可紧靠在标题栏的左边再由下向上延续，注意必须要有表头。

明细表是机器或部件中全部零部件的详细目录，明细表的内容、格式在国家标准(GB/T 10609.2—2009)中已有规定，但也可按实际需要增加或减少。应注意：明细表中的序号必须与图中零部件的编号一致。

图 9.12 所示是 GB/T 10609.2—2009 规定的明细表的格式，在学习时也可使用简化的明细表(参见图 9.2 和图 9.6)。明细表左边外框线为粗实线，内格线和顶格线是细实线。

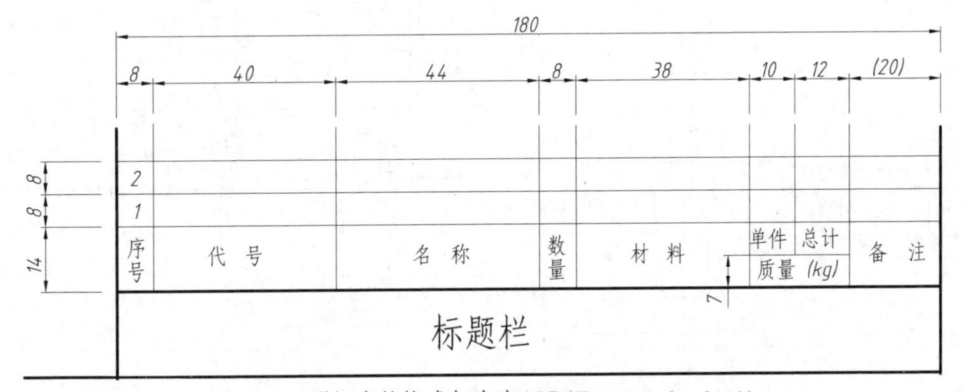

图 9.12　明细表的格式与内容(GB/T 10609.2—2009)

9.5 装配结构的合理性

在设计和绘制装配图的过程中，为了保证机器或部件的性能，方便零件的加工、机器或部件的装配与拆卸，应仔细考虑机器或部件的加工和装配的合理性。表9.1以正误对比的方式介绍了装配工艺对零件结构的一些基本要求。

表9.1 装配工艺对零件结构的要求

错误原因	不合理图例	合理图例	说明
长度方向有两对面同时接触	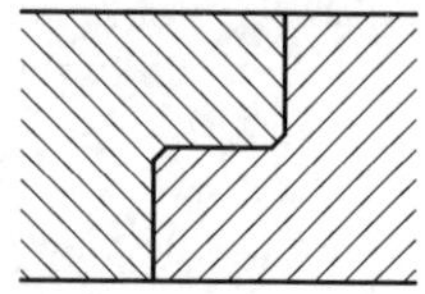	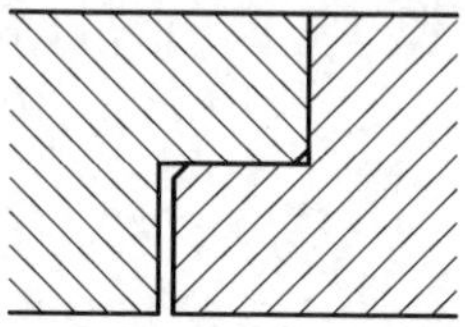	两零件在同一方向上只能有一对接触面，这样便于装配，又可降低零件的加工精度。不同方向接触面的交界处不应做成尖角或相同的圆角，否则不能很好地接触
轴线方向有两对面同时接触	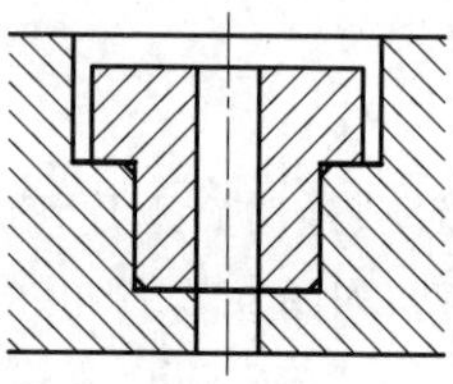	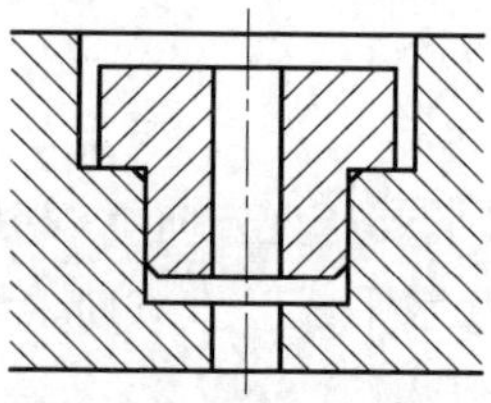	
径向有两对面同时配合	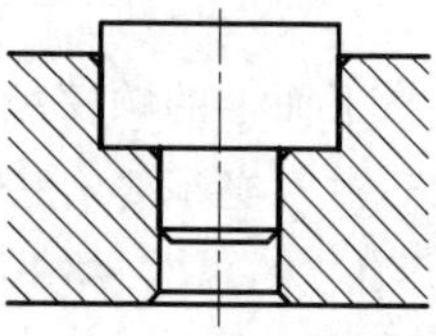	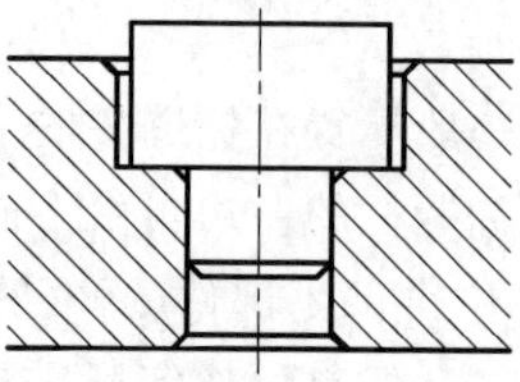	
轴肩的圆角使轴肩面与孔端面不能接触定位	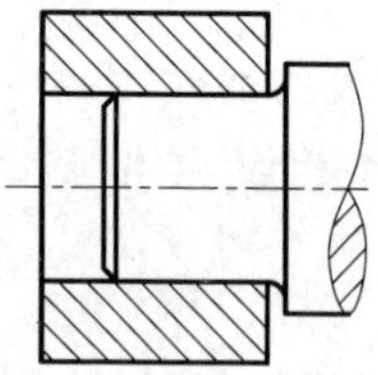	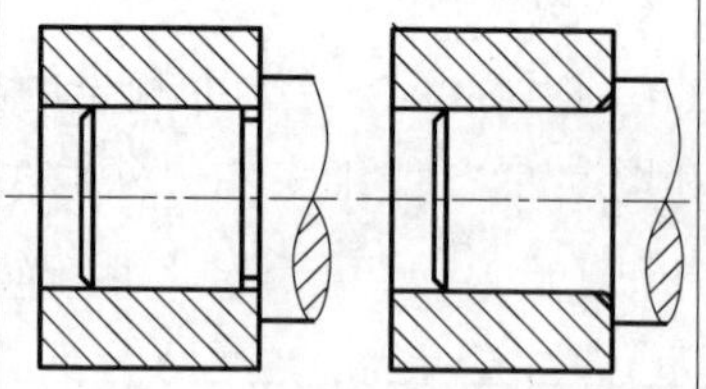	孔轴装配时，应在孔边倒角或做出圆角。或者在轴肩根部切槽，并同时在孔边倒角
相当于有两对面要同时接触	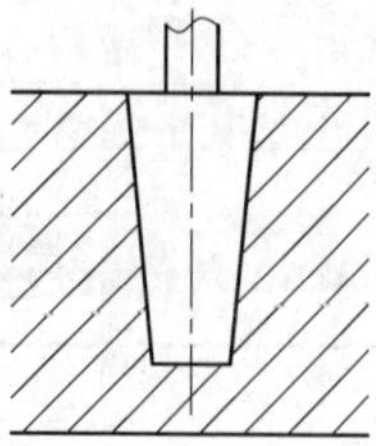	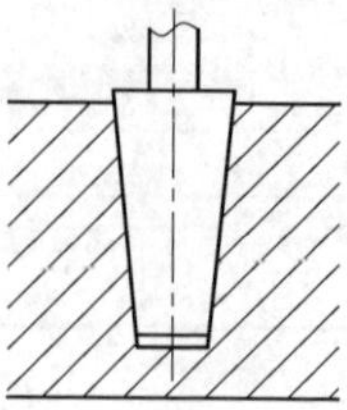	锥面配合能同时确定轴向和径向的位置。当锥孔是盲孔时，锥体顶部与孔底必须留有间隙

续表

错误原因	不合理图例	合理图例	说　明
定位销不便于拆卸	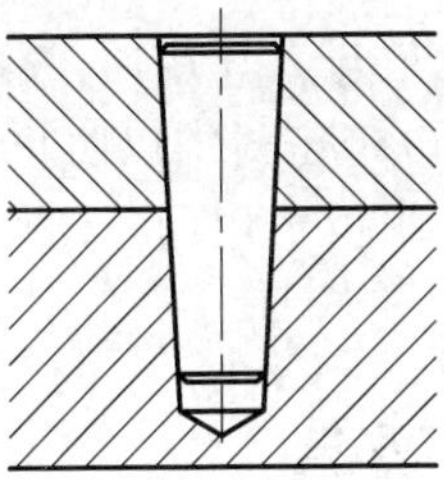	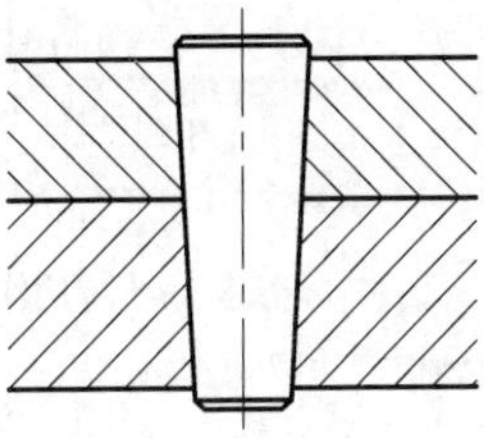	不管是圆锥销还是圆柱销，在可能的条件下销孔最好做成通孔，以方便拆卸
被连接件是铸件的表面，并不平整，不能直接与其他零件做成接触面	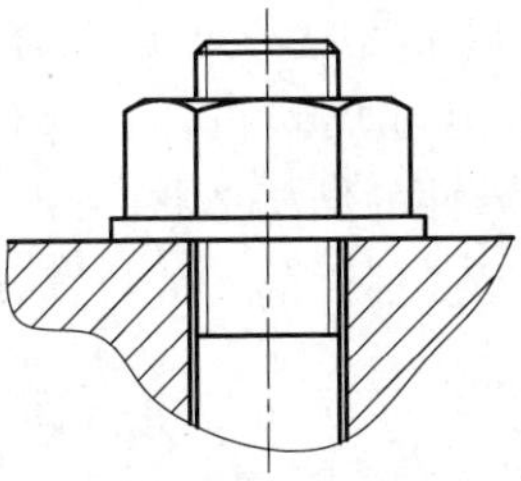	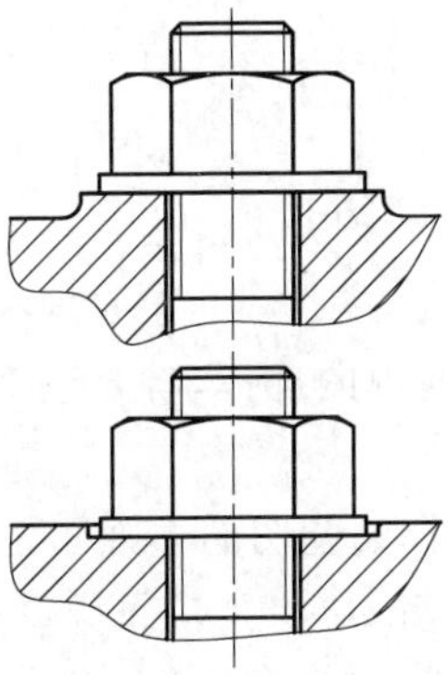	在被连接件上做出凸台或凹坑，既可减少加工表面，又能保证零件表面间接触良好
不便于安装和拆卸	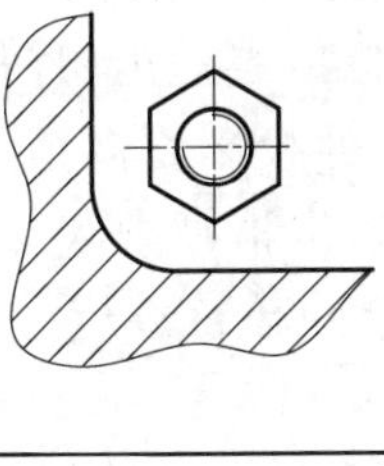	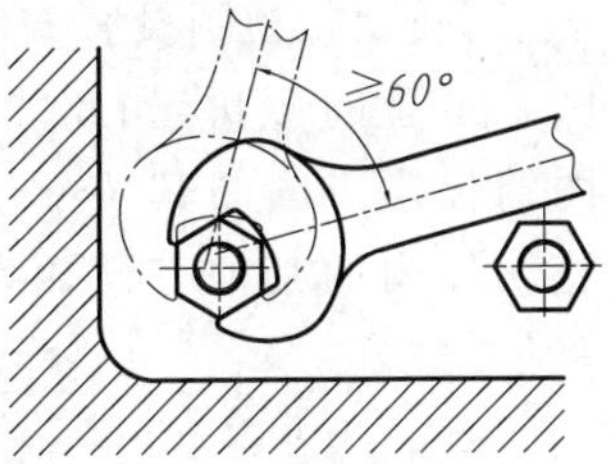 ≥60°	应留出扳手的活动空间，否则不能装拆

9.6　拼画装配图

在生产实践中，对原有机器进行维修和技术改造，或者仿造原有产品时，往往要测绘机器的一部分或全部，这一工作称为零部件测绘，简称测绘。所谓测绘，就是在分析测绘对象的工作原理的基础上，拆卸其零部件，画出非标零件的草图并进行测量，标注草图尺寸，再由零件草图绘制零件工作图，最后根据零件工作图拼画出机器的装配图。

现以手动气阀为例，说明由零件图拼画装配图的方法与步骤。

1. 了解机器或部件的装配关系和工作原理

图 9.13 是手动气阀装配示意图。手动气阀是汽车上使用的一种压缩空气开关机构，由六种零件组成。

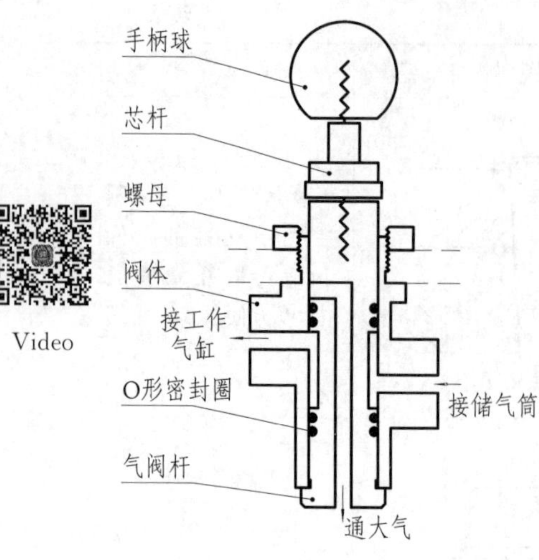

Video

图 9.13 手动气阀装配示意图

当通过手柄球和芯杆将气阀杆拉到最上位置时，储气筒与工作气缸接通；当气阀杆推到最下位置时，工作气缸与储气筒的通道被堵死，此时工作气缸通过气阀杆中心的孔道与大气接通，气阀杆与阀体的孔是间隙配合，装有O形密封圈以防止压缩空气泄漏。螺母是固定手动气阀位置用的。图 9.14 是手动气阀的零件工作图。

2. 确定表达方案

画装配图和画零件图一样，应先确定表达方案。根据已学过的机件的各种表达方法（包括装配图的规定画法和一些特殊表达方法），综合考虑选用何种表达方案，才能较好地反映机器或部件的装配关系、工作原理和主要零件的结构形状。

确定表达方案，也就是视图选择，首先应确定机器或部件的安放位置，然后选定主视图，最后再确定其他视图。

1）确定安放位置，选择装配图的主视图

机器或部件的安放位置，应与其工作位置相符合，这样对于设计和指导装配都会带来方便。例如，手动气阀的工作位置情况多变，但通常是将其阀杆置于竖直位置。

确定安放位置之后，就可选定主视图投影方向。显然，所选择的投影方向，应使主视图能同时反映压缩空气进、出接管的形状，如此才能清楚地表达出阀门开启与关闭的工作原理。也就是说，主视图的投影方向与其装配示意图的投影方向是相同的，并且主视图采用全剖的表达方法，将阀体内的其他零件显现出来，以清晰地表达出这些零件之间的装配关系。

2）选择其他视图

是否选择其他视图，取决于机器或部件的工作原理及零件的装配关系在主视图中是否已全部表达清楚。如果还没有表达清楚工作原理、装配关系以及主要零件的结构形状，那么就需要增加视图，专门表达这些信息。

对于手动气阀，尽管通过全剖的主视图已将其工作原理和装配关系较好地表达清楚了，但是阀体的外形结构、出气管的细微结构以及气体流通通道等还没有表达清楚，因此需增设左视图（采用外形画法），表达阀体外形及出气管的细微结构；增设俯视图，表达气体流通通道，将手柄球和芯杆拆卸后，采用局部剖的方式绘制，剖切平面通过进气管轴线。

3. 画装配图

表达方案确定后就可以开始画装配图了。画装配图的步骤大致如下：

（1）确定绘图比例和图幅。根据表达方案和部件的大小与复杂程度，选取适当的比例，安排各视图的位置，从而选定图幅。

（2）布置视图的位置。画出各视图的基线，如中心线、轴线、大的端面线。在图形布置时，要注意留出标注尺寸、编写零部件序号、明细表和技术要求等所占的位置。

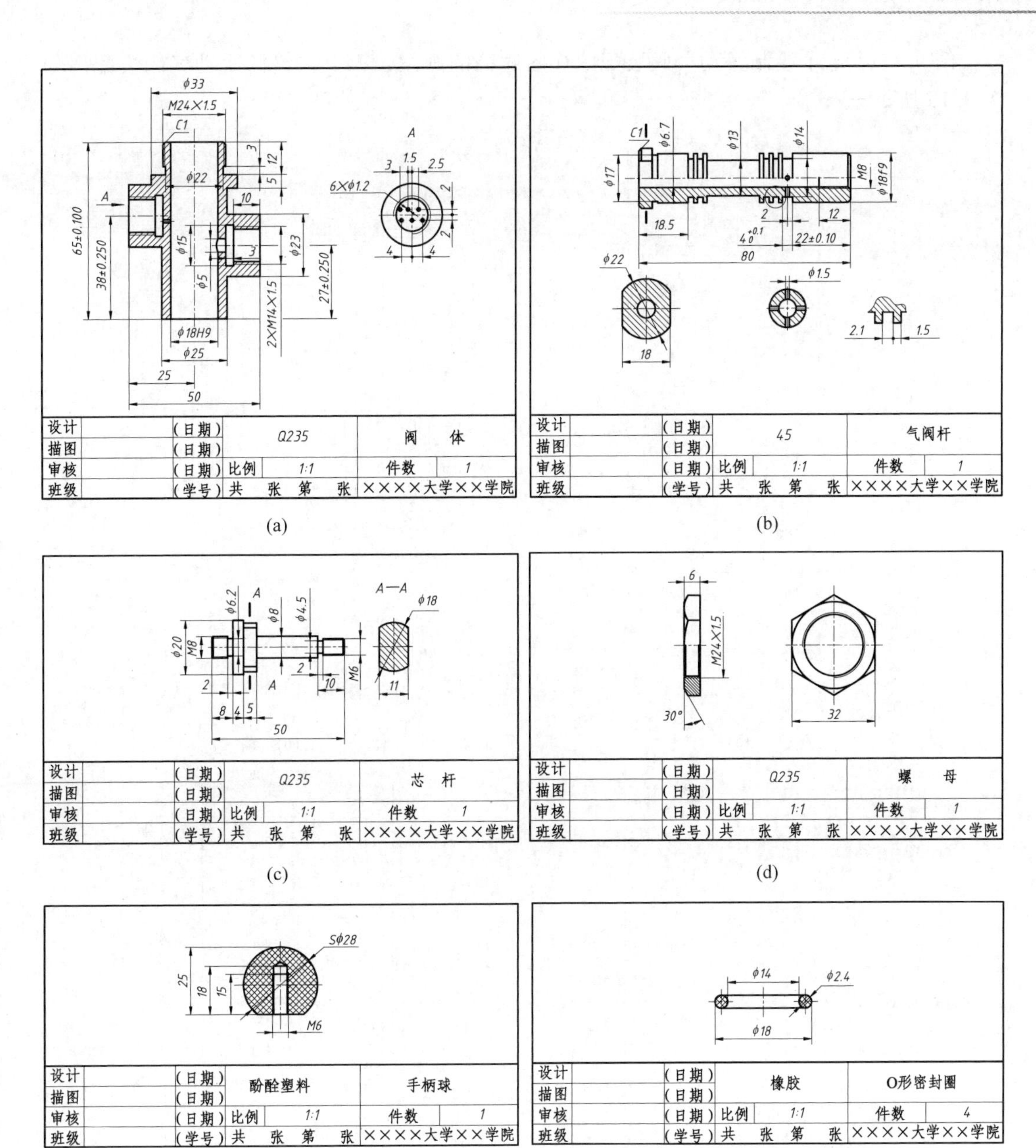

图 9.14　手动气阀的零件工作图

(a) 阀体；(b) 气阀杆；(c) 阀芯；(d) 螺母；(e) 手柄球；(f) O 形密封圈

(3) 画出各个视图的底稿。画图时从主视图开始，几个视图配合进行，才能正确地确定图线间的几何关系。底稿完成后，需要仔细校核，然后转入下一步骤。

(4) 标注尺寸。在装配图中应标注出前面所介绍的五种类型的尺寸。

(5) 画剖面线。编写零件序号，编制标题栏、明细表，书写技术要求。

(6) 经最后校核，确认无误后，再对底稿中的全部图线加深（先描深细实线、虚线、中心线，最后描深粗实线）。再一次校核图样，最后签署责任人姓名。

图 9.15 表示了绘制手动气阀装配图视图底稿的画图步骤。最终的手动气阀装配图如图 9.16 所示。

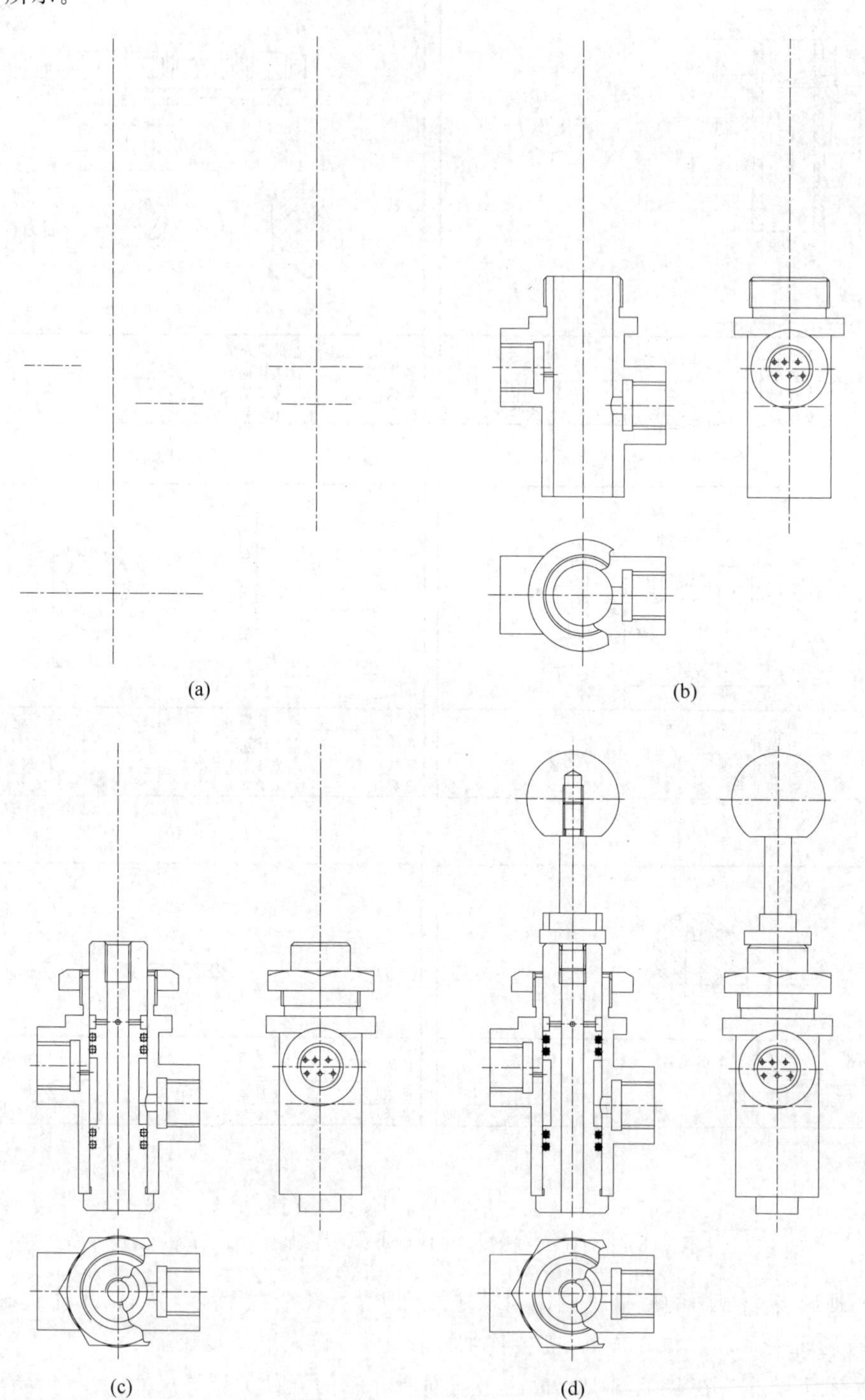

图 9.15 画装配图视图底稿的步骤

(a) 画出各视图的主要轴线；(b) 先画出主要零件阀体的轮廓线；(c) 画出气阀杆、密封圈和螺母；(d) 在主、左视图中画出芯杆和手柄球

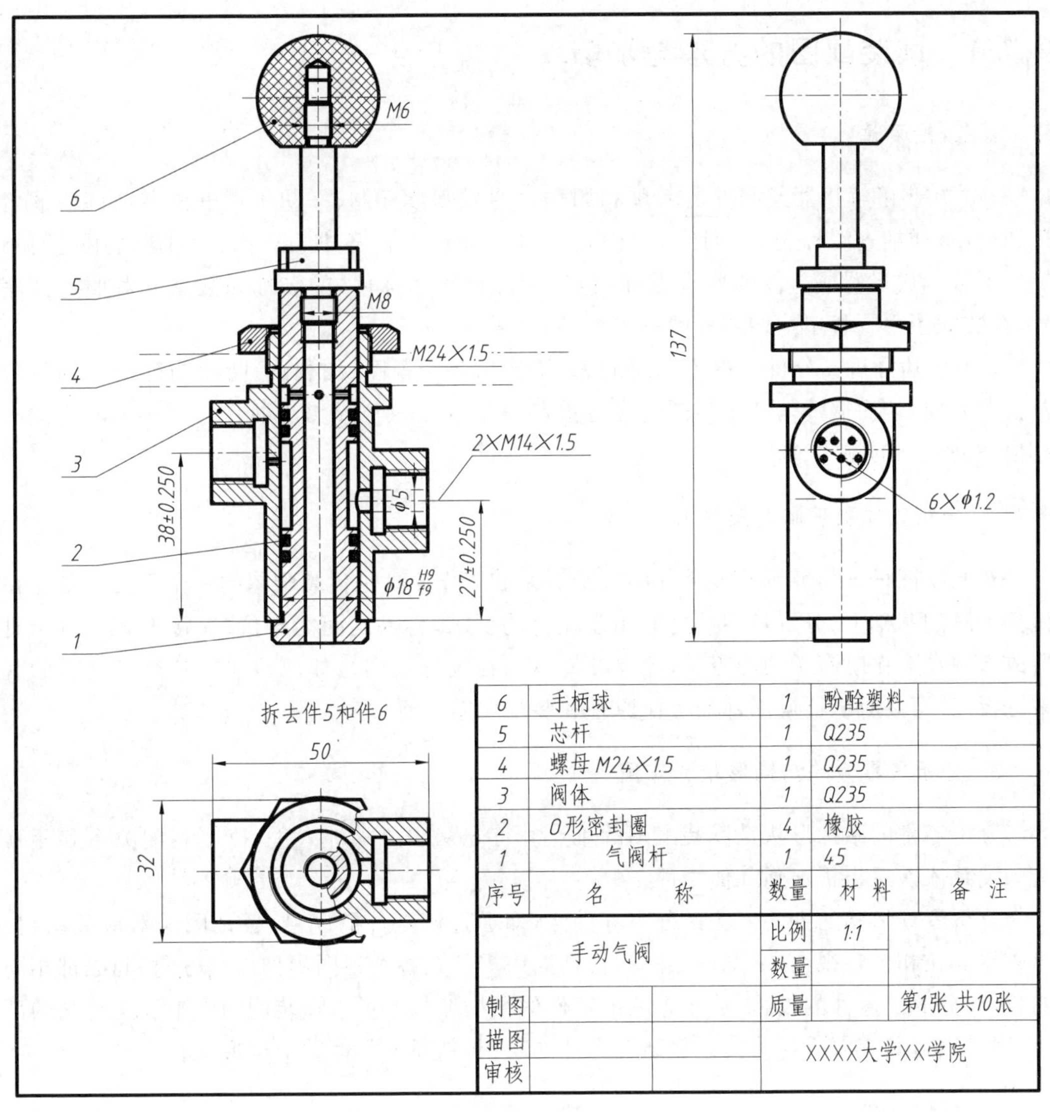

图 9.16　手动气阀装配图

9.7　读装配图和拆画零件图

装配图作为产品的重要技术文件，在设计、绘制、制造、使用及维护、维修机器或部件时，在工程技术人员进行技术交流时都要使用。在设计部件或机器时，通常先绘制出装配图，然后再根据装配图，设计拆画出零件图。因此，读装配图和由装配图拆画零件图是工程技术人员的基本技能。

读装配图的目的是明确机器或部件的名称、用途、工作原理和主要性能，了解机器或部件中各组成零件的名称、数量、材料、结构及作用，了解零件间的装配关系、连接方式，并分析其装拆顺序，了解重要零件及其他有关零件的结构形状。

9.7.1 读装配图的方法与步骤

1. 概括了解

(1) 初步了解机器或部件的名称和用途。通过阅读标题栏，初步了解机器或部件的名称和用途，详细查阅标题栏、明细表及相关资料（如设计任务书、设计说明书、使用说明书等），了解构成机器或部件的所有零件（包括标准件和非标件）的名称和数量。对照零件序号，在装配图中查找出这些零件的位置。

(2) 表达分析。分析各视图之间的关系，找出各个视图、剖视图、断面图等配置的位置及投影方向，从而搞清楚各个视图的表达重点。看图时，一般应按主视图—其他基本视图—其他辅助视图的顺序进行。

2. 分析工作原理和装配关系

对照视图仔细研究机器或部件的装配关系和工作原理是读装配图的一个重要环节。在概括了解的基础上，分析各零件之间相互配合的要求，零件之间的定位、连接方式。对于机器或部件在工作时有运动的零件，还要分析运动在零件之间是如何传递的。经过这样的观察分析，就可以对机器或部件的工作原理和装配关系有所了解。

3. 分析各零件的结构形状和作用

分析零件的结构形状是读装配图的难点。首先从主要零件入手，按照装配关系和相互运动关系依次逐步扩展到其他零件。

分析零件形状的主要方法是分离零件法，即通过该零件的序号、各视图的对应关系，找出该零件在相关各视图中对应的部分，根据同一零件在各个视图中剖面线方向、间隔都相同的特点，分离出零件的投影，从而想象出零件的结构形状。对于在装配图中未表达清楚的部分，则可通过其相邻零件的关系再结合零件的功用，判断该零件的结构形状。

4. 归纳小结

把对机器或部件的所有了解进行归纳，获得对其整体的认识。同时，可进一步思考怎样将零件组装起来，又怎样将零件从机器或部件上拆卸下来，即分析机器或部件的装拆顺序，以及机器或部件的润滑与密封是如何实现的。

上述读装配图的方法和步骤仅仅是一个概括说明，绝不能机械地把这些步骤截然分开，实际这几个步骤在读装配图时往往是融合在一起交替进行的。只有通过不断实践，才能掌握读图规律，提高读图能力。

9.7.2 拆画零件图的方法与步骤

根据装配图拆画零件图，简称拆图。拆图是零件设计的重要手段，必须在读懂装配图的基础上进行。拆图的一般方法和步骤如下。

1. 分离零件、补画结构

在读懂装配图的基础上，分析视图，利用零件序号、剖面线等信息，分离出所拆画零件的投影轮廓。对零件没有表达清楚的部分，可根据零件的作用想象零件的形状，补全零件投影。对于装配图中简化了的工艺结构如倒角、圆角、退刀槽、越程槽等也要补画出来。

2. 重新确定零件的表达方案

由于零件图和装配图的作用不同，拆画的零件图的表达方案就不能简单照搬装配图的表达，而应对零件的结构特点进行分析，重新拟定表达方案。表达方案的选定需要对零件的工作位置、加工方法、结构特点等各个方面进行综合考虑。具体的要求请读者参见"8.3 零件的表达分析"。

3. 确定零件的尺寸

装配图上已标注出的尺寸，可直接抄写到零件图上。标准结构的尺寸有些需要查表确定，如键槽、退刀槽等；有些需要计算确定，如齿轮的分度圆、齿顶圆直径等。其他尺寸可按比例从装配图上直接量取，并适当圆整。

4. 确定零件的技术要求

对于装配图上已标注出的技术要求可直接抄写到零件图上，如极限与配合。其他技术要求可根据零件的实际作用通过查表或参照类似产品确定，其内容包括：零件的表面结构、几何公差、热处理要求等。

5. 填写标题栏

参照装配图的明细表填写零件名称、材料、数量等内容，两者必须一致。

9.7.3 读图及拆图举例

Video

【例9.1】 以图9.17所示的联动夹持杆接头装配图为例，说明读图和拆图的基本方法与步骤。

解：1）概括了解

通过阅读图9.17的标题栏、明细表或查阅相关资料可知：联动夹持杆接头是检验用夹具中的一个通用标准部件，用来连接检测仪表的表杆，它由四个非标件和一个标准件(球面垫圈)组成。装配图有两个基本视图，其中主视图采用局部剖，以清晰地表达各零件的装配连接关系和工作原理。左视图采用 $A—A$ 剖视，同时在上端的视图部分套了一个局部剖，如此可以更好地表达部件左侧和上侧两处夹持部位的结构和夹头零件的内、外形状。

2）分析部件的工作原理和零件之间的装配关系

结合相关资料，由图9.17主视图可知，部件工作时，在拉杆1左侧的上下通孔(在左视图中对应标注有尺寸 ϕ12H8)以及夹头3顶部的前后通孔 ϕ16H8 中分别插入 ϕ12f7 和 ϕ16f7 的表杆，然后旋紧螺母5，收紧夹头3，就可夹紧顶部圆孔内的表杆。与此同时，拉杆1沿轴向向右移动，改变它与套筒2上下通孔的同轴位置，便可将拉杆左侧通孔内的表杆夹紧。

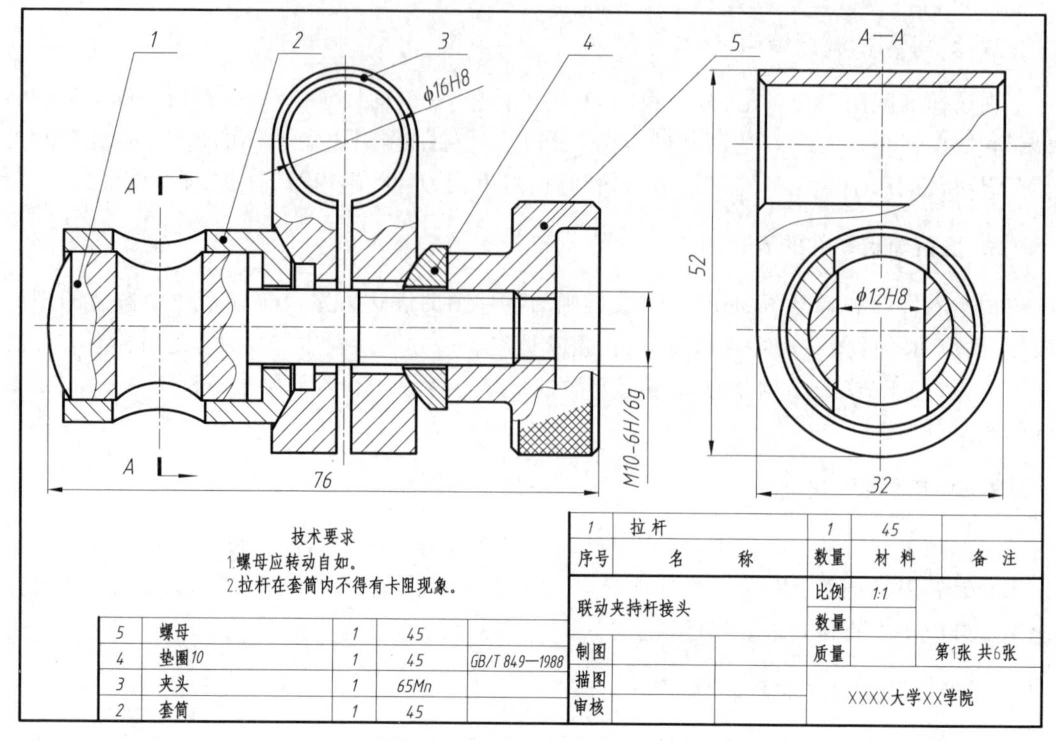

图 9.17　联动夹持杆接头装配图

套筒 2 右侧的锥面与夹头 3 左侧的锥孔接触，垫圈 4 的球面与夹头 3 的锥孔接触，拉杆 1 通过右端的螺纹与螺母 5 连接，当拧紧螺母时，螺母 5、垫圈 4 和套筒 2 相对于夹头 3 都没有移动空间，只有拉杆 1 可沿轴向移动。

为了保证夹头 3 的缝隙收紧后拉杆依然能在套筒内移动自如、没有卡阻，将零件之间的接触面设计为锥面与锥孔、球面与锥孔。这是因为这样的接触面具有自找正的特性，可以自动调整姿态，保证零件的轴线重合，从而避免拉杆受力弯曲出现卡阻。

3）分析零件结构形状和作用

对于拉杆，由装配图中的主视图不难看出其形状，它是由两段圆柱体构成的轴类零件，其左侧段直径与套筒孔径相等，由于该轴段要在套筒内轴向移动，因此，这一对孔轴面是配合面，在该轴段上有一通孔，用于插接表杆。右侧轴段端部加工有螺纹，光杆部分与其他零件的表面都不接触。拉杆左侧端面是球面，右侧螺纹部分有倒角。

夹头是该部件的主要零件。由装配图中的主视图可见，夹头的顶部是一个半圆柱体，底部左右各有一块平板，左平板上有阶梯孔，右平板上有同轴的圆孔，两侧孔口外壁处都是锥形沉孔。在半圆柱体与左右平板相接处，有一前后贯通且下部开口的圆孔，该孔的开口与左右平板之间的缝隙相连通。由装配图中的左视图可以看出，左右平板的上侧部分是矩形，其前后表面与半圆柱体的前后端面平齐；平板的下侧部分是半圆形，半圆形与矩形是相切的几何关系。其余零件的结构形状并不复杂，限于篇幅，不再赘述。

4）拆画零件图

在分析了零件结构形状和作用之后，就可拆画它们的零件图了。

首先，以拉杆为例，拆画其零件图。从装配图的主视图中将拉杆的轮廓线分离出来，如

图 9.18 所示。对于轴类零件的拉杆而言，用这样一个主视图就足以表达清楚其结构形状了。根据装配图中标注的尺寸可直接在零件图中标注出拉杆通孔的直径ϕ12H8 及右侧螺纹的尺寸 M10-6g。在此基础上进一步完善拉杆的尺寸及零件表面结构等要求，最终得到其零件工作图，如图 9.19 所示。

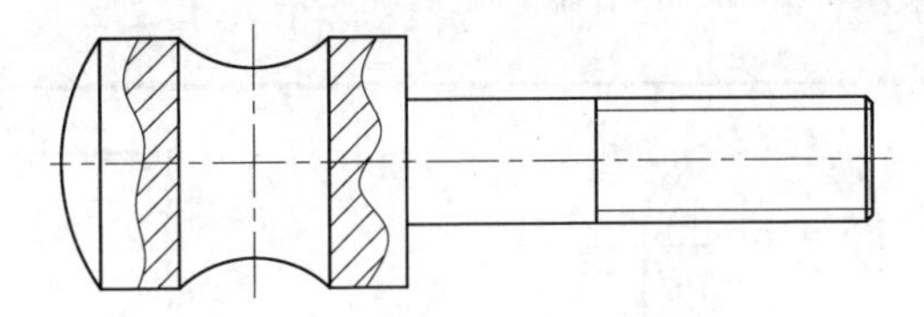

图 9.18　从装配图分离出的拉杆视图

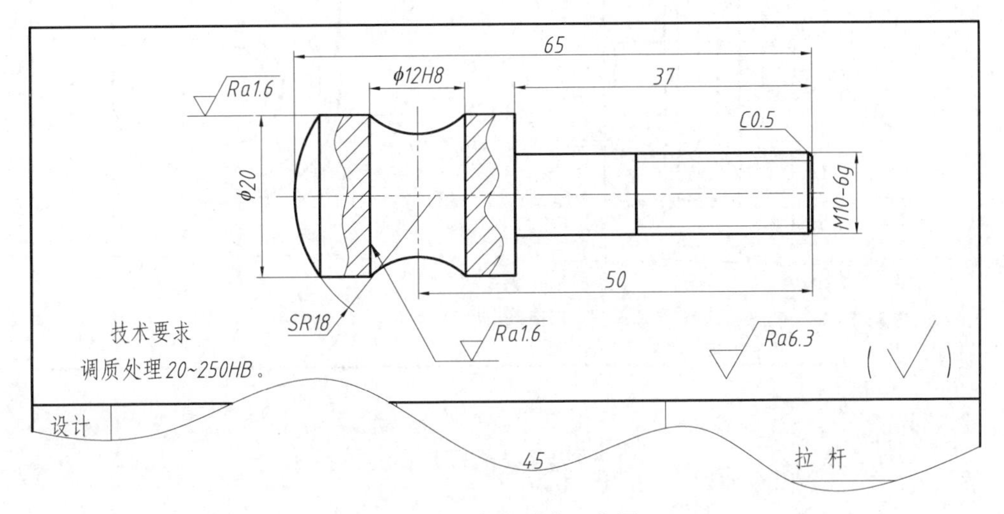

图 9.19　拉杆零件工作图

其次，拆画夹头的零件图。从装配图的主、左视图中将其他零件的轮廓线抽取出来，留下夹头的轮廓线，如图 9.20(a)所示。这是一幅不完整的图形。由于抽取出了拉杆、套筒等零件，因此原来被拉杆、套筒等零件遮挡的夹头的轮廓线应补画出来，于是就得到如图 9.20(b)所示的图形。

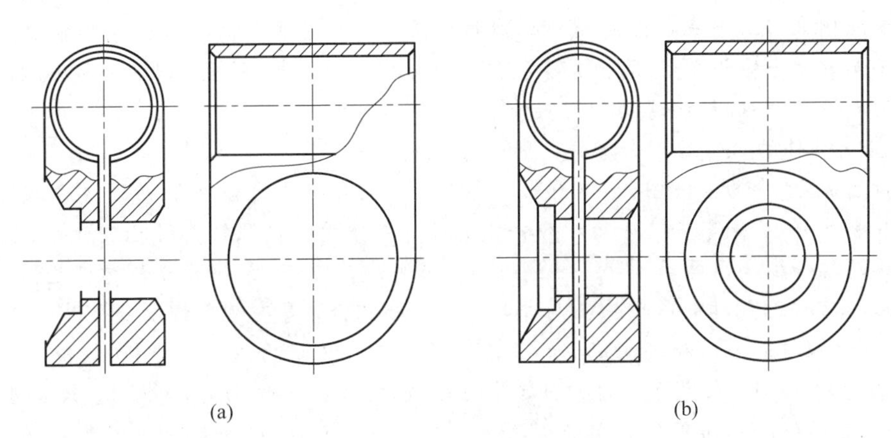

图 9.20　拆画夹头零件图的过程

(a) 从装配图中分离出夹头轮廓线；(b) 补画出缺漏的图线

分析图9.20(b)可以确定，在主、左视图中标注出尺寸以后，这样的表达方案可以完整地表达出夹头零件的形状。其中左视图顶端的局部剖的范围可适当扩大，以便更清楚地表达两平板间槽口的结构。遵循绘制零件图的要求，在图中正确、完整、清晰、合理地标注出尺寸，而装配图中已标注出的尺寸，则必须直接继承，不得更改，包括尺寸的公差。同时拟定零件的其他技术要求，便可得到如图9.21所示的夹头零件工作图。

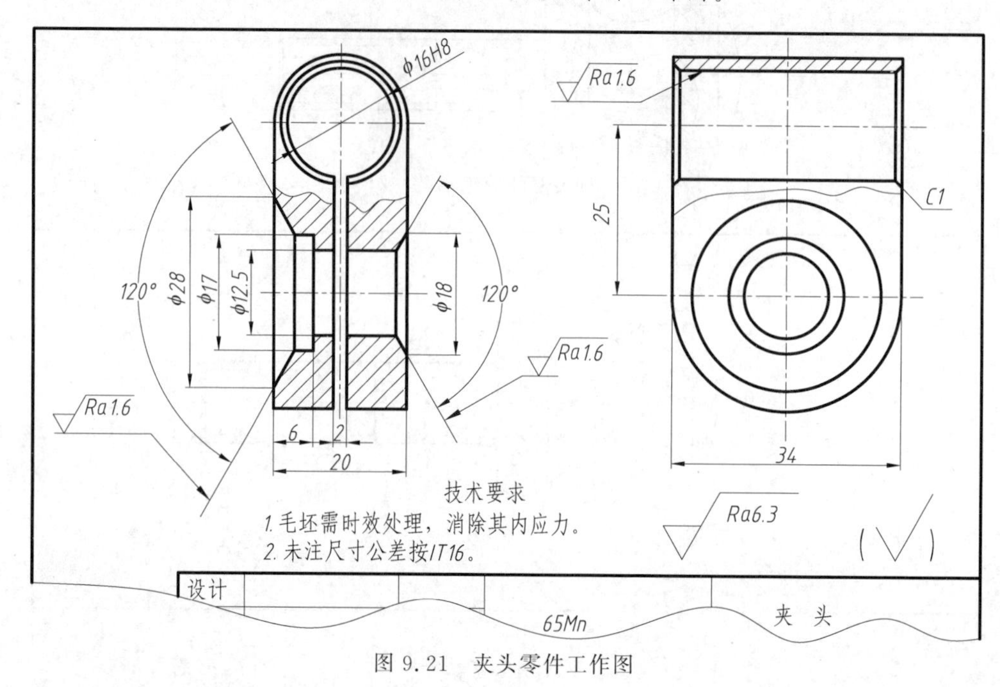

图9.21 夹头零件工作图

【例9.2】 以图9.22所示的微动机构装配图为例，说明读图和拆图的基本方法和步骤。

解： 1）概括了解

通过阅读图9.22的标题栏、明细表或查阅相关资料可知：部件的名称是微动机构，是弧焊机微调装置。导杆右端有一螺孔M10用于固定焊枪。该部件由十二种零件组成，其中标准件有四种，按序号依次查明各零件的名称和所处位置。

该装配图采用三个基本视图和一个辅助视图：主视图用全剖表示出主要装配线，左视图采用半剖表示手轮组合件的外形及支座的形状等情况，俯视图主要表达支座形状，*C*—*C*断面图则表达了导杆、键和螺钉的连接情况。

2）分析部件的工作原理和零件之间的装配关系

分析图9.22中的主视图，可以看出主要装配线上有手轮组合件1、垫圈3、轴套5、螺杆7、导套9和导杆12等零件。手轮组合件1通过开槽锥端紧定螺钉2固定在螺杆7上，以便手轮能带动螺杆7一同转动。导套9通过螺钉6固定在支座上，导套9与支座无相对运动，其配合尺寸为ϕ30H8/k8，属于基孔制过渡配合。轴套5与导套9靠螺纹旋合并由螺钉4固定，轴套5对螺杆起支承和轴向定位的作用。结合*C*—*C*断面图可以分析出，键11用螺钉10固定在导杆12上，在导套9的槽内起导向作用，当螺杆7转动时，导杆12只能沿导套9中的键槽做直线运动，而不会随螺杆转动。为了使导杆12能在导套9内运动，它们之间采用基孔制间隙配合，配合尺寸是ϕ20H8/f7。螺杆7与轴套5之间也采用基孔制间隙配合，

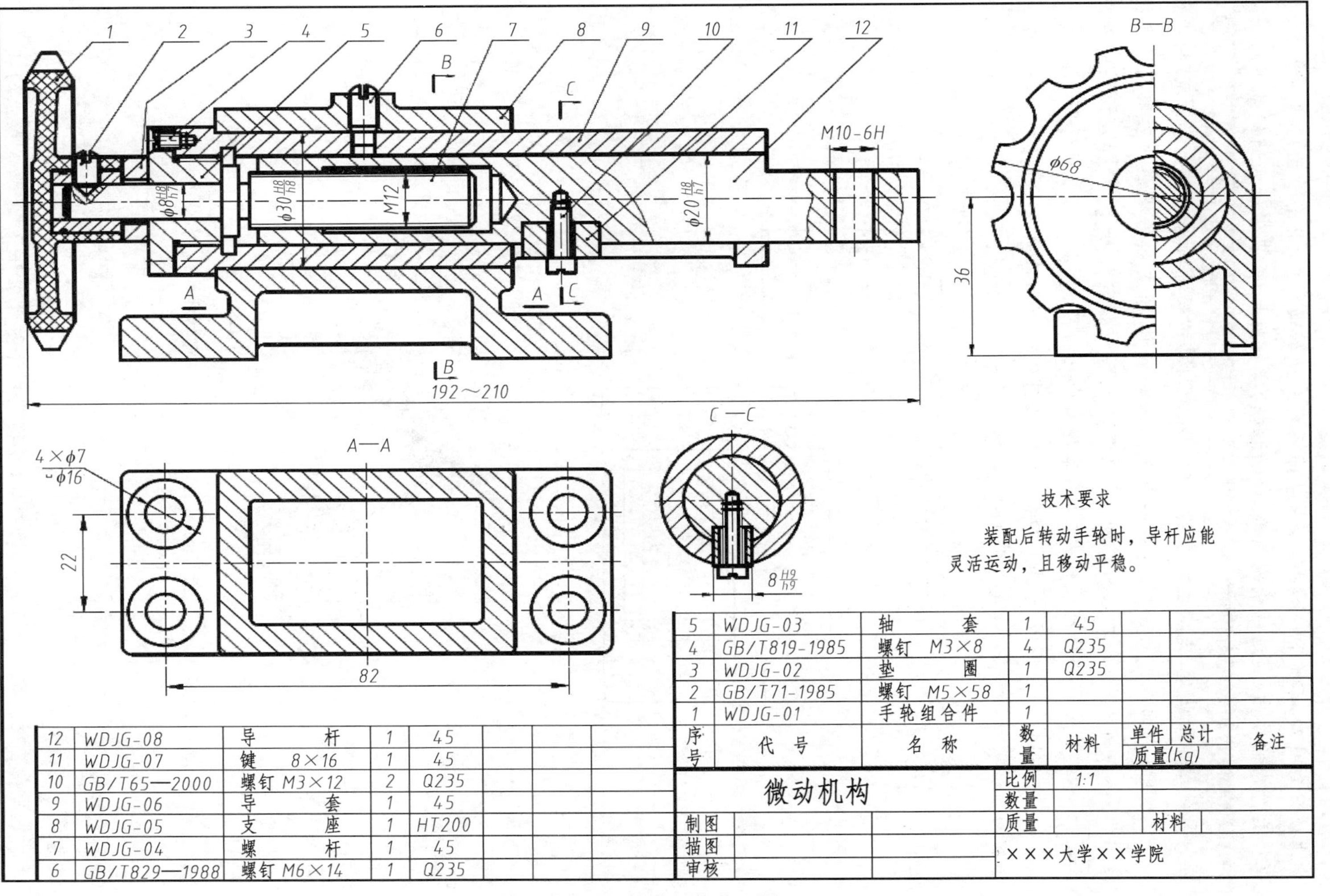

图 9.22　微动机构装配图

配合尺寸是$\phi 8\,\frac{H8}{h8}$。

由上述分析可知，工作时，手轮组合件1带动螺杆7转动，由于导套9固定在支座上，同时键在导套9内的导向，通过螺旋副将螺杆7的转动变换为导杆12沿轴向的微量平动。

3）分析零件结构形状和作用

分析零件结构形状时，先从主要零件支座8入手，按照“长对正、高平齐、宽相等”的投影规律，以及支座的剖面线方向、间隔在各视图中相同的规则，将支座的投影从装配图的各视图中分离出来，如图9.23所示。尽管其上有些图线被其他零件遮挡了，譬如左视图的外形被手轮遮挡了，但根据零件的前后对称性，不难想象出它的形状，其上端为圆筒形，底板是矩形，圆筒与底板由四块构成“回”字形的立板连接，通过俯视图与左视图，清楚地表达出了其结构形状与位置关系。图9.24是支座的立体图。

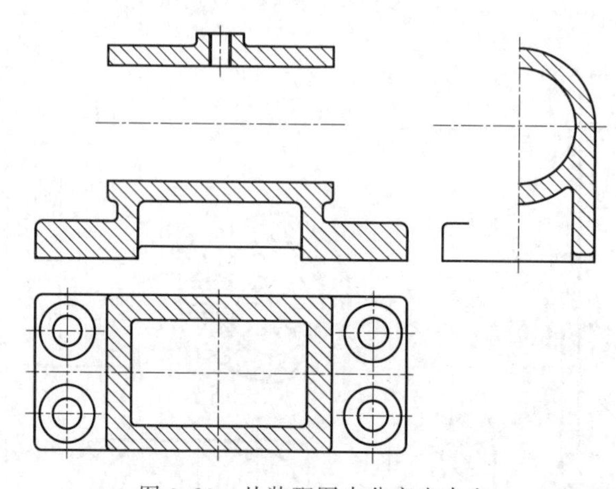

图9.23 从装配图中分离出支座

Video

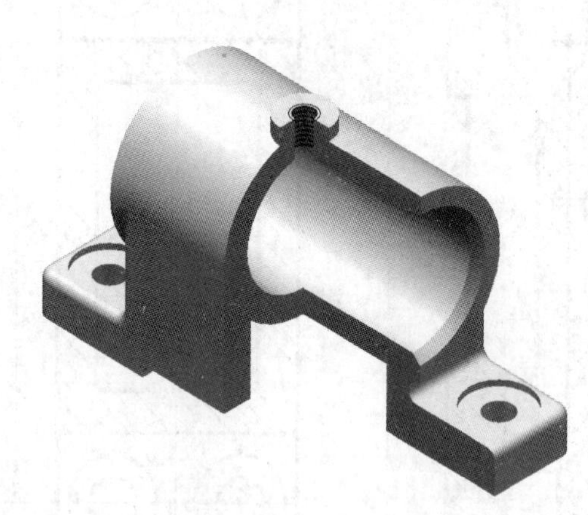

图9.24 支座立体图

4）拆画零件图

以支座为例，拆画其零件图。

对于支座在装配图中省略了轴孔的倒角，在绘制零件图时应补画出来，底板上的孔也可在全剖的主视图中嵌套一个局部剖将其表达出来。

确定零件尺寸及技术要求，填写标题栏，画出的零件图如图9.25所示。

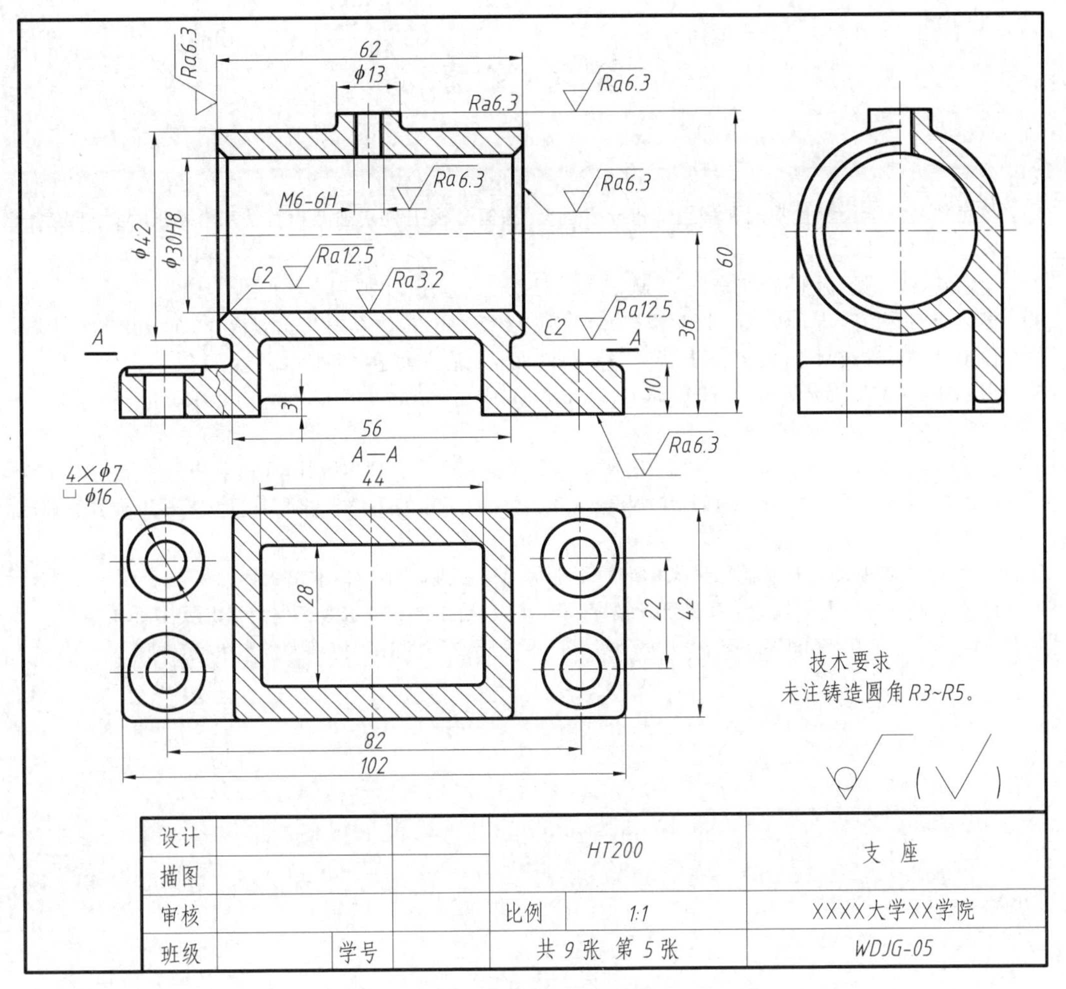
62
φ13
Ra6.3
M6-6H
φ42
φ30H8
C2
Ra12.5
Ra3.2
60
36
10
3
56
A—A
A
4×φ7
⌴φ16
44
28
22
42
82
102
技术要求
未注铸造圆角R3~R5。
设计
描图
审核
班级
学号
HT200
比例
1:1
共 9 张 第 5 张
支 座
XXXX大学XX学院
WDJG-05

图 9.25　支座的零件图

参 考 文 献

[1] 教育部高等学校工程基础课程教学指导委员会.高等学校工科基础课程教学基本要求[M].北京：高等教育出版社,2019.

[2] 何铭新,钱可强,徐祖茂.机械制图[M].7版.北京：高等教育出版社,2016.

[3] 谭建荣,张树有,陆国栋,等.图学基础教程[M].2版.北京：高等教育出版社,2006.

[4] 田凌,冯涓.机械制图(机类、近机类)[M].2版.北京：清华大学出版社,2013.

[5] BRAILOVAY. Engineering Graphics：Theoretical Foundations of Engineering Geometry for Design [M]. Switzerland：Springer,2016.

[6] 王丹虹,宋洪侠,陈霞.现代工程制图[M].2版.北京：高等教育出版社,2016.

[7] 陆国栋,孙毅,费少梅,等.面向思维力、表达力、工程力培养的图学教学改革[J].高等工程教育研究,2015,154(05):1－7＋58.

[8] 李学京.机械制图和技术制图国家标准学用指南[M].北京：中国标准出版社,2013.

[9] 许国玉,常艳艳,罗阿妮.计算机绘图教程[M].4版.哈尔滨：哈尔滨工程大学出版社,2019.

[10] 郝庆波.中文版SolidWorks 2018完全实战技术手册[M].北京：清华大学出版社,2019.

附　　录

附录 A

常用螺纹及螺纹紧固件

附录 B

常用键与销

附录 C

常用滚动轴承

附录 D

极限与配合

附录 E

常用材料及热处理名词解释